灭火
救援行动安全

MIE HUO JIUYUAN XINGDONG ANQUAN

康青春　姜自清　连旦军　杨永强　陈忠正　编著

U0194407

化学工业出版社

·北京·

本书根据对近年来消防员在灭火救援情况中伤亡分析，重点介绍灭火救援行动安全概论、救援人员伤亡原因分析与预防对策、消防员在灭火救援行动中伤亡案例分析、建筑火灾灭火救援行动安全、油罐灭火救援行动安全、液化石油气事故处置与灭火战斗安全、交通事故应急救援行动安全、危险化学品泄漏事故救援行动安全、自然灾害救援行动安全。按照不同场所和造成伤亡的原因，从基本知识、灾害特点、危险性识别、救援安全措施等四个方面，进行分类指导，不片面追求理论体系完整，突出语言简练、通俗易懂、图文并茂、便于理解的特点。国外情况介绍以美国为主，资料充分、数据翔实。

　　本书主要供公安消防部队、专职消防队、应急救援部门消防队员阅读参考。

图书在版编目（CIP）数据

灭火救援行动安全/康青春等编著. —北京：化学工业出版社，2015.9
ISBN 978-7-122-24946-3

Ⅰ.①灭… Ⅱ.①康… Ⅲ.①灭火-安全技术 Ⅳ.①TU998.1

中国版本图书馆 CIP 数据核字（2015）第 195277 号

责任编辑：张双进　　　　　　　　　　　　文字编辑：谢蓉蓉
责任校对：吴　静　　　　　　　　　　　　装帧设计：王晓宇

出版发行：化学工业出版社（北京市东城区青年湖南街 13 号　邮政编码 100011）
印　　装：北京科印技术咨询服务有限公司数码印刷分部
710mm×1000mm　1/16　印张 20½　字数 405 千字　2015 年 8 月北京第 1 版第 1 次印刷

购书咨询：010-64518888　　　　　　　售后服务：010-64518899
网　　址：http://www.cip.com.cn
凡购买本书，如有缺损质量问题，本社销售中心负责调换。

定　　价：68.00 元

前言

FOREWORD

我国消防部队承担着灭火与应急救援的艰巨任务，为保护国家和人民生命财产做出了突出贡献。在火灾扑救现场、在抗震救灾一线、在与洪水泥石流的搏斗中，都离不开消防队员的身影，他们用实际行动诠释着谁是和平年代最可爱的人。

进入 21 世纪以来，消防部队承担的任务更加繁重，面临的挑战更加严峻。一方面火灾和各类灾害的救援任务数量激增、救援难度加大。随着城市建设速度越来越快，高层建筑、超高层建筑越来越多，城市综合体纷纷出现，各类"三合一""四合一"等火灾危险性大的建筑整顿任重道远，造成重大经济损失和群死群伤的恶性火灾时有发生，火灾规模、性质、救援技术与战术都在发生重大变化。消防部队的任务不断扩展，以抢救人命为主的地震及其次生灾害、危险化学品泄漏灾害、道路交通事故等八大类灾害事故的应急救援，已经成为消防部队的法定任务，不仅出警数量增加，救援技术的复杂性与以往亦不可同日而语。但是，消防部队警力不足、装备不足、训练不足的局面没有得到根本缓解，救援力量与承担任务不相适应的矛盾仍然很尖锐。

在急难险重的灭火与应急救援任务面前，消防队员置自己生死于度外，救民于水火之中。在一次次生与死的考验中，他们把生的希望让给人民群众，把死的危险留给自己。2009 年 2 月 9 日，首都千家万户正在欢度元宵佳节，北京消防总队的一名消防警官却在扑救央视大楼大火中，献出了年轻的生命。2014 年，连续发生了消防员在灭火救援中牺牲的事件，仅仅 5 月份 1 个月里就有 9 名消防员献出宝贵生命。每每听到这样的消息，我们都痛心不已，他们是曾经的战友、昔日的学生，他们是那么年轻、那么可爱。作为消防工作者，我们能为他们做些什么？能否为减少这种悲剧的发生尽点绵薄之力？为此，笔者对消防员伤亡事故进行调研，着手编写一本旨在帮助消防员在灭火救援行动中，识别危险、减少伤亡的著作。

本书在借鉴国内外对消防员伤亡统计分析与预防研究成果的基础上，按照"现状分析—案例统计—技术理论—分类指导"的方法撰写。本书主要供消防队员阅读参考，不片面追求理论体系完整，突出语言简练、通俗易懂、图文并茂、便于理解的特点。国外情况介绍以美国为主，资料充分、数据翔实。文中提及我国消防员伤亡情况，以公安部消防局编撰的《中国消防年鉴》数据为准，以保证数据权威性。文中采用的很多研究成果，有相当一部分是笔者所在团队和所带研究生近几年研究过程中积累所得。根据对近年来消防员在灭火救援情况中的伤亡分析，笔者认为建筑火灾高温烟气、轰燃、倒塌，液化石油气泄漏、爆炸，油罐爆炸、沸溢、喷溅，是造成消防员牺牲的主要事故类型和原因，按照不同事故场所和造成伤亡的原因，本书从基本知识、灾害特点、危险性识别、救援安全措施等四个方面，进行分类指导。本书前言，第一章第一节、第二节，第二章第一节、第四节，第三章第一节，第四章第三节由康青春教授撰写；第一章第三节、第四节、第五节，第二章第二节、第三节，第三章第二节由连旦军教授撰写；第四章第一节、第二节，第五章，第七章第三节、第四节由公安部天津消防警官培训基地杨永强高级讲师撰写；第六章、第九章由山东省公安消防总队姜自清高级工程师撰写；第七章第一节、第二节，第八章由潍坊市公安消防支队陈忠正助理工程师撰写；全书由康青春教授统稿。

在本书编写过程中，得到了公安部消防局、武警学院、山东公安消防总队等有关业务部门的指导。2008～2014级消防指挥学和灭火与应急救援技术专业部分研究生参加了研究工作和文字校对工作，在此致以衷心的感谢，并对所有提供帮助的单位和个人表示深深的谢意。

由于作者知识水平所限，我国火灾和其他灾害形势与灭火救援技术、战术变化迅速，文中存在疏漏和不妥之处在所难免，望各位读者批评指正，不吝赐教。

编著者

2015. 6

目录

CONTENTS

第一章
灭火救援行动安全概论

本章通过分析我国火灾和其他灾害的形势、消防部队承担的灭火与应急救援任务及灭火救援行动的特点，阐述灭火救援行动的危险性及保护消防员生命安全的意义，并介绍了国内外有关消防员安全健康的法律、法规、标准以及消防员安全的研究进展。

第一节　灭火救援行动特点

消防部队承担着灭火与应急救援的重要任务，是国家和人民生命、财产的守护神，为经济建设保驾护航，由于灭火救援行动的危险性、复杂性，在这个过程中，消防员生命也受到严重威胁。

一、当前我国火灾与其他灾害形势仍然很严峻

随着我国经济建设的快速发展和城市化进程的加快，火灾对象发生了深刻变化，由此而导致了火灾数量的增加和规模性质的质变。所谓火灾对象是指火灾发生的载体，如各类建筑、生产装置、交通工具或特定场所等的总称。在 20 世纪 80 年代以前我国城市化进程较慢，生产力较为低下，建筑以砖木结构的单层和多层建筑为主，绝大多数建筑高度不超过 20m，公共场所、娱乐场所都很少，容纳的人员数量也有限，燃烧物大部分是普通固体物质，如木材、棉麻、纸张等，灭火战斗展开主要是在平面或较低的楼层，如低层建筑、多层建筑等，灭火剂主要是水。而进入 20 世纪 80 年代以后，城市建设步入快车道，城市化速度明显加快，城市的数量、规模、人员远远超过以前，随着城市规模发展，人员密集程度的增加，建设用地费用的提高，城市高层建筑和地下建筑的发展迅猛异常，据不完全统计，北京、上海、广州等大城市，高层建筑均超过 5000 栋。而且建筑高度越来越高，建筑面积越来越大，功能越来越复杂，如上海金茂大厦高 420.5m，建筑面积 $28 \times 10^4 m^2$，集办公、会议、餐饮、娱乐、健身等多种功能于一体，建筑内安装了先进的固定灭火设施，一旦发生火灾，依据以前扑救一般建筑火灾的战术是无法满足需要的，因此必须有新的战术与之相适应。城市安全部门曾做过这样一个试验，让一名身强力壮的消防员从第 33 层跑到第 1 层，用了 10 多分钟。这是在正常情况下，倘若发生紧急事件，或身体素质一般的人员或老人、小孩，

所需时间肯定不止这些。而火借风势，高温烟气在 30s 内就可以从第 1 层到达第 33 层，如此看来，对于处在建筑高层着火层以上的人，如果没有专门的疏散通道和措施，几乎没有逃生的可能。

与 20 世纪 80 年代以前相比，公共场所明显增多，各城市纷纷兴建大型的购物商场、超市和大型贸易市场，装修豪华的歌舞厅、电影院，容纳数万观众的体育场馆，这些场所发生火灾时，原来成熟的作战方法已经显得不相适应了，如 1994 年 11 月 27 日辽宁阜新市文化局评剧团艺苑歌舞厅火灾、1994 年 12 月 8 日新疆克拉玛依友谊馆火灾，均造成大量人员伤亡。

新中国成立以后经济发展的另一个特点是民族工业迅速兴起。新中国成立前，生产、生活用燃料油主要依靠进口，使用和储存油品的场所很少，因而也没有机会发生重大的石油火灾。20 世纪 60 年代以后我国陆续发现了大庆、胜利、中原、辽阳等大油田，采油、炼油以及与石油相关的行业蓬勃兴起，在全国范围内，油品生产、储存、使用的场所不断增加，油品火灾也大量出现。20 世纪 80 年代以后，曾经发生过几场大型油罐火灾，造成重大损失。1989 年，黄岛油库原油储罐由于雷击发生了罕见的火灾，大火持续了 104h，造成 3540 万元经济损失，19 人死亡，93 人受伤。油类火灾属于 B 类火灾，与一般固体物质所形成的 A 类火灾的扑救方法相去甚远。因此，需要新的灭火技术与战术。我国消防部队在长期与油品火灾的斗争中，总结出一套油罐火灾的灭火技术与战术。近年来，随着我国经济高速发展，对石油天然气的需求量逐年增加，从前苏联和东盟国家，铺设了大量的输油管道和输气管道，这种长距离输送管道以及相关的油气管道泄漏及火灾的特点与战术成为新的研究热点。我国油气管线长度从 2000 年的 4×10^4 km 增加到现在的 10×10^4 km（《中国石油和化工标准与质量》2013 年 21 期）。高铁发展迅速，截至 2013 年年底，我国高速铁路总营运里程达到 11028km，在建的高铁规模还有 1.2×10^4 km，成为世界上高速铁路投产营运里程最长、在建规模最大的国家，高铁总营运里程达到世界一半。高铁、高原机场等新火灾对象的出现，使灭火救援难度大大增加。

除火灾以外，我国自然灾害频发，损失严重。据不完全统计，我国气象、洪水、地震、地质、海洋等自然灾害造成的损失约占国家财政收入的 20%，死亡人数年均 1 万～2 万。仅 20 世纪全球发生的破坏性地震中，我国就占 1/3，死亡人数占 1/2。全国 2/3 的国土面积遭受洪水威胁，1998 年洪水造成的直接经济损失就达 2551 亿元。2008 年汶川地震，造成 69227 人遇难，374643 人受伤，17923 人失踪，直接经济损失 8452 亿元。在今后长时期内，火灾和其他事故形势依然相当严峻。各类灾害致灾因素增多，灾害种类广，危害严重，防控与救援难度大。随着工业化、城市化、市场化进程的不断加快，以及各种新材料、新能源、新工艺的大量应用，火灾、交通、化学、倒塌等事故危险性和复杂性增大。据统计，2004 年全国共发生各类事故 80.3 万起，死亡 13.7 万人。其中，火灾 25.2

万起，死亡 2558 人，受伤 1969 人，直接财产损失 16.7 亿元；道路交通事故
51.8 万起，死亡 10.7 万人；化学危险品事故 592 起，死亡 291 人。另外，国际
形势复杂多变，恐怖威胁不断加大。我国境内敌对势力、民族分裂势力、宗教极
端势力极有可能仿效国外恐怖暴力组织的做法，铤而走险，实施纵火、爆炸、生
化等恐怖袭击，破坏国家安全和社会稳定，给救援工作带来新的挑战。

综上所述，火灾和其他灾害形势越来越严峻，灭火与应急救援的难度越来越
大，灾害救援现场的环境越来越危险，给参加救援消防员的生命带来的危险越来
越严重。

二、消防部队承担任务繁重，警力仍显不足

我国消防部队承担着灭火和以抢救人命为主的应急救援任务，与所承担的艰
巨任务相比，现有的警力、能力、技术、装备还很不相适应。2009 年 5 月 1 日开
始实施的新版《中华人民共和国消防法》明确规定：消防部队除完成火灾扑救工
作外，还应参加危险化学品泄漏事故、自然灾害、重大交通事故、建构筑物倒塌
事故、恐怖袭击等灾害事故的抢险救援工作。目前，消防部队平均每年出警救援
60 万～70 万次，其中，火灾出警 12 万～15 万次，其他为应急救援和社会救助。
主要包括：参加以抢救人员生命为主的危险化学品泄漏、道路交通事故、地震及
其次生灾害、建筑坍塌、重大安全生产事故、空难、爆炸及恐怖事件、群众遇险
事件的救援工作，并参与配合处置水旱灾害、气象灾害、地质灾害、森林火灾、
草原火灾等自然灾害，矿山、水上事故，重大环境污染、核与辐射事故和突发公
共卫生事件。近年来全国广大消防官兵牢记神圣使命，忠实履行职责，成功处置
了许多特种灾害事故，赢得了党和国家领导人的高度赞扬和人民群众的充分肯
定。但是，随着消防部队职能扩大，救援范围拓宽，但人员编制并未迅速扩大，
全国消防部队现役编制不到 17 万人，警力不足的矛盾十分突出。有的城市消防
中队，每年出警上千次，平均每天 2～3 次，官兵十分疲劳，没有时间休息恢复，
没有时间学习充实，也没有时间进行必要的训练，新兵一下连队就承担繁重的灭
火救援任务，没有足够的时间学习、训练，熟练掌握作战技能和战术。2015 年 1
月 2 日哈尔滨仓库火灾扑救中牺牲的赵子龙，入警不到 4 个月，还未得到良好的
战术训练，更谈不上经验积累。

三、灭火救援行动特点

(一) 灾害突发性强，出警要求迅速

火灾、危险化学品泄漏、地震及其次生灾害、交通事故等灾害均属于突发事
件，事故发生突然，发展蔓延速度快，如救援不及时，后果十分严重。以普通建
筑火灾为例，其发生发展过程有非常明显的阶段性，一般要经过初起、发展、猛
烈、衰弱和熄灭五个阶段。火灾发生的前 5～7min 为初起阶段，此时燃烧基本限

于着火房间内，火势还未向相邻房间蔓延，火场温度也不高。这是灭火的最有利时机。此后，火灾进入发展阶段，一般能持续 8～15min，火灾开始向相邻房间发展蔓延。消防队如果在这一阶段赶到现场，且力量适宜、措施得当，还可以控制住火势，保护住周围的建筑。这是消防队扑救普通建筑火灾最后一个有利时机。如果失去这一机会，火灾便进入猛烈阶段，即燃烧面积最大、火焰势头最猛、火场温度最高。这一阶段通常是在着火后的 15～25min，这时的火虽也要奋力扑救，但将火灭掉后，损失也已基本造成。着火 25min 后，随着房屋的塌落，火势开始进入衰弱和熄灭阶段，这时的灭火行动基本上是进行扫残火。从上述过程中可以看出，扑救普通建筑火灾的有利时机是火灾的初起阶段或发展阶段，灭火行动时间要求特别强，必须反应及时、行动迅速，才能争取到灭火的最佳战机。根据我国 15min 消防的规定，消防队应力争把火势控制在着火后 15min 左右的范围内。这 15min 消防的含义包括发现起火 4min、电话报警 2.5min、接警出动 1min、途中行驶 4min、战斗展开 3.5min。一般情况下，城市消防队到达火场时，面对的是已经燃烧了 15min 左右的火势，其燃烧面积在 215m² 左右。再如地震及其次生灾害，发生突然，强烈地震只持续几十秒钟，摧毁大量建筑。汶川地震大约持续了 80～90s。而被建筑埋压的人员，往往需要在 72h 内救出，否则，生还机会很小。由于出警要求迅速，在出警过程中，消防车等行驶快，驾驶员心情紧张，有时还会遇到交通阻塞、道路不畅、山体滑坡，造成出警途中发生车祸，引起伤亡。

（二）处置难度大，对技术和装备要求高

如上所述，由于灾害对象的变化，使得灾害规模、性质发生了很大变化。由于对新的特种灾害规律认识不透，缺乏处置特种灾害的有效技术手段，消防部队处置此类灾害的战斗力受到一定程度的制约，并付出了沉重代价。如我国战略石油储备库采用的油罐，其容积多为 $10 \times 10^4 \, \text{m}^3$ 以上的超大型油罐，其火灾猛烈程度，与以往不可同日而语，灭火所需的技术和装备要求高，需要高压、大流量、自动泡沫炮，长距离、大流量供水装置等。再如危险化学品泄漏事故，由于其性质特殊，需要高精度的侦检仪器、专用堵漏器具和高效洗消剂。石油化工装置火灾的扑救，需要复杂的工艺处置措施。特殊火灾和其他灾害，不仅处置技术复杂，对装备要求高，也容易引起救援人员伤亡。据不完全统计，近年来，我国消防部队每年扑救各类火灾近 50～60 次，消防人员在救援中平均每年牺牲 15 人左右，受伤 500 人左右。例如，2013 年 10 月 11 日，北京石景山区苹果园南路的喜隆多商场发生火灾，大火整整烧了八个多小时，直到上午 11 时才被扑灭，过火面积约 1500m²，包括支队参谋长在内的 2 名消防员在火灾扑救中不幸牺牲。

（三）作战时间长、消耗大，战勤保障困难

消防部队不仅出警次数多，而且有些灾害作战时间长，有的需要数小时，甚至数天。抗震救灾和抗洪时间更长。2008 年参加四川汶川"5·12"地震救援的

1.3 万名消防特勤官兵，奉命奔赴灾害第一线，英勇奋战、科学施救，挖出被埋压的群众 8100 人，其中生还 1701 人，转移解救被困群众 51730 人，救助伤员 13109 人，在灾区战斗持续数周时间。战斗力量的释放过程也就是物资器材的消耗过程，2010 年中石油大连石油储备库"7·16"火灾扑救中，消耗了大量灭火剂、燃料和其他器材，仅泡沫液就消耗了 1360t。火灾和其他灾害规模的扩大，往往超出本辖区的战勤物资储备，而且时间要求紧迫，交通运输不便，给战勤保障工作带来了极大困难，直接影响作战效果。食品、药品等生活保障的不到位，也会造成消防员体力下降、生病等，影响战斗力的发挥。

(四) 作战环境危险，易造成伤亡

现代火场情况复杂，作战环境日趋恶劣，消防队员往往不自觉地处于危险环境中。首先，当前的建筑装修水平不断提高，所采用的新材料层出不穷，有很多材料在火灾中会产生什么有毒有害气体还是未知因素，人员中毒后的抢救与治疗方法也不明确。有的环境表面上没有什么危险迹象，但却危机四伏，如，有的可燃气体泄漏，无色无味，很难察觉，可一旦遇火会发生强烈爆炸，造成人员伤亡。还有一些化学物品，虽然毒性不是很高，但却能造成严重的后遗症，如氨、苯、甲苯等，2002 年苏州消防支队在扑救苯类物质泄漏火灾时，造成数十人中毒。

工业企业的增加，也是作战环境恶化的重要原因。特别是在化工企业中，有很多物质的性能消防队不了解，发生火灾时所产生新物质的性质，更没有人清楚，消防队员在扑救化工火灾中，被烧伤、炸伤及中毒的情况很多。化工企业中还有很多压力容器，在火灾中容易发生物理爆炸，因此，消防队员在这种环境下作战，十分危险。还有地下建筑火灾，大空间钢结构建筑火灾，飞机、船舶火灾，其特殊危险的作战环境，都会造成消防员伤亡。

(五) 作战半径大，需要跨地区行动

重特大火灾等灾害事故呈现出突发性强、危害性大等特点，消防部队灭火救援工作也随之出现技术要求高、处置难度大、作战时间长等特点，辖区执勤力量已难以单独完成大型灾害事故处置任务，迫切需要实施跨地区协同作战，共同完成灭火救援工作。同时，随着社会和科技的进步，区域内外交通网络的完善，信息化平台的建立和完善，提高了消防部队的作战能力和机动能力，跨地区灭火救援作战已具备初步的物质条件。区域合作和交流频繁，又为跨地区动态灭火救援圈的建立提供了可能性和必要的途径。用发展的眼光看，强化跨地区灭火救援协作，拓展消防部队灭火救援能力，是消防工作与时俱进的必然趋势。这一趋势扩大了消防部队作战半径，增加了作战与保障难度。跨地区行动主要有以下特点：

① 事故复杂，处置难度大。这类灾害事故都是特大或恶性灾害事故或事件，单靠本辖区内的力量、技术装备已无法完成处置任务。一般都具有政治影响大、场面大、损失大、危险性大、防护及技术装备要求高、处置时间长等特点。

②长途驰援，耗时耗力。跨地区救援，近者跨地市、远者跨省甚至跨国界，长途奔袭，路上颠簸时间长，战斗员风餐露宿易疲劳，影响战斗力。

③参战力量多，指挥协调难。处置这类灾害事故，需水、电、气、公安、消防、医疗救护、当地驻军等多部门、多警种共同参与，在短时间内难以调集、协调多方面的参战力量，形成一个有效的指挥网络。

④通信保障和信息共享困难。由于跨地区灭火救援行动超出辖区范围，超出原城市的通信网络，各支救援力量的通信频率不同，组网方式不同，使得火场通信保障十分困难。由于各地、各部门信息技术不同，行业壁垒等关系，使得火场信息不能共享，降低灭火救援指挥效率。

⑤后勤保障范围广、任务重。跨地区救援行动决定了部队远离本土，突破了原有保障体系，除需妥善做好燃料、炊饮、住宿保障外，还要做好机械长途运行，长时间运转后的维护保养工作等。

第二节　保护消防救援人员安全的重要意义

消防员是灭火救援的主体，在救援过程中，身处险境，只有保护好他们的生命安全，才能更好地保护人民的生命和财产安全。

(一) 保护消防员安全是以人为本精神的重要体现

科学发展观的核心是以人为本。以人为本的"人"，是指最广大人民群众。在当代中国，就是以工人、农民、知识分子等劳动者为主体，包括社会各阶层在内的最广大人民群众。以人为本的"本"，就是根本，就是出发点、落脚点，就是最广大人民的根本利益。以人为本，就是以最广大人民的根本利益为本。坚持以人为本，不断满足人的多方面需求和实现全面发展是党第一次明确提出的思想观点，是发展理论上的创新发展。消防部队官兵是灭火与应急救援的主要力量，也是最基层的人民群众代表。他们每天都与火灾等各种灾害做生死较量，救民于水火之中，生命安全同时也受到灾害的威胁。保护好消防官兵的生命安全，就是保护人民群众的安全，就是落实以人为本的重要举措，也是以人为本精神的重要体现。近年来，随着消防救援与国际接轨，世界各国对消防员安全重视程度普遍提高，美国等西方国家，制定了保护消防员安全的法律法规，对消防员安全起到重要作用，减少了伤亡人数。我国党和政府也高度重视消防员安全，逐步完善相关法律法规，提高安全防护等级和标准，体现人文关怀。

(二) 保护消防员安全是战斗力的重要保证

灭火救援的本质是保护生命、消灭灾害或降低灾害损失。保护生命既是指保护受困群众的生命，也是指参加灭火救援的消防员的生命。这是矛盾的两个方面，营救群众，消灭灾害，就必须冒一定的风险，有时还需做出必要的牺牲。20世纪80年代以前，提倡大无畏革命精神、不怕牺牲精神多，切身考虑消防员自身安全少，在危险面前，消防员往往会把生的希望让给群众，把死的危险留给自己。这与西方有些国家的情况和观念不同，他们的法律规定消防员有紧急避险的权利，对危及自身生命安全的命令可以拒绝执行。2010 年北京央视大楼大火扑救中，北京消防总队红庙中队指导员张建勇，正是把空气呼吸器让给被困群众，自己则献出宝贵生命。但也有这种情况，由于指挥员对情况判断不准，技术战术运用不恰当，造成消防员伤亡。消防员牺牲对部队战斗力影响最大，无论是从心理上，还是战术上，都影响和制约消防员，特别是指挥员，导致采取的战术更偏于保守。1989 年青岛黄岛油库火灾，当爆炸、喷溅造成消防员伤亡时，由于没有提前约定集结地点，某种程度上影响了二次进攻。1998 年西安"3·5"液化石油气爆炸，牺牲 7 人，受伤 30 多人，不仅影响了消防总队的战术，而且地方政府也对消防总队提出安全要求，这必然对一旦爆燃，迅速进攻的战术形成压力，错过了控制球罐物理爆炸的战机。2003 年湖南衡阳"12·3"衡州大厦火灾倒塌，造成 20 名消防官兵牺牲，使衡阳消防支队严重减员，战斗力受到削弱，上级领导不得不调集省内外增援力量。因此，只有切实保障消防员安全，才能确保灭火救援战斗力不被削弱。

（三）保护消防员安全是调动消防员积极性的重要措施

我国消防队伍是公安现役消防队、地方政府专职消防队、单位专职消防队、合同制消防队、志愿者消防队等多种形式并存的消防队伍，装备水平、保障方式和标准不一，伤亡后的待遇也不一样，只有落实好安全措施，才能充分调动消防员灭火救援的积极性。一是要制定有效措施，尽量减少消防员伤亡事故，让消防员感到安全制度有保障，上级组织有温暖，上阵后很放心。二是伤残病抚恤、治疗有保障，无论是在岗还是离队，国家对灭火救援造成的伤残人员，有合理的抚恤、照顾。三是危险岗位有补助，灭火救援是高危岗位，牺牲和受伤在所难免，因此，政府应该拿出一定经费，对这些岗位人员进行补贴，对立功人员给予重奖，进一步体现岗位价值，调动大家的积极性。

第三节　我国消防人员安全健康法规简介

消防部队是依法与火灾和其他灾害作斗争的队伍，各项工作都必须依法开展。开展和加强消防人员安全健康工作，需要遵守国家的法律法规和相关部门的规章制度，这些规范性文件是提高消防员安全健康水平的依据。

一、消防职业安全法规体系

在我国的职业安全法规体系中，各个层次的法律规范都在一定程度上为保护消防员安全健康提出了要求。我国的消防职业安全健康法规体系包括以下层次。

（一）法律

主要有《中华人民共和国职业病防治法》《中华人民共和国消防法》《中华人民共和国安全生产法》等。这些法律对于我国的职业安全健康工作做出了指导性的规定，比如《中华人民共和国职业病防治法》中规定了用人单位应当为劳动者创造符合国家职业卫生标准和卫生要求的工作环境和条件，并采取措施保障劳动者获得职业卫生保护。

（二）条例

主要包括中华人民共和国国务院令第 352 号《使用有毒物品作业场所劳动保护条例》、中华人民共和国国务院令第 375 号《工伤保险条例》、中华人民共和国国务院令第 586 号《国务院关于修改〈工伤保险条例〉的决定》等。这些条例针对我国职业安全健康工作的一些重要方面，做出了综合性的规定，如 2010 年 12 月国务院修改后的《工伤保险条例》中，对于工伤认定、劳动能力鉴定、工伤保险待遇等事项予以规定，其中应当认定为工伤的情形包括：在工作时间和工作场所内，因工作原因受到事故伤害的；工作时间前后在工作场所内，从事与工作有关的预备性或者收尾性工作受到事故伤害的；在工作时间和工作场所内，因履行工作职责受到暴力等意外伤害的；患职业病的；在上下班途中，受到非本人主要责任的交通事故或者城市轨道交通、客运轮渡、火车事故伤害的等。

（三）部门规章

主要包括中华人民共和国卫生部令第 20 号《国家职业卫生标准管理办法》、中华人民共和国卫生部令第 21 号《职业病危害项目申报管理办法》、中华人民共和国卫生部令第 23 号《职业健康监护管理办法》、中华人民共和国卫生部令第 24 号《职业病诊断与鉴定管理方法》、中华人民共和国卫生部令第 25 号《职业病危害事故调查处理办法》等，以及民政部、公安部、最高人民法院、最高人民检察院、国家安全部、司法部、财政部、交通运输部、教育部共同发布的民发〔2014〕第 101 号《人民警察抚恤优待办法》。这些部门规章对于职业安全健康方面的一些重要事项，予以具体的规定。其中的《人民警察抚恤优待办法》对于近年来的消防员安全和健康工作产生了较大的影响。在该规章中，规定了在执行反恐怖任务和处置突发事件中牺牲的，以及在抢险救灾或者其他为了抢救、保护国家财产、集体财产、公民生命财产牺牲的人民警察，应评定为烈士；在处置突发事件、执行抢险救灾任务中失踪，经法定程序宣告死亡的人民警察，按烈士对待。同时，也对应确认为因公牺牲的人民警察死亡的具体情形，规定为符合下列情形之一的：在执行任务或者在上下班途中，由于意外事件死亡的；被认定为因战、因公致残后因旧伤复发死亡的；因患职业病死亡的；在执行任务中或者在工作岗位上因病猝然死亡，或者因医疗事故死亡的等。而人民警察在处置突发事件或者执行抢险救灾以外的其他任务中失踪，经法定程序宣告死亡的，也按照因公牺牲对待。

（四）地方规章制度

消防人员安全与健康的实行需要建立部门协作、分类管理的机制，所以这类规章制度有利于在地方行政的基础上，强化其他部门对于消防部队相关工作的支持与协助，比如《＊＊省武警消防部队业务费管理暂行办法》。

（五）标准

实施消防人员安全与健康工作，需要以系统的、完备的技术标准或规范作为依据，这方面的职业卫生标准主要包括 GBZ 2—2002《工作场所有害因素职业接触限值》，GBZ 49—2014《职业性噪声聋的诊断》，GBZ 188—2014《职业健康监护技术规范》，GBZ/T 205—2007《密闭空间作业职业危害防护规范》，GBZ/T 206—2007《密闭空间直读式仪器气体检测规范》，GB 2890—2009《过滤式防毒面具通用技术条件》，GBZ 41—2002《职业性中暑诊断标准》，GBZ/T 225—2010《用人单位职业病防治指南》等。我国现在已经形成了比较完备的消防标准和规范体系，其中多个标准都对提高消防人员在灭火救援行动中的安全水平起到积极的推动作用，如 GB/T 18664—2002《呼吸防护用品的选择、使用与维护》，GA 6—2004《消防员灭火防护靴》，GA 7—2004《消防手套》，GA 10—2002《消防员灭火防护服》，GA 44—2004《消防头盔》，GA 88—1994《消防隔热服性能要求及试验方法》，GA 124—2013《正压式消防空气呼吸器》，GA 401—2002《消防员呼救器》，GA 494—2004《消防用防坠落装备》，GA 621—2013《消防员个人防护装备配备标准》，GA 622—2013《消防特勤队（站）装备配备标准》，GB/T 12553—2005《消防船消防性能要求和试验方法》，GB 7000.13—2008《手提灯安全要求》，GB 7956—2014《消防车消防性能要求和试验方法》，GB 6246—2011《有衬里消防水带性能要求和试验方法》等。

二、与消防员安全健康直接相关的部门规定

为了规范消防部队在防止和减少事故，保证人员和装备、财产安全方面的安全管理工作，公安部消防局于 2005 年出台了《公安消防部队安全工作规定》和《公安消防部队车辆安全管理规定》。《公安消防部队安全工作规定》在各部门和各级领导的安全工作职责、安全工作分析与部署、安全教育与训练、安全设施保障、安全工作检查与监督、常见事故预防、事故报告与统计、事故救援与调查处理、安全工作奖励与惩戒等方面进行了具体、明确的规定。《公安消防部队车辆安全管理规定》对车辆事故等级、驾驶员挑选、驾驶员培训与考核、驾驶员管理教育、车辆动用批准权限、车辆出场管理及维护等事项进行了规定。

为加强和规范公安消防部队作战和训练安全工作，预防各类安全事故发生，保护消防员安全和健康，公安部消防局于 2007 年出台了《公安消防部队作战训练安全要则》，对消防部队实施火灾扑救、应急救援、重大活动现场消防勤务和开展业务训练中的安全事项和安全措施进行了明确规定。

三、与消防员安全健康直接相关的标准

在标准建设方面，与消防员安全与健康直接相关的两个标准是《消防职业安全与健康》（GA/T 620—2006）和《消防员职业健康标准》（GBZ 221—2009）。

2006年4月28日，中华人民共和国公安部发布了由公安部消防局提出的标准《消防职业安全与健康》。《消防职业安全与健康》是我国首次针对消防员这一特殊人群的职业健康设立标准，在我国消防员职业安全与健康工作方面起到重要的开启作用。该标准在很大程度上参照了美国消防协会标准 NFPA1500《消防职业安全与健康》（2002版）。在这部标准中，界定了与消防职业安全健康问题有关的术语、定义，确定了消防组织在日常训练和进行灭火救援作业过程中可能遭遇的危险因素，并针对这些危险因素提出了相应的预防和控制措施，同时也为消防组织的群体及个人健康的管理提出了方案和要求，在训练和教育、消防车辆、消防船、消防航空器、消防员个人防护装备、灭火救援作业、消防站医疗卫生等方面进行了规范。本标准包含了消防职业安全与健康管理的最低要求，适用于公安消防部队在从事日常训练、火灾扑救、抢险救援、社会服务、其他紧急事件处理以及相关活动时的职业安全与健康管理，地方政府专职消防队、企业专职消防队、民间消防组织和消防保安队等其他形式的消防组织可参照执行。

2009年10月26日，中华人民共和国卫生部发布了《消防员职业健康标准》（于2010年4月15日正式实施）。该标准的颁布实施是我国经济发展、社会文明及社会进步程度的反映，适用于各类消防组织的多种消防职业活动，对于改善消防队（站）防护器材设施、提高消防员个人防护装备水平、保护消防队员的身心健康、提高现役制消防员职业病退役后的保障和非现役制消防员评残、职业病等水平，具有重要的推动作用，使我国消防员的健康保障实现根本性的转变。

《消防员职业健康标准》从消防员职业的健康条件、健康管理、健康监护、健康保障、健康促进及健康评估六个方面作了全面系统的规定，涉及消防员的体格标准，健康检查的种类、指标和方法，防护装备的配备、管理和使用，医疗卫生服务内容、环境及设施，各种职业伤害和疾病的预防，健康评估的形式和内容等。为了加强和提高对消防员健康的保障，该标准具体规定了三个方面的内容：一是在选拔上更加体现职业化、人性化，将考核体格、心理、体能三大项近40个小项，相比以往增加了呼吸面罩吻合试验等内容，目的是让入选者更加具备消防作业的条件；二是对消防员进行科学的训练、培训和教育，以提高消防员面临各种危险时的防范意识和防护水平；三是进行健康监护和促进，建立救援结束后一系列治疗、心理疏导的机制，促进消防员身心健康及恢复。

由于《消防员职业健康标准》前瞻性强、标准要求高、涉及对象范围广，标准的落实在实践工作中需要在法规制度、运行机制、经费保障、体系建设、专业队伍、人才培养等多个方面逐步提升。2011年1月17日，公安部、卫生部、民

政部、人力资源和社会保障部联合下发了《关于落实〈消防员职业健康标准〉有关问题的通知》（公消〔2011〕18号，以下简称《通知》）。《通知》就认真贯彻落实《消防员职业健康标准》，进一步对做好保护消防员身体健康和生命安全的工作提出了要求。自此，在地方各级人民政府统一领导下，在公安消防机构、卫生行政、职业病鉴定机构、民政、人力资源社会保障等部门的联合协作下，多地出台了一些可操作性强的配套政策规定，增加了经费投入。许多消防支队为加强消防员职业健康的组织领导，设立了消防员职业健康管理办公室；在加强消防员职业健康管理方面，根据标准规定制定了年度职业健康检查计划，组织实施上岗前检查、在岗期间年度检查、离岗时和应急职业健康检查，并建立能体现个人职业史的"消防员职业健康监护档案"。经过各有关部门的不断努力，消防员职业健康保障工作全面展开并持续取得了进步。

第四节 美国消防人员安全健康法规简介

本节主要介绍美国有关消防员安全健康的法律法规，供研究决策者参考。

一、美国的消防员安全与健康相关法律

（一）职业安全卫生法

美国于1970年颁布了《职业安全卫生法》，该法促使了美国国家职业安全与健康研究院（National Institute for Occupational Safety and Health，NIOSH）和职业安全与健康管理局（Occupational Safety and Health Administration，OSHA）的产生，这两个机构的设立是为了一个共同目标，即保护处于工作状态的人员的职业安全和健康。NIOSH是隶属于美国健康与人力服务部疾病预防控制中心的一个研究机构，主要职责是通过提供职业安全与健康领域的研究、信息、教育和培训等方面的服务，就与工作有关的伤害和疾病的预防提出建议，确保作业场所工作人员的安全与健康；OSHA隶属于美国劳工部，主要职责是负责制定与作业场所的安全健康有关的各类标准规范，并检查其执行情况。这两个机构都与美国消防员的职业安全与健康具有密切的关系，比如，OSHA的个人防护装备标准在全美消防组织得到普遍认可，NIOSH主管下的"消防员死亡事件调查和预防项目"对于美国消防员在职期间的安全与健康工作起着决定性的主导作用。

（二）公共安全人员福利法

美国消防员属于公共安全人员，对于执行任务期间死亡消防员进行抚恤的制度，与以下法律相关。

《公共安全人员福利法案》。该法于1976年生效，主要规定了对于美国的联邦、州和民族地区的执法人员、消防员以及应急救援和医护别动队成员（包括职

业和志愿人员），当造成其死亡的直接原因和法律原因为执行任务期间所遭受的身体损伤时，联邦政府为其遗属提供抚恤的制度。2000 年该法得以修编，将联邦应急管理署职员中承担与大型灾害或应急事故相关的具有危险性公务的人员纳入抚恤对象范围内。

《国家英雄遗属福利法案 2003》。该法于 2003 年 12 月 15 日生效，其中的抚恤对象包括了导致执行公务期间牺牲的直接和法律原因为符合该法规定的心脏病或中风的公共安全人员。在《Dale Long 公共安全人员福利改进法案 2012》中，抚恤对象扩展到造成牺牲的直接原因和法律原因为血管破裂的公务人员。

《美国爱国者法案》。该法于 2001 年颁布，其在之前的法律及法律修正案的基础上，将公共安全人员牺牲的抚恤金额提高到 250000 美元，每年按生活费用自动调整［每年 10 月 1 日调整，2013 年的抚恤金额是 333604.68 美元（无税）］。

《公务人员的教育援助方案》这项福利于 1996 年 10 月从法律上生效，1998 年接受了修订。该方案为符合《公共安全人员福利法案》规定的死亡或伤残公务人员的配偶和子女提供教育助学金。

对于公共安全人员在执行任务期间发生伤残的情况，美国国会在 1990 年修订《公共安全人员福利法案》时，将抚恤范围推广至 1990 年 12 月 29 日以后发生的执行公务期间遭受终身丧失工作能力的伤残情况，抚恤对象包括了因伤残今后无法从事任何收入性工作的公共安全人员。由于这类情况的界定非常严格，立法者认为每年在这方面受益的人会很少。

二、美国立法机构对消防员安全与健康工作的影响

作为美国的立法机构，美国国会在消防员安全方面的立法倾向无疑会对这项工作产生直接和深远的影响。

（一）国会和殉职消防员基金会

国会作为美国的立法机构，其内部经常有一些议员在各种议题下结成联盟，其中，消防联盟是最大的一个，它团结了共和党和民主党两党议员 320 名之多，主张从消防立法上为所有的现场救援人员争取利益。消防联盟成立于 1987 年，在此之前，美国国会缺乏一个可以抛开党派之争而专门就消防及其他应急救援事宜展开讨论的机制，消防联盟的发起人前议员科特温登为了加强国会议员对各地消防局职能的准确认知而倡议成立该联盟。为了使消防联盟在国会的消防立法和财政划拨方面持续发挥重要作用，美国国会消防学会于 1989 年得以成立，该学会对于国会工作的内涵和消防事务的方方面面都有深入的了解，是一个为国家制定消防政策提供建议和咨询意见的非营利、无党派组织。该学会关注和追踪所有被纳入美国国会视线的消防工作动态，经常联合其他有影响力的消防组织展开讨论，把所达成的观点和共识以简报的形式向国会通告，并定期向国会开展系列宣传活动，使国会直观地感知消防组织所面临的挑战，游说国会和各界联邦政府持

续为消防组织提供财政资助。

在美国国会消防联盟的支持和国会消防学会的积极参与下，国会于 1992 年创立了殉职消防员基金会。殉职消防员基金会是一个非营利性组织，国会创立该基金会时，没有为其提供任何资金和财政资助，它的主要资金来源于联邦政府的资助项目（需要每年申请）以及个人、社团和消防部门的捐赠。为实现其使命，殉职消防员基金会自成立以来已设立以并扩展了多个项目，这些项目可以分为两大类。

第一类项目主要是在全国范围内对光荣殉职的消防员进行纪念，并为他们的家人及所在消防局提供精神支持与物质援助的活动。这方面的工作包括：主持年度的纪念牺牲消防员官方活动；向牺牲消防员的遗属提供各项援助，帮助他们重建生活；帮助消防局提高消防员因公殉职的善后工作能力及处理相关事务；建立全美第一个消防员纪念公园。

第二类项目是致力于预防消防员在勤务过程中死亡或受伤事件的发生，这方面的工作直接关系到了全美所有消防员的切身安全问题。从 1984 到 2013 年间，全美共有 3763 名消防员在执勤过程中牺牲。在 2004 年之前，几乎每年都有 100 名消防员因公死亡，近 10000 名消防员在执行任务期间受伤。2004 年，美国国家消防局（U. S. Fire Administration，USFA）宣称要使消防员因公死亡人数在 2009 年之前降低 25%，2014 年之前降低 50%。在实现这个目标的过程中，殉职消防员基金会发挥了重要作用，其中最为突出的是在全国范围内，提出了一个名为"让每个消防员安全回家"的方案，并就此建立专门网站，为消防员殉职事件预防工作搭建了一个必要的平台。同时，殉职消防员基金会还主办了"国家消防研究项目专题会议"，为全美消防科研人员提供了消防员安全方面的研究课题列表。

（二）国会和"消防员死亡事件调查和预防项目"

1998 年，在国会消防联盟和消防学会的努力下，美国国会进一步认识到需要持续采取措施，缓解在全国范围内频发的消防员在执行灭火救援任务过程中牺牲的问题。为此国会划拨专项资金促使 NIOSH 启动了"消防员死亡事件调查和预防项目"，该项目的展开强化了美国消防员安全工作。

（三）国会和"消防援助项目"

作为立法机构，国会不断认识到消防部门的救援职能已经持续提高和扩大，除火灾扑救之外，在紧急事件处置和医疗救护等方面发挥出越来越重要的服务和保护作用，且这种作用已经远远超出了为其提供财政支持的地方政府所预设的范围。在这种背景下，为使消防部门更加安全、有效、高速地继续为地区乃至国家履行这些职能，国会签署通过了美国公法 106-398 "加强消防投入和提高消防响应能力"，并于 2000 年 10 月生效实施，这可以称为近数十年来对于美国消防组织最有意义的一份法律文件，它确定了由联邦政府通过"消防援助项目"为消防机

构提供财政资助的法律基础。在 2000 年之前，美国各地消防局的经费主要来源
于地方各级政府和州政府，尽管消防经费需求不断增长，联邦政府一直只是提供
一些象征性的资助。由美国联邦政府于 2000 年 12 月启动的"消防援助项目"现
已成为美国消防组织每年接受的数百个援助项目中数额最大的消防资助项目。迄
今为止，联邦政府通过该项目为消防组织拨款高达 50 多亿美金。该项目的资助
针对性很强，主要资助内容包括提高消防员安全、购买消防车辆装备和提高火场
战术水平，其实施极大提高了相关领域的消防实力指数和消防员安全水平，如，
2001~2004 年间，"消防援助基金"近 71％的项目内容和 64％的款项用于消防员
防护器材的购置，由于得益于这项资助，2001~2010 年的 10 年间，全美大约有
5000 个消防局解决了呼吸器短缺的问题。"消防援助基金"资助下的主题为"提
高消防员安全水平"的系列科研项目，直接地促进了美国近年来"消防科研复
兴"现象。

（四）国会和"消防员生命安全 16 项举措"

2004 年 3 月，在美国国会消防学会的直接参与下，由殉职消防员基金会召
集，来自全美各地的 230 名消防部门负责人在福罗里达州坦帕市召开了"消防员
生命安全峰会"，会议议题集中于促使消防部门内部进行安全变革的必要性，会
议提出了"消防员生命安全 16 项举措"，这些举措自出台之始就成为全美消防组
织为实现国家消防局减少消防员因公死亡人数的目标所必须落实的重要策略。自
2004 年的安全峰会后，这些举措得到了消防及相关机构的广泛支持。

三、同消防员安全与健康相关的消防标准规范

在美国的各类消防标准中，美国消防协会（National Fire Protection Associa-
tion，NFPA）的系列标准中比较完备地包括了各种与消防员安全相关的规定或
技术建议。在学习借鉴这些标准规范时，我们必须强调的一点是，各种安全规定
形成一个体系才能充分地发挥作用。如果只遵守其中一部分安全规定，结果可能
并不会产生预期的安全效益，因为在很大程度上，这些规定之间是相互依存的关
系，安全效益的产生有赖于安全规定的相互作用。所以，消防部队在落实消防员
安全与健康管理工作的过程中，需要努力遵守这方面所有的规定要求，才有可能
实现确保人员安全的目的。

我们在此列举了一些 NFPA 标准，以供消防部门制定相关规章制度时参考
使用。

《NFPA1500 消防职业安全和健康标准》。该标准给出了消防局在应急作业以
及日常战训状态下减少消防员伤亡的工作要求。

《NFPA1582 消防局综合性医疗保健工作方案的制定标准》。该标准中提出了
对候选消防员身体状况的要求，并确定了应该被排除在职业门槛之外的人员身体
健康状态的目录，因为"如果具有这些身体状态的人从事应急作业或训练活动，

会为其个人或他人带来明显的安全和健康风险"。被列举在目录中的主要包括冠心病、心肌梗死病史、冠状动脉搭桥手术、冠状动脉血管成形术、心肌症、心肌炎。NFPA1582还规定了对身体状态不良的在职消防员进行健康评估并据其身体条件对其从事的工种进行相应的限制，尤其对患有心血管疾病的消防员应从事的工作种类提出了建议。

《NFPA 1521 消防安全员的职业资质标准》。该标准规定了消防组织内部负责消防员安全和健康的人员应具备的职业要求，以及承担事故救援现场的安全责任人员的职业要求。

《NFPA 1403 实体火灾训练程序要求》。该标准针对实体火灾训练的整个实施过程，提出了一套通用的行动指导和基本规程体系，以确保有效生成预期的火场，并确保这种活动所涉构筑物以及周边环境的安全性，使消防员在这个过程中所面临的安全和健康风险降至最低程度。该标准给出了参与实体火灾训练的消防人员必须具备的先期知识和技术资质，训练场地及其中所置物品的准备，点火的动作要求，安全员的职责，紧急疏散通道的设置，训练记录和报告。具体的安全规定包括在进行实体火灾训练时，指定专人负责安全，制订正式的（书面的）安全保障工作计划、点火前工作预案、紧急医疗救护预案，设立快速干预小组，真正点火前进行实地考察，确认燃料的具体种类，告知受训者多个逃生通道或出口的所在，对火灾环境的温度变化进行监测，等等。标准特别提出禁止点燃任何燃烧性质未知或者可能失去控制的物质，禁止在非专用的建筑物中使用易燃易爆液体，在专用建筑物中限制易燃易爆液体的使用量。

《NFPA 1002 消防车驾驶员和操作员职业资质标准》。该标准规定了驾驶和操作消防车的消防员在紧急以及非紧急状况下所应满足的最低专业资质要求，主要针对从事以下工作的消防人员：消防应急车辆驾驶员、泵操作员、云梯操作员、舵柄操作员、林地消防车操作员、飞机救援和灭火装备操作员、移动供水车操作员。该标准要求对消防车辆的系统和部件进行定期的测试、检查和性能维护，驾驶员和操作员应具备安全使用车辆设备的先期知识和技能。

《NFPA 1451 消防车辆操作训练方案》。该标准规定了针对车辆（包括私家车辆）驾驶和操作的人员所进行的训练应满足的要求，规定了消防局建立安全驾驶规章所应涵盖的训练组织程序、车辆维护、装备缺陷检查等方面的要求。

《NFPA 1911 服役消防车辆的检查、测试、维护和退役标准》。该标准给出了确保消防车辆妥善维护和使用，保持安全运行状态的要求。

第五节　中美对消防救援人员安全的研究

与发达国家（特别是美国）相比，我国消防员安全的研究还很不成熟，无论是法律法规、事故技术调查制度，还是安全防范技术，都存在一定的差距，通过对比研究，可以借鉴先进经验，完善我国的消防员安全保护措施。

一、国内消防救援人员安全的研究

　　长期以来，消防员部队一直倡导"不怕疲劳，不怕牺牲"的革命英雄主义，为保护人民群众生命财产安全，消防员往往不惜牺牲自己的生命。消防员在灭火救援过程中一旦有伤亡，更多的是进行表彰和宣传。消防员伤亡调查缺乏严格的程序，调查数据收集也不够系统。对具体伤亡原因深入分析较少，向全国消防部队通报的更少。但随着经济社会的发展，消防工作和部队建设的推进，以人为本理念的贯彻，灭火救援工作的高危险性、艰巨性和消防员面临的危险性越来越受到消防部队和社会的重视。在实际工作中，随着消防部队基层建设水平的提高，消防员个人防护装备和消防员伤亡保险等工作被当作重点工作加以推进，得到了较好的落实，消防员防护装备建设得到了较大的改善。

（一）理论研究方面

　　在理论研究方面，没有专门的研究机构，很少有这方面的研究报告和专著，仅限于部分论文。如王向东、高晓斌等在《消防职业安全与健康管理体系的应用前景》一文中认为，消防职业安全与健康是我国经济社发展、社会文明及社会进步程度的反映，使从事消防职业的人员获得安全与健康是社会公正、安全、文明、健康发展的一项重要标志，也是保持社会稳定团结、经济持续、快速、健康发展的重要条件。我国消防职业安全与健康安全管理体系作为职业健康安全体系的一个分支，必将得到重视。陈国良在《运用风险管理理论，提高灭火救援水平》一文中，根据消防部队的职业特点，引入了风险管理的理念，运用安全系统工程的理论和方法，建立了灭火救援工作风险管理的方法以及风险识别、风险评价的方法和步骤，并针对实际提出了一些措施，以期控制或减少消防员在灭火救援过程中的风险，减少事故的发生。孙伯春在《关于消防指战员在灭火救援中自我防护问题的探讨》一文中认为，要坚持以人为本，提高应战能力的指导思想，加强灭火救援中自我防护。一是要在指导思想上进一步明确"自我防护"的重要性；二是要认真分析研究灭火救援中"自我防护"的薄弱环节；三是要采取措施加强"自我防护"。金京涛、刘建国在《消防官兵灭火战斗牺牲情况分析及其对策探讨》一文中对 30 年来消防部队官兵在灭火扑救中牺牲的情况进行了分析，认为消防官兵牺牲的原因，有的是在灭火战斗中由于不可预见和抗拒的因素造成的，也有的是因为官兵的行为失当，缺乏必要的安全防护造成的。如果各项防范措施得当，其中很多牺牲是可以避免的。因此，有必要对灭火战斗中各类牺牲情况进行认真分析，从中吸取经验教训。只有这样，才能有针对性地采取措施，在未来的灭火战斗中最大限度地避免或减少部队减员，实现战斗减员最小化、战斗成果最大化的目标，较好地完成消防部队所承担的任务。武警学院消防指挥学2010 届硕士研究生林维钧，曾针对消防部队消防员因执行灭火救援任务牺牲，作出了比较全面的研究。他从收集消防官兵伤亡的案例入手，对收集到的案例和数据进行了统计和研究，并结合案例具体分析了造成官兵伤亡的各种常见危险性因素。主要从灭火救援工作固有的危险性、处警次数增多、危险概率增大、消防部队建设的滞后性等客观方面和思想观念滞后、战术运用失当、人员素质不高、战训基础薄弱等主观方面，对造成消防员伤亡的原因进行了分析。从深化消防员安全工作理念、建立健全减少消防员伤亡的系统制度、构建减少消防员伤亡的长效机制和加强灭火救援现场安全管理等方面提出了加强灭火救援安全的对策。林维钧的研究以大量的实际案例为基础，对官兵伤亡的案例进行了较为系统的总结，分析了原因，提出了对策，对于认清形势，总结经验，吸取教训，加强灭火救援安全，减少官兵伤亡具有一定的理论和实际意义。

（二）消防员伤亡事故的统计

1994 年，我国第一次出版了《中国火灾统计年鉴》，公布了全国火灾情况，但没有消防员伤亡情况的统计。直到 2004 年，《中国火灾统计年鉴》改为《中国消防年鉴》，第一次公布了 1997～2003 年消防人员的伤亡情况，但仅限于牺牲人数和受伤人数。到了 2008 年的《中国消防年鉴》，除了公布消防员伤亡的人数，还增加了牺牲原因、受伤原因和受伤部位。长期以来我国消防员伤亡情况的统计没有统一的标准，直到 2004 年公安部消防局下发了《重要火灾和处置灾害事故信息报告及处理规定（试行）》，将消防员伤亡信息纳入重要信息的报送范围。报告的主要内容包括事故发生的时间、地点及部队名称；事件发生经过；伤亡原因，伤亡者的身份、年龄、职务、警衔、政治面貌；受伤官兵救治措施、善后工作情况；对已采取的和下一步加强工作的具体措施等。目前，全国的消防员伤亡情况统计采用报表的形式，还没有一套统一的统计软件。

（三）消防员伤亡事故技术调查

消防员伤亡事故虽有统计，但是只限于公安消防部队，对企事业专职消防队、志愿者消防队、森林警察在灭火救援中的伤亡统计，由于管辖权不在一个部门，往往没有上报数据或者数据不全。对伤亡事故的统计主要集中在牺牲和重伤，对轻伤、侥幸逃脱者基本没有涉及。如上所述，统计信息相对简单，没有专业的技术调查，缺少对事故原因的深入分析，未能提出指导性防范意见。

珍惜人的生命、尽量减少不必要的伤亡、促进安全发展，是提高部队战斗力的客观要求。当前，我国消防员安全工作虽然取得了一定成绩，但离形势任务的发展要求还有一定的滞后，离发达国家的水平还有一定的差距，主要体现在以下几方面：一是安全指导思想有待深化。消防员伤亡并不是灭火救援必须付出的代价，许多伤亡事故，通过预防是可以避免的。消防员伤亡不仅仅是部队保安防事故的内容，还涉及消防员素质提高、部队装备改善、教育训练提升等系统工程。二是安全研究和管理工作有待完善。国内目前还没有专门的工作项目对消防员安全状况进行系统研究，管理机构这方面的职能也不尽完善，这不利于安全理论的发展，预防措施的改善。三是消防员伤亡调查有待规范。目前，对消防员伤亡更侧重的是事迹宣传，较少从战训角度展开深入调查，这不利于原因的分析，教训的吸取，不利于避免类似情况的再度发生。四是安全标准和灭火救援规范有待推进。我国消防员职业健康与安全标准已颁布，但还需配套许多相应的灭火救援规范，以此规范灭火救援行动，指导消防部队建设。

二、美国消防员安全与健康研究进展

（一）消防员生命安全16项举措

"消防员生命安全16项举措"（以下简称"16项举措"）聚焦于消防员安全和健康相关的6个领域：建筑火灾扑救，野外火灾扑救，科研和培训，车辆和装备，人员的健康状态、保健和体能提高，事故预防。

"16项举措"针对导致消防员执行任务过程中发生死亡事件的6个根本原因：作业程序不当，现场决策不当，缺乏预防意识，领导乏力，个人责任心不强（导致行为不当），艰苦卓绝和不可预测的现场环境。

这些举措自2004年出台之后，经过不间断的推行、修改、丰满，现在已形成了一个比较完善的理论和实践体系。本书仅将其主要构架简介如下。

举措1：确定和倡议改变消防界原有的"行业文化"，从领导、管理、监督、义务、个人责任心各个方面，倡议一种重视安全的"新消防文化"。

此举措的内涵为：意识的改变应从上而下进行，各级领导应反省自己对待安全问题的态度和行为，认识到这种改变无损于所在消防局的权威，关注各种消防人员保健方案并着手实施。

举措2：从整个行业内，无论是个人还是组织，加强其在健康和安全方面的责任意识。

此举措的内涵为：每个消防局都应该强化安全训练，美国消防员都应该配备保证其安全的装备，在任何时候都必须遵守标准作业规程（注：美国紧急事故管理署于1999年发布了"消防救援人员标准作业规程"制定要求，这为消防员安全作业奠定了基础）。消防部门应该每天进行训练、学习和指导活动，应积极采用标准的"应急指挥系统"，遵守消防车检修规定，制订并坚持实行设备检查规定，出车人员必须系上安全带，不能想当然地对待任何一个现场环境。

举措3：在紧急事故管理的政策、战术、预案等各个层面上，都要更加加强"风险管理"的内容。

此举措的内涵为：深入理解"风险管理"概念和理论，确保每个人都能正确区分"可接受的风险"与"不可接受的风险"，开发并实施一套能预先确定不可接受风险的技术和方法。消防部门应该对每次救援进行战评总结，注意培养指挥梯队，指挥人员应该知道每个消防员在事故现场的状态和职能，现场人员应该遵守"标准作业规程"。

举措 4：所有消防员都有权阻止不安全的行为。

此举措的内涵为：必须授予消防员对不安全行为进行确认和报告的权利，必须允许他们有权阻止对他们自身或他人极有可能造成伤害的行为，解除他们因此而遭受惩罚或报复的后顾之忧。这要求每个人都清楚行为的安全性并警惕那些不安全行为的发生，各消防局都应制订相关工作制度，使消防员能够对发生在训练、火灾、其他勤务等场所的不安全状况提出异议，并确保对灭火作战的安全情况提出异议的人员的品质不受质疑。

举措 5：制订和实施消防培训、人员资格和资格证照方面的国家标准，这些标准应该基于岗位要求的不同，公平适用于所有消防员。

此举措的内涵为：消防部门已认识到国家认证标准是提高人员专业化水平的重要途径，所以应招收具备资质证书的消防员，支持对证照进行定期审验的活动，并应对训练方法和内容进行经常性的更新，增加对一些不常用的技能的培训。

举措 6：制订和实施消防员医疗和保健方面的国家标准，这些标准应该基于岗位要求的不同，公平适用于所有消防员。

此举措的内涵为：对于消防员而言，身体健康强壮是毋庸置疑的。消防局应该力行"标准作业规程"中强化消防员体能的内容，消防员个人也应该把健康作为职业成功的基础之一，形成良好的生活习惯，饮食营养、经常锻炼、远离烟酒和毒品。注意预防心肺疾病、癌症、肥胖、高血压（这些都属于美国消防员典型的健康问题）。

举措 7：在全国范围内，制订与这些安全举措有关的研究项目的进展规划，开发相关的数据收集系统。

此举措的内涵为：如果不对基础数据进行收集和分析，这些安全倡议和举措将成为空谈。数据分析有助于对这些举措进行更正，也有助于提供重要的研究基础。所以消防局应该积极参与类似"国家火灾事故报告系统""消防人员侥幸脱险信息报告系统"这样的信息收集工作。为实现此项举措，在殉职消防员基金会的主导下，建成了"消防员安全举措研究数据库"，这是一个网络数据库，具有便捷的搜索引擎，可以向使用者提供与消防员安全主题相关的各种科研报告、调查报告、文章、新闻等资料。

举措 8：尽可能地采用可以提高消防员健康或安全水平的新技术。

此举措的内涵为：技术具有根本性的影响力，会为提高火场安全提供有力工具。消防局应提倡学习精神，应派员参加各种消防学术会议，保持对新技术的认知程度。在火场调度中，更多地把配备先进技术的指挥和救援车调往现场，使这些先进装备融入已有的指挥系统。

举措 9：对任何造成消防员死亡、受伤或者侥幸脱险的事故进行彻底调查。

此举措的内涵为：使消防局之间共享此类事故的意识，逐渐可以占据道德上的制高点。对此类事故的调查工作不应拖延，应该在事故后即刻开始。消防局应该熟知相关政府部门和研究机构设立的消防员安全信息报告系统，并从中学习经验教训。鼓励消防员参与"消防人员侥幸脱险信息报告系统"，研究造成伤亡的"失误链"。

举措10：面向消防部门的资助项目应对安全举措的实施提供资金支持，某些情况下应把消防局具备一定的安全要求作为其申请资助的必要条件。

此举措的内涵为：现在确实有一些消防资助项目是针对安全举措的，但消防部门应该清楚资助项目是与安全技术相联系的，如果消防部门根本就没有设置安全方面的实际措施，就无从申请相关资助项目。如某个消防局提出关于提高消防员健康水平的项目申请，至少首先应该制订一些实施方案并认真落实。同时也要求消防局应该认真研究制作专业的项目申请书的方法，至少应该首先设法了解各种消防资助项目的性质和特色。

举措11：应该制定并推行关于突发事件救援策略和程序的国家标准。

此举措的内涵为：有些地区有可能不得不通过延长响应时间的方法来确保消防员安全到场，这更凸显了制定相关标准的必要性。同时还应关注安全驾驶消防车、对车体内的物品进行固定、常规出动不必使用警铃和警灯等细节事项。对突发事件进行的救援应该遵守突发事件"标准作业规程"。

举措12：应该制定并推行关于对暴力事件（包括恐怖袭击事件）进行响应的程序规则。

此举措的内涵为：以前曾经有消防员在这类事件中受伤或死亡，所以消防应急救援人员应该得到政策方面的保护，使他们免受或少受各类暴力威胁。应该对这类响应加以"规划"，减免消防队"应即刻出警"的压力，并应在"标准作业规程"中说明对于哪些情况应该出动、哪些情况应该保守待命。同时消防局无论规模大小、无论面临这类事件的可能性大小，都应学习一些对这类事件进行响应的知识。

举措13：消防员及其家属接受心理咨询和支持的途径应该顺畅。

此举措的内涵为：消防是个高风险的职业，消防员个人及其家属随时都可能面临巨大的压力，所以他们有权接受心理救助。对于消防员而言，如果感觉到压力的存在（包括抑郁、焦虑等症状），不应"咬牙坚持"，而应及时从咨询人员、宗教人员等处寻求帮助，也应热心帮助周围遭遇心理压力问题的同事。对于消防组织而言，应该在各个层面的消防训练的内容中，增加应对心理压力的知识。

举措14：应该为消防宣传和教育提供更多的资源，并把它作为一项对消防安全至关重要的工作来展开。

此举措的内涵为：社会消防意识的提高就意味着消防员安全保障的提高，所以消防局应该把对社会公众进行防火教育作为头等重要的工作来抓，要充分利用国家消防局所提供的宣传资料和素材，并在政府部门中强调消防立法和执法的重要性。

举措15：进一步倡议广泛实施消防规范，推广家庭用消防喷淋设备的使用。

此举措的内涵为：在居住建筑物中广泛安装消防喷淋设备不但能够提高居民的安全状况，也有利于降低消防员在执行灭火任务过程中的伤亡事件的发生，所以消防组织应该积极倡议实施相关法规，同时确保所有的消防员都清楚喷淋设备的运作模式并理解其对于保障消防员安全的意义。业内人员也应具有模范意识，有可能的情况下在自己家内设置消防喷淋系统。

举措16：在消防车和消防装备的设计上，必须把安全作为第一要素。

此举措的内涵为：消防局在购买车辆和装备时，应该把安全作为首要的考虑因素，至少应与性能设计和价格同样重要，消防局可以组织专门人员制订购置原则，决策人员应通过学习相关的产品标准、参加学术会议等途径，了解相关的安全新技术。

（二）消防员安全研究专题科研项目列表

1. 背景介绍

在"消防员生命安全16项举措"中，其中第7项举措明确要求为了减少可预防的消防员因公伤亡事件，更有效地推进消防员安全和健康工作，应制订一个全国性的专题研究项目日程表。在消防员安全这个主题下，数以千计的科研项目都有可能产生对某个方面具有一定意义的成果，在消防科研项目预研阶段也可能产生为数众多的与此相关的项目提议或设想。同时由于美国消防组织所固有的多样性、地方性、分散性，承担着不同科研职责的组织或个人在面对诸多的课题思路时，很难抉择将有限的可用资源重点投入哪个研究方向以及具体项目上。这都使得制订一份得到多方认可的科研优先项目列表成为了一项本身就非常令人瞩目的科研课题。

这个课题主要由"国家消防研究项目专题会议"承担和完成。会议召集代表着不同研究方向和关注对象的消防相关的与会者，研究确定消防员生命安全领域内的消防科研项目列表，并确定其优先顺序。最终产生的会议文件以研究报告的形式出版，作为全美消防科研机构以及为消防科研提供资助和支持的机构未来工作的参考和指南，将科研工作和研究资助引导到由整个消防行业所确认的、对减少消防员因公伤亡事件而言更加重要和更加有意义的优先研究项目上。美国的大多数消防科研工作都是由大学、公立和私立消防机构以及独立的研究者所承担，而且科研工作通常都会与基层消防局或消防部门合作进行。这些科研课题大多是通过某个政府项目或者非公基金会得到研究资金。在近些年，最受关注的科研资助都来源于联邦政府的几个部门，其中份额最大的一个资助项目是由联邦应急管理署所主管的"消防员援助基金"方案。当然，一些私营公司所从事的消防科研工作也稳定地占有一席之地。"国家消防研究项目专题会议"认识到这些研究力量之间的协作是非常重要的，可以保证所进行的研究工作的相关性，以及宝贵的资源不会浪费于没有实际意义或者重复进行的科研项目上。如果能确保消防员安全方面的研究过程的累积性、增效性，确保后续的研究工作是立足于之前的研究项目，相关的消防科研也会得到不断增加的资金投入。

"国家消防研究项目专题会议报告"得到了美国消防研究者和研究资助者的广泛应用。实践已经证明，该会议的成果在两个方面卓有成效，一是帮助确定有可能实质性地提高消防员安全状况的研究方向；二是保证有限的可用资源直接投入最有可能产出有价值结果的研究项目中。

2. 第一届"国家消防研究项目专题会议"的议程和成果

2005 年 6 月 1～3 日，殉职消防员基金会得到来自美国财政部、国家标准和技术研究院的项目资助，并得到国家消防局的大力支持与参与，在马里兰州埃米茨堡的国家应急培训中心举办了第一届"国家消防研究项目专题会议"。53 名与会者来自基层消防部队、消防团体、消防科研机构、与消防科研或科研资助相关的政府部门以及建筑、职业疾病与行为等研究机构。

会议规划组由来自国家消防局、国家标准和技术研究院、殉职消防员基金会、消防局长协会、马里兰火灾和应急救援研究所、国际消防培训学会、国际消防员协会、消防协会、国家志愿消防委员会、俄克拉荷马州立大学、纽约消防局、灭火别动队、美国军队研究实验室、印第安事务管理局的 18 名专家组成，他们制订会议议程，确定有关的研究主题、受邀参会的组织和个人。

会议针对"消防员生命安全 16 项举措"所聚焦的 6 个相关领域确定各领域内的研究项目。不同领域的有些项目会发生重合现象，会议规划组认为这样的项目会达成多重目的。有些已有项目在消防员安全方面也体现出新的价值，会议规划组认为这样的项目应该得到扩展或与其他项目融合。有些原本与消防无关的项目，也可能通过改造适用于消防领域。最终会议规划组划定了 4 个科研主题：消防员的健康状态、保健和体能提高；训练和事故管理；技术应用、消防车辆和装备、交通；火灾预防、公众宣教和数据。

每个主题下设一个会议讨论组，讨论组在规划组预定的项目列表基础上，结合本组的科研和实践经验，研究确定本主题下应设置的研究方向或项目，备好各项目预案向全体与会者展示，并标注出各项目的需求程度和预期收益，将项目的优先顺序分为 1、2、3 级。其中，优先程度 1 级表示最为急切和关键的项目；2 级表示急需程度较低，但重要性较强的项目；3 级表示极有价值但并非急需的项目。

由于一些研究课题可能会得到来自不同消防部门的代表的共同支持，而一些被一个讨论组认为重要的课题却有可能得到其他代表的否认。所以会议要求在各个讨论组向全体与会人员展示、讲解各自的研究结果之后，由全体人员进行表决投票，按照得票数量的多少，将各项目的优先类型划分为 A、B、C 三类，其中 A 为得票最多的一类项目。由于会议从开始就要求讨论对象限于需求程度很高的项目课题，所以项目被划分为 C 类的，仅意味着与会者认为其他项目的重要性更加明显。

通过这样的议程，会议对 44 个研究项目进行了表决。其中有 16 个得分为 1 级 A 类，主要包括消防员的选拔和测评，消防职业心血管疾病相关因素，热应激状态对消防员产生的生理和心理影响效果，消防员体能评估测试技术，消防（灭火作战）文化的分析，灭火现象中造成消防员伤亡的因素，事故指挥支持技术，实体火灾训练造成人员死亡和险情的教训和经验信息收集，消防员体能和处境研究，消防通信协同性能，消防员个人安全报警装备失效分析，交通工具事故相关的消防员伤亡，消防员直接面对火灾险情相关数据的确认和收集等。

［举例一］

项目名称：消防（灭火作战）文化的分析

需求：确定消防机构内部所存在的与高危险性行为有关，以及对改变这些行为形成阻碍的各种态度、观念和行为方式，确定能对促进改变这些行为发生推动作用的正面、有效的推动因素。

背景：业内已经广泛认识到现行的消防文化对实质性地提高消防员的安全和健康状况形成了障碍，现有的消防文化经常把冒险而行和英雄主义置于消防员安全之上。

会议评语：我们认为该项目所针对的是在降低消防员伤亡方面的一个关键性问题。

小组分级：1；会议分类：A。

［举例二］

项目名称：消防员体能和处境研究

需求：有能力对在险恶区域执行任务的消防员的位置和身体状态进行不间断监测是保障消防员生命安全的一个关键问题。能够确定消防员附近环境中所存在的生命威胁和状态变化、对消防员所处的外部环境进行监测也同样重要。监测所得信息应该同时传达给消防员本人以及场外的指挥部，指挥部能对相关信息进行监测和记录。

背景：在 2005 年之前的 15 年期间，每年平均都有 11 名消防员死于执行建筑物内攻灭火状态下造成的窒息和烧伤。这些死亡事件大都伴随着消防员迷失方向、体力消耗殆尽、呼吸器耗空等现象，或者消防员在危险环境下作业时出现了人力无法克服的突发环境变化。对数个因素独立进行监测的基本技术现在是具备的，但是将这些技术集成并调适，使其有效地、稳定地应用于消防员的作业环境中，仍然存在很大的困难。在很多建筑物内，数据传输都是一个很大的问题。现在人们期望能取得的解决方案是能够使得在危险环境中作业的消防员清楚理解自己的处境，并实时向场外传输数据，以供监测和记录。

会议评语：这个项目涉及对数个已有技术的调适和细化。消防员的现场位置追踪，以及建筑物内消防员和建筑物外指挥部之间的数据传输是目前急需的研究项目。为促进度量和监测消防员的体能状态和各种环境因素的技术发展，需要设立对现有技术进行兼容的并行研究项目。

小组分级：1；会议分类：A。

3. 第二届"国家消防研究项目专题会议"的议程和成果

2011 年 5 月 20～22 日，第二届"国家消防研究项目专题会议"由殉职消防员基金会出资并在国家消防学院举办。这届会议的目的是在第一届会议已建立的基础上，充分认识此后消防员安全健康研究领域所发生的改变和进步，更新研究项目列表，为今后的科研工作提供指南。

会议规划组沿用第一届会议所建立的模式，按科研主题划分了 7 个讨论组：社区减灾；野外火灾扑救；数据收集；技术与消防科学；消防员的健康状态和保健；应急服务；工具和装备。代表 55 个不同组织的 70 多名与会者自行决定参与哪个小组可以最大限度地发挥自己的经验和指导作用。每个小组提出一套建议并选择最多 10 条建议呈交全体会议进一步研讨。考虑到个人专业的广泛性以及无法准确界定不同研究方向的可能性，会议鼓励每个小组保证其所作建议的开放性，能使与会者从多个角度来理解其建议，并在推荐项目的优先排序时说明其理论依据，以此充分体现各个小组所具备的专业水准高度。

最终经会议研讨的 41 个建议编入"2011 年国家消防研究项目专题会议报告"，这些建议为有志于消防员安全和存活能力的科研人员提供了理论和应用研究的路线图。这版报告与 2005 年最大的不同之处在于略去了会议对于项目优先顺序的评价分值，仅保留了各讨论组的评价分值。因为会议所选择的项目课题覆盖面非常广，由与会者对其优先顺序进行总体评价比较困难也不太现实。同时，第二届会议更加重视项目资助的获得，会议报告有助于科研工作寻求与申请来自各方的资助，尤其是获得"消防员援助基金"方案的支持。会议对于研究项目的总体分级评价有可能导致研究者和资助机构把注意力局限于级别最高的项目、忽略了其他项目，而与会者普遍认为应该对这一点加以强调：各讨论组所确认的所有项目都具备各自的研究价值，都应该得到关注。

为了体现出最急需关注的课题，每个讨论组都确定了 1 个首要推荐项目。

社区减灾。创新性地开发一个适用于各种规模社区的评估模型，用以对社区的防火工作和应急响应方案进行评价，并能够量化其生成正面结果的能力。该项目可能需要包涵（但不限于）以下方面的数据：社区建筑类型及其数量、火灾预防措施、法规要求、减灾方法、应急响应和灾后恢复。

野外火灾扑救。开发出各项使用飞机进行灭火和人员集体运送的安全、可靠的飞行作业规定，减少野外火灾扑救所造成的消防员伤亡情况。

数据收集。对高质量的数据收集形成障碍的因素、对数据收集的认知因素的确认和研究。

技术与消防科学。对数据信息、信息传递机制的实施、标准的更新进行研究，使消防员能够习得相关科学理论和应用相关技术，这些是他们应对现代建筑环境中与传统认知不同的火灾状态所必需的。

消防员的健康状态和保健。与消防员保健相关的健康状态和疾病的干预与筛查研究。

应急服务。开发一套有科技基础的社区风险评估工具。

工具和装备。对现有的消防员全套个人防护服装在应对当今火灾环境方面的性能、功用以及相关安全特征的评估研究。

［举例］

项目名称：对高质量的数据收集形成障碍因素的研究

需求：对在文化、事业、领导力、动机、训练、价值观、责任制度等方面所存在的，对于高质量的数据收集形成障碍的各种因素进行确认，并对能够促使消防组织克服这些障碍和各种负面认知的对策进行研究。

背景：消防组织在数据收集方面付出了艰苦的努力，但其发挥支持重要决策的作用仍然很不稳定，究其原因是由于消防员、指挥员个体以及消防局在教育、理解力、动机、领导力和事业心等方面的不足所造成。比如，在美国，一起火灾事故发生后，相关事故数据的输入大多是由消防局完成的，但是这些数据并不能向数据使用者充分地传达真实火灾现场的作业情况，比如"向火灾射水的时间""通风的时间"等。有些消防局没有对这样的数据进行测量，而确实对这些数据进行了测量的消防局，所采用的定义也不一致，而且往往并不清楚其所作测量的实际意义。科研人员必须对到底应该收集什么样的具体数据进行研讨和澄清。

会议评语：当前，存在着对数据认知缺乏的问题，以及消防组织对于现有的数据收集状态的自满问题，因而，无论这方面研究课题的具体项目名称是什么，只有解决了这些问题，才能够准确、有效地重现事故过程。否则，我们所进行的研究项目就有可能无法解决实际问题，因为我们对实际问题本身就没有准确地通过数据进行界定。

已经涉足以及应该从事该项目研究的机构：目前已涉及该项目研究的是消防数据使用者和收集者，包括美国国家消防局的"国家火灾事故报告系统"、消防协会、健康与公众服务部的疾控中心、国家标准和技术研究院、国际消防员协会、国际消防局长协会、国际消防认证认可委员会以及一些学术院所。应该加入该项目研究的是具备专业知识的技术人员、能够解决数据质量问题的消防机构之外的个人和机构。

三、美国消防人员安全研究项目示例

［例一］　消防人员侥幸脱险信息报告系统。

这是个面向全国消防救援机构的信息收集和共享的网络系统。消防人员自愿向这个系统报告其所经历的，由于失察、疏忽而几乎造成伤亡或财产损失，但最终出于侥幸而避免的事件。该系统具有为报告者保密、不以给予惩戒为目的的特点。

事件报告分为 5 个部分。

报告者基本信息。包括报告者的部门、职务、事件发生时的年龄等。

事件情况。包括事件发生的时间、事件种类、当事人的执勤时段、天气状况等。其中事件种类分为火灾事故、火灾之外的其他事故、一般勤务、训练活动、车辆事故 5 大类，各类又具体细分，共 83 小类。

事件描述。

所获得经验教训。

联系信息。报告人可以选择不填写此栏。

设置该系统的主要目的在于：使消防员有机会从他人的切身经历中获得经验，帮助制订各种减少消防员伤亡率的政策，加强消防和救援行业的安全意识。系统对所收集的信息进行分析，分析结果可用于对消防指挥、教育、培训等方面的工作做出改进。同时，视某类事件发生趋势的急迫情况，系统可以通过工作报告、新闻发布或警示邮件等形式，向消防部门传递相关信息。

[例二]　工程板材在火灾中的结构稳定性。

这个科研项目由美国安全检测实验室公司与国际消防局长协会、芝加哥消防局和密西根大学合作进行，主要研究采用轻量构造的设计及地面和顶棚采用工程板材的设计在火灾过程中和火灾发生后有可能对消防员形成的危险状况。该项目针对地面和顶棚分别采用时下流行的建材和采用传统建材等不同情况，进行了各种试验测试，对预测、计算可能会发生灾难性建筑结构坍塌时间的方法进行了研究。研究人员把项目的研究结果编写成讲座性质的课件，用于对相关的消防人员进行培训，参训人员通过学习可以了解该项目的研究基础，学习现代的建筑结构会对火灾后的现场环境造成何种影响，以及今后的火灾模拟方法会发生何种变化等。

[例三]　建筑火灾受火场风力驱使情况下的灭火战术研究。

在这个主题下，有两个科研项目比较具有典型意义。这两个项目是由两个独立的科研小组在进行内容相关的研究，一个是纽约大学理工学院和纽约消防局，一个是美国国家标准和技术研究院与 NFPA 消防研究基金会。两个项目的研究重点都是针对以风力条件为主要影响因素的高层建筑火灾，研究特色是都进行了或计划进行一系列的燃烧试验。

2008 年 1 月，纽约消防局研究人员在纽约市附近的一座废弃的 7 层楼高的建筑里，进行了为期一周的实体建筑物燃烧试验，这个研究小组从"火灾预防和安全项目"所得到的 1000000 美元的资助款项，可以使其在随后的 3 年时间内继续进行类似的试验并完成预定的研究内容。

研究人员进行了一系列设定条件下的燃烧试验，以测试对具有这种特点（即火灾过程中产生了"火场风力驱动现象")的高层建筑火灾进行扑救的各种技术，这些试验可以使研究人员更好地探究在对高层建筑火灾进行扑救时，如何对火灾所产生的浓烟和强热气流进行控制。

这次试验所测试的扑救技术之一是正压送风技术，即通过排烟机向建筑物的特定区域内增压送风，以驱除走廊和楼梯间的火灾烟气和热气流，为消防员和建筑内的居民提供比较安全的环境。

这次试验所测试的扑救技术之二是通风控制设备的使用技术，在测试中采用了消防窗帘，这是一种长 3m 宽 3.6m 的毯状物，材质类似于消防员防护服，可以长时间承受 815℃ 的热辐射，可以在 15min 内承受 1090℃ 的热辐射。消防窗帘在试验过程中的使用方法是从着火楼层的上一层垂下，遮挡在着火楼层的窗户处，用以阻止气流从此处吹向建筑物内，切断火灾的氧气供给。

这次试验所测试的扑救技术之三是一种专门设计的消防射水器具，称为高层建筑用消防水枪，枪筒长 3m 左右，喷嘴和枪筒之间设计为弯曲形状。在试验过程中，该设备被设置在往火场产生通风的窗户的下一楼层或上一楼层的窗户处，喷嘴挂在通风窗户的窗台上，往火场射水。

在实际建筑物中进行火灾测试的目的是确定在大型的建筑物火灾中，尤其是在火灾主要受到风力状况驱动的情况下，这些灭火技术的有效性、使用范围和方法等，为灭火战术和日常训练提供新的信息和素材。

这次燃烧试验类似于一次现场演示，北美地区的许多消防局，比如芝加哥消防局、洛杉矶消防局、波士顿消防局、丹佛消防局、渥太华消防局等都派人观摩。

由美国国家标准和技术研究院主持进行的另一个项目与此项目在内容上相互衔接。该项目首先设计了 8 个全尺寸的火灾试验场景，试验在国家标准和技术研究院的大型火灾实验室中进行，试验目的是考察风力驱动状况对多房间建筑结构中的火灾蔓延情况的影响，考察通风控制设备以及火场供水对这类火灾的扑救效能。效能量度通过释热率、温度、热通量、气流速度来定量显示，同时也测量了各个试验场景下的氧气、一氧化碳、二氧化碳和碳水化合物总量的变化以及压力的变化。并通过多角度摄像和热成像仪对试验过程进行了记录。试验所得数据有助于研究人员更好地理解受风力状况影响的建筑火灾所涉及的火灾动力学理论，为相关的火灾模拟技术提供了基础数据，为开发适用于这类火灾的灭火战术提供了与实际火灾情况相符的数据。

随后，应对此类火灾现象的新设备和改良装备不断涌现。2012 年，纽约和芝加哥消防局正式开始使用"高层建筑火灾扑救进攻性作战水枪系统"，该系统为模块化的轻型结构，可以通过电梯搬运至火场，或者作为固定设施的一部分，长期放置于高层建筑。该设备中的水带可在 2.4～6m 长度升降，装配了针对多类建筑物的窗户结构而设计的固定夹具系统；可接驳水枪头和水炮接头，可出雾状水和直流射流。

　　[例四]　消防定位系统。

　　在这个主题下，有多个科研项目同时进行，研究者希望因此而给消防行业带来巨大的变革。其中以伍斯特理工学院、马里兰大学、加利福尼亚大学欧文分校分别进行的研究比较突出。他们的研究都聚焦在全球定位系统，致力于开发新型的三维、实时跟踪系统，这个系统具有一些引人注目的特性，比如能准确确定空间位置、确认火场中的消防员的行为举止和身体状况、建筑内部环境等。其中一个项目还可以记录消防员所经路途中的墙面、楼面及其他建筑设施的情形。

　　[例五]　新型的自给式呼吸器。

　　该项目始于2008年5月，"火灾预防和安全项目"提供2000000美元的资助款项，由美国消防员协会与相关企业共同承担新型呼吸器的研发活动，主要目标是开发一种形状更小、更轻、使用状态更灵活、工作时间更长的自给式呼吸器。研究人员对传统的自给式呼吸器的气瓶进行改进，开发出了一种外表为扁平的背囊形状、质地柔软的压力容器，相对于常见气瓶，这种新型容器外形较小，这种气瓶的呼吸器重量只有传统呼吸器的一半，但气体容量却是传统呼吸器的2倍。而且更重要的是，其性能达到或超过了相关的消防装备标准的要求。尽管这种设备还没有被正式命名，已有人依据其外形特征称其为"消防背包"。现在研究人员还努力使其市场化，这将对消防行业以及相关的制造行业都产生巨大的影响。

第二章
救援人员伤亡原因分析与预防对策

本章通过对国内外消防员伤亡原因分析，研究并提出预防消防员在灭火与应急救援行动中发生伤亡的对策，为减少我国消防员的伤亡比例提供参考。

第一节 我国消防员伤亡概况

消防官兵在灭火抢险救援战斗当中，不怕疲劳，不怕吃苦，甚至献出生命。据统计，1983 年以来，700 多名公安消防官兵壮烈牺牲。2006 年以来，全国牺牲消防官兵平均年龄 24 岁，最小的仅为 18 岁。

一、我国消防员执行各类任务牺牲情况分析

从《中国消防年鉴》的统计资料来看，从 2000～2014 年 15 年内，共有 132 名消防官兵在灭火与应急救援过程中牺牲。

(一) 按任务类型分析

将任务类型分为灭火战斗、抢险救援、往返途中、训练期间和其他不能表述为上述类型的。灭火战斗中牺牲 89 人，抢险救援牺牲 24 人，共计 113 人，占 85% 以上，比例最高。消防队在执行救援任务的往返途中，由于交通事故等原因，造成的牺牲比例占 8%，也是相当高的，具体情况见表 2-1 和图 2-1。消防官兵在火灾扑救中的牺牲仍然是第一位的，随着抢险救援任务的增加，伤亡比例也有所提高。如 2014 年 5 月 26 日 10 时 17 分，孝感消防支队在安陆市发展二路北延工程（徐岗村 1 组）建设工地发生坍塌救援中，4 名官兵抬着救出的被困民工担架正向外撤离时，后方回填土突然大面积崩塌，造成 3 名官兵牺牲。

表 2-1 消防员的牺牲情况（按消防员执行任务的种类划分）

任务类型	灭火战斗	抢险救援	往返途中	训练期间	其他
牺牲人数	89	24	11	2	6
所占比例/%	67	18	8	2	5

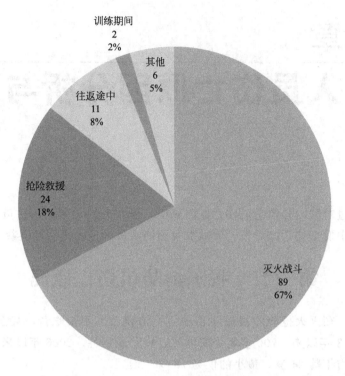

图 2-1　消防员的牺牲情况（按消防员执行任务的种类划分）

（二）按事故发生场所分析

按照灾害事故发生的场所，主要分为民用建筑、工业建筑、石油化工、道路交通、隧道、山林等。由于建筑种类比较多，火灾特点也不一样，又分为居住建筑、商用建筑（如商场、市场、酒店等）、商住建筑（底商与居住建筑合建，如湖南衡阳衡州大厦、哈尔滨市北方南勋陶瓷大市场仓库等）、厂房、仓库等。从统计数字看，建筑火灾灭火救援是造成官兵牺牲的主要场所，约占 70％以上，详见表 2-2、图 2-2，在所有消防官兵牺牲案例中，建筑火灾扑救中的消防员伤亡仍然是最多的，特别是民用建筑，火灾发生的数量多，灭火救援出动次数多，牺牲的人数也多。如 2014 年 5 月 1 日上海徐汇区居民建筑火灾扑救、2013 年北京喜隆多商场火灾扑救、2015 年黑龙江哈尔滨市北方南勋陶瓷大市场火灾扑救，3 起火灾中牺牲 9 名消防官兵，全都发生在居住建筑、商用建筑或商住建筑等民用建筑。

表 2-2　消防员的牺牲情况（按事故发生的场所划分）

事故场所	居住建筑	商用建筑	商住建筑	仓库	厂房	海河	道路
牺牲人数	12	15	20	10	25	12	11
事故场所	石油化工	船舶	山林	隧道	井下	其他	
牺牲人数	6	2	5	3	2	9	

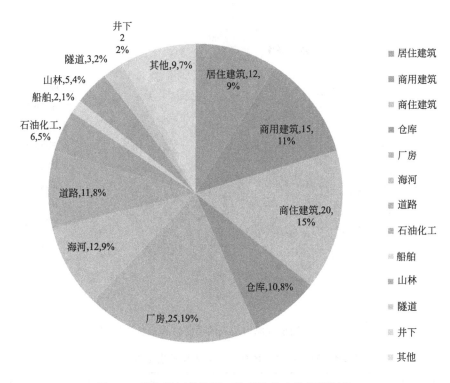

图 2-2 消防员牺牲情况（按事故发生的场所划分）

（三）按导致牺牲的事故原因分析

从表 2-3 和图 2-3 的数据可以看出，爆炸、建筑坍塌、中毒窒息、轰燃回燃是造成消防官兵牺牲的主要原因，这四种事故造成了官兵牺牲的 70% 以上。如 2010 年 4 月 19 日，成都新希望路 2 号"水漪岛铜"小区 1 幢 4 单元 7C 家中突发火灾，1 名消防员从 8 楼下到 7 楼，从阳台进入着火房间时，发生轰燃，在高温烟气的冲击下，从 7 楼阳台坠落牺牲。

表 2-3 不同事故原因造成的消防官兵牺牲数据

事故原因	爆炸	建筑坍塌	中毒窒息	轰燃回燃	触电
牺牲人数	22	38	22	8	6
事故原因	山火	洪水	交通事故	其他	
牺牲人数	2	11	11	12	

（四）按对人体不同的伤害性质分析

按对人体不同的伤害性质分析数据见表 2-4 和图 2-4，这里有些原因的归类方法又与事故性质有重复之处，主要是由于分析统计资料没有详细表述死亡原因，有的根据事故性质做判断，有的用相同的名称，如中毒、窒息，既是事故原因也是死亡原因。

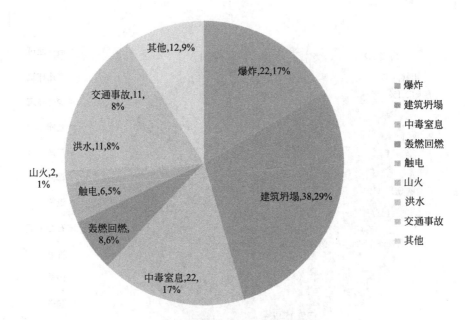

图 2-3　不同事故原因造成的消防官兵牺牲比例图

表 2-4　消防员牺牲数据（按对人体的伤害性质划分）

伤害性质	火烧	窒息	摔落	砸压	爆炸损伤	中毒
牺牲人数	5	12	9	36	22	13
伤害性质	触电	车祸挤压	洪水淹没	蜂蜇	其他	
牺牲人数	6	11	10	4	4	

二、我国消防员执行灭火救援任务牺牲情况分析

从上面分析，我们可以得出如下结论，灭火救援战斗是消防员牺牲的主要原因，公安部消防局金京涛、刘建国《消防官兵灭火战斗牺牲情况分析及其对策探讨》一文中对 30 年来消防部队官兵在灭火扑救中牺牲的情况进行了分析，此处予以部分借鉴，并增加 2009～2014 年的统计数字和按年度统计分析趋势。

（一）按年度统计

自 1980～2014 年的 35 年间，消防员在灭火战斗中牺牲人数最多，下面从不同年度、不同场所和不同事故原因分析，详见表 2-5 和图 2-5。

表 2-5　2000～2014 年之间的年度消防员牺牲数据

年度	2000	2001	2002	2003	2004	2005	2006	2007	2008	2009	2010	2011	2012	2013	2014
牺牲人数	11	6	7	24	4	5	10	5	7	5	7	4	5	13	15

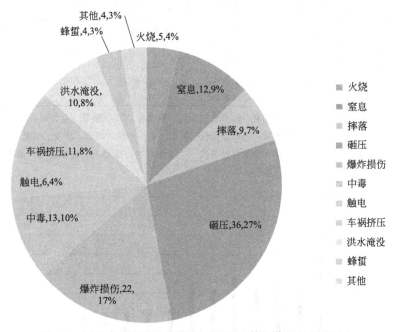

图 2-4　消防员牺牲的比例数据（按对人体的伤害性质划分）

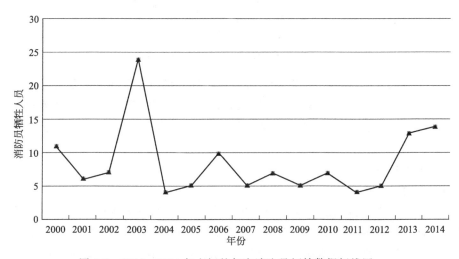

图 2-5　2000～2014 年之间的年度消防员牺牲数据折线图

从表 2-5 和图 2-5 可以看出，我国消防员在灭火救援中的牺牲数量，除 2003 年，由于衡州大厦倒塌，一次造成 20 人牺牲外，每年基本维持在 10 人以下，近 2 年牺牲数字有所抬头，2013 年、2014 年均超过 10 人。

（二）按不同场所分析

1980～2014 年 35 年间，全国共有 121 名消防官兵在扑救火灾中牺牲，其牺牲场所分类见表 2-6 和图 2-6。

表 2-6 消防员牺牲数据统计表（按不同场所分类）

场所	牺牲人数	场所	牺牲人数	场所	牺牲人数
居民住宅	33	公共场所	10	冷库	6
工矿企业	22	化工企业	11	山林	5
船舶	14	商场商店	13	车库	5
油库	14	仓库堆垛	6	其他	4

注：公共场所主要指展览馆、文化宫、候车室、饭店、歌舞厅、写字楼等；仓库堆垛包括电器、日用品、粮库、医药等库房和造纸原料堆垛；工矿企业包括粮食加工、纺织、木器、沙发、包装、工艺、蚊香、制药等工厂以及煤矿、锅炉房等；化工企业包括橡胶厂、鞭炮厂等；船舶主要包括油轮、油船、油驳、渡轮、渔船等。

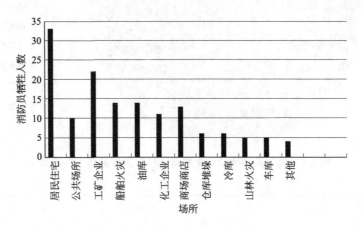

图 2-6 消防员牺牲场所分布图

从表 2-6、图 2-6 看出，造成消防官兵牺牲的场所主要集中在居民住宅、工矿企业、船舶、油库火灾事故中，占牺牲总人数的 62%。其中，居民住宅火灾所造成的消防官兵牺牲人数最多，占总数的 25%，其次是工矿企业、船舶、油库等火灾。

（三）按事故原因分析

1. 建筑坍塌

在所有灭火救援消防员伤亡事故中，火灾中建筑坍塌所造成的人员牺牲比例最高。这类火灾事故主要发生在居民住宅、化工企业、冷库、商场等场所。

（1）整体坍塌 建筑结构燃烧时间超过耐火极限或建筑负荷超出其承载能力，导致建筑整体坍塌，造成消防官兵牺牲。如 2000 年 12 月 3 日，湖南省衡阳市衡州大厦火灾中整体倒塌，造成 20 名官兵牺牲。2015 年 1 月 2 日黑龙江省哈尔滨市北方南勋陶瓷大市场火灾中，起火建筑在消防员灭火过程中突然坍塌，造成 5 名消防员牺牲。

（2）屋顶、顶棚或吊顶坍塌 屋架结构受火焰高温作用失去支撑能力坍塌，造成消防官兵牺牲。如 2005 年 8 月 2 日蒙牛乳业马鞍山有限公司北冷库火灾，因钢结构屋顶突然坍塌，造成 3 名战士壮烈牺牲。

（3）墙体倒塌　墙体受高热膨胀或外力作用引发坍塌事故，造成消防官兵牺牲。2010年4月7日，阳谷某塑胶公司发生火灾，由于钢屋架烧塌，墙体外倒，造成1名消防员牺牲，2名消防员受伤。

（4）横梁和大梁坍塌　由于建筑结构先天设计原因或建筑材料遇高温失去承重等，致横梁或大梁坍塌。如2008年7月17日上海市奉贤区雷盛德奎有限公司塑料车间火灾，因一根60多米长大梁突然坍塌，造成3名战士当场牺牲。

（5）楼板坍塌　过火时间较长且超出承重能力致楼板坍塌。如1998年10月26日河南商丘市宁陵县新华商厦火灾，因二楼突然坍塌，造成3名战士牺牲。

2. 爆炸

涉及油罐、油驳、油桶及花炮厂爆炸等事故，牺牲消防官兵占总数的24%。

（1）重质油罐爆炸　在重质油罐火灾扑救过程中，因油罐水垫层或灭火用水流入，在高温作用下，油罐突然发生沸溢或喷溅，造成消防官兵牺牲。如1989年8月12日黄岛油库爆炸喷溅火灾，致山东省青岛市公安消防支队14名官兵牺牲。

（2）货、油船舱爆炸　当封闭于货、油船舱内的油蒸气和空气混合达到爆炸极限时，遇明火即可发生猛烈爆炸，造成消防官兵牺牲。如1989年1月2日，湖北省武汉市消防支队在扑救洪湖市新滩江面的南京油运公司长江原油船队火灾时，发生爆炸事故，造成8名官兵牺牲。

（3）燃油桶爆炸　主要发生在存放燃油桶的企业，由于燃油桶在高温下发生物理性爆炸遇明火猛烈燃烧，造成消防官兵牺牲。如1982年3月9日江苏省福鼎县制药厂冰片车间火灾，在火灾扑救中因存放的汽油桶接连发生爆炸，造成1名战士牺牲。

（4）花炮厂爆炸　花炮厂一般建在远离居民区的山地上，如发生山火，极易引发花炮厂爆炸，直接造成正在扑救火灾的消防官兵牺牲。2008年3月4日，江西省萍乡市上栗县上栗镇新群村发生山火，并引燃花炮厂仓库爆炸，造成正在扑救火灾的2名官兵牺牲。

3. 爆燃、轰燃

爆燃是封闭空间内充满着可燃气体或处于阴燃状态，在打开房间门窗的瞬间由于大量新鲜空气涌入，遇火源发生猛烈燃烧的现象，虽然只是一瞬间，但很容易造成人员伤亡。轰燃是室内高温引起可燃物热分解，产生大量可燃气体，达到400～600℃时即发生全面和猛烈燃烧的现象，现场环境温度可瞬间达到700℃以上。

因爆燃或轰燃造成的消防官兵牺牲人数占总数的14%，涉及冷库、船舶、燃油锅炉房、公共建筑、商场、居民住宅等。

（1）冷库爆燃　冷库出入库门是高温烟雾和猛烈火焰唯一的排泄孔洞，处于库门附近的消防员很容易被烈火冲击。如1998年9月5日石家庄市果品冷库火灾，在火灾扑救中冷库突然发生爆燃，将黄河水罐车引燃，造成1名战士牺牲。

（2）船舶机舱爆燃　船舶机舱内是油箱、高温高压锅炉设备和储气钢瓶集中的地方，由于受高温烧灼作用先导致物理性爆炸再形成可燃气体爆燃。如2003年9月18日上海沪东船厂7号码头建造中的"新南京号"集装箱船火灾，1名战士在深入机舱侦察时被热气浪突然冲击牺牲。

（3）燃油容器爆燃　存放燃油的半地下室或地下室火灾发生后，燃油容器受高温发生物理性爆炸，造成燃油泄漏并迅速挥发，油蒸气充满整个封闭空间，形成混合气体，一旦给予充足的点火能量，极易发生爆燃。如2000年1月31日烟台市芝罘区奇山西街一居民楼地下室发生火灾，在火灾扑救中1名战士因1个容量300L的汽油桶爆燃而牺牲；2007年2月15日中国银行陕西分行家属院半地下锅炉房发生火灾，1名战士因燃油外溢爆燃而牺牲。

（4）商场轰燃　火灾荷载较大的商场发生立体燃烧时产生的高温、浓烟、烈火对火灾扑救人员造成围困。如2008年1月2日新疆维吾尔自治区乌鲁木齐市德汇国际广场批发市场火灾，在火灾扑救中造成3名特勤官兵牺牲。

（5）建筑坍塌引发轰燃高温气流　着火建筑整体坍塌瞬间形成的冲击性轰燃高温气流，可导致消防官兵大面积烧灼或被重物砸压而牺牲。2013年10月13日，北京喜隆多商场发生火灾，过火面积约1500m²，北京石景山消防支队参谋长刘洪坤和八大处中队副中队长刘洪魁，深入火场内部侦察，并带领攻坚组深入商场内灭火，因火势迅速蔓延，建筑突然坍塌，造成2名同志不幸壮烈牺牲。

4. 坠落和掉落

主要发生高空坠落、掉落，或掉入高温蓄水井、蓄水池、河水中。

（1）从雨棚上坠落　消防官兵在雨棚上设置水枪堵截灭火时，雨棚失去支撑作用坍塌致消防官兵牺牲。如1999年4月1日，吉林梅河口市百纺总公司储运公司车库火灾，由于雨棚突然倒塌，造成5名官兵牺牲。

（2）掉入高温水井或水池　扑救堆垛或厂矿火灾时，因高温水井、水池被杂物覆盖，不易被发现，很容易导致官兵伤亡。如2006年10月17日，江西省靖安县远南竹材有限公司火灾扑救中，3名官兵掉入直径1.5m、深9m的高温蓄水井中牺牲。

（3）由楼顶坠落　如2007年4月26日，大连市消防支队庄河中队在扑救一居民楼火灾时，1名战士利用绳索从六层屋顶下至601房间卧室窗口强行进入火灾现场救人时，因保护绳被烧断坠地牺牲。

（4）登高时不慎坠落　如1992年11月8日，甘肃省地震局开发公司大药房仓库火灾，在火灾扑救中1名战士从单杠梯摔下，头部受撞击牺牲。

5. 触电

主要发生在扑救工业企业和居民火灾中。当消防官兵在有高压电线的环境中作业或在扑救电气设备火灾、电气设备附近火灾时，因突发情况很容易接触电流造成伤亡。

（1）被突然断落高压线击中　如 2007 年 9 月 13 日，浙江省平湖市林埭镇喜福门木厂火灾，在火灾扑救中 2 名消防官兵因高压线断落而遭到电击牺牲。

（2）不慎触及电线　如 1998 年 8 月 10 日，在上海南汇县祝桥镇东巷花苑居民火灾扑救中，1 名战士背部触及裸露电线牺牲。

（3）由高处跌落于高压线上　如 1989 年 5 月 10 日，广东省梅州市兴宁县工艺厂火灾，导致 1 名战士从三楼跌落到沿街架设的裸露高压电线上，受电击牺牲。

6. 烟气中毒

主要发生在堆垛、船舶、冷库、化工商店等火灾扑救中。消防官兵为了救助被困人员，强行内攻灭火，或长时间作业、防护装备不足等，很容易导致中毒伤亡。

（1）长时间扑救堆垛火灾时中毒　如 1995 年 12 月 24 日，在河南武陟县小董乡恒星造纸厂草料场火灾扑救中，1 名战士因长时间吸入浓烟后中毒牺牲。

（2）扑救危险化学品火灾时中毒　如 2005 年 8 月 7 日，在扑救汕头市龙湖区珠池路一化工门市火灾中，1 名战士吸入大量有毒气体牺牲。

（3）扑救冷库火灾时烟气中毒　使用聚苯乙烯泡沫塑料作保温层的冷库，着火后可释放出大量刺激性毒气，极易造成人员中毒伤亡。如 1982 年 11 月 22 日，河北省承德市肉联厂冷库火灾，2 名官兵在火灾扑救中中毒牺牲。

7. 被山火围困

山火不同于城市火灾，有其独特的发生发展规律，受地形、地貌、气象等因素影响很大，往往因风向突变或飞火原因导致正在扑救山火的消防人员被火围困而造成伤亡。如 1995 年 3 月 8 日，山西省永济市中条山南端芮城县境内一荒坡发生山火，造成 1 名战士牺牲；1999 年 4 月 5 日，陕西省咸阳市彬县太峪乡马莲山林区发生火灾，造成 1 名官兵牺牲。

8. 堆垛塌方

堆垛在燃烧过程中因阴燃致垛心烧空倾倒或突然倒塌，极易在瞬间造成人员伤亡。如 1984 年 5 月 13 日，山东菏泽造纸厂料场火灾，1 名战士因草垛突然塌方而被埋压牺牲；1997 年 11 月 14 日，黑龙江省齐齐哈尔市第一粮库火灾，1 名战士因其身旁一个 80t 粮囤突然坍塌而被埋压牺牲。

按照造成消防官兵牺牲的火灾事故类型分类，数据分布情况如表 2-7 和图 2-7 所示。

表 2-7　消防员牺牲数据统计表（按事故性质分类）

事故类型	牺牲人数	事故类型	牺牲人数	事故类型	牺牲人数
建筑坍塌	52	坠落或掉落	14	山火围困	3
爆炸	33	触电	7	堆垛塌方	2
爆燃或轰燃	19	中毒窒息	12	其他	5

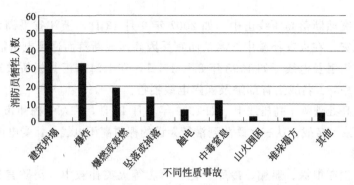

图 2-7　不同性质事故中消防员牺牲分布图

从表 2-7、图 2-7 看出，建筑坍塌、爆炸、爆燃或轰燃是造成消防官兵牺牲的主要原因，占牺牲总数的 73％。其中，建筑坍塌造成的牺牲人数最多，占总数的 36％。

第二节　美国消防员伤亡基本情况

美国是消防员伤亡比较严重的国家，也是对消防员安全健康最为重视的国家，消防员伤亡统计非常规范，原因分析十分深入，值得借鉴。

一、背景简介

消防员的灭火救援作业环境充满危险、复杂多变，不可避免地增加了消防员受伤甚至死亡的职业风险。消防是一个危险的职业，但是如果适当关注消防员的安全和健康问题，就可以降低消防员因公伤亡的数量。对消防员发生伤亡的频率、程度、特征等方面的信息进行系统的、持续的统计，有利于我们更好地理解死亡、致命创伤和致命病变的发生情况，进而有助于确定应坚持哪些正确的作业行为和程序，应该从事哪些方面的科学和技术研究，从而达到减少消防职业固有的人员伤亡风险的最终目的。美国消防组织对于消防救援人员伤亡基本情况的统计和分析，就是基于这一逻辑思路。

美国有多个组织，如 NFPA、NIOSH、USFA、国际消防局长协会等，都在从事收集全美消防员执行任务期间发生伤亡的有关数据信息的工作。在这些机构中，由于对所采用的相关术语的定义偶有不同，比如 NFPA 采用了对"执行任务期间"界定比较严格的定义，USFA、国家殉职消防员基金会等还对与任务有关的，但并非发生在执行任务期间的消防员死亡进行了统计，因此最终的统计数据之间会出现些许偏差。本节的相关数据主要来自 NFPA。

NFPA 较早就开始关注消防员殉职情况，每年都会在此主题下发布大量的相关文章。关键的转折点发生在 1977 年，NFPA 集中人力和物力启动了一个项目，这项工作的重点是确认在过去一年中所发生的消防员在执行灭火救援任务期间的死亡事件。该年度可以看作是这方面工作的一个实质的起点,自此开始,NFPA每年都会对美国消防员伤亡情况进行综合的调查研究,并发布更新《美国消防员死亡报告》以及《美国消防员受伤情况报告》。

二、与消防员伤亡统计相关的基本概念

(一) 消防员

NFPA 在统计消防员伤亡数据时,所涉及的消防员一般包括以下几种。

① 地方政府的职业和志愿消防局的消防员;

② 联邦政府和州政府机构的全职、季节性的合同工作人员,在他们的工作职责中包括火灾扑救的部分;

③ 监狱中的灭火队队员;

④ 承担指定的火灾扑救活动的军队工作人员;

⑤ 在军队的营区范围内工作的平民消防员;

⑥ 企业消防队的消防员。

依据 NFPA 的统计,至 2012 年,美国共有消防员 1129250 名,其中 345950 名(31%)为职业消防员,783300 名(69%)为志愿消防员。72%的职业消防员就职于辖区人口 25000 以上的消防局,95%的志愿消防员服务于辖区人口 25000 以下的消防局,且其中一半以上的消防局位于人口少于 2500 的较小的偏远地区。

在 NFPA 的统计报告中,消防员的隶属关系通常划分为:职业消防员,志愿消防员,非地方政府消防员。其中,非地方政府消防员是指不是由当地的公共消防局所雇用的消防员,包括上述被企业消防队、军队、联邦政府等机构所雇用的工作人员。这类消防员可以是全职的,也可以是按救灾次数付费的,或者其他就职形式。职业和志愿消防员则是指隶属于地方性的公共消防局的消防员。其中的职业消防员是指其职业属于某个消防局的全职的、付酬成员的消防员;志愿消防员则是指主要职业不属于某个消防局的全职、付酬成员的消防员。

(二) 执行任务期间

本书主要关注消防员因公伤亡,即在执行灭火和救援任务期间发生死亡或受伤的数据。在 NFPA 的统计中,"执行任务期间"主要是指以下时间段。

① 消防员身处某个事故现场,包括火灾、非火灾事故以及紧急医疗救护处警;

② 前往事故现场或者从事故现场返回期间;

③ 参与消防局的其他任务,比如训练、装备维护、公共宣传教育、防火检查、火灾调查、出庭作证或者筹募资金;

④ 因接到处警命令而出现在或者待命于除消防员自己居住或办公场所之外的某个地点。

（三）执行任务期间的死亡

对于消防员执行任务期间发生死亡的界定，是指消防员在执行任务期间因身体受到损伤或引发疾病而导致死亡，死亡的类型包括：任何在执行任务时遭受的、被证明为致命的身体损伤，以及任何由执行任务期间所发生的行为所造成的、被证明为致命的疾病，以及在执行非紧急任务时所发生的与职业风险相关的致命事故。其中第一类中的身体损伤主要发生在火灾或其他应急事故现场、训练过程中，或者接警出动或处警返回路途的车辆事故中；第一类中的疾病（包括心脏病）主要是指在某个事故或者任务的过程中发病或者出现初期症状。在进行消防员死亡数据统计时，对致命身体损伤和疾病的数量统计也包括了所导致的死亡延后相当长时间才发生的情况，如果造成损伤的事故与所导致的死亡发生在不同年份，统计数据计入事故发生的年份。

尽管在进行消防员死亡数据统计的机构中，对于消防员因公殉职问题的研究应该包括因职业性质而导致的致命慢性疾病（比如癌症、非急性心脏病）的综合研究已达成共识，但是关于确定消防员因长期患病而导致因公死亡的机制，在实践过程中还没有形成。所以，在统计工作中，NFPA 聚焦于与特定的作业活动直接相关的消防员死亡信息，对于消防员因工作性质需要长期暴露于有毒火灾产物环境而有可能产生的各种生命健康影响没有进行长期的追踪统计。而美国职业安全与保健国家研究院 NIOSH 的工作涉及的范围更广，NIOSH 多年来一直延续从事一项消防员安全项目，通过对大约 30000 名城市地区和乡村地区的在职消防员和退役消防员的健康记录的追踪调查方法，研究了消防员罹患癌症的风险。NIOSH 近期刚完成了第一阶段的研究报告。

（四）导致消防员死亡的"受伤原因"和"受伤性质"

按照消防员受伤原因和受伤性质划分死亡类型，是对同一套数据不同角度的解读。在 NFPA 的报告中，导致消防员死亡的"受伤原因"和"受伤性质"的分类是基于 1981 年版本的"NFPA901 消防统一术语标准"。"原因"是指直接造成致命伤害的作为、不作为或者环境因素。"性质"是指消防员发生死亡时其所经历的身体的状态和过程，而这在死亡证明和尸检报告上其实通常都被列为"死亡原因"。表 2-8 和表 2-9 以 2013 年为例，按照消防员受伤原因和受伤性质对消防员死亡数据进行类型划分。

导致死亡的受伤原因通常包括：力竭和身体状态问题，火灾快速蔓延/爆炸，交通事故，被周围物体所困无法脱身，建筑物倒塌，跌落/跳落，在室内失踪，被电力所伤，遭受袭击。其中的交通事故，在 NFPA 的报告中是指交通工具（包括车辆、飞机和舰船）冲撞、翻覆，以及消防员从车体上坠落或者被车辆撞击事故。2013 年，消防员在前往火灾或其他灾害现场或者从现场返回的途中殉职的人数为 17，占总数的 18%。值得特别注意的一点是，被归因于这一类的消防员牺牲事件并非都是由于撞车事故而造成的，其中 8 名消防员死于车辆相撞或倾覆，5

名死于突发心血管疾病，1 名死于中风，1 名消防员在到达一个撞车现场时被车辆撞倒而死亡，1 名消防员在返回消防站时从消防车上滑倒跌落而死亡，1 名消防员在处警返回消防站后与他人发生争执、被推倒在地随后死亡。在最近 10 年间这类消防员牺牲的平均数为 24 名，最近 5 年间平均数为 17 名，从而可以看出这一类消防员牺牲事件的发生频率比较平稳。

表 2-8　2013 年度消防员死亡数据（按消防员受伤原因划分）

受伤原因	致死人数/人	所占百分数/%
力竭和身体状态问题	32	33
火灾快速蔓延/爆炸	30	31
交通事故	10	10
被周围物体所困无法脱身	9	9
建筑物倒塌	8	8
跌落/跳落	3	3
在室内失踪	3	3
被电力所伤	1	1
遭受袭击	1	1
总计	97	100.0

表 2-9　2013 年度消防员死亡数据（按消防员受伤性质划分）

受伤性质	致死人数/人	所占百分数/%
身体内部创伤/挤压	32	33
突发致命心脏疾病	29	30
烧伤	24	25
窒息或吸入大量烟气	8	8
中风/动脉瘤	2	2
触电	1	1
自杀	1	1
总计	97	100.0

导致死亡的受伤性质通常包括：身体内部创伤/挤压，突发致命心脏疾病，烧伤，窒息或吸入大量烟气，中风/动脉瘤，触电，自杀。

基本上，对于任一给定年度，扑救作业的压力、短时间的力竭以及其他通常会导致突发心脏疾病的与身体状况有关的问题，都是造成消防员死亡的最主要原因。

另一方面，对于导致消防员受伤（而非死亡）的因素划分，一般包括：过度用力造成的拉伤、扭伤，体表撕裂、割伤、脱臼、骨折，烟、气的吸入以及高度紧张、眼部刺激（其他），烧伤和吸入烟气，火焰或者化学灼伤，心脏病、中风，热应激，其他。这种对于消防员受伤性质的划分方法，在 1981 年、2001 年分别出现了一些统计分类上的变动。从 1981 年开始，"体表撕裂、割伤"数据中也包括出血、皮下损伤的情况；"脱臼、骨折"这一项的统计可以从"体表撕裂、割伤"中分离出来，即能够提供专项数据。从 2001 年始，统计数据中去掉了"眼部刺激"这一细项，增加了"烧伤和吸入烟气"这一细项。

三、消防员伤亡情况基本数据

从 1984～2013 年间，全美共有 3763 名消防员在执勤过程中牺牲。在 2004 年之前，几乎每年都有 100 名消防员因公死亡，每年近 10000 名消防员在执行任务期间受伤。本书对美国消防员死亡和受伤数量的历史统计数据进行了收集和整理。图 2-8 为 1977～2013 年间的全美殉职消防员数量柱状图，其中没有包括在 2001 年 9·11 恐怖袭击事件中牺牲的 340 名消防员。表 2-10 为 1981～2013 年间的消防员伤亡情况的基本数据。表 2-11 是按照消防员执行任务的种类划分，1977～2013 年间的消防员死亡数据。表 2-12 是按消防员的隶属关系划分，1977～2013 年间的消防员死亡数据。表 2-13 是按照消防员执行任务的种类划分，1981～2012 年间消防员受伤情况的数据。表 2-14 是按照消防员的受伤性质划分，1981～2012 年间消防员在执行火场扑救任务期间受伤情况的数据。表 2-15 为 1977～2012 年间发生的造成 5 名以上消防员在火场牺牲的火灾事故统计数据。

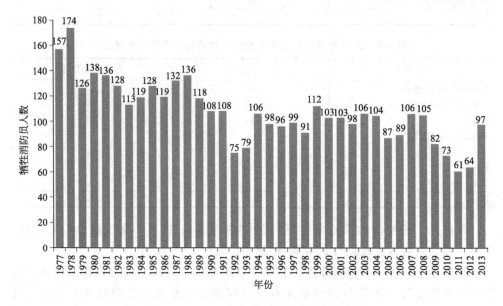

图 2-8　1977～2013 年间全美因公牺牲消防员数量

表 2-10　1981～2013 年间的消防员伤亡数据

年份/年	发生于火灾事故现场			发生于非火灾事故现场		
	处警数量/起	消防员死亡人数/人	消防员受伤人数/人	处警数量/起	消防员死亡人数/人	消防员受伤人数/人
1981	2893500	75	67510	7701000	8	9600
1982	2538000	67	61370	8010000	8	9385
1983	2326500	60	61740	8606500	12	11105

续表

年份/年	发生于火灾事故现场			发生于非火灾事故现场		
	处警数量/起	消防员死亡人数/人	消防员受伤人数/人	处警数量/起	消防员死亡人数/人	消防员受伤人数/人
1984	2343000	59	62700	8727000	8	10630
1985	2371000	63	61255	9517000	9	12500
1986	2271500	48	55990	9618500	6	12545
1987	2330000	54	57755	9907500	12	13940
1988	2436500	65	61790	10871500	10	12325
1989	2115000	59	58250	11294500	6	12580
1990	2019000	48	57100	11688500	17	14200
1991	2041500	53	55830	12515000	8	15065
1992	1964500	38	52290	12720000	4	14645
1993	1952500	34	52885	13366000	8	16675
1994	2054500	62	52875	14072500	7	11810
1995	1965500	42	50640	14426000	12	13500
1996	1975000	32	45725	15528000	8	12630
1997	1795000	41	40920	16162500	12	14880
1998	1755500	40	43080	16997500	15	13960
1999	1823000	56	45550	17844000	10	13565
2000	1708000	39	43065	18812000	8	13660
2001	1734500	378	41395	19231000	2	14140
2002	1687500	46	37860	19616000	10	15095
2003	1584500	29	38045	20821500	9	13855
2004	1550500	30	36880	21066000	9	13150
2005	1602000	25	41950	21649500	4	12250
2006	1642500	37	44210	22827500	6	13090
2007	1557500	37	38340	23777000	8	15435
2008	1451500	29	36595	23801000	11	15745
2009	1348500	27	32205	25185000	10	15455
2010	1331500	22	32675	26873500	5	13355
2011	1389500	30	30505	28708500	5	14905
2012	1375000	21	31490	31854000	4	13820
2013		56			7	

注：表中的数据更新于2014年6月；表中的消防员死亡数据来自NFPA的年度消防员牺牲事件追踪项目；表中的处警和消防员受伤数据由NFPA的"全国消防统计项目"中估算而来；表中2001年的数据中包括了2001年9·11恐怖袭击事件中牺牲的340名消防员（在该事件中，纽约消防局共损失了343名工作人员，其中包括340名消防员，2名紧急医护人员，1名随军牧师，在NFPA的消防员伤亡统计报告中，只包括了其中的340名消防员，下文同）。

表 2-11　1977～2013 年间的消防员死亡数据（按消防员执行任务的种类划分）

年份/年	总数/人	火场扑救任务/人	从火灾现场往返途中/人	非火灾处警现场/人	训练/人	其他任务/人
1977	157	78(49.7%)	41(26.1%)	14(8.9%)	10(6.4%)	14(8.9%)
1978	174	84(48.3%)	48(27.6%)	20(11.5%)	5(2.9%)	17(9.8%)
1979	126	83(65.9%)	21(16.7%)	9(7.1%)	3(2.4%)	10(7.9%)
1980	138	74(53.6%)	37(26.8%)	9(6.5%)	4(2.9%)	14(10.1%)
1981	136	75(55.1%)	35(25.7%)	8(5.9%)	7(5.1%)	11(8.1%)
1982	128	67(52.3%)	40(31.3%)	8(6.3%)	6(4.7%)	7(5.5%)
1983	113	60(53.1%)	26(23.0%)	12(10.6%)	4(3.5%)	11(9.7%)
1984	119	59(49.6%)	37(31.1%)	8(6.7%)	3(2.5%)	12(10.1%)
1985	128	63(49.2%)	33(25.8%)	9(7.0%)	6(4.7%)	17(13.3%)
1986	119	48(40.3%)	42(35.3%)	6(5.0%)	6(5.0%)	17(14.3%)
1987	132	54(40.9%)	37(28.0%)	12(9.1%)	17(12.9%)	12(9.1%)
1988	136	65(47.8%)	39(28.7%)	10(7.4%)	11(8.1%)	11(8.1%)
1989	118	59(50.0%)	29(24.6%)	6(5.1%)	12(10.2%)	12(10.2%)
1990	108	48(44.4%)	24(22.2%)	17(15.7%)	8(7.4%)	11(10.2%)
1991	108	53(49.1%)	26(24.1%)	8(7.4%)	14(13.0%)	7(6.5%)
1992	75	38(50.7%)	21(28.0%)	4(5.3%)	5(8.0%)	7(8.0%)
1993	79	34(43.0%)	21(26.6%)	8(10.1%)	7(8.9%)	9(11.4%)
1994	106	62(58.5%)	19(17.9%)	7(6.6%)	7(6.6%)	11(10.4%)
1995	98	42(42.9%)	32(32.7%)	12(12.2%)	4(4.1%)	8(8.2%)
1996	96	32(33.3%)	32(33.3%)	8(8.3%)	8(8.3%)	16(16.7%)
1997	99	41(41.4%)	27(27.3%)	12(12.1%)	7(7.1%)	12(12.1%)
1998	91	40(44.0%)	17(18.7%)	15(16.5%)	11(12.1%)	8(8.8%)
1999	112	56(50.0%)	32(28.6%)	10(8.9%)	4(3.6%)	10(8.9%)
2000	103	39(37.9%)	24(23.3%)	8(7.8%)	14(13.6%)	18(17.5%)
2001	443	38(36.9%)	26(25.2%)	2(1.9%)	12(11.7%)	25(24.3%)
2002	98	46(46.9%)	19(19.4%)	10(12.2%)	11(11.2%)	12(12.2%)
2003	106	29(27.4%)	37(34.9%)	9(8.5%)	12(11.3%)	19(17.9%)
2004	104	30(28.8%)	36(34.6%)	9(8.7%)	12(11.5%)	17(16.3%)
2005	87	25(28.7%)	26(29.9%)	4(4.6%)	11(12.6%)	21(24.1%)
2006	89	37(41.6%)	18(20.2%)	6(6.7%)	8(9.0%)	20(22.5%)
2007	106	37(34.9%)	31(29.2%)	8(7.5%)	13(12.3%)	17(16.0%)
2008	105	29(27.6%)	40(38.1%)	11(10.5%)	7(6.7%)	18(17.1%)
2009	82	27(32.9%)	20(24.4%)	10(12.2%)	11(13.4%)	14(17.1%)
2010	73	22(30.1%)	18(24.7%)	5(6.8%)	11(15.1%)	17(23.3%)
2011	61	30(49.2%)	10(16.4%)	5(8.2%)	6(9.8%)	10(16.4%)
2012	64	21(33.0%)	19(30.0%)	4(6.0%)	8(13.0%)	12(19.0%)
2013	97	56(57.7%)	17(17.5%)	7(7.2%)	7(7.2%)	10(10.3%)

　　注：表中的数据更新于 2014 年 6 月；表中的消防员死亡数据来自 NFPA 的年度消防员牺牲事件追踪项目（其中有些数据在原始报告的基础上有所更新）；表中 2001 年的消防员死亡总数包括了 2001 年 "9·11" 恐怖袭击事件中牺牲的 340 名消防员，但各细项的百分比计算中没有包括这个数目。

表 2-12　1977～2013 年间的消防员死亡数据（按消防员的隶属关系划分）

年份/年	总数/人	职业消防员/人	志愿消防员/人	非地方政府消防员/人
1977	157	70	82	5
1978	174	65	101	8
1979	126	58	58	10
1980	138	61	69	8
1981	136	58	65	13
1982	128	51	67	10
1983	113	54	51	8
1984	119	43	59	17
1985	128	55	66	7
1986	119	50	55	14
1987	132	49	68	15
1988	136	43	81	12
1989	118	43	65	10
1990	108	26	62	20
1991	108	36	66	6
1992	75	24	44	7
1993	79	21	55	3
1994	106	35	38	33
1995	98	30	59	9
1996	96	27	65	4
1997	99	31	59	9
1998	91	33	49	9
1999	112	37	71	4
2000	103	28	58	17
2001	443	365	66	12
2002	98	29	51	18
2003	106	26	58	22
2004	104	28	64	12
2005	87	25	54	8
2006	89	23	46	20
2007	106	43	55	8
2008	105	27	60	18
2009	82	31	41	10
2010	73	25	45	3
2011	61	21	35	5
2012	64	23	30	11
2013	97	25	41	31

　　注：表中的数据更新于 2014 年 6 月；表中 2001 年消防员死亡数据中包括了 2001 年 9·11 恐怖袭击事件中牺牲的 340 名消防员。

表 2-13 1981～2012 年间的消防员受伤数据（按消防员执行任务的种类划分）

年份/年	总数/人	火场扑救任务/人	从火灾现场往返途中/人	非火灾处警现场/人	训练/人	其他任务/人
1981	103340	67510(65.3%)	4945(4.8%)	9600(9.3%)	7090(6.9%)	14195(13.7%)
1982	98150	61370(62.5%)	5320(5.4%)	9385(9.6%)	6125(6.2%)	15950(16.3%)
1983	103150	61740(59.9%)	5865(5.7%)	11105(10.8%)	6755(6.5%)	17685(17.1%)
1984	102300	62700(61.3%)	5845(5.7%)	10630(10.4%)	6840(6.7%)	16285(15.9%)
1985	100900	61255(60.7%)	5280(5.2%)	12500(12.4%)	6050(6.0%)	15815(15.7%)
1986	96450	55990(58.1%)	4665(4.8%)	12545(13.0%)	6395(6.6%)	16855(17.5%)
1987	102600	57755(56.3%)	5075(4.9%)	13940(13.6%)	6075(5.9%)	19755(19.3%)
1988	102900	61790(60.0%)	5080(4.9%)	12325(12.0%)	5840(5.7%)	17865(17.4%)
1989	100700	58250(57.8%)	6000(6.0%)	12580(12.5%)	6010(6.0%)	17860(17.7%)
1990	100300	57100(56.9%)	6115(6.1%)	14200(14.2%)	6630(6.6%)	16255(16.2%)
1991	103300	55830(54.0%)	5355(5.2%)	15065(14.6%)	6600(6.4%)	20450(19.8%)
1992	97700	52290(53.5%)	5580(5.7%)	14645(15.0%)	7045(7.2%)	18140(18.6%)
1993	101500	52885(52.1%)	5595(5.5%)	16675(16.4%)	6545(6.5%)	19800(19.5%)
1994	95400	52875(55.4%)	5930(6.2%)	11810(12.4%)	6780(7.1%)	18005(18.9%)
1995	94500	50640(53.6%)	5230(5.5%)	13500(14.3%)	7275(7.7%)	17855(18.9%)
1996	87150	45725(52.5%)	6315(7.2%)	12630(14.5%)	6200(7.1%)	16280(18.7%)
1997	85400	40920(47.9%)	5410(6.3%)	14880(17.4%)	6510(7.6%)	17680(20.7%)
1998	87500	43080(49.2%)	7070(8.1%)	13960(16.0%)	7055(8.1%)	16335(18.7%)
1999	88500	45550(51.5%)	5890(6.7%)	13565(15.5%)	7705(8.7%)	15790(17.8%)
2000	84500	43065(51.0%)	4700(5.6%)	13660(16.2%)	7400(8.8%)	15725(18.6%)
2001	82250	41395(50.3%)	4640(5.6%)	14140(17.2%)	6915(8.4%)	15160(18.4%)
2002	80800	37860(46.9%)	5805(7.2%)	15095(18.7%)	7600(9.4%)	14440(17.9%)
2003	78750	38045(48.3%)	5200(6.6%)	13855(17.6%)	7100(9.0%)	14550(18.5%)
2004	75840	36880(48.6%)	4840(6.4%)	13150(17.3%)	6720(8.9%)	14250(18.8%)
2005	80100	41950(52.4%)	5455(6.8%)	12250(15.3%)	7120(8.9%)	13325(16.6%)
2006	83400	44210(53.0%)	4745(5.7%)	13090(15.7%)	7665(9.2%)	13690(16.4%)
2007	80100	38340(47.9%)	4925(6.1%)	15435(19.3%)	7735(9.7%)	13665(17.1%)
2008	79700	36595(46.0%)	4965(6.2%)	15745(19.8%)	8145(10.2%)	14250(17.9%)
2009	78150	32205(41.2%)	4965(6.4%)	15455(19.8%)	7935(10.2%)	17590(22.5%)
2010	71875	32675(45.4%)	4380(6.1%)	13355(18.6%)	7275(10.1%)	14190(19.7%)
2011	70090	30505(43.5%)	3870(5.6%)	14905(21.5%)	7515(10.8%)	13295(19.2%)
2012	69400	31490(45.4%)	4190(6.0%)	12760(18.4%)	7140(10.3%)	13820(19.9%)

注：表中的数据更新于 2013 年 11 月；表中数据源自 NFPA 的"全国消防统计项目"；1981 年之前的消防员受伤数据的统计分类与表 2-11 略有不同。

表 2-14　1981～2012 年间消防员在执行火场扑救任务期间受伤的数据

（按消防员的受伤性质划分）

年份/年	总数/人	过度用力造成的拉伤、扭伤/人	体表撕裂、割伤、脱白、骨折/人	烟、气的吸入，高度紧张、眼部刺激（其他）/人	烧伤和吸入烟气/人	火焰或者化学灼伤/人	心脏病、中风/人	热应激/人	其他/人
1981	67510	16530	20455	17800	N/A	7545	300	N/A	4880
1982	61370	14955	16450	17035	N/A	5990	315	N/A	6625
1983	61740	15415	17470	6495	N/A	6470	370	N/A	5520
1984	62700	16870	16295	14310	N/A	6640	430	3990	4165
1985	61255	16545	15435	14205	N/A	6215	230	4520	4105
1986	55990	15455	15200	12075	N/A	6270	360	3260	3370
1987	57755	16565	14770	12945	N/A	5770	240	4260	3205
1988	61790	20695	14205	11225	N/A	6475	260	4955	3975
1989	58250	22360	13625	11245	N/A	4815	255	3040	2910
1990	57100	20885	13120	11120	N/A	5180	235	3505	3055
1991	55830	19655	11285	11170	N/A	4960	325	4630	3805
1992	52290	19020	11920	10140	N/A	5105	335	2775	2995
1993	52885	18810	11910	8685	N/A	5990	295	3430	3765
1994	52875	18855	12275	9290	N/A	5470	330	3160	3495
1995	50640	19280	11680	8840	N/A	4890	345	2935	2670
1996	45725	17455	9865	8135	N/A	4360	300	2720	2890
1997	40920	15590	9710	6085	N/A	3755	205	2840	2735
1998	43080	18735	9010	5960	N/A	4040	300	2760	2275
1999	45550	17925	9880	7050	N/A	4060	395	3570	2670
2000	43065	19500	8695	5945	N/A	3850	250	2175	2650
2001	41395	16410	10355	3925	1190	3255	310	2315	3635
2002	37860	15735	9200	2790	975	3205	345	2415	3195
2003	38045	16830	9195	2890	980	2765	235	2145	3005
2004	36880	17890	7370	2915	585	2860	290	1875	3095
2005	41950	18620	8570	3390	750	2930	315	2480	4895
2006	44210	20655	8705	3755	575	3070	350	2280	4820
2007	38340	17280	8195	2710	695	2650	395	2410	4005
2008	36595	17855	6685	2865	540	2270	245	2075	4060
2009	32205	15525	5005	2435	445	2280	375	1865	4275
2010	32675	17250	5505	1660	555	1940	175	2350	3240
2011	30505	15460	4435	2025	605	1905	255	2115	2970
2012	31490	17375	3830	1410	270	1820	265	1825	3575

注：表中的数据更新于 2013 年 11 月；N/A 表示"无适用数据"。

表 2-15　1977～2012 年间发生的造成 5 名以上消防员在火场牺牲的火灾事故统计数据

事故发生日期	消防员牺牲人数/人	事故发生场所	事故发生地
2001.9.11	340	世贸中心	New York, NY
1994.7.6	14	山林火灾	Glenwood Springs, CO
1984.7.23	10	炼油厂	Romeoville, IL
2007.6.18	9	家具商场	Charleston, SC
2005.8.5	9	山林火灾中的直升机坠毁	Near Weaverville, CA
1999.12.3	6	仓库	Worcester, MA
1990.6.25	6	山林火灾（牧场）	Payson, AZ
1988.11.29	6	建筑工地	Kansas City, MO
1978.8.2	6	超市	New York, NY
2006.10.26	5	山林火灾	Perris, CA
1988.7.1	5	汽车特许经销店	Hackensack, NJ
1983.12.27	5	散热器修理厂	Buffalo, NY

注：表中的数据更新于 2013 年 7 月；表中数据来自 NFPA 的火灾事故数据分析项目；表中的火灾事故统计数据按火灾发生的场所划分，按死亡数目由高到低顺序排列。

四、消防员伤亡数据的回顾性分析

(一) 总体趋势

由图 2-8 可以看出，在过去 30 年间，美国消防员的年平均牺牲人数降低了1/3。在 20 世纪 70 年代，每年平均有 151 名消防员牺牲；到 90 年代，这个数量降低至 97 名；在 1998～2007 的 10 年间，这个数量平稳在 87 名。在 2003～2012的 10 年间，每年平均有 87 名消防员殉职。从 2009～2012 年，消防员因公牺牲的总数已经连续 4 年低于 82 人，每年的殉职消防员总数处于 61～82 人之间。2013年共有 97 名消防员殉职，该数据的大幅上扬主要是两起事故造成的：亚马逊的Yarnell Hill 火灾造成 19 名消防员在执行林地火灾扑救任务期间牺牲，德克萨斯一个肥料厂的硝酸铵爆炸事故导致 9 名参与火灾扑救的消防员牺牲（同时还造成1 名紧急医护人员死亡）。

NFPA 在 2007 年 6 月进行的对过去 30 年间消防员伤亡情况变化的回顾性研究中，认为在这个趋势变化的背后主要有两个原因，一是由于突发心脏疾病造成执行任务的消防员发生死亡的人数降低了，在 NFPA 开始消防员殉职研究项目的第一个5 年内，平均每年有 65 名消防员死于这个原因；而在 21 世纪的第一个 5 年内，这个数量降至 41 名；二是在火灾中牺牲的消防员人数显著减低，在研究项目起始的第一个 5 年内，在火场上牺牲的消防员人数平均每年为 79 名，其中 59 名牺牲于建筑相关火灾；在最近的 5 年内，年均牺牲于火场的消防员数量降至 34 名，其中 22 名牺牲于建筑火灾。在观察这些数据时，我们应注意到其中有些重合数据，因为每年建筑火灾中消防员的牺牲有许多都是由于突发心血管疾病造成的。

由于从消防车上跌落而造成的死亡，在最初的 11 年内至少造成 3 名消防员牺牲，到 20 世纪 90 年代就完全绝迹，但是进入 21 世纪后却略有抬头，几乎每年都会有 1 名消防员死于这个原因。

（二）突发心脏疾病导致的消防员死亡

突发心脏疾病导致死亡在医学上可称为心脏性猝死、心源性猝死、或心因性猝死。根据美国心脏协会的定义，心脏性猝死是指"突发的、快速的心脏机能丧失，发作者在此之前可能有，也可能没有曾经被诊断出患有心脏疾病"。尽管总体上看，从 20 世纪 70 年代至今，消防员每年发生心脏性猝死的数量降低了约 1/3，但这仍然是导致消防员因公牺牲的第一大原因。到 90 年代，这个数量在 40 ～50 之间浮动，并没有显示出明显上升或下降的趋势。2006 年有 34 名消防员发生心脏性猝死，是之前 30 年间最少的。

消防员心脏性猝死发生频率最高的工作场所为火灾现场作业（占总数的 42.9％），其次是处警现场往返途中（占总数的 25.3％）。NIOSH 曾对消防员执行任务期间发生的与心血管疾病相关的死亡情况进行了研究，在其调查报告中，认为"灭火救援活动非常消耗体力其紧张状态经常要求消防员长时间在接近最高心率的情况下进行作业，调查结果显示，消防员心率加快的状态从接警出动时开始，并在整个灭火救援活动中一直持续这种状态"。2007 年 Stefanos 等人在"New England Journal of Medicine"上发表了题为"美国消防员的应急任务与心脏疾病引发死亡的研究"的论文，考察了消防局的各项具体任务的致死风险，认为消防员在灭火战斗活动期间的冠心病致死风险比非紧急任务活动中的风险高 9～100 倍。

（三）发生在建筑火灾中的死亡

自 1977 年至今，每年在建筑火灾中因公牺牲的美国消防员人数降低了 69％。在 20 世纪 70 年代，每年平均约 60 名消防员死于建筑火灾扑救；到 21 世纪初，这个数字已经降低至 20 名。消防人士经常把这个进步归功于消防防护服及装备、火场指挥、控火作业程序和战训技术等的提高，同时，有人也逐渐意识到建筑火灾发生率的降低也是消防员牺牲人数减少的一个原因。为了显示建筑火灾的降低对消防员牺牲人数降低的影响程度，研究人员对 1977～2006 年期间，美国建筑火灾的起数和牺牲于建筑火灾扑救的消防员人数进行了对比（如图 2-9 所示），结果表明在这 30 年间，牺牲消防员人数降低 69％ 的同时，建筑火灾起数也降低了 53％，两者的绝对值变化趋势非常接近，消防员牺牲人数的降低确实在很大程度上是出于建筑火灾总数的降低。为了进一步分析相对于过去，目前消防员死于建筑火灾扑救的概率的变化，还需要分析在这期间的建筑火灾消防员死亡率变化趋势。图 2-10 对消防员死亡率与建筑火灾起数进行了对比，为了提高精度、减少数

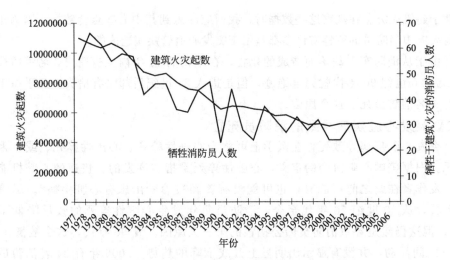

图 2-9　建筑火灾中的消防员死亡人数与建筑火灾起数的对比

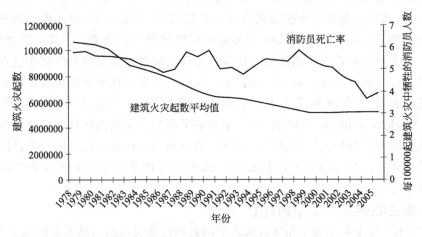

图 2-10　建筑火灾中消防员死亡率与建筑火灾起数的对比

据震荡有可能产生的影响，其中对于建筑火灾数据采用了以 3 年为一个区间，取其移动平均值的方法。如果消防员死亡人数的数值增加而建筑火灾起数降低或保持不变，则消防员死亡率增加；如果消防员死亡人数的数值保持不变而火灾起数降低，则消防员死亡率也增加。同理，如果消防员死亡人数的数值减少而火灾起数保持不变或增加，如果火灾起数增加而消防员死亡值保持不变，则消防员死亡率降低。当火灾起数和死亡人数呈现同样的变化趋势，则消防员死亡率保持相对平稳。从图 2-10 可以看出，20 世纪 70 年代，每 100000 起建筑火灾中牺牲的消防员人数约为 5.8，80 年代之后，在 4.8～5.8 之间起伏，直至 1999 年之后开始平稳下降，到 2006 年降至 4.0。此后，在建筑火灾数量达到大约每年 520000 起的平台期的情况下，每 100000 起建筑火灾中的消防员死亡率实际上却呈增加趋势。

在过去的 20 年间，消防员个人防护服及装备、训练、火场指挥和控制技术都得到了全面提高，人们转而关注现在造成消防员在建筑火灾中牺牲的原因，以及与过去相比，发生火灾时建筑中哪些部位更容易造成消防员牺牲。2010 年 6 月，NFPA 针对建筑火灾中消防员死亡情况进行统计研究，在其调查报告中宣称在建筑火灾中因心脏性猝死（发生在建筑物外部和内部）造成的消防员死亡率从 20 世纪 80 年代开始一直呈下降趋势，在 70 年代，消防员在建筑火灾中心脏性猝死的发生率为每 100000 起建筑火灾 2.6 人，这个数值到 21 世纪初就降至 1.3。同时，建筑物发生火灾时，消防员在建筑物外部的非心因性猝死发生率也基本呈下降趋势，在 0.4～1.7 之间徘徊。在这类消防员死亡事件中，最常见的五个原因是：建筑物倒塌（38.6%）、爆炸（17.3%）、跌落（11.8%）、遭遇车辆碰撞（8.2%）和电击（6.4%）。

值得注意的是，消防员在建筑物内部进行灭火作业期间因遭受身体重创而造成的死亡率 30 年来呈比较明显的增长趋势。如图 2-11 所示，在 20 世纪 70 年代这方面的数据是每 100000 起建筑火灾 1.8 人，90 年代后期上升至 3.0 人，在经历一段时期的下降并基本稳定在 1.9 人左右之后，近些年又突然上升至 3.0 以上。形成这种趋势的原因与发生了同一起火灾造成多名消防员牺牲的事故有一定关系（如 2007 年就发生了一起造成 9 名消防员死亡的火灾），但是即使没有这起火灾的发生，这方面的消防员死亡率仍呈上升趋势，如图 2-11 中的虚线所示。

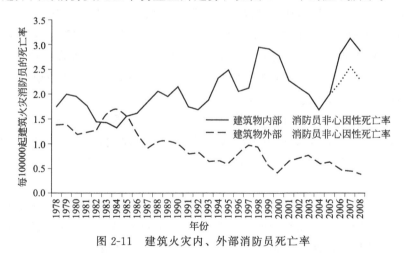

图 2-11 建筑火灾内、外部消防员死亡率

根据 NFPA 的统计分析，消防员在建筑物内部执行扑救任务期间发生的非心因性死亡几乎都是由于吸入火灾烟气或发生窒息（63.5%）、烧伤（19.5%）以及身体遭受挤压或体内受损（15.3%）所造成的，而引发这些致命创伤的主要原因是消防员在建筑物内迷失方向、建筑物倒塌以及火灾发展状态的变化（包括回燃、轰燃和爆炸的发生）。NFPA 的统计研究结果表明，1977～2009 年间的 33 年内，这三种原因造成的消防员死亡率总体呈上升趋势。

具体观察 2000～2009 年的数据，这 10 年间共有 138 名消防员在建筑物内部的灭火作战中牺牲，其中 78 名死于窒息（包括吸入火灾烟气），25 名死于烧伤，20 名死于心脏性猝死，15 名死于身体遭受极度挤压或体内受损。在死于窒息的 78 名消防员中，造成窒息的主要原因包括：

① 建筑物倒塌，共造成 27 名消防员死亡，其中 18 名死于屋顶坍塌，6 名死于地板坍塌，2 名死于天花板坍塌，1 名死于墙体坍塌。

② 火灾状态的极速发展、回燃或轰燃现象的发生，共造成 24 名消防员死亡。

③ 在建筑物内迷失方向且呼吸器内空气耗尽，共造成 18 名消防员死亡。

④ 其他原因，共造成 9 名消防员死亡，其中有 5 名消防员从地板上被火灾烧穿的孔洞中坠落，2 名在内攻作战时遭遇浓烟，1 名被坠落的篷架击中，1 名在扑救仓库火灾过程中身陷筒仓的粮食中。

在这 78 名消防员中，有 75 名在牺牲时都佩戴了空气呼吸器，在没有装备呼吸器的 3 人中，有 2 人是由于自己的住宅着火，在灭火的过程中没有佩戴个人防护装备，有 1 人是试图救助跌落在筒仓中的数名消防员而进入筒仓最终自己却身陷其中的粮食产品窒息而死。在佩戴了呼吸器的牺牲消防员中，确认有 14 名在牺牲时，他们的呼吸器面具没有处于正确的位置，这有可能是他们自己对面具做出了移除动作，也有可能是他们在跌落或者遭受撞击时面具受外力作用而发生位移。在这 78 名消防员中，有 8 名确认为由机械性窒息造成死亡，表明他们在死亡时是被坍塌建筑构件埋压或者身陷有限空间内，因无法呼吸而致死。

在死于烧伤的 25 名消防员中，有 13 名是由于遭遇火灾状态的极速发展、回燃或轰燃现象而死亡；其余是在作业过程中首先被困、进而因烧伤致死：7 名遭遇建筑物倒塌，2 名从地板上被火灾烧穿的孔洞中坠落，2 名在建筑物内迷失方向，1 名被建筑物内坠落的构件击中。

在死于身体遭受极度挤压或体内受损的 15 名消防员中，有 9 名是由于遭遇建筑物倒塌，3 名从窗户中跳出或跌落，1 名因摔倒在摄录仪器上导致脾脏衰竭，1 名在载人电梯中遭受挤压，1 名在爆炸中被抛出后先后撞到门和动力锯。

在火灾中发生了局部或全部坍塌导致消防员牺牲的建筑物类型的完整历史数据已经很难追溯，但可以查证的是，在 2000～2009 年间，有 7 起建筑火灾中涉及轻质木桁架结构和预制工字钢梁的坍塌，这 7 起火灾坍塌事故总共导致 9 名消防员死亡。另有 11 名消防员在 2 起火灾扑救中由于钢制桁架屋顶坍塌而牺牲。在可以查实的记录中，以起火建筑物的使用类型来划分，在 2000～2009 年牺牲的 130 名消防员中，有 71 名死于独栋住宅建筑，19 名死于公寓建筑，7 名死于空置住宅建筑，24 名死于商贸场所，5 名死于餐饮场所，4 名死于仓储建筑，其余的死亡发生在教堂、修缮状态下的建筑等。图 2-12 为 2008～2012 年间，每 100000 起建筑火灾中（按建筑物使用类型分类）消防员因公牺牲人数。

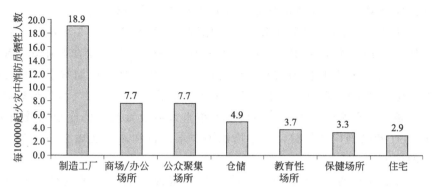

图 2-12　2008～2012 年间，每 100000 起建筑火灾中（按建筑物使用类型分类）
消防员因公牺牲人数

（四）道路交通中的撞车事故导致的死亡

消防员在执行公务时，因道路交通事故而导致的死亡人数统计数据如图 2-13
所示。在造成消防员因公死亡的总数中，车祸一直稳居死亡原因的第二位。不仅
在往返火警现场的途中，而且在所有消防公务中，都会发生车祸事故。这些死亡
事件中，超过 1/3 的与消防员的个人车辆有关，占总量的 37.7%。还有 22.7% 涉
及水罐车撞车事故，21.7% 涉及泵浦车。车祸事故中所死亡的消防员中有 3/4 为
志愿消防员。在 406 名死亡的消防员中，现已确证有 76% 在事故发生时没有系安
全带或使用其他安全束缚装置。造成这些车祸事故的常见原因主要包括相对于路
况的超速行驶、违章驾驶（包括在经过"停车"的交通标示时没有停车，在经过
铁轨时没有停车）、车辆失于维护。

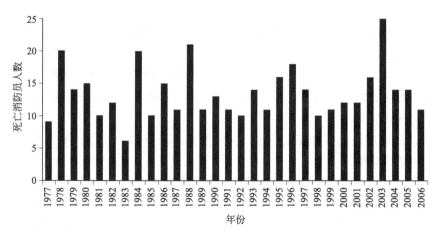

图 2-13　1977～2006 年间，消防员在交通车辆相撞事故中的因公死亡人数

每年都会发生消防员车祸死亡事故，其实只要能做到遵守交通规则、使用安
全带、驾驶员保持清醒状态、恰当控制车速，这些事故大部分就能得以避免。因
车祸而导致消防员死亡这类事故总体上没有明显的发展趋势，但也有一些例外，

如在往返处警现场途中从消防车上跌落而造成的消防员死亡。从 1977～1987 的 11 年间，共有 41 名志愿消防员死于这个原因，几乎每年都有 3 名消防员死于这样的事件。到 1987 年，NFPA 发布了第一版的 NFPA1500《消防职业安全和健康标准》。其中要求所有乘坐消防车的消防员，在消防车处于运动状态时都必须一直坐在座位上并系好安全带。同年 NFPA 还发布了 NFPA1901《消防车标准》的临时修订条文，要求消防车内必须按最大乘坐人数设置足够的座位以及安全带，该标准 1991 年得到广泛修订，其中增加了要求司机和乘员区域必须设置完全围合结构的规定。

虽然没有调研结果直接表明这些标准规范改进后产生的功效，但至少在 1992～1998 年间，没有再发生此类事故；在 1999～2006 年之间，共发生了 4 起这样的消防员死亡事件。NIOSH 对这 4 起事故都进行了详细调查，给出的结论和建议总结如下。

① 4 名死亡的消防员当时都没有使用安全带。消防员没有使用安全带的原因有的是因为车上所设安全带长度不够，无法容纳穿着防护服的消防员，有的是因为消防员为整理防护服或装备而解开了安全带。

② 4 起事件中的事故消防车都为旧车改装款或预留款，它们的乘员围护区域没有设安全门或安全护栏，或锁具安全性不足，车辆行驶过程中，尤其是当车辆转弯时，消防员被抛出车外（查实至少有 3 起事故）。

③ 在可行的情况下，消防局应该为消防车的每个乘员设置一个个人围护区域。

④ 消防局应该确保应急用消防车为其司机和乘员装配足够的、性能完好的安全装置，主要是安全带和安全门，并在日常维护检修中进行认真检查和记录。

⑤ 消防局应确保消防车内的围护区域所设置的内部把手应该设计、安装为抵御无意触碰情况下就能打开的保护形式。

⑥ 消防局应该不断向其消防员强制推行并反复训练"标准作业程序、指南"，要求所有乘用消防应急车辆的人员在车辆处于运动状态期间都应使用安全带或者类似的安全束缚装置。

⑦ 消防局应该确保在车辆行进期间，禁止对装备和个人防护服实施需要移除安全带的穿脱动作。

（五）消防作战训练期间发生的消防员死亡事故

作战训练是消防工作的一个极其重要的组成部分，但在作战训练期间又经常造成完全没有必要的消防员伤亡，这类死亡事故最令消防部门困扰，因为训练的目的是让消防员通过练习获得在应急作业状态下能够防止伤亡发生的技能技术，而不应该成为造成消防员牺牲的原因。

灭火作战训练应该在可控性的设施内进行，这些训练设施在设计上应具备相应的安全性，避免对参与训练的人员造成伤害。同时，灭火作战训练也必须遵循有技术依据的安全程序要求。满足这两个条件，同时结合具备技能资质的消防讲师，就会在最大程度上减少消防人员在训练过程中的伤亡事件。

1. 概况

NFPA 在 2012 年 1 月发布的针对消防作战训练期间发生的消防员死亡情况统计报告中表明，在 1977~2010 年的 34 年间，美国共有 291 名消防员在消防作战训练期间发生死亡，占因公牺牲人员总数的 7.8%。每年在训练过程中死亡的消防员 3~17 名不等，具体数据如图 2-14 所示。虽然多年来美国消防员因公牺牲的情况总体上呈下降趋势，但消防员在作战训练期间因公死亡的数量却没能持续下降，这使得这类消防员死亡数目在总量中所占比重越来越明显。这种情况有可能与消防作战训练的数量远远多于过去有关系。

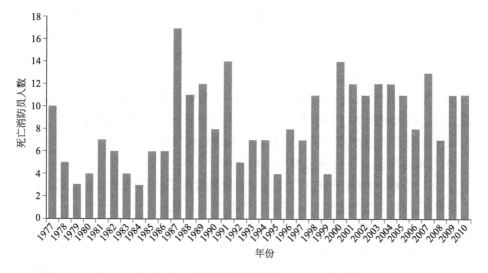

图 2-14　1977~2010 年间，美国消防员在消防作战训练期间的因公死亡人数

2001~2010 的 10 年间共有 108 名消防员死于作战训练，占同期间消防员因公牺牲总量的 11.3%（不包括 2001 年 9·11 恐怖袭击事件中牺牲的 340 名消防员）。在这 108 名消防员中，53 名为志愿消防员，43 名为职业消防员，9 名为联邦或州土地管理机构雇用消防员，1 名为军队雇佣的平民消防员，1 名为合同消防飞机驾驶员，1 名为企业消防员。在这些消防员中，27 名（占总数的 1/4）为从业时间小于 1 年的"新兵"，他们中有 10 名的死亡与新兵入役训练直接相关。

从这些消防员所遭受致命损伤的原因看，其中 68 名的死亡起因于压力、用力过度或身体状态问题，这种起因一般造成消防员的心因性猝死或中风而死。有 19 名消防员因遭受外力击打而死，包括车祸、树木、重型工具等。9 名消防员死于某种无法逃脱的困境，包括实体火灾训练、水下训练、其他形式的有限空间。7 名消防员死于跌落，包括从消防车、屋顶、直升机等位置跌落。3 名消防员死于高温，包括实体火灾训练和高温天气。

从这些消防员所遭受致命损伤的性质看，56 名死于突发心脏病，25 名死于主要由车祸和从高处跌落造成的体内器官受损和身体挤压损伤，其余还有中风或动脉瘤、溺亡、体温过高、吸入烟气和烧伤等。

从死亡消防员的年龄段来看，死亡消防员的年龄处于 19～74 岁之间，平均年龄为 43 岁。40 岁以下的消防员死亡率最低。随着年龄的增长，心因性猝死造成的死亡概率更大。1996～2005 年的调研结果表明，20 岁以下的年轻消防员的死亡率比所有消防员的平均值高出 50%，而在 2001～2010 年间，其死亡率下降至平均值的一半。

2. 消防作战训练期间消防员心因性猝死造成的死亡

从消防员因公牺牲的总数来看，心因性猝死占据致死原因的第一位，在作战训练期间消防员死亡方面也是如此。在 2001～2010 年间死于作战训练的 108 名消防员中，有 56 名死于突发心脏病。这 56 名死亡者一多半都患有严重的动脉硬化性心脏病，还有 11 人患有高血压，10 人在事故发生之前曾经历过心脏病的发作或进行过心脏搭桥手术，3 名患有肥胖症。

NFPA 和 NIOSH 都曾对消防员在执行公务期间因心因性猝死而造成死亡的情况开展过研究并发布了研究报告。对这些报告所给出的建议进行综合，可以总结出为了降低这方面的消防员死亡数量，消防局应该采取以下措施。

① 每年对消防员进行身体健康评估。

② 对冠心病风险因子进行筛查（冠心病风险因子包括糖尿病、吸烟、高胆固醇、高血压、家族心脏病病史、肥胖、体能活动不足）。

③ 对具有多重冠心病风险因子的消防员实施心脏病运动负荷测试。

④ 就消防员的冠心病风险因子进行恰当诊治。

⑤ 对于在运动负荷测试中呈阴性的消防员，应对他们允许参与的工作种类实施限制要求。

3. 按训练活动的种类划分消防员的死亡情况

消防员在作战训练期间的死亡，会发生在各类训练活动过程中。2001～2010 的 10 年间美国消防员在各类作战训练活动中发生死亡的分布情况如表 2-16 所示。

表 2-16　2001～2010 年间美国消防员在各类作战训练活动中发生死亡的分布情况

训练活动种类	消防车和消防装备训练	体能训练	实体火灾训练	往返训练场地途中	课堂培训和会议交流	水下救援训练
死亡消防员人数/人	39	30	13	13	8	5
占总数的百分数/%	38	28	12	12	7	5

（1）消防车和消防装备训练

这类训练活动包括特种消防车和装备的训练、爬梯、使用泵具进行充装和排空作业，呼吸器和烟气训练，驾驶和操作训练，破拆训练。

在消防车和消防装备训练过程中死亡的 39 名消防员中，有 25 名是由于过度用力、压力或潜在的身体状态问题所致。这些问题导致了其中 22 名死于心因性猝死，1 名死于动脉瘤，1 名死于脑卒中，1 名死于代谢性酸中毒和脱水。这 25 名消防员中有 5 名为新兵训练。

这 39 名消防员中，有 5 名死于从高处跌落。其中 2 名在举高车上进行举高平台与屋顶之间往返训练的过程中从 26m 高处跌落；1 名在 32m 举高车以 65° 斜搭的状态下从 20m 高处跌落；1 名新入役消防员在建筑物屋顶往下降落消防梯的训练过程中发生跌落；1 名在消防直升机上绕绳下降的过程中跌落。

这 39 名消防员中，其余的 9 名消防员有 3 名死于被重物击中，2 名死于撞车，2 名死于被车辆撞倒，1 名死于训练准备，1 名在训练过程中肘部受伤导致 3 个月后死于坏死性筋膜炎。

（2）体能训练

这类训练活动包括在消防站内的跑步、举重等训练，以及规定要求的敏捷性测试、年度体能测试、工作任务评价测试和林地火灾扑救能力测试。从死亡性质的角度看，在体能训练过程中死亡的 30 名消防员中有 24 名死于突发心脏病，3 名死于体温过高（中暑），3 名死于脑卒中。这 30 名消防员中包括 3 名新兵，都死于体温过高。

发生心因性猝死的 24 名消防员中，有 17 名疾病发作时正在消防站内进行日常训练，这些人之前都曾显示出明显的健康问题。NIOSH 指出了一个值得注意的现象，对于其中的几个 40 岁以下的较年轻的消防员，尽管消防局的保健筛查可以发现他们的问题，但他们都不属于这类筛查的目标群体。24 名消防员中有 2 名消防员疾病发作时正在参与年度体能测试和工作评价测试，有 5 名正在参与林地火灾扑救能力测试。

NIOSH 对 3 起消防员中暑死亡的事件进行了调查。这 3 名消防员在事件发生时都在参与他们入役训练中的跑步训练。对于第一起事件，一个独立的顾问小组在其所作出的调查报告中列举了该消防局的入役训练所存在的一系列问题，包括对于高热和高湿度环境没有设适应期或调整时间，训练时间超过 1h 没有休息或提供水，消防员着吸热的深色衣服，只设 1 个训练讲师且没有资质，该讲师没有辨识出消防员疾病发作的症状。第二起事故中的消防员在一天训练结束前的跑步过程中倒下，9 天后死于造成多器官功能衰竭的重度中暑，NIOSH 在调查报告中认为训练带来的体能压力以及高热高湿度环境是导致他死亡的原因。NIOSH 在第三起事故的调查报告中认为如果当事消防局的入役训练方案符合国际消防员协会和国际消防局长协会的"候选消防员体能测试要求"，且在消防员跑步期间提供水分、在症状发作初期快速及时实施水浸疗法，该名消防员的死亡有可能就不会发生。

（3）实体火灾训练

　　实体火灾是指能够使燃烧状态在建筑物或构筑物内蔓延而不加限制的敞开形式的燃烧。在美国,通过实体火灾进行消防员技能培训已经成为比较普遍的现象。实体火灾作战训练一般在两种建筑物中进行:一是消防基地的专用建筑物或构筑物,其中配置了进行实体火灾训练的必需设施;二是非专用的场地,一般是指获得业主或相关的管理者、保险商等的同意,将之前具备正常生活、经营等用途的弃用建筑物或构筑物用作进行一次性灭火训练或实验的目标起火建筑。专用的实体火灾训练构筑物和设施的使用状态和使用程度呈多样性,但从本质上讲,这些构筑物和设施是出于进行重复实体火灾训练的目的而设计的,在设计性能上必然包括了相应的防护措施,一般只有使用不当或者维护失当才会使其逐渐产生了无法接受的危险状态。非专用场地与专用建筑物或构筑物相比,由于所进行的训练内容以及实施位置不同而具备一定特点,但非专用的设施,尤其是室外构筑物,其设计目的中并不包括必须承受重复的燃烧和灭火训练,在火灾发展过程中也有可能会呈现事先没有预计到的燃烧状况。

　　在2001~2010年间死于实体火灾战训演练的13名消防员中,有4名死于训练期间发生的烧伤和烟气吸入,2名死于体温过高,6名死于突发心脏病、动脉瘤、脑卒中,1名死于消防车发动机转速故障导致的车祸。总体上看,相比于其他形式的训练,实体火灾战训演练是风险性极高的一种活动,需要遵循严格的行为规则和程序要求,才能使这种风险得以降低和控制。其中4名消防员因烧伤和烟气吸入引起的死亡事故都发生在非专用的建筑物中,NFPA和NIOSH的调查报告都表明,这些训练都存在没有完全遵守"NFPA1403实体火灾训练程序要求"中所给出的技术指南的问题。

　　(4) 水下救援训练

　　水下救援训练共造成5名消防员死亡,他们全部死于溺水。总体上看,这方面几乎没有可以采信的信息能准确表明这些事件发生的情况。1名消防员在水下训练过程中没有使用与岸边相连的安全绳索而误入冰层之下,最终无法逃脱而溺亡。1名消防员在水下耗尽呼吸器空气后被绳索缠绕而溺亡。1名消防员在深水激流中反复进行船艇装卸训练3h后,因力竭失足落水溺亡。2名消防员潜水后没能浮出水面,原因不明。

　　NIOSH对数起消防员水下训练过程中发生死亡的事件进行了调查,提出了以下提高这类训练安全性的建议。

　　① 在面临任何需要水下作业的活动(包括训练)时,应事先确定一份"下水前检查表"。

　　② 对于所有携带呼吸器进行水下作业的消防员建立身体状态评估资料并及时进行更新。

　　③ 在每次下水作业前,都确认对相关设备进行了检查,并在作业开始之前对发现缺陷的设备进行维修或替换。

④ 确保每名参与水下训练的消防员在实施开阔水域训练之前，已经在可控性环境中（比如游泳池）接受过由浅入深的进阶训练。

⑤ 确保处于水下的所有消防员之间以及处于水上的人员之间的通信畅通。

⑥ 确保所有参与水下训练的消防员在潜水日志上记录每次作业情况。

⑦ 确保对参与水下训练的消防员进行过救助培训，使他们掌握对其他水下训练人员实施救助的作业要求。

⑧ 设立搜索-救援作业程序，采用基准点方法进行搜索。

⑨ 为水下训练的消防员提供两种空气供应途径。

⑩ 将手持式水下通信装备更新为解放双手的便携式通信装备。

第三节　美国消防员因公死亡事故的调查

在美国，对消防员在执行任务期间牺牲的事故进行调查的机构中，美国国家职业安全与保健研究院（NIOSH）通过"消防员死亡事件调查和预防项目"所实施的调查及其调查报告，对于美国消防部门而言是最具影响力、最权威的信息来源。

一、"消防员死亡事件调查和预防项目"

1. 消防员牺牲事件的调查

NIOSH 通过"消防员死亡事件调查和预防项目"，对所选定的消防员牺牲事件实施独立调查。NIOSH 的调查对象既包括职业消防员殉职事件，也包括志愿消防员殉职事件。调查工作的出发点是向消防部门提出相关建议，以预防类似的事故再次发生。该项目中的调查性质上属于对公共保健状况的调查，所以其在实施方式上并不体现出对于落实国家和地方的安全和保健标准规范的要求，该项目本身也不以确定造成事故的过错方为目的，不会对具体的消防局或消防员个体提出批评。

2. 项目设置目的和具体目标

该项目的设置目的是从消防员牺牲的悲剧事件中习得经验和教训，预防同类事故再次发生。该项目并不是对每起消防员牺牲事件都进行调查，而是通过"决定流程表"的方式，确定事故调查的优先顺序。同时，随着消防员死亡情况数据中关于主要风险因素以及相关机构的关注意向的不断积累和审视，调查的优先顺序会发生变化。自 1998 年项目启动至今，NIOSH 对 40％左右的消防员牺牲事件进行了调查。

项目的具体目标是：更好地确认和划分消防员执行任务期间遭遇死亡事件的各种性质和特征；提出预防此类事故的建议和具体措施；向消防部门宣传推广预防这类事故发生的策略。

3. 调查工作的关注点

（1）与心血管疾病相关的死亡

NFPA 的数据显示出突发心脏疾病所造成的死亡是消防员牺牲事件中最常见的类型。NIOSH 的调查主要针对消防员个体和救援作业场所两方面的因素。在个体因素方面，主要是确认消防员个人的心脏冠状动脉疾病的风险因素；在救援作业场所方面，主要评估以下因素：估算相关场所对消防员施加的短时间的且剧烈的体力要求；估算相关场所对消防员施加的短时间的且剧烈的化学危险品暴露危险；评价消防局的心脏冠状动脉疾病筛查工作状态；评价消防局开展消防员个人保健锻炼工作的状态。

（2）由于事故所产生外力造成身体损伤而导致的死亡

NIOSH 对各种事故环境给消防员所造成的致命损伤情况进行调查，调查的选择对象包括火灾事故和非火灾事故现场，涉及交通事故、高温、坠落、建筑物倒塌、溺水、电击等因素造成消防员致命损伤的情况。NIOSH 也会选择一些给消防员造成非致命损伤的事件或者消防员遇险但侥幸得以逃生的事件进行调查，选择这些事件的原因通常都是由于其在某种程度上反映出某些新出现的或逐渐明显的消防员安全风险。

4. 调查的实施

NIOSH 获知发生消防员殉职事件的途径有：国家消防局、地方消防局里的代表、国际消防员协会、各州防火处、媒体。在获知事件发生之后，NIOSH 就会对事件发生的具体过程进行核查，以确定是否应该启动调查工作。一旦决定对事件进行调查，NIOSH 就会指定一名代表人员与目标消防局进行接触，以取得对方的合作，并制订进行实地调研的时间表。对于由事故所产生外力造成身体损伤而导致的死亡事件，NIOSH 会争取在事故发生后的 3 周之内实施实地调查。目标消防局可以自愿决定是否参与 NIOSH 的"消防员死亡事件调查和预防项目"。但是，参与过该项目的消防局都认可和接受了这项客观的、独立的调查工作的价值，尤其是这项工作中所提出的各种建议在预防类似事件方面的意义。

NIOSH 工作人员会前往事故发生现场收集信息、拍照、测量。同时核查所有可以获得的文件，包括：①目标消防局所规定的标准作业程序；②调度记录；③牺牲者的训练记录，事故指挥员和其他官员；④牺牲者的医疗记录（如果可以取得）；⑤验尸官、医生所作的报告；⑥死亡证明；⑦发生事故的建筑物的蓝图；⑧警察报告；⑨图片；⑩音像。

NIOSH 工作人员会与事故发生时同在现场的其他消防员和工作人员进行面谈。是否同意面谈取决于对方自愿，面谈中出具证言也不需证人宣誓或者签字。面谈不作正式记录，故而 NIOSH 工作人员在调查报告中依据自己的笔记和相关的文件来对导致消防员伤亡的事故状态和环境进行描述说明，这种描述说明只是交代其所提出建议的适用背景，以预防类似事故再次发生。NIOSH 也可以与其他性质的调查机构密切合作。如果 NIOSH 工作人员不具备某个主题下的必要专业知识，则会设法取得相关专家的帮助，如车辆事故重现、建筑或者火灾模拟方面的专业人士。

如果在被调查的事故中，导致消防员伤亡的原因有可能涉及消防服和呼吸保护装备，则 NIOSH 内部的消防员个人防护装备和呼吸装备技术人员也会参与调查工作，他们会要求目标消防局将相关消防服和装备发往 NIOSH 的"个人防护技术国家实验室"，对其性能进行评价。应相关消防局的要求，也会对该部门的消防呼吸器维护工作方案进行评估。

每项调查最终都会出具调查总结报告。调查完成后，NIOSH 会理顺和总结与事故相关的各个环节的发生顺序，给出报告草案。相关的各消防局、消防行业协会（如果存在）、消防员家庭（对于报告草案涉及消防员的身体和医疗记录的情况）都有机会审阅报告中的相关内容。这种做法有助于进一步保证调查报告的真实性。报告终稿中会加入 NIOSH 所提出的建议。对于由事故所产生外力造成身体损伤而导致的死亡事件，消防行业内相关主题下的专业人士也可以审阅报告草案及其建议。经过审阅的报告会公开发布。NIOSH 的调查报告采用匿名的方式，不会指出相关消防局名称以及牺牲消防员、相关消防人员的名字。

5. 调查信息的发布

NIOSH 的所有调查报告都公开发布，NIOSH 的所有调查报告和出版物都属于公众服务信息，允许自由复制、用于教育和培训。NIOSH 通过各种出版物、讲座课件等途径，以及与消防部门中相关组织展开合作研究、政策调整活动，就调查报告的结论进行推广和交流。NIOSH 的出版物包括消防员殉职报告、职业安全与保健警示、健康风险评估报告、针对具体场所的安全专题报告等，NIOSH 通过邮寄、会议、网站、消防期刊等途径，向消防部门散发这些出版物。

6. 参与相关消防标准的制定

NIOSH 加入了类似 NFPA 这样的标准编订组织下属的多个标准编订技术委员会。这种直接参与消防标准制定的行为有利于将 NIOSH 调查工作中的重要收获提交给这些对消防部门具有很大影响力的组织，有利于提高消防员的安全和保健水平。

二、对于 NIOSH "消防员死亡事件调查和预防项目" 效果的评估

（一）项目背景和目的简介

2003 年 7 月，NIOSH 启动了一项对"消防员死亡事件调查和预防项目"进行评估研究的课题。该课题项目经费主要来自美国疾病控制和预防中心，目的是确定各地消防局对于 NIOSH 在该项目中所提出各项建议的落实情况和落实程度。之后，NIOSH 于 2006 年 3 月召集政府有关各方召开专题会议。"消防员死亡事

件调查和预防项目"开展以来，NIOSH 一直致力于在政策方面面向全国消防组织寻求对该项目的反馈和支持，提高该项目的影响力。此项课题与此次会议都属于 NIOSH 在这方面工作的一部分。

通过这次评估调查研究，NIOSH 确定大多数消防局都了解"消防员死亡事件调查和预防项目"的内容，并在提高消防员安全和健康的各项工作中，采用了该项目所做出的结论（发现）和建议。同时，NIOSH 也通过评估工作，确定了还需要继续努力，向较小的和偏远的消防局推广"消防员死亡事件调查和预防项目"。在课题研究过程中，通过焦点小组访谈途径，NIOSH 获取了大量关于提高其项目和产品的建议。2007 年 5 月，NIOSH 公布了基于该课题主要成果和 2006 年专题会议意见而总结的"消防员死亡事件调查和预防项目未来发展方向"。

该项评估研究课题由 NIOSH 和 Research Triangle Park 共同承担。Research Triangle Park 通过竞标过程赢得该课题的合作者身份，它是一个独立的、非盈利性科研机构，成立于 1958 年，在健康和医药、教育和培训、调查和统计、先进技术、经济和社会发展、能源、环境等方面具有令人瞩目的历史。在该课题的项目研究中，NIOSH 主要进行了课题的原始设计、制订调查问卷、调查取样和分析设计、数据分析和表达等工作。Research Triangle Park 在 NIOSH 工作人员的协同下，主要进行了评估实施设计，包括调查问卷和焦点小组访谈方法的技术指导、抽样调查和焦点小组访谈的实施、所有的数据分析等工作，还负责从研究结果中凝练出项目建议。

该项评估研究课题的目的是：

① 对"消防员死亡事件调查和预防项目"中所给出的建议以及由该项目所产生的信息产品在全国消防员的安全知识、态度、行为方面的影响效果进行评估；

② 对上述的影响效果进行研究，理解其内涵；

③ 确定有可能提高"消防员死亡事件调查和预防项目"影响力的各种策略（如提高 NIOSH 对于"消防员死亡事件调查和预防项目"成果的推广方法）。

该项研究课题中，进行评估所依据的数据来源于：

① 面向全国消防局实施的抽样调查；

② 一系列与一线消防员的焦点小组访谈。

到该项研究课题进行时，NIOSH 已通过"消防员死亡事件调查和预防项目"发布了数百条建议。即便调查所针对的事故及其环境不同，但在多项调查中可能会提出近似的建议。在该课题的评估研究过程中，NIOSH 确定了 31 个"重要的建议"，其中 22 个涉及由于事故所产生外力造成身体损伤而导致的死亡，9 个涉及与心血管疾病相关的死亡。在这些建议中，又选择了 17 个建议作为评估研究的"哨兵建议"，选择的依据是其在 NIOSH "消防员死亡事件调查和预防项目"报告中被提及的频率、建议的具体程度以及各类安全建议之间的平衡。评估的重点集中于这些 NIOSH "哨兵建议"在消防员训练、标准作业程序、安全实践以及消防局的安全环境方面所产生的影响。

（二）面对全国消防局的抽样调查

抽样调查的实施：项目课题组在全国消防局中，采用分层随机抽样的方式，抽取了 3000 个消防局。包括以下消防局。

① 在 2003 年 12 月 31 日前，曾接受过 NIOSH "消防员死亡事件调查和预防项目" 调查的 208 个消防局。

② 在曾发生过消防员殉职事件但没有接受过 NIOSH "消防员死亡事件调查和预防项目" 调查的消防局中，随机抽取了 215 个样品消防局。

③ 10 个最大的消防局，因其独特的状态而被收入样品消防局。

④ 在 2003 年 12 月 31 日前，不曾发生过消防员殉职事件的消防局中，采用分层随机抽样的方式，抽取了 2575 个样品消防局，这些消防局在消防局类型（职业或志愿）、辖区面积、人口密度、地理位置偏远而人口稀少等方面具有代表性。

课题组于 2006 年 1～3 月向这些消防局的局长寄出了问卷调查表。调查的总回馈率为 54.9%。

（三）消防员焦点小组访谈

为了进一步收集到通过其他方法难以收集的信息，课题组设计了 6 个与一线消防员共同实施的系列焦点小组访谈。访谈于 2006 年 3 月和 4 月进行。参与者中既有来自职业消防局也有来自志愿消防局的消防员，既有来自城市地区也有来自偏远地区的消防员。

（四）课题的调研结论（发现）

1. NIOSH "消防员死亡事件调查和预防项目" 的被认知状态

该项目评估显示出消防组织对于 "消防员死亡事件调查和预防项目" 的认知仅属于中等水平或一般水平。大多数消防官员对 NIOSH 很熟悉，有许多官员知道并认真阅读过 "消防员死亡事件调查和预防项目" 调查报告。但是，超过一半的官员对于该项目本身并不熟知，尤其是该项目中确定哪些事件应该进行调查的程序、调查的实施、报告的结论。

消防官员获知 "消防员死亡事件调查和预防项目" 建议的途径主要是通过 NIOSH 发来的邮件、出版物、网站。大约有 11000 个消防局先后采用了 NIOSH 建议，用于改进其训练内容，主要涉及个人防护装备、空气呼吸器、个人安全报警装备、事故指挥系统、交通隐患、无线电通信等方面。消防局也会在消防站的公告栏中发布来自 NIOSH 的信息，在例会中向消防员传达 NIOSH 的建议。尽管如此，近 2/5 的消防局没有向一线消防员发布过来自 NIOSH 的信息。

2. NIOSH "消防员死亡事件调查和预防项目" 建议的被落实状态

对于本评估课题所给出的建议，美国绝大多数的消防局都要求其消防员就其中的 5～6 项进行训练，包括：消防员个人防护装备的使用、建筑火灾的扑救、安全驾驶、无线通信装备的使用、标准"事故指挥体系"的使用、消防呼吸器装备的维护。而在另一方面,仅有7%的消防局设置了NIOSH所要求的体能训练项目,很多消防局对消防员的心血管疾病相关风险因素和心血管疾病不设筛查要求。

大多数消防局确认负责驾驶救援车辆的消防员在被允许操控相关车辆之前接受了驾驶培训,但是一线消防员认为他们需要按车辆种类不同而设计不同的培训,而且志愿消防员需要更多的训练。大多数消防局要求其消防员在救援车辆内必须系安全带,但一线消防员中仍有很多人不使用安全带。

调查结果同时显示出,大多数消防局还存在以下状况。

① 消防员个人安全报警装备数量充足,在扑救建筑火灾时,可供所有消防员使用。几乎所有的消防局都认为其消防员在"大多数情况下"都会使用个人安全报警装备。

② 为消防员配置了正压式空气呼吸器,并"每年数次"实施维护。几乎所有消防局的消防员都报告其在扑救建筑火灾时"大多数情况下"都会使用呼吸器装备,但是还有许多消防局声称他们的消防员至今还必须共用呼吸器的面具部件。

③ 配置了自动体外心脏去颤器并定期进行常规维护。该装备通常置于救援车辆内或消防站内。

根据课题组进行的消防局抽样调查,在响应建筑火灾时,许多消防局都按常规要求设置事故指挥部。NIOSH建议中所确认的消防指挥员职责共有3项:对事故进行初步的评估、监控现场所有消防员所处的位置、启动并展开风险管理工作,这与大多数消防局所认可的消防员安全职责是吻合的,他们通常声称这属于指挥员职责的一部分,而且近半消防局的指挥员通常会指定一个官员负责事故现场的安全问题。总体上看,参与焦点小组的消防员认为其最切身的安全考量就是落实事故指挥不力。

3. 障碍 (不利因素) 和有利条件

很多消防局在落实NIOSH"消防员死亡事件调查和预防项目"建议时所要面对的不利因素有装备、人员和训练所需的资金不足。如有1/3的消防局没有足够的资金为其所有的消防员配置密封程度适合消防员个人状况的呼吸器面罩。装备不足也对消防局落实NIOSH其他安全建议形成障碍,如1/4的消防局声称他们的消防员在身着消防服时无法舒适地使用救援车辆上的安全带。另外,救援现场的消防战斗人员不足也是一个不利因素,大约1/3的消防局承认他们有时因为火灾现场的消防员人数不足而无法组建快速干预分队。而评估并没有显示出消防员的拒绝对落实NIOSH安全建议造成明显的影响。

如果消防局经历过消防员殉职事件,经历过NIOSH的"消防员死亡事件调查和预防项目"调查,接受过经济或法律处罚,或者消防官员对具体的安全事项特别注意,存在消防员工会代表,都是促使NIOSH安全建议落实的有利因素。

如，"消防员死亡事件调查和预防项目"调查能减少消防员在使用个人安全报警装备和个人呼吸器面罩方面的认知误区。

从消防局的种类角度看来，美国东北部的较大的、城市地区的职业消防局最容易接受并遵守 NIOSH 的安全指南。经历过消防员殉职事件的消防局也比较容易落实 NIOSH 的安全建议。

4. NIOSH 信息的散发途径

消防员认为对具体事件的研究学习有利于他们建立安全的工作实践，他们通过学习理解了"消防员殉职报告"所秉承的客观公正立场。在接触过 NIOSH 报告的消防官员中，近 2/3 的人认为这些报告的内容可操作性强、通俗易懂、具体切实。尽管如此，这些消防官员仍认为 NIOSH 的建议应该更强烈、更直接、更具体，并顾及消防局的规模和资源。有些消防官员也提议 NIOSH 应邀请消防部门之外的专家对"消防员死亡事件调查和预防项目"报告进行审阅。

消防员认为"消防员殉职报告"总体上设计良好，但提议 NIOSH 更有效地设计报告的各级标题和提纲，方便读者进行快速浏览，增加更多的图片表格对火灾现场进行更清晰的表述（如事故发生的事件表、现场的平面图、照片等），还应增加牺牲者的相关信息。同时建议 NIOSH 针对具体的不安全做法的种类，统计出因此而产生的消防员伤亡数据，并采用纸质媒体常用的交流技巧将其汇总为更多的总结文章。消防员也希望能在事故发生后及时得到"消防员殉职报告"。

消防官员还希望能帮助 NIOSH 将其安全建议转化为消防局可使用的工作项目内容。他们特别希望能接收到以"消防员殉职报告"为基础的、可以直接使用的训练资料（包括 PPT 课件和教程）。基于 NIOSH 建议而设计的标准作业程序样板之类的消防管理工具也会受到欢迎。

来自消防员的最常见的建议是提高 NIOSH "消防员死亡事件调查和预防项目"资料的发布途径和方法。如消防员建议 NIOSH 定期更新其联系人名录，以提高其邮件接收率，并进一步宣传这些名录以便更多人加入。许多消防员从来没有访问过 NIOSH 的网站，所以建议 NIOSH 设计便于在消防站公告栏中出具其网址的宣传文件，并设计更有利于消防员浏览的网页内容。

消防员建议 NIOSH 围绕具体的主体展开合作活动，每次活动都针对某一个具体的安全事项，这样有利于提高整个消防部门的安全意识。

5. 结论（启示）

从该课题的评估调查中可以得到如下结论。

① 规模较小、志愿消防局是遵循安全指导的"重灾区"。

② 现有的消防资源对安全实践形成了限制。

③ 消防人员的知识和态度之间的割裂也对实践形成了限制。

④ NIOSH "消防员死亡事件调查和预防项目"和消防员殉职报告（LODD）能够提供有应用价值的安全信息。

⑤ 消防局还需要其他信息以强化消防员殉职报告所产生的效果。

⑥ 消防员和消防局需要以多种表现形式呈现出的信息。

⑦ NIOSH "消防员死亡事件调查和预防项目" 的资料需要更好的发布和宣传。

⑧ 提高人们的意识有利于提高安全工作。

（五）课题组提出的建议

在上述评估研究中得到调查结论的基础上，形成了如下建议。

① NIOSH 的外部联系工作。NIOSH 需要加强与规模较小的、偏远地区的以及志愿消防局的联系工作；无论是否计划展开调查工作，NIOSH 都需要及时与发生了消防员牺牲事件或者侥幸逃生事件的消防局联系；如果需要，NIOSH 应与其他组织进行合作，提供相关的 "消防员死亡事件调查和预防项目" 资料以及技术支持以帮助明确安全问题。

② 技术支持。制订有可能有利于合理化预算的装备、训练、程序建议文件；针对规模较小的、志愿性质的消防局，提供更多的有助于消防资助项目申请的技术支持。

③ 网站。改进 NIOSH "消防员死亡事件调查和预防项目" 网站，设计方便消防人员使用的网页，在各个主题下，链接相关的安全建议和行动要求、"消防员死亡事件调查和预防项目" 特定的消防员殉职报告、相关资源。

④ "消防员殉职报告"。继续制定和发布 "消防员殉职报告"；保持报告行文现有的 4 个部分，即总结、调查结论、讨论和建议；考虑通过报告的格式、标题、提纲，强化独立报告和系列报告所要传达的安全信息；从报告内容上，提高可读性和信息量，增加照片、时间表、图示等吸引注意力的内容；核查调查所需的程序内容，尤其是用于提出技术建议的资源；考虑通过外部专家小组对调查结论进行审阅。

⑤ 辅助资料。通过制订以 "消防员死亡事件调查和预防项目" 为基础的培训工具，转化从该项目调查过程中所获得的知识，这些培训工具包括 PPT 课件和教程；加大现有出版物的发行量，并使这些出版物覆盖更多的主题；使用图表、统计数据及其他工具对风险程度和安全实践进行表述，方便消防员和消防局用于提高其安全工作。

⑥ 资料的散发。探索通过公众服务活动的形式，对 "消防员死亡事件调查和预防项目" 调查结论进行宣传的新技术；采用录像、公共服务频道、网络视频流等发布 "消防员死亡事件调查和预防项目" 每项主要建议所要传达的安全理念，这些理念应该凝练多个调查案例的结论，并体现出公共安全倡议的技巧。采用新方法保持 NIOSH 通讯录的完整和更新，以确保 NIOSH 的项目资料能顺利发往所有的消防局。

⑦ 项目的推广。提高对 "消防员死亡事件调查和预防项目" 网站的推广力

度，设计便于在消防站公告栏中宣传该网址的特色用品，考虑就某个独立主题展开协作推广活动，开发多种机制，以提高消防部门和公众对于"消防员死亡事件调查和预防项目"的认知程度。

第四节　减少消防员伤亡的安全举措

一、倡导消防员安全文化

安全文化就是安全理念、安全意识以及在其指导下的各项行为的总称，主要包括安全观念、行为安全、系统安全、工艺安全等。安全文化主要适用于高技术含量、高风险操作型行业，消防员是一种高危行业，灭火与应急救援行动充满了风险性。所有事故都是可以防止的，所有安全操作隐患都是可以控制的。消防员安全文化的核心是以消防员生命健康为本，这就需要将安全责任落实到消防部队全员的具体工作中，通过培育消防员共同认可的安全价值观和安全行为规范，在灭火救援和训练中营造安全第一、生命至上的安全文化氛围，最终建立起安全、可靠、和谐、协调的环境和匹配运行的安全体系。消防员在灭火救援中的行动安全，不仅取决于消防部队本身，有时社会因素影响也很大。如上级领导、地方政府、新闻媒体和围观群众等都会干预和干扰灭火救援决策，使部队指挥员做出威胁消防员安全的决策。建立消防员安全文化，是全社会的责任。首先，要树立预防为主的安全发展理念。凡事预则立，不预则废。因此，我们做好预案，预防为主，确保救援行动中的消防员安全。要树立生命优先的灭火救援理念。不管火灾大小，不能保证消防员的生命安全，则无法确保灭火救援的顺利进行，也难以抢救受困群众。要树立战斗意识和安全意识并重的理念。一方面要提倡不怕疲劳、不怕牺牲的战斗精神，同时也要提倡灭火救援行动安全的理念。要求全体指战员关心、监督行动安全，消防员有权对不安全行为进行确认和报告，有权阻止对其自身或他人造成伤害的行为。

二、建立健全减少消防员伤亡法制

1. 制定法律法规

党的十八大四中全会提出全面推进依法治国决定，我们的一切行动要规范到法制轨道上来。确保消防员生命安全也要通过法制来解决。为加强消防部队的安全工作，我国虽然也制定了一些法规和标准，但与西方发达国家相比，我国有关消防员生命安全的法律、法规、标准，还不够健全。国家尚无保护消防员安全的完整法律法规体系，特别是对消防员伤亡统计、伤亡事故调查等，没有相应法规，做法不够科学规范，统计结果数据也不全。

2. 制定工作安全标准和制度

目前，公安部颁布了《公安消防部队执勤战斗条令》《公安消防部队执勤业务训练大纲》，公安部消防局印发了《公安消防部队作战训练安全要则》《公安消防部队抢险救援勤务规程》等重要规定和文件，指导全国公安消防部队和企事业专职消防队，在灭火与应急救援作战和训练中的行动安全，有些省市公安消防总队、支队，也根据本地情况，制定了一些标准和要求，对作战训练安全发挥了重要作用，减少了消防员牺牲和受伤概率。但是，这些规定宏观性比较强，具有广泛指导意义，还比较粗放，对一些具体的事项缺乏相应标准。必须学习发达国家经验，制定较为详细的安全工作标准。可参照美国，建立消防员点名制度，消防员在执行内攻作战任务时必须保持与班组其他人员协调一致，不能脱离集体单独行动，组内随时保证"可看见""可接触"或"可联络"，不能"失联"。建立"救援遇险干预"制度，如果消防员遭遇困难，其陷落位置被准确、及时追踪且报告的条件下，快速干预小组的拯救作用非常关键。必须完善事故指挥系统和相关的责任制度，以确保火灾事故救援过程中的管理阶层的人员时刻明了下属消防员在现场中的位置。

3. 落实安全制度

如上所述，与发达国家相比，我们的安全法规、制度还不够系统，标准还不够具体，即使如此，有的安全制度还没有得到落实。如 2010 年某支队，在进行住宅火灾救援时，从 8 楼下到 7 楼救人，没有对人员进行固定，而是靠人放绳子下去，违反了《公安消防部队作战训练安全要则》，室内火灾轰燃，导致一名消防员坠楼牺牲。有的消防队进入建筑室内扑救火灾时，不按要求检查空气呼吸器的压力，呼吸器报警也不及时撤离。

三、建立消防员安全防护体系

消防员安全防护体系是减少伤亡事故的重要保障。随着我国经济实力不断增强、科学技术迅速发展，使消防员防护系统建设有了更加广阔的发展空间和必要条件。消防员个人防护是一个系统，只有建立防护体系，做好全方位的安全防护，消防部队在灭火救援中才能以最小的代价换取最大的胜利。

1. 防护系统的概念

防护是指一种防备和保护的方式和方法。系统是指同类事务按一定秩序和内部联系组合成的整体。因此，消防员个人安全防护系统，从狭义上讲是指消防员从事灭火和应急救援以及与之相关的活动中，由消防员个人随身携带并能为消防员安全和职业健康提供保护的装备的总称；从广义上讲是指消防员在从事灭火和应急救援以及与之相关的活动中，能为消防员安全和职业健康提供保障的装备及其管理和所有方式方法的总称。

2. 防护系统的分类

根据消防部队承担的任务，防护系统应分为灭火防护系统和应急救援防护系统。灭火防护系统是指消防员在扑救火灾及相关活动中佩戴的防护装备（此处不包括进入高温、火域、爆炸、高电压等场所需佩戴的特殊防护装备），主要包括消防头盔、通信系统、佩戴式防爆照明灯、灭火防护服、防护内衣、消防手套、消防安全带、消防空气呼吸器、消防呼救器（含方位灯）、消防安全绳索组、便携式工具组、灭火防护靴等。应急救援防护系统是指消防员在处置火灾以外的地震、建筑倒塌、交通事故等灾害事故，以及相关活动中佩戴的防护装备（此处不包括进入有毒、腐蚀、辐射、水下等场所需佩戴的特殊防护装备），主要包括救援头盔、护目镜、佩戴式防爆照明灯、通信系统、救援防护服（含内衣、袜等）、救援腰带、救援手套、救援靴、救援马甲、吊带、防坠落辅件、绳包、多功能腰斧、便携式刀钳、多功能救生哨、护膝（肘）、自救药包等。其中，各种防护服、内衣、袜、手套等应分别包括冬季和夏季服装。

3. 健全消防员个人防护系统的依据和原则

建立消防员个人防护系统，核心内容是加强防护装备建设。

（1）制定系统完整的消防员个人防护装备标准

消防员个人防护装备配备标准是消防员防护系统建设的基本依据。目前，国家制定颁布了消防头盔、灭火防护服、抢险救援服、空气呼吸器、灭火防护靴、呼救器、消防腰斧等消防员个人防护装备的标准。但是，这些标准大多都存在性能要求低、与实战要求不适应、标准之间关联性不强等问题，而且有些装备至今没有相关的标准。因此，应在充分调研的基础上，坚持"以人为本、生命至上"的理念，立足实战需要和现代科技，组织科研机构、装备厂家、专家学者和一线指战员编制一整套消防员个人防护装备配备标准，对消防员防护系统规定的装备进行系统阐述，明确功能要求和性能参数，为消防员个人防护装备配备提供依据。

（2）健全防护系统的原则

① 装备设计要体现"以人为本、系统防护"的理念。要按照"科学发展、以人为本"的理念，不断提高装备设计水平和防护效能。设计防护服装时应引入人体工学理论，强调防护性和舒适性之间的平衡，在保证防护性能的基础上给服装减负。应借鉴 07 式军装设计思路，采集消防员体型尺寸数据并统计分析，综合归纳设计多个型号，力求做到个性化设计，确保人人穿着合体舒适。根据我国地域、气候情况不同，设计冬、夏两款服装，通过采用国际先进的 Kevlar 加强布等新材料，可使冬、夏款消防服质量分别减轻 10％～15％和 30％～35％。此外，可通过增加电台兜、挂钩等选配部件，在膝盖、肘部增加补强，在前门襟、下摆、袖口、裤口增加止水布，肩部采取耐冲击设计，肘部、膝盖采取自然弯曲设计，背带采用"H形"结构设计，调整腰部、下摆、袖口、裤脚尺寸，改善反光带设计等，提高防护服的性能和舒适性，改变原来臃肿的状态，增强视觉效果，使消防员更加精神。

　　② 利用新材料、新技术提高装备性能。应以适度超前的眼光及时更新提高技术标准，加强部队与科研单位、生产厂家联合研发，充分利用新材料、新工艺提高装备性能。积极应用纤维材料学和膜科学的最新成果，使防护服装具备更强的耐水洗、耐静水压和热稳定性。从根本上解决防护服使用中稳定性的问题，如防水透气层采用 GE 的 PTFE 膜，使耐水洗达到 25 次（现行标准为 5 次）。通过采用新纤维材料，彻底解决外层面料日晒牢度问题，外层面料采用 100％原液染色芳纶纤维，日晒牢度达六级以上。提高耐静水压和整体热稳定性，使耐静水压≥50kPa（国标为 17kPa，欧标为 20kPa），整体热稳定性为 260℃（国标、欧标为 180℃）。

　　③ 配备消防员安全报警装置。消防员只要进入建筑物内部进行扑救，就必须打开消防员个人安全报警装备。消防员必须清楚其呼吸器中的空气余量、使用量，在空气最低用量限（25％）达到之前撤出建筑物。消防员必须留心呼吸器发出的空气最低用量警示声，尤其是对于大型或者综合型建筑物的火灾扑救，消防员撤离建筑物所需的时间可能会超出呼吸器发出警示后所预留的时间。

　　④ 防护装备设计配备要立足实战。防护服装应借鉴香港的先进做法，战斗员防护服采用藏青色，指挥员防护服采用浅黄色（香港标准）加以区分。参照美国等做法，在防护服上衣衣领后缝制吊带，一旦消防员遇险，便于实施他救转移；将现行消防安全腰带改为加装在裤子上的一类安全吊带，减轻身体负担，提高舒适度。消防头盔应购买使用全防护型、可抵抗来自各个方向的撞击、震动及点击的 F1 头盔。有效防范有害液体的迸溅，防热辐射和光辐射，并可与空气呼吸器配套使用；救援头盔使用能有效保护佩戴人员不受撞击及下坠物伤害，且具有防尖锐物冲击、防腐蚀、防热辐射、反光、绝缘、轻便等特点的 F2 头盔，提高消防员在恶劣环境中工作的灵活性和安全性。取消随身携带的消防腰斧和消防轻型安全绳，改为小破拆工具包和绳包，不用时随车携带，用时从车上随取随用，提高行动灵活性和工作效率。防护服上装加装 DRD 系统，内部设计放置安全钩的衣兜。

四、加强安全教育训练

1. 提高消防员安全意识

　　很多伤亡事故的发生，往往是由于思想意识上对安全不够重视造成的，如很多消防员没有牺牲在灭火救援现场，而是牺牲在出警往返途中、训练事故等，这些事故往往是对安全工作的忽视。还有一些消防员，牺牲在较小规模的火灾现场，这也是忽视安全规程的后果。消防部门应该加强安全教育，定期进行培训，让安全意识在指挥员头脑中生根。

2. 加强火场险情意识

　　消防员对灾害事故复杂性、危险性的认识和安全意识对实现系统防护至关重要。目前，在复杂、多变、危险的灭火救援现场，消防员对灾害特点和规律、事故性质、危害程度、发展过程、处置技术及可能出现的突发情况了解、掌握得还不够，安全意识还不强，缺乏突发情况下的应急避险技能，只注重处置的快速性，导致防护措施不到位，忽视了处置的科学性。现场救援人员必须保持"险情处境意识"：在实施火灾扑救作业的同时，消防员必须对其所处的环境保持高度的警醒，火场的状态会发生极速变化，如果消防员过于深入建筑物内部就有可能导致其逃生路线被截断，或者距离太长无法及时撤离。消防员必须对有关的危险信号有深刻的认知并慎重对待，如地下室、阁楼等有限空间内发生的火灾可能会导致建筑结构坍塌，顶棚位置处的灼热烟气以及其中时隐时现的火焰窜动往往预示着可能会发生轰燃，而从墙缝和屋檐处喷出挟带尘土的浓烟则是可能发生回燃的信号等。

要加大培训力度，加强理论学习和实践实训，运用虚拟现实技术、模拟仿真和实物仿真技术，进行训练，熟练处置各类灾害的技术与战术，掌握安全要则；要认真总结灭火救援、业务训练安全工作，分析消防员伤亡案例，大力开展安全教育，切实提高各级领导对安全工作重要性的认识，增强全体消防员的安全意识。树立"安全第一、生命至上"的理念，正确处理好完成灭火救援任务与做好自身安全防护的关系，把坚持科学态度、有效安全防护落实到灭火救援和业务训练的各个环节之中，最大限度地预防和减少消防员伤亡事故的发生。

3. 强化防护训练

开展好防护训练是正确使用防护装备、实现系统防护的前提条件。因此，应将安全防护作为打造消防铁军的一项重要内容，加大安全防护训练力度，突出高温、毒气、缺氧、浓烟、黑暗、爆炸、垮塌等复杂条件下的适应性、模拟性训练，强化器材装备操作应用训练，使基层官兵切实做到安全知识清、性能参数明、操作应用精。

五、支持和鼓励开展有关消防员安全的科研项目立项

有关消防项目的立项应增加针对消防员安全的研究内容，从近年来的消防科研项目来看，专门针对消防员个人安全的大项目还未见报道，资金支撑力度也不大，取得的成果并不多。因此，有关方面应该鼓励和支持这方面的研究。首先，要扩大科研项目的立项渠道，从国家层面、地方政府和主管部委，争取到项目。同时，要调动社会和企业的积极性，用市场的手段，刺激投入。如科研院所与个人防护装备生产企业，联合开发研究等，吸纳企业资金。其次，管理部门要对消防员安全健康项目做总体规划，消防员安全健康项目可分为几大块，如安全法律法规和标准研究、灭火与应急救援行动安全研究、有关消防员行动安全的装备研究、消防员个人防护装备研究、灾害现场风险评估与辨识、消防员生理和心理健康研究等，对这些内容要有计划有步骤的开展研究。最后，对一些热点问题优先开展。如消防员在建筑火灾内攻灭火作战中的死亡率的明显攀升，促使我们去思

考很多问题：消防员在扑救火灾时，勇于进入建筑物内部贴近火场作战是否同时也把自己置于更危险的境地？消防员是否认为现代化的防护装备能够提供高水平的保护性能，但同时没有意识到这些装备的局限性或者干脆对这些局限性采取忽视的态度？现代建筑物在构造方面或者内置物品和装修材质方面的变化是否也改变了火灾发展的方式？现场是否具有足够的可用资源以应对可能呈现出的各种扑救需求？为了减少消防员在建筑物内部进行灭火作战期间的死亡人数，开展针对性研究是至关重要的。

第三章
消防员在灭火救援行动中伤亡案例分析

本章收集了国内外消防员在灭火救援中发生伤亡的六个案例,详细介绍了火灾发生的特点、灭火救援过程和产生伤亡的原因,提出了避免消防员伤亡的建议,供消防部队指战员和研究决策者参考。

第一节 国内案例

本节介绍了三个造成消防员重大伤亡的典型灭火救援案例,这三个案例分别是油罐火灾爆炸、液化石油气爆炸和建筑火灾中倒塌,目前这三类事故仍然是造成消防员伤亡的主要原因。尽管事故发生时间较早,但具有代表性和典型性,一次伤亡人数多,教训非常深刻,值得借鉴。

一、1989 年山东青岛 "8·12" 黄岛油库特大火灾事故

1989 年 8 月 12 日 9 时 55 分,中国石油天然气总公司胜利输油公司黄岛油库一期工程 5 号油罐,因雷击爆炸起火,青岛公安消防支队接警后,迅速派出 26 辆消防车,257 名官兵赶到火场奋力灭火。战斗中,由于 5 号油罐原油大火猛烈喷溅,导致 4 号油罐突然爆炸,继而引起 1 号、2 号、3 号原油罐和四个储油量 40t 的成品油罐相继爆炸,近 40000t 原油燃烧,形成面积达 $1km^2$ 的恶性火灾,致使青岛公安消防支队 13 名官兵和青港公安消防队 1 人,油库消防队 1 人及 4 名油库职工壮烈牺牲;81 名消防官兵和 12 名油库职工受伤,11 辆消防战斗车、1 辆指挥车和 2 辆吉普车被烧毁。火灾直接经济损失 3540 万元。在党中央、国务院及山东省、青岛市各级领导的亲切关怀和指挥下,青岛公安消防支队官兵英勇顽强,前赴后继,与全省消防部队和各路灭火大军并肩作战,连续奋战 104h,终于将这起罕见的大火彻底扑灭,保住了二期油区和港务局油区。

(一)基本情况

1. 黄岛油区总体布局

黄岛油库位于青岛市区以西 2.5 海里(约 4.6km)的黄岛镇(现改为青岛市黄岛经济技术开发区)黄山东侧山坡地带,占地 446 亩(约 $2.97 \times 10^5 m^2$),与市

图 3-1　黄岛油库地理位置

区隔海相望,见图 3-1。油区和输油码头紧扼胶州湾咽喉,是青岛海港、军港进出的必经水域。自 1974 年开始,国家石油部(中国石油天然气总公司前身)和青岛港务局相继在此建造储油区。黄岛油库一期工程占地 253 亩(约 $1.69 \times 10^5 \mathrm{m}^2$),建有 5 座万吨以上油罐和 1 座 15 万吨水封式地下油库,总储油量 22.6 万吨。近几年,在一期油区北侧 100m 处,又开建了二期工程,占地 196 亩(约 $1.31 \times 10^5 \mathrm{m}^2$),建有 6 座可容 5 万吨原油的立式金属浮顶油罐,总储油量 52.6 万吨。位于二期工程北侧 70m 处,并与之仅一路之隔的是青岛港务局油区,建有 4 座可容 2 万吨原油的地下油罐和 11 座立式金属成品油罐,总储油量 11 万吨。港务局油库以北与年输油能力 1000 万吨的一期输油码头相连;以东 500m 处为年输油能力 1700 万吨的二期输油码头。

在黄岛这个弹丸小岛上,油罐遍布,罐群相连,总储油量达 63 万余吨。一旦发生火灾,极易引起连锁反应,使黄岛这一新兴的繁荣城区陷入巨大的灾难之中,胶州湾也将成为一片火海。同时,从胜利油田至黄岛长 280km 的输油管线一旦停止输油,将会被原油凝固堵死报废,其后果十分严重。

2. 油库概况

黄岛油库建于黄岛镇制高点的黄山东坡地带,西倚黄山海监局观测站,东侧以石岛街做隔,与航务二公司(内有小型油罐群)、长途汽车站、油库生活办公区相接,北邻港务局油区。库内南侧并列 1 号、2 号、3 号直径 33m,高 12m 的立式金属油罐,罐距 11.5m,分别储油 7330t、7570t 和 7394t;库内中部分别是长 72m、宽 48m、深 10.78m 的 4 号、5 号容量为 23000t 的长方形半地下钢筋混凝土油罐,两者相距 25m。当时 4 号罐距 1 号、2 号、3 号罐都在 35m 以内,高差均为 7m。库内东侧和北侧为锅炉房、阀组间、计量站、变电站、加温站等。二期油区在一期油区 5 号罐以北 150m 处(高差 16m)。其中二期油区 1 号、2 号、6 号罐分别储油 4000t、13900t 和 5000t;3 号、4 号、5 号罐尚未投入使用,见图 3-2。

3. 油库消防设施

黄岛油库一期工程罐群设计不合理,间距过小,且全部建于山坡地带,一处起火,势必殃及整个油区。而消防设施却先天不足,后天未补,火灾隐患严重,是青岛市重大火险单位。油库设有专用消防泵房,各罐顶部安装有泡沫发生器,油罐周围设置了泡沫灭火管线和冷却给水管线,供泡沫能力为 1400t/s。油库内部除泵房一处储量 4000t 封闭式水池外,别无其他水源。库西滨海北路虽设有几处消火栓,但因距离远、水压低,基本不能利用。可停车吸水的海沿距油库近 2000m。油库设有专职消防队,原编制 35 名,实有 22 名(含 4 名操泵工和 1 名

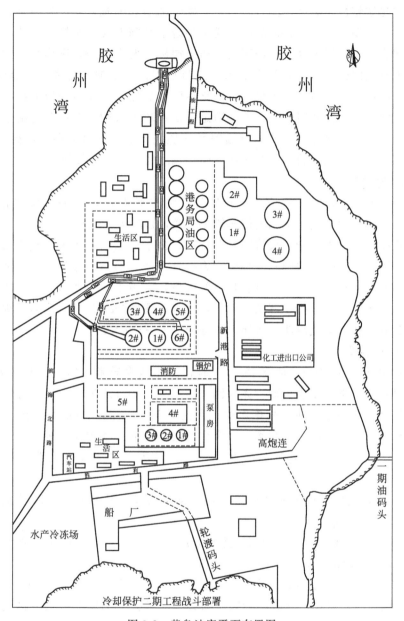

图 3-2 黄岛油库平面布置图

长期病号）；原有消防车 7 辆，因损坏报废和调往外地等，现仅有 3 辆。起火时，该队有 8 人执勤，只有 1 名司机。

（二）火灾特点

由于着火油库和油罐本身结构特点，所处的地理环境，储存油品的性质，当时的天气情况，油库内部及当地消防状况等方面的实际情况，使这起特大火灾具有以下几个方面的特点：一是燃烧具有沸溢喷溅性，由于着火油罐储存的是原油，具有热波特性，燃烧一段时间后，会发生沸溢和喷溅，使火势蔓延扩大，影响灭火战斗行动；二是储存油品的储罐是半地下钢筋混凝土结构，在油品液面和罐顶之间容易形成爆炸性混合油蒸气，遇火源极易发生爆炸，爆炸造成的罐顶钢筋混凝土碎块四处飞散，可能造成重大人员伤亡；三是油库规模大，储油量大，一旦发生火灾，灭火所需的力量大；四是油库本身的消防能力和当地扑救大型油库储罐火灾的能力都相对较弱，不能满足一次进攻灭火的需要；五是由于油库建在山坡上，在周围属于制高点，沸溢喷溅的燃烧油品，很容易顺势向四周流淌，造成大面积蔓延；六是着火当时正在下雨，风力较大，气压较低。

（三）扑救过程

在扑救黄岛油库特大火灾中，青岛公安消防支队出车 26 辆，参战官兵 257名。山东省其他地方消防部队增援车辆 120 辆，官兵 1000 余人。灭火战斗具有战场广、战线长、地形复杂、火情凶险等特点。由于火场两级指挥部坚决贯彻"先控制、后消灭"的战术原则和"集中兵力打歼灭战"的指导思想，对火情变化和险情的突发作了较为准确地预测和相应的准备，实施了一系列卓有成效的正确指挥措施，最大限度地减少了部队伤损。参战官兵顽强奋战 104h，取得了灭火战斗的彻底胜利。此次灭火战斗，大体上可分为以下三个阶段。

1. 冷却控制阶段

1989 年 8 月 12 日 10 时至 13 日 6 时，油库烈火异常凶猛，情况极为复杂，灭火力量不足。指挥坚决贯彻"先控制、后消灭"的战术原则，战斗部署以冷却防御，控制火势为主。在 3 号罐爆炸，大火扩至 $1km^2$，二期罐群被烈火包围烧损的险恶情况下，指战员勇猛顽强，舍生忘死，克服一切艰难险阻，采取种种防御措施，成功地扑灭了蔓延二期油罐大火，保住了二期罐群和港务局油区的安全。

8 月 12 日上午，黄岛地区有雷阵雨，风向东南，风力 3～4 级，气温 25℃，相对湿度 90％，气压上升。

9 时 55 分，黄岛油库 5 号罐遭雷击爆炸起火，形成 $3400m^2$ 的大火，见图 3-3。油库专职消防队立即出动，利用库区固定灭火设施，向临近的 4 号罐内罐射泡沫。同时出水枪冷却 3 号、4 号罐和下风方向的汽油罐，并用湿棉被将 4号、3 号罐顶的通风孔、呼吸阀封闭。随即，港务公安消防二中队一辆消防车也赶到火场。

10 时 15 分，青岛市公安消防支队接到报警，立即调派附近经济技术开发区、胶州市和胶南县三个消防中队各两辆消防车从陆路赶赴现场。同时，紧急调动 10辆消防车、65 名官兵，在市公安局、消防支队领导带领下，乘两辆指挥车赶到轮渡码头，起航向黄岛火区开进。航行途中，见油库上空烟云火柱扶摇升腾、遮天盖日。为此，再次紧急调动市区中队 10 辆消防车随后赶往火场。指挥员在船上一面观察火情，一面召集干部会议分析火场情况研究灭火对策。同时，进行了战

图 3-3 火灾现场图

前总动员，要求全体官兵在思想上充分做好打硬仗、打恶仗的准备，部署到场后，各车一律暂停油库门外，战士一律在车上待命，所有指挥员首先进入火场侦察火情，待统一部署后，再同时展开战斗，见图 3-4。

图 3-4 冷却控制阶段

11 时 5 分，第一批力量到达火场。各级指挥员立即进入火场侦察火情，并立即成立以公安局副局长为指挥的前线灭火指挥部。指挥部决定首先进行三方面工作：一是由油库和黄岛公安分局紧急疏散周围群众和油库职工。搞好火场警戒，禁止无关人员进入；二是由战训科长、参谋带领中队干部全面侦察火场，立即部署冷却力量。利用库区给水管道出水，重点冷却 3 号、4 号油罐和下风向四个 40 吨成品油罐，控制火势发展；三是由支队和战训科领导迅速估算扑救大火所需力量，提供灭火方案。经估算灭火力量需要黄河泡沫炮消防车 10 辆，一次灭火需泡沫液 10t。由于到场力量较薄弱，灭火指挥部决定加强冷却，等待增援。作了以上部署并分头实施后，指挥部对火场情况及火情，尤其对 4 号、5 号罐的地下管道连通情况和 15 万吨地下油库的受威胁程度进行了周密调查和分析研究。部署油库派人用装填水泥、沙土的方法，将 5 号罐管道井封闭，防止火势从底部引起蔓延。同时，鉴于 5 号罐储量较大，油层较厚（6.7m），指挥部决定利用库区输油设施，从罐底输油管道向外排油，以减少燃烧罐内原油储量，减轻经济损失和潜在危险。油库立即将此方案付诸实施，随即以 1000t/h 的速度向二期工程 6 号罐紧急输转原油。

11 时 49 分，青岛市公安消防支队第二批灭火力量 12 辆消防车抵达火场。此时，5 号罐大火仍处于稳定燃烧状态，各邻罐和火区情况正常。指挥部基于以下考虑，决定对 5 号罐实施攻击灭火。

① 库区情况复杂，地上地下管道纵横交错，互相连通，油品遍布，火势有可能通过管道蔓延。若其他部位再出现爆炸燃烧，将可能引起连锁反应，局面会更加复杂；

② 根据原油燃烧的性质分析，随着燃烧时间增长，温度升高，可能出现沸溢或喷溅，情况将会十分凶险；

③ 目前风向对冷却和进攻灭火较有利（上风方向便于靠近），如风向变化，主要邻罐均可能处于不利位置，冷却防爆和灭火任务更加艰巨和困难；

④ 潍坊等地已派出 20 多辆大型消防车增援，但路途远，所需时间长，到达之前的 3～4h 内很难保证火场不出现更大险情；

⑤ 泡沫灭火力量虽不足（已有 4 辆黄河炮车、2 辆东风炮车、6 辆普通泡沫车），但可利用水罐车直接吸液出泡沫灭火，已接近所需力量，扑灭大火也是有可能的；

⑥ 能一次扑灭更好。即便灭不了，也能压制一下火势，减缓燃烧强度，为以后总攻打下基础。

12 时 13 分，按照指挥部的具体部署，4 辆黄河炮车、2 辆东风炮车、6 辆普通东风水罐车迅速开进库区，按预定的位置停靠做战斗准备。当各车基本定位，指挥员即将下达进攻命令时，5 号罐火势突然增强，消防车漆顿时被烤焦。由于处境危险，指挥部被迫下令后撤，进攻灭火方案暂缓执行。同时命令各车迅速撤出库区，车头向外，驾驶员不准下车，时刻做好撤离准备。各级指挥员要密切注视火情变化，及时察觉喷溅前兆，以防不测。

13 时许，风向突然变化，由东南风转为北风偏西，风力 5、6 级。使 1 号、2 号、3 号、4 号罐，火场处于下风向，浓烟烈火压得很低，猛烈扑向 3 号、4 号罐，火场情况更加危急。灭火的最佳位置，成为火场上最危险的地带，灭火官兵们面对的是凶猛燃烧的大火。脚下和身后则是处于烈火威胁的巨大油罐。浓烟烈火不时向官兵卷来，作战条件相当艰苦。此时，指战员面临两种选择：一是撤出危险区，确保人员和车辆安全；二是坚持战斗，保护国家财产和青岛油库及整个黄岛地区的安全。在这生死考验面前，指战员毅然选择了后者。青岛市公安消防支队领导面对险情作了以下紧急部署：

① 各作战部位的指战员都要严密注视火情变化和其他险情（如避雷塔倒塌伤人等），提高警惕，及时报告各部位情况，并坚决迅速地执行指挥部各项命令；

② 加强对 1 号、2 号、3 号、4 号罐的冷却。鉴于库区给水管道压力不足，指挥部调集消防车连接库区消火栓，出水枪冷却油罐；

③ 前方阵地人员尽量减少，每支水枪只留 1～2 人操纵，其余人员撤至 150m 以外，轮流作业。

上述措施实施后，火场共有 31 支水枪出水，其分布情况为 3 号罐 6 支，2 号罐 4 支，1 号罐 2 支，4 号罐 6 支，5 号罐 3 支，向罐壁射水冷却降温。另有 10 支水枪在 3 号、5 号罐之间组成一道水幕，一齐向烟雾射水，起到了抬高烟雾、阻止烟雾直扑 3 号罐和降低烟温的作用。为防止 3 号罐顶在烟雾作用下升温，另调一辆黄河炮车向 3 号罐顶射水降温。这样，尽管 5 号罐烈焰凶猛，但各邻罐在强大水枪射流冷却保护下，罐体温度一直保持正常。同时，指挥部百倍警惕，周密部署，即使 5 号罐油火发生喷溅，官兵也有所准备。以市委、市政府、市局领导参加的灭火总指挥部，在距火场不足 200m 的油库办公楼上听取了前线指挥员对火场形势及战术意见、战斗部署的汇报。

14 时 35 分，稳定性燃烧达 4.5h 之久的 5 号原油罐火情突变，火势骤然增大，原来的浓烟全部变为火焰，且颜色由橙红色变为红白色，异常明亮。指挥员当即判断是原油喷溅的前兆，预感可能出现大喷溅，于是急命全体撤退。听到命令，官兵们相互照应，急速撤离火场。在撤退命令下达十几秒钟时，4 号原油罐突然爆炸，将油罐顶部半米多厚的水泥层炸向高空，烈焰形成一团巨大的火球，呈蘑菇状冲天而起。几乎同时，1 号、2 号、3 号油罐也相继爆炸，并燃烧起熊熊大火，刚刚撤退到 4 号罐附近的指战员，均被强大的冲击波推倒，石块水泥板纷纷坠落，原油烈火呼啸喷溅流淌，燃烧面积瞬间扩至 $1km^2$。青岛市公安消防支队 13 名官兵英勇牺牲，66 名官兵受伤，8 辆消防车、1 辆指挥车被烈火焚毁。二期工程油罐也被烈火包围，油火顺坡迅速向港务局油区蔓延，情况万分危急。指挥部在库区墙外重新聚拢、召集撤出脱险的指战员（现场 86 人，撤出 72 人），紧急部署：一是迅速清点人数，重新集结撤退的官兵，尽最大力量抢救伤员；二是尽快将火区情况和有可能继续发生的重大险情报告上级领导，请求支持。官兵们立即分头行动，并迅速用电台向支队、市局报告火灾情况。

15 时 20 分，支队副政委领导等率领 30 名官兵、渡海赶到火场支持灭火抢险。并进一步召集失散官兵清点人数，协助组织用直升机运送伤员。市局也迅速组织治安、刑侦、武警和市区各分局的干警，调动三艘巡逻艇和部分车辆投入抢运伤员的战斗。

刚刚在死亡线上挣脱出来的官兵，在人员装备极为不足，火区达 $1km^2$，火势已将二期工程油罐烧损并封锁了通往港务局油区道路的险恶条件下，再次请缨上阵，会同港务局，一方面组织人员用石棉被遮挡与火区最近的金属立式油罐，阻挡热辐射；另一方面利用消防支队 4 辆消防车和青港公安消防队一辆消防车，由消防艇接力供水，出水保护阻击逼近烈火。青岛市长也赶到港务局油区，组织冷却防御。16 时 20 分许，被雷击爆炸的 5 号油罐，第二次发生喷溅，火势直接逼向港务局罐区，门前道路被烈火封锁。市长见情况危急，下令车辆迅速后撤，人员全部上消防艇，驶离码头观察火情，以防不测。

18时30分许，省领导、省公安局、消防总队领导陆续到场。19时50分许，指挥部派青岛市公安消防支队战训科领导到火场侦察。经过仔细勘察，当时的情况是：一期油区仍是一片火海，且火势十分猛烈；二期工程油罐周围仍有明火燃烧，人员车辆难以靠近；港务局油区门前和滨海北路亦有多处明火；油火继续穿越路面向外流淌，港务局油区仍处于危险中。查明火情后，立即将现场情况报告指挥部。为加强火场指挥力量，青岛市公安消防支队副支队长带领2名干部也星夜赶到火场。21时许，胜利油田、齐鲁石化总公司等消防队10辆大型泡沫车赶到火场，进入二期工程罐区，扑灭了油罐附近部分明火，后见处境危险，迅速撤离。

21时30分许，山东省公安消防总队副总队长率总队战训科长、防火科长，青岛公安消防支队领导，经再次进入火区侦察后，决定由青岛市公安消防支队组成两条干线，对二期工程2号、6号罐实施冷却保护。火场总指挥部签于火情复杂，指挥员安全无保障，决定暂缓实施。

13日零时10分，总指挥部决定对二期油罐工程2号、6号油罐实施冷却保护，以消除火势对二期油罐区的威胁。

零时50分许，正在海滨北路集结待命的青岛市公安消防支队接到命令，由青岛市公安消防支队副政委、副支队长带领6辆消防车，会同胜利油田、齐鲁石化总公司和烟台增援力量，立即进入二期罐区，按预定方案进行战斗。青岛市公安消防支队战斗车辆被部署在罐区前方，各消防车相继定位，由消防艇在海边抽海水接力供水。约1时20分许，5号罐第三次大喷溅，火势猛烈扑向二期罐区，刚刚部署完毕的消防车，又一次被迫撤离火区，此次喷溅大火持续猛烈燃烧，整个库区烈焰熊熊，火光映红了黄岛上空。3时许，在烈焰稍有下降，略趋平稳的情况下，各路力量重新进入库区，按原方案进攻。青岛市公安消防支队出车5辆，烟台、潍坊、临沂、威海和胜利油田、齐鲁石化总公司等地出车20辆，分四条干线，出水枪4支，重点冷却二期2号、6号罐，连续不间断地出水至凌晨6时，有效地阻止了火势蔓延，实现了冷却控制的预期目的。

2. 集中兵力，总攻灭火阶段

13日8时至14日21时，经过一天一夜凶猛燃烧的油库大火，在继续喷溅爆炸后，开始趋于稳定。总指挥部坚决贯彻时任总理的李鹏同志的指示，调集全省百余辆消防车组成强大灭火阵容，采取"集中兵力打歼灭战"和分割包围、各个击破的战略战术，不失时机地对油罐大火展开总攻。相继扑灭了5号、3号、2号、1号油罐大火，彻底消除了火势继续蔓延扩大的威胁，取得了灭火战斗的决定性胜利。

13日凌晨至6时，省内各地消防部队派出的增援消防车辆装备和富有经验的指战员纷纷赶到，以省公安消防总队、市公安局长等领导同志组成的灭火指挥部认为，集中优势兵力，组织大兵团作战，向各油罐逐个发起总攻的时机已到，并决定首先消灭燃烧时间最长，对二期油区威胁最大的5号罐，经报告总指挥部同意，立即调集10辆大型泡沫炮车，于8时30分开始总攻，攻击力量分三组，每组三辆泡沫炮车，一辆干粉炮车轮番上阵，经3次攻击后，5号罐大火被压住，转为罐底弱火和内部暗火，在总攻5号罐的战斗中，消防支队八辆消防车全部参与接力供水，官兵们发扬不怕疲劳、连续作战的作风，显示了较强的战斗力。在总攻5号罐的同时，灭火指挥部又派出一辆泡沫车和一辆水罐车，压制泵房处火势，进而扑救新港路两侧大火。

13日11时30分，灭火前沿指挥部召集全省各地消防部队带队干部开会，分析火情，并针对火场实际情况，决定继续攻击尚未彻底熄灭的5号罐，14时21分，5号罐大火被彻底扑灭，取得了总攻灭火阶段的初步胜利。在此基础上，指挥部又调齐鲁石化总公司高喷消防车到场，由原来5条供水线，扑救阀组间大火，减轻火流淌对二期油罐威胁，取得明显效果。

15时15分，公安部消防局副局长，战训处处长等领导赶到火场，会同省、市灭火指挥员对火场进行了全面勘察。此时一期油区1号、2号、3号油罐和阀组间、计量室、新港路东侧民房等处大火依然猛烈燃烧。

16时许，时任总理的李鹏同志在国务院秘书长罗干、能源部长黄毅诚及省委书记姜春云、省长赵志浩、市委书记刘鹏等同志陪同下，亲临火场视察、慰问。

21时，由于夜间照明差，指挥部决定灭火战斗部署。为防止火情变化，威胁二期工程2号、6号罐的安全，以原接力供水线路为主，继续冷却监护二期油罐群。

14日7时，各路人马经过短暂休整重新上阵，向库区各油罐大火冲击，先后扑灭了阀组间大火、新港路两侧大火、库区东部墙外地沟内大火和进攻地带。前线指挥经过认真分析火情，认为灭1号、2号、3号油罐大火条件已经成熟，决定利用消防车运水供给前方10辆大型泡沫车灭火，为了增强后方供水力量，经请示总指挥部同意，又将在胶州湾待命的济南、济宁、德州等地消防部队20辆消防车调到火场，参加总攻灭火战斗。

14日14时，仍在猛烈燃烧的3号油罐周围南、北、西三面阵地上，集中了10辆黄河炮车，准备分两批轮番向罐内喷射泡沫，后方五十辆消防车由于消防艇供水，交替拉水，形成了强大的灭火阵容。

14日16时30分，吕副总队长下达了总攻命令，5辆黄河炮车同时喷出强大射流，以铺天盖地之势射向3号罐，15min后，大火被压住；经第二次攻击后，火势迅速减小，只剩下罐低残火。指战员乘胜再次发动进攻，19时30分，3号罐大火被彻底扑灭。指战员群情振奋，不顾疲劳，连续作战，先后向2号、1号罐发起攻击，很快将1号、2号罐大火控制住。至21时30分，1号、2号、3号罐大火被彻底扑灭。至此，灭火战斗取得决定性胜利。

3. 全面出击扑灭地下管道暗火和残火阶段

14 日 21 时至 16 日 17 时，在扑灭油罐大火基础上，指挥部继续调兵遣将，乘胜追击，不给大火以喘息、复燃的机会。灭火大军兵分三路，相互配合，采取分段截击、逐片消灭的战术，将库区地下管道暗火、残火彻底歼灭。取得了灭火战斗的彻底胜利。

14 日 22 时许，油库大面积猛烈燃烧被扑灭，库区只有阀组间、锅炉房、计量室等处，由于管道原油外溢，火势较大，其他部位只是残火和零星火，指挥部认为，当夜油库局部燃烧不会出现大的变化，且经过几昼夜连续奋战的战斗部队已十分疲劳，决定撤出战斗，留下一定力量监护火场，大部分撤出火场休息。青岛市公安消防支队 4 部消防车在王副科长带领下执行监护火场任务。

15 日凌晨 1 时 5 分，库区锅炉房处燃烧再次猛烈，并直接威胁二期工程 6 号罐的安全。在场监护力量全力扑救，并紧急调出青岛市公安消防支队休整待命的消防车 4 辆，胜利油田 2 辆增援灭火。2 时 30 分将火扑灭。青岛市公安消防支队留下 8 辆消防车继续监护到 7 时。

15 日 7 时许，灭火大军重新上阵，兵分三路扑救地下管道各处暗火、残火。灭火大军向火区地下管道残火发起全面攻击。采取先向管道沟内灌注泡沫，然后调铲车向沟内填沙掩埋分段截击等措施，有效地阻击了管道内原油流淌和暗火流窜、扩大了战果。16 日上午，开始恢复输油，灭火大军兵分两路，一部分监护输油，一部分继续消灭残火。

16 日零时 30 分左右，阀组间明火再次出现大面积复燃，在场监护力量紧急扑救，青岛市公安消防支队四辆消防车在刘崇芝副支队长带领下，迅速增援，连续扑救 2 个多小时，使火势转为暗火燃烧。

16 日上午，灭火指挥部抽调胜利油田 5 辆消防车现场保护输油。库区灭火战斗仍采取向内灌注泡沫、填沙土的方法，分为三个战斗片，继续扑救库区内外管道井暗火。

16 日下午 5 时，库区各处火点全部扑灭，最后一支水枪停止出水。灭火指挥部经全面勘察火场，正式宣布，经过五个昼夜顽强奋战，油库大火已被彻底扑灭，取得了灭火战斗的彻底胜利。

（四）伤亡原因分析

这起大火虽然被扑灭了，但烈火使国家和人民的生命财产遭受了重大损失，消防官兵也付出了惨重的代价。认真分析官兵伤亡原因，以引起消防部队的反思，为以后工作带来启迪。

1. 储油区的选址、设计不科学，给灭火救援的官兵带来极大威胁

大型油库选址与设计应进行周密的科学论证，充分考虑消防安全问题。黄岛油库建于山坡地带，各油罐间距较小，且一、二期工程罐群与港务局储油区紧密相连。这种布局本身潜伏着重大危险，一处油罐起火，极易引发邻罐爆炸。黄岛

储油量之大，对胶州湾、青岛市构成严重威胁。从总体战略角度考虑，黄岛油库总体布局，存在很大的不合理性。此次灭火，由于一期工程油罐间距小，布局严重不合理，灭火官兵只能深入至罐群中间，在最危险的狭小地带冷却灭火。5 号罐周围无环行消防通道，消防车停靠灭火和回转困难，遇到紧急险情不能及时撤出危险区，给指战员生命安全造成极大威胁。

2. 油库自救能力差，造成火灾迅速蔓延

由于油库火灾的危险性和特殊性，要切实加强油库消防设施的建设。油罐区自动灭火、自动冷却装置及动力设备应健全完备。黄岛油库一期工程油罐，均未按要求安装自动冷却装置。5 号罐爆炸后，邻罐的冷却防御必须组织强大的移动灭火力量才能完成。如果安装有自动冷却装置，各罐在起火后，能够进行有效的自我喷水冷却，灭火部队只要有少量官兵进行辅助性冷却，既可达到相同效果。除了固定消防装置应健全外，还应充分考虑这些装置遭破坏后的消防能力。如在库区周围建设消防水源，储存较为充足的灭火剂等，此次黄岛油库大火在第二次爆炸后，库内给水设施全部被破坏，库区周围无一处可利用消防水源。消防车只得往返 4000m 到港务局码头拉海水，供水路线须用十几部消防车才能接力供水，大大削弱了冷却和灭火强度。如果在建库时，充分考虑消防水源问题，利用扬水站形势，将海水用固定管道输送至库区周围，灭火效率大大增强。

3. 移动式灭火力量不足

由于油库消防设施在起火爆炸后，极易遭到破坏。储油地区应加强移动式灭火力量的配备建设。黄岛油港、油库消防人员、车辆极为不足。此次 5 号罐因雷击爆炸开始燃烧面积并不太大。油库如有相应的灭火力量，有可能及时扑灭。但当时，该库消防队只能出动一辆车，无力扑救。待青岛市公安消防支队渡海赶到火场，油罐顶部已全部坍塌，形成大面积猛烈燃烧，失去了灭火良机。除此之外，黄岛区乃至整个黄岛市消防力量均十分薄弱，作为灭火主力军的青岛公安消防支队警力不足，技术装备也很差。全支队配备的泡沫消防车，达不到扑灭一座一万吨油罐的能力，且整个黄岛区未设置公安消防中队。这次灭火，油港周围和青岛市如有相应充足的灭火力量，就有可能抢在风向逆转和喷溅爆炸之前，一举扑灭大火，及时消除后期出现的险情。

4. 消防部队对爆炸、喷溅等危险性认识不足，也是造成消防官兵伤亡的主要原因

① 个人防护不到位。到场作战的大部分消防官兵，仅仅穿戴战斗服，没有专门防护大型油罐火灾的服装、呼吸保护等装备，发生喷溅和爆炸后，很多官兵受伤。

② 对钢筋混凝土油罐的传热速率和冷却技术研究不透，着火罐和相邻罐冷却强度应多大，没有可靠依据，致使冷却效果不是很理想。

③ 对风向变化对油罐火灾的影响考虑不充分，没有及时调整人员部署，使得处于下风方向的消防人员没有发现火情变化，也没有看到撤退信号，来不及撤

退，造成伤亡。

④ 没有运用好撤退战术，事先没有撤退预案。平时对官兵应进行险恶环境中如何撤离，保证自身安全的训练，加强官兵的自我防护施救能力。此次灭火，在喷溅发生，紧急撤退时，部分战士特别是新战士撤退和防护经验不足，如有的战士听到撤退命令时，反应不快，不能按事先布置迅速撤出，有的甚至顾及战斗器材。还有的在撤退时，盔帽掉落，不知拾捡起来重新佩带防护等。

⑤ 没有规定紧急撤退信号。此类特大火灾，由于战场广阔，面大点多，官兵战斗部位分散，按正常方式和少量的无线通信工具传递命令受到限制。为了使各战斗部位能同时听到各项命令，特别是统一进攻和危急时刻的撤退命令，指挥部除了增强配备无线对讲机外，还应在火场上设置高音喇叭，由前线总指挥员控制，及时发布各项命令。此次灭火，如照此法设置，各作战部队战斗行动会更加协调一致。危急时刻，全体参战官兵也将更为及时迅速地撤出火场。

⑥ 指挥员对险情估计不足。由于库区情况复杂，过火面积大，发生爆炸和喷溅后，很多通道被封死，使得很多指战员无法及时撤退。

二、1998 年西安 "3·5" 液化石油气泄漏爆炸火灾事故

1998 年 3 月 5 日，西安市煤气公司液化石油气管理所发生液化石油气严重泄漏事故。事故发生后，在陕西省委、省政府，西安市委、市政府，陕西省公安厅，省公安消防总队，市公安局各级领导的指挥下，全体参战人员连续奋战约 90h，保护了国家财产和人民生命安全免受更大的损失，完成了这次抢险灭火任务。灭火救援行动中，有 7 名消防官兵牺牲，30 多人受伤。

(一) 基本情况和事故发生的原因及力量调动

西安市煤气公司液化石油气管理所位于西安市西郊大寨路，占地面积 35.85 亩（约 $2.39 \times 10^4 m^2$），东边是西安日化公司，南边是铁路专用线，西边是农田和村庄，东北方向是新华橡胶总厂、市煤气公司储配站，北侧是总后 3507 工厂、西安石油化工厂和西安焦化厂，西北方向是西安化工厂、西安氮肥厂。

西安市液化石油气管理所始建于 1982 年，发生事故时有职工 208 人，是西安市消防重点保卫单位。罐区设有 2 个 25m³ 残液罐（1 号、2 号罐），10 个 100m³ 卧式储罐（3～10 号、13 号、14 号罐），2 个 400m³ 球形储罐（11 号、12 号罐），2 个 1000m³ 球形储罐（15 号、16 号罐），总设计容量 3580m³。泄漏前罐区内 8 号罐储气 18t，9 号、10 号罐各储气 37t，11 号、12 号罐各储气 170t，15 号、16 号罐各储气 369t，13 号罐有少量储气，1～7 号、14 号罐为空罐，总计储气量约 1170t，见图 3-5。

该所主要消防设施有：地上消火栓 7 个，1500m³ 消防水池 2 个，200m³ 的循环水池 1 个，自备井 18 口，消防水泵 4 台，移动式灭火器材 68 具。储罐设有降温喷淋设施。由网五变和阿房变两个电源双回路供电。储罐安装有液位报警

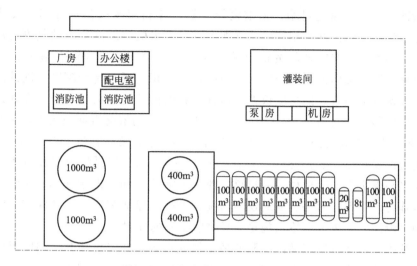

图 3-5　西安液化石油气站平面图

仪，站区设有事故手摇报警器，罐区周围设有避雷装置。

1998 年 3 月 5 日下午（具体泄漏时间不详），西安市煤气公司液化石油气管理所储量为 400m³ 11 号球形储罐下部的排污阀上部法兰密封局部失效，造成大量的液化石油气泄漏，这起泄漏事故是古城西安新中国成立以来罕见的一次严重泄漏爆炸事故，给国家财产和人民生命安全造成了极其严重的危害。在这次抢险灭火战斗中火场指挥部共调动了消防部队及公安、武警、驻军、民兵预备役、医疗救护等单位，投入兵力 3000 余人。全体参战人员连续奋战了约 90h，竭尽全力保住了现场罐区 2 个 1000m³ 的球形储罐和 10 个 100m³ 的卧式罐，2 个 25m³ 残液罐未发生爆炸，扑灭了 8 辆液化石油气槽车和 4 个有可能发生爆炸储罐的余火及被爆炸引燃的总后 3507 厂棉花仓库火灾，及时有效地将群众疏散到安全地带，使罐区毗邻单位的国家财产和人民生命安全安然无恙。

（二）战斗行动经过

3 月 5 日下午 16 时 51 分，西安消防支队"119"调度指挥中心值班员接到西安市煤气公司液化石油气管理所值班人员关于该所液化石油气储罐发生泄漏的报警后，迅速调动辖区中队赶赴现场，并立即向"119"值班指挥员、支队值班首长报告报警情况，值班指挥员针对液化石油气泄漏后的危险性和可能造成的严重后果，当即命令调度指挥中心务必加强第一出动，并先后又调出了 4、5、6、7 中队、11 部消防车（8 部水罐车、1 部泡沫车、1 部干粉车、1 部专勤车）、25 具空气呼吸器、77 人迅速奔赴现场。同时，17 时 2 分、17 时 3 分，"119"指挥车、支队总值班车，也迅速出动，奔赴火场。16 时 57 分，当辖区中队首先到达现场后，中队指挥员及时深入现场，向该单位有关领导、专业技术人员询问、了解泄漏情况。此时，液化石油气管理所的干部、职工、专业技术人员已用棉被和麻绳对泄漏部位实施了捆扎封堵，采取倒罐处置，并利用罐区消火栓出一支水枪稀释、驱散泄漏气体。同时辖区中队立即布置一支水枪协助液化石油气管理所对泄漏部位实施堵漏。当时现场的情况是：11 号 400m³ 的球罐根部液化石油气正在大量泄漏。防护堤内液化石油气气体飘散，大面积蔓延，整个罐区泄漏的液化石油气气体刺激味很浓，能见度极差，而且现场周围情况也极其复杂。在邻近的液化石油气铁路专用线站台上，停放着一列装载 250t 的液化石油气槽车，东北方向约 0.9km 处是市煤气公司煤气储配站三座大煤气柜，总计容量 $11 \times 10^4 \, m^3$，现场周围还有西安化工厂、焦化厂、日化公司、总后 3507 厂、氮肥厂及新华橡胶总厂等易燃易爆重点保卫单位。一旦罐区泄漏的液化石油气继续蔓延、扩散，引起连锁爆炸将产生严重后果。面对现场情况，迅速加厚泄漏部位的堵漏层，阻止液化石油气泄漏，并采取倒罐措施是火场排险唯一的处置方法。

支队指挥员在听取了辖区中队的现场情况报告，并经过侦察、询问煤气公司液化石油气管理所领导及专业技术人员后，当即明确指示：切断电源，关闭警戒区内通信器材，设立警戒线，禁止火种带入警戒区，迅速通知各级领导赶赴现场。并将现场的严重情况向支队领导报告；随后，命令四中队将车停在罐区北、中门外东侧，从中门进入，铺设一条干线，利用分水器出两支开花水枪在上风方向设立水枪阵地接替七中队水枪位置；九中队铺设一条干线，连接四中队消防车，出一支开花水枪，形成三支开花水枪同时进行稀释，驱散液化石油气体的阵容。四中队、六中队在距约 360m 处利用 3507 厂北门外地上消火栓，三部车接力供水；五中队、九中队在距现场约 680m 处利用日化公司北门内地上消火栓，三部车接力供水，确保一线用水。

17 时 38 分至 18 时 12 分，支队领导接到指挥员现场液化石油气泄漏严重的情况报告后，立即向省消防总队值班室和市公安局指挥中心做了汇报，并及时赶到现场。首先进入罐区侦察情况，询问了解泄漏点和堵漏采取的措施。根据当时的严重情况，迅速成立了火场指挥部，并再次明确了下列措施。

① 设立警戒区，严防人员带火种进入现场。

② 禁绝警戒区内一切火源、电源和储配站周围的生产、生活用电、用火。

③ 进入现场参加排险的所有人员必须关闭随身携带的各类通信工具。

④ 尽快将气站周围的群众疏散到安全地带。

⑤ 除进入少量人员，布置水枪迅速稀释、驱散液化石油气体，并协助煤气公司技术人员现场实施堵漏外，其余力量在站区外安全地带集结待命。

⑥ 抢险人员必须佩戴空气呼吸器进入现场，加强自身防护。

⑦ 铺设供水线路，确保前方用水不间断。

⑧ 通知 120 急救中心赶赴现场，并通知辖区公安分局调集警力赶赴现场实施警戒。

18 时 27 分，省消防总队领导到达现场；18 时 35 分，市公安局领导赶到了现场。到达现场后，他们及时听取了支队领导和煤气公司领导的汇报。此时，经过一个多小时的堵漏，整个堵漏措施取得了比较明显的效果，11 号 400m³ 储罐倒罐已接近一半。听取汇报后，现场指挥部正在研究下一步的处置方案时，18 时45 分，罐区泄漏的液化石油气混合气体突然发生爆炸，整个罐区一片火海，见图 3-6、图 3-7。火场指挥部果断命令：首先组织抢救伤员，最大限度地减少人员伤亡。并规定所有指挥人员必须保持冷静，在没有查明现场情况时，不得盲目行动，并安排侦察小组进入罐区进行侦察。根据现场情况，指挥部果断命令：

① 所有现场人员、车辆迅速撤离到大寨路东口处。

② 命令"119"指挥中心迅速调出了一、二、三、五、八、十，6 个公安消防中队，6 个企业专职队，共 12 部消防车，100 余名战斗员赶赴现场待命。

③ 立即向市委、市政府领导报告事故现场情况。

图 3-6　液化石油气发生闪爆

此时发生了两次爆炸，蘑菇云冲天而起，整个西郊夜空一片通亮。在现场情况极其严重的情况下，命令部队撤到安全地带集结待命。在省市各级领导先后到场后，成立了由省、市主要领导挂帅和有关方面参加的现场总指挥部。调集了公安、武警、驻军、民兵预备役、医疗救护等单位 3000 余人，组成了灭火指挥部。调出咸阳、渭南、宝鸡三个支队共 44 部消防车、190 余名官兵增援。总指挥部迅速采取了下列措施：

①公安干警组织疏散 3km 范围内的群众，撤离危险区域。

② 扩大警戒区，封锁重点交通道路，禁止无关人员及车辆进入警戒区。

图 3-7　闪爆造成的周边破坏

③ 通知供电部门，紧急关闭危险区的一切电源，确保安全。

④ 火场指挥部组织侦察小组，对爆炸现场进行侦察。侦察小组分两批进入罐区，现场 11 号、12 号 2 个 400m³ 储罐已爆炸撕裂，罐体向东北方向倾斜。8 辆液化石油气槽车底部和 4 个 100m³ 的卧罐及罐区部分区域正在燃烧，猛烈火焰威胁着 2 个 1000m³ 储罐，侦察小组对罐区的整个情况绘制了示意图。

火场指挥部及时作出了组织力量进入罐区冷却灭火的决策，采取了以下战术措施：

① 西安、渭南、宝鸡支队迅速扑灭液化石油气槽车、站内储罐底部和管道线路的余火。

② 布置水枪，采用两面夹击战术，对 4 个稳定燃烧的储罐和相邻的储罐实施冷却控制，对两个 1000m³ 储罐实施冷却保护。

③ 咸阳支队扑灭 3507 厂棉花仓库火灾。

④ 组成现场观察小组占据有利位置，随时观察罐区储罐的燃烧动态，及时为总指挥部提供可靠依据。

为了确保灭火任务的顺利完成，省消防总队又火速调集了 10t 干粉、50t 泡沫、3000m 水带及时送到一线，支队、总队同时保障了现场各参战车辆的油料供给。进攻全面展开后十中队从东门进入，出一支直流水枪，消灭 8 辆液化石油气槽车火灾后，转移阵地对正在燃烧的 7 号、8 号、9 号、10 号储罐和 6 号、5 号罐，从北边进行冷却降温；二中队在液化石油气储配站南门口，出一支直流水枪，从南边对 7 号、8 号、9 号、10 号罐和 5 号、6 号罐进行冷却降温，形成南北夹击。三中队在罐区西门内，出一支直流水枪对两个 1000m³ 的储罐实施冷却，防止热辐射引起爆炸。为了保证火场灭火的用水量，灭火指挥部除组织车辆运水供水外，还命令四、五、六、八、九中队共 6 部水罐车利用距火场约 360m 处的 3507 厂北门外地上消火栓吸水双线供水，保证了火场供水不间断。

经过全体参战人员近 8h 的艰苦战斗，扑灭了 8 辆液化石油气槽车及罐区多处残火；第一个 100m³ 的卧罐稳定燃烧后熄灭。

3 月 6 日凌晨，根据总指挥部的命令，支队领导和液化石油气管理所专业技术人员再次进入罐区观察时，发现 5 号罐压力表受爆炸震动和冲击波、热辐射的作用发生泄漏。立即命令单位专业技术人员迅速将阀门关闭，并对罐区所有管道线路、阀门、安全阀及两个 1000m³ 的储罐再次进行细致的检查、消除隐患。同时，组织专人与煤气公司专业技术人员一起对两个 1000m³ 的储罐和 4 个 100m³ 的卧罐罐体表面温度、液位等情况进行监测检查。经过全体参战人员约 40h 的连续奋战，直至 3 月 7 日 19 时 5 分，罐区最后一个燃烧的 100m³ 储罐火焰熄灭。

为了防止罐内未燃烧尽的液化石油气及残液再次泄漏，发生意外。3 月 8 日 8 时，总指挥部经过慎重研究后，决定采用盲板隔离，将爆炸燃烧的 2 个 400m³ 球罐和 4 个 100m³ 的卧式罐与未燃烧的储罐管道彻底分离，并连接管道至距罐区安全距离处，将未燃尽的 4 个 100m³ 卧式罐的液化石油气及残液排放点燃清理，又先后对 4 个 100m³ 的卧式罐及管道采用了氮气和水蒸气吹扫。14 时，指挥部组织有关人员再次进行了认真细致的研究，制定了周密的消防监护方案，调动了九部消防车全面实施现场监护。全体参战人员在身体极度疲倦的情况下，冒着零下 3℃ 的风雪严寒，坚守岗位，连续作战，现场监护 19h，直至 3 月 9 日 11 时 30 分，经过现场的专业技术人员对受高温和冲击波威胁的 2 个 1000m³ 储罐、6 个 100m³ 卧式罐和 2 个 25m³ 残液罐及罐区所有管道、阀门等部位进行全面检查后，确定整个现场监护排险任务处置完毕。3 月 9 日 12 时 5 分接现场总指挥部命令，所有参战人员车辆圆满完成监护任务，全部撤离现场。

在"3·5"液化石油气泄漏事故抢险灭火中，西安消防支队官兵，与兄弟部队协同作战，冒着罐区液化石油气随时都有可能发生爆炸的危险，克服重重困难，苦战 5 天 4 夜，最大限度地减少了国家和人民生命财产损失，完成了这次抢险灭火和现场监护任务。

(三) 伤亡原因分析

① 对液化石油气泄漏事故的危害认识不足。液化石油气泄漏事故比火灾潜在威胁更大，液化石油气爆炸下限低，比空气重，容易笼罩在地面，很容易达到爆炸范围，遇到火源就会发生爆炸；而且不溶于水，用水枪驱散不能从根本上解决问题，随着时间推移，仍然有达到爆炸范围的危险。

② 对火源的消除不够彻底。在液化石油气泄漏范围内，应该彻底消除火源，如明火、静电、高温、不防爆的抢险工具和电器都是火源，必须认真排出。

③ 消防员个人防护不到位。进入危险区的人员，很多都是着普通战斗服，混合气体轻易进入服装内，一旦爆燃发生，衣服全部粉碎，造成的烧伤更为严重。

进入危险区的人员，应将衣服的袖口、领口全封闭，不让可燃气体进入衣服内部。

④ 进入危险区的消防员过多。在堵漏过程中，主要操作人员是液化气站工作人员，消防部队是掩护、防御和驱散气体，一线人员应该尽量减少，并借助地形地物的掩护，伤亡会减轻。

三、湖南衡阳"11·3"衡州大厦火灾倒塌事故

2003 年 11 月 3 日 5 时许，湖南省衡阳市珠晖区衡州大厦发生特大火灾。衡阳市消防支队 5 时 39 分 25 秒接到报警后，先后调集 4 个公安消防中队、4 个专职消防队共 16 台消防车和市环卫局 2 台洒水车，150 余名消防指战员赶赴现场进行灭火救援。8 时许大火基本控制，大楼内 94 户 412 人及周边楼宇居民全部疏散撤离到安全地带。8 时 33 分，大楼西北部分（约占整个建筑的五分之二）突然坍塌，现场立即由火灾扑救转为灭火与救援同步进行。这次特大火灾坍塌事故，造成 36 人伤亡，其中 20 名消防官兵壮烈牺牲，11 名消防官兵、4 名记者、1 名保安不同程度受伤。

（一）基本情况

衡州大厦位于湖南省衡阳市珠晖区宣灵村，东、北面与衡州大市场相邻，南接正衡股份有限公司商住楼，西面毗连房地局住宅楼。占地面积 1740m²，总建筑面积 9300m²，共 8 层，局部 9 层，高 28.5m。该建筑于 1997 年 4 月动工兴建，1998 年 10 月建成并投入使用。1 层为框架结构商铺门面，后改作仓库使用；2 层以上为砖混结构，均为居民住宅。一楼仓库内储有大量的电器、橡胶制品以及烟酒、糖果、红枣、八角、木耳等副食品，致使火灾荷载成倍增加；该建筑四周均被居民楼、商住楼包围，防火间距、火灾扑救面严重不足，通道内设有水泥墩，给灭火救援工作造成客观上的困难，衡州大厦属"回"字形平台单元式商住楼，只有东面 1 个楼梯口从 1 层上到 2 楼平台，再从二楼平台分为 5 个居住单元。给疏散解救被困群众带来很大不便，见图 3-8。

（二）扑救经过

11 月 3 日 5 时许，大厦保安值班员发现大厦一楼仓库有浓烟冒出，过了大约 10min，又发现明火，于是提着干粉灭火器去扑救，但没有扑灭，随即开启室内消火栓，却没有水枪水带。因此延误了报警时间，导致火势越烧越大。5 时 39 分 25 秒，119 指挥中心接到报警。

5 时 40 分 25 秒，责任区珠晖中队接到命令，出动 3 台消防车、20 名官兵于 5 时 43 分赶到现场。当时，现场浓烟弥漫，能见度非常低，烟气中还夹带着很浓的辣椒、硫黄味，十分呛人。火势主要从西北方向东南方蔓延。中队指挥员根据现场情况及时部署灭火作战力量，一班占领大厦东北角消火栓，在大厦东面出 2 支水枪灭火；二班东风水罐消防车停靠在衡州大市场南大门入口消火栓处，利用

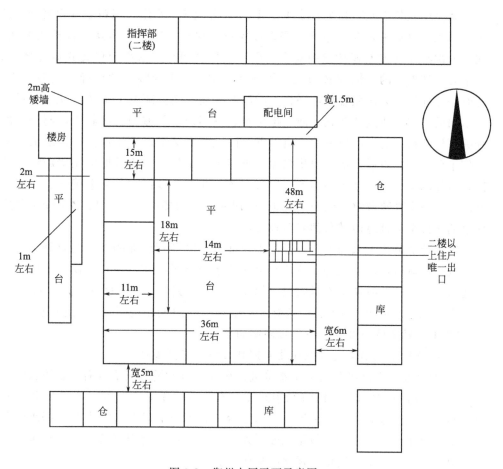

图 3-8　衡州大厦平面示意图

吸水管吸水，向停靠在衡州大厦东南角的三班 153 水罐消防车供水，并在大厦东面出 3 支水枪灭火；同时利用喊话器疏散楼上群众，并向 119 指挥调度中心报告火场情况，请求增援。

　　5 时 58 分，支队值班首长接到报告后，当即命令 119 指挥中心按一级灭火救援调度方案实施调度，先后调集特勤中队 3 台水罐车、1 台举高车和 1 台装备车，雁峰中队、石鼓中队各 2 台水罐车，市环卫局 2 台洒水车和支队机关共 130 余名官兵赶赴火灾现场。当时，现场浓烟滚滚，烈火熊熊，西北面火势正处于猛烈燃烧阶段，并向二楼蔓延，此时许多居民还在熟睡中，人身安全受到严重威胁。支队当即成立了由支队长杨友良任总指挥的火场指挥部，按照"救人第一"的指导思想，为防止火势蔓延和大楼倒塌等情况，给群众和参战人员造成伤害，在迅速疏散解救被困群众的同时，全力控制和扑灭火灾，并由防火处长负责组织四人在大楼四周设立观察点，密切注视大楼及周边情况，一旦发现情况，立即向指挥部报告。根据火场指挥部的决定，支队参谋长邵六芝率警训科参谋刘知敏、珠晖消防中队副中队长李元明和7名战斗员共10人分成5个小组，佩戴空气呼吸器、携带破拆工具分别进入5个单元，采取挨家挨户敲门、喊话、搀扶、背抬的方法，逐层依次有序的疏散解救被困群众。因该楼属"回"字形平台单元式商住楼，5个单元居住群众的疏散都必须经二楼平台，才能从东面唯一的楼梯口疏散下来，此时一层仓库在大面积燃烧，平台上的温度很高，楼上疏散下来的群众一时难以从东面的楼梯口快速疏散到地面，抱怨声、漫骂声、哭喊声、呼救声，与烟火的呼啸声混杂在一起，乱成一片。有的群众因顾及自家财产而不愿离开，疏散解救工作十分困难。救援人员一边积极做好思想疏导工作，一边采取强制措施组织疏散。对体弱多病、行动不便的老人以及小孩、儿童，救援人员采取搀扶、背抱的办法，逐一将其疏散解救到安全地带。8时左右，大楼内94户412名群众及周边楼宇的居民全部被疏散转移到安全地带，无一伤亡。

首先疏散解救下来的群众，慌乱中相继将自家经营门面的卷闸门打开，人为地造成空气对流，风助火势，造成整个火场迅速蔓延，变成一片火海。增援力量到达后，指挥部及时调整作战力量，果断采取四面夹击、围攻堵截的灭火战术。

① 由珠晖中队出4支水枪向东南面灭火（其2支水枪由南面向西南面推进灭火）；

② 由雁峰中队出2支水枪负责西南面灭火；

③ 由特勤中队出4支水枪在北面控制火势向二楼蔓延；

④ 西北面由石鼓中队出2支水枪进行灭火，对火场形成了四面夹攻的态势；

⑤ 火场后方指挥员组织特勤中队1号车、珠晖中队1号车、石鼓中队2号车、雁峰中队2号车、衡西油库专职队1台车和市环卫局2台洒水车占据水源分别向东南西北面的主战车进行不间断供水，二七二厂、衡阳钢管厂、江雁机械厂专职消防队3台车实行远距离运水随机供水。

由于缺少必要的扑救面，灭火救援工作异常艰难，火势很难控制。8时许，后勤保障人员送来牛奶面包，分批轮换一线指战员就餐。8时33分，早餐还未结束，大楼西北部分在没有任何迹象的情况下突然坍塌，在灭火一线的31名消防官兵、4名记者、1名保安来不及撤离被埋压在废墟中，见图3-9。

9时许，衡阳市消防支队政委张某某及特勤中队战士曾某已壮烈牺牲，10名消防官兵、4名记者、1名保安人员负伤，被消防官兵和现场抢险人员救出，送往医院抢救，仍有19名消防官兵被埋压在废墟中，生死不明。

（三）救援经过

大楼坍塌后，现场指挥员强忍悲痛，沉着镇静，立即采取紧急措施。

① 清点参战人员，核实被埋压消防官兵具体人数、姓名。

② 向衡阳市委、市政府、省公安消防总队报告现场情况，请求增援。

③ 实施紧急抢救，在救援设备、增援力量到达前，支队领导和参战官兵含着泪水、强忍悲痛，尽最大努力营救。

公安部、湖南省、衡阳市等各级领导接到大楼坍塌、消防官兵伤亡严重的报

图 3-9　衡州大厦在火灾中倒塌

告后，相继赶赴衡阳组织指挥抢险救援工作。

　　衡阳市市长、省公安消防总队参谋长立即集中参战人员进行了简短的战前动员，果断地采取了四条措施：一是公安民警、武警官兵扩大警戒范围，实施现场警戒；二是迅速调派市政工程公司的铲车、吊车、挖掘机、运输车到现场协助救援；三是迅速调集医疗专家，实施现场紧急救治；四是安排部分力量灭火，并向坍塌物进行冷却降温。同时，调集长沙特勤中队增援。

　　省公安消防总队领导相继赶到现场，组织指挥灭火救援工作，并迅速成立了由省委常委、省委政法委书记、省公安厅厅长、副省长等领导挂帅的灭火救援总指挥部。下设五个行动小组。一是抢险救援组。由省公安消防总队总队长、副总队长、参谋长负责。二是火灾事故调查组。由总队长、防火部部长、副部长和市公安局负责。三是善后处理组。由政委、政治部主任、后勤部长负责。四是医疗救护组。由衡阳市政府一名副市长、市卫生局局长负责。五是灾民安置组。由市政府一名副市长、市民政局局长负责。

　　灭火救援总指挥部经过充分论证，迅速作出了六条救援措施：一是用吊车将楼板、墙体、梁、柱等坍塌重物清离现场。二是用生命探测仪探测和搜救犬搜索埋压在废墟中的被困官兵，在保证绝对没有生命的前提下，配合挖掘机在废墟的西北面的两个救援作业面实施作业。三是作好打持久战的准备，将参战官兵整编成 8 个搜索救援小组，由干部带领，轮番作业，全力搞好后勤保障，确保救援人员体力跟得上。四是利用直流水枪成"扇"形不间断向坍塌废墟洒水，以防尘、冷却降温、稀释排毒和扑灭余火。五是调集城建部门的专家，在事故现场的西北角、北面、西南角设立 3 个经纬仪观察点，实行 24h 监测未塌部分建筑的变化情况，每隔 10min 向现场指挥员报告一次监测情况，严防大楼二次坍塌，确保抢险救援人员的绝对安全。六是电力部门提供现场照明，为救援人员昼夜作战创造条件。

　　22 时 20 分，公安部消防局局长陈家强少将率工作组抵达现场，在详细了解现场情况，审定救援方案后，当即指示公安部消防局战训处调集广东消防总队广州支队特勤大队火速增援衡阳。并建议决定从省内调集建筑和医疗专家连夜赶赴衡阳事故现场，为抢险救援工作提供最佳的安全和医疗保障方案，组织医疗专家对受伤人员进行会诊，全力抢救伤员。

3日22时15分在北侧门面转角处找到了第一具遗体，戴副参谋长被搜救出来。时间一分一秒地过去，抢险救援工作在紧张有序的进行。一具具遗体被搜救出来，4日10时12分，废墟中传来微弱的求救声：我是江某某……救援人员通过与其对话，确定了江某某在紧靠大梁的狭小空间里。指挥员根据现场情况采取了紧急措施：一是救援官兵不间断与其对话，进行安慰和鼓励，以稳定其情绪；二是医务人员准备好氧气袋、遮光布和担架，及时送来生理盐水，实行口服输液；三是为防止被困者受到二次伤害，小心翼翼地将埋压在洞口上的混凝土逐一挖去，让其头部和双手露出，慢慢将其从狭缝中移出。被埋压近27h的石鼓中队班长江某某被成功救出。

为加快救援速度，4日中午，灭火救援总指挥部召开了碰头会，作出了拓宽第二作业面的决策，决定拆除现场西边一栋长约30m的2层小楼，由西往东向坍塌现场深处挺进。事实证明，第二作业面的打通，加快了抢险救援进程。

截至5日12时，救援工作已持续了50多个小时，被埋压的19名官兵有18名被搜救出来（其中1人生还），还有一名干部下落不明。指挥部当即采取了两条措施：一是在大梁的四周及下方搜寻；二是继续向坍塌现场纵深挺进。为了防止大楼二次倒塌造成救援人员伤亡，指挥部又果断作出决定，开辟第三个救援作业面，同时三个建筑监测点实行随时监控，6日10时5分，最后一名埋压在废墟中的遗体被搜救出来。至此，经过70多个小时的连续奋战，埋压在废墟下的19名消防官兵全部被搜救出来。在整个搜救过程中，始终坚持了"以坍塌的二楼承重梁为界，以灭火水带干线为线索，由上往下，由表及里，由外围向纵深，循序渐进，定位搜索"的战术和各战斗段密切配合、互通情况的措施，利用生命探测仪和警犬进行搜索定位。在搜救过程中，注重发挥相关联动单位的积极性，利用公安、武警、民工等人力资源优势，进行表层废墟的清障；利用市政工程吊车、铲车、挖掘机、运输车等机械设备配合人工挖掘，为救援工作的开展赢得了时间、创造了条件。

(四) 伤亡原因分析

① 衡州大厦是底框架结构形式，建筑整体性差，耐火极限比较低，是火灾中容易倒塌的一类建筑，2015年1月2日发生的哈尔滨道外中队扑救道外区南勋街与南头道街仓库火灾，造成5名消防员牺牲，也是这种建筑结构。

② 建筑建设质量差，采用了标号达不到要求的混凝土。本来设计为7层，实际建设为8层，局部9层，超出了设计载荷。

③ 擅自改变了1层的用途。原设计为商铺，后改为仓库，储有大量的电器、

橡胶制品以及烟酒、糖果、红枣、八角、木耳等副食品，致使火灾荷载成倍增加。

④ 火灾扑救前期供水不足，火势控制不力，致使火灾长时间猛烈燃烧，建筑构件受到高温持续加热，是建筑倒塌的诱因。

⑤ 消防指挥员对这类建筑火灾事故的风险认识不足，缺乏针对性的安全应对措施，进入建筑内攻人员，安全意识不高。在兵力部署上，将一个中队的兵力部署在与建筑只有 2m 的矮墙内，一旦发生建筑倒塌或其他危险情况，人员无法撤退，事实上这个地方也是消防员牺牲比较多的位置。

⑥ 装备不足也是客观原因。如通信指挥手段落后，基本采用原始的喊话、运动传话、手机等通信指挥方法，既影响了工作效率，又影响指挥的及时性、有效性和灵活性；特勤装备缺乏，尤其是红外线生命探测仪、影视生命探测仪、呼救器等特种装备严重不足，部队特殊的救援手段还不具备。

第二节　国外案例

本节介绍发生在美国的消防员殉职案例，三个案例都是在建筑火灾扑救时发生的，伤亡原因是轰燃、回燃和坠落，这些现象都是经常发生的。案例详细介绍了发生过程，提出了避免伤亡的多条建议，有一定借鉴意义。本节中关于该案例的信息，均来自于美国国家消防局向美国国家职业安全与保健研究院（NIOSH）最终公布的该事故调查报告的内容。

一、美国德克萨斯州某娱乐场所火灾导致 4 名消防员伤亡

(一) 事故信息来源简介

2013 年 2 月 15 日，在德克萨斯州某娱乐场所火灾的扑救过程中，由于火场突然发生轰燃，导致 1 名 36 岁的男性职业消防员（1 号遇难者，下文以 V1 表示）和 1 名 54 岁的男性职业消防员（2 号遇难者，下文以 V2 表示）牺牲，2 名职业消防员受伤（下文分别以 FF1 和 FF2 表示）。

2013 年 2 月 19 日，NIOSH 通告该事故的发生。NIOSH 从其所属的"消防员死亡事件调查和预防项目"分部中派遣了 1 名职业安全健康专家和 1 名安全工程师，前往事故现场，于 2013 年 2 月 24 日～2013 年 3 月 1 日期间，对该事故进行了调查。在调查过程中，NIOSH 调查人员接触了消防局长、消防官员、州消防事务管理部门代表和当地的消防员工会代表；与该事故的事故指挥官、直接参与此次火灾扑救的消防人员、受伤消防员以及防火部门长官进行了调查访谈。

NIOSH 调查人员审阅了来自警察部门、普通民众、州消防事务管理部门的图片和录像；此次事故中的遇难者、受伤者和指挥官的受训记录，事故救援调度记录，牺牲消防员的尸检报告；以及涉事消防局的"标准作业规程"。调查人员

查验、记录了遇难者和受伤者所使用的个人防护服装和空气呼吸器及其维护记录，并将这些装备发往 NIOSH 的"个人防护技术国家实验室"进行进一步的测试评估。

（二）涉事机构和人员简介

涉事消防局。涉事消防局辖区面积 110km²，人口 78000，所属共 5 个消防站，110 名全职消防员，年度运行经费 9000000 美元。日常人员和装备为：5 个泵浦车班组（最少配备人员 3 名），1 个云梯车班组（最少配备人员 3 名），4 辆高级别紧急救护车（医护人员同时也是接受过交叉训练的消防员），1 名大队长，1 名紧急医护长官，1 支可以从事有限空间救援、山岳搜救、建筑物坍塌和壕沟、高空、水上遇险事故救援等任务的特勤队。该消防局平均每年接处警 8000～9000 起，平均响应时间为 6.5min。在美国的"保险服务事务所消防等级划分系统"中，该消防局为第 2 级（共 10 个级别，第 1 级最佳，第 10 级最差）。

伤亡的消防员。消防员 V1 在该消防局工作了 12 年，时任班长。他获得了德克萨斯州以及该局所要求的所有消防员资质证书，另外在 2011～2012 年间，完成了云梯车操作、消防水带和火场供水、特种技术救援等方面的继续教育培训。消防员 V2 在该消防局工作了 32 年，时任班长。他获得了德克萨斯州以及该局所要求的所有消防员资质证书，另外在 2011～2012 年间，完成了消防员被困情况下的指挥响应、被困消防员救助作业、呼吸器和个人防护装备等方面的继续教育培训。受伤的消防员 FF1 在该消防局工作了 5 年，时任消防员。他获得了德克萨斯州以及该局所要求的所有消防员资质证书，另外在 2011～2012 年间，完成了被困消防员救助作业、呼吸器和个人防护装备、建筑物坍塌事故救援装备、集水射流与突发火势等方面的继续教育培训。受伤的消防员 FF2 在该消防局工作了 11 个月，时任试用期消防员。他获得了德克萨斯州以及该局所要求的所有消防员资质证书，另外在 2012 年，完成了火场紧急干预、呼吸器和个人防护装备、消防水带与火场供水等方面的继续教育培训。

着火建筑物。该建筑物始建于 1945 年，事故发生时内部面积为 690m²，外形和结构见图 3-10。在美国消防规范中，该建筑物在建设期间被归类为商贸建筑，当时当地的消防规范对该类建筑不要求设置消防喷淋系统。该建筑最后一次内部重装发生在 1960 年，同时有关记录显示该建筑于 2011 年曾得到许可证，用于置换建筑物内部的机械设备，以及采用纤维水泥材质的互搭壁板替换原有的乙烯材质壁板。建筑物内部设有燃气和电气设施，内墙表面采用木镶板覆盖，地面为混凝土垫基的乙烯材质。如图 3-11 所示，舞厅上方为人字形屋顶，宾果游戏厅上方为木质规格材支撑的平屋顶，位于 B 面的厨房入口处设一处雨篷。

涉事消防局对该建筑物的最后一次防火检查记录为 2005 年，检查记录中没有备注该建筑物存在任何问题。消防局对该建筑物没有做出过灭火预案。

图 3-10　事故建筑物在火灾发生前（左）、后（右）的俯视图

（图中标记出了建筑物的 A、B、C、D 面）

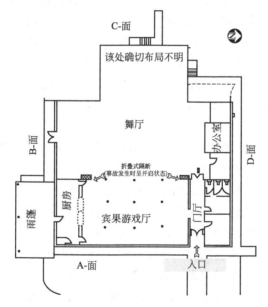

图 3-11　着火建筑物的布局图

（未按比例绘图）

消防供水情况。该建筑物没有设置消防喷淋系统。市政给水管网和消火栓位于马路对面，在火灾扑救过程中提供火场用水。

事故发生时的天气条件。气温 7.2℃，风力 2 级（风速 2.2～3.1m/s）。

（三）灭火救援的力量调动和战斗行动进展情况

1. 灭火装备和人员

（1）灭火救援的力量调动

接到火警后，该消防局在初始调度中调动了以下单位。

① 泵浦车一班组（下文以 E1 表示），车上人员为班长 V1、1 名驾驶员（亦为消防车操作员，下同）、1 名试用期消防员。

② 泵浦车二班组（下文以 E2 表示），车上人员为 1 名班长、1 名驾驶员、1 名试用期消防员。

③ 泵浦车五班组（下文以 E5 表示），车上人员为班长 V2、消防员 FF1（为消防车的驾驶员）、消防员 FF2（为试用期消防员）。

④ 云梯车一班组（下文以 T1 表示），车上人员为 1 名驾驶员、1 名班长、1 名试用期消防员（在此次事故响应时，该班组的举高平台车因维修不在岗，故班组成员驾驶代班的一辆救援消防车前往现场）。

⑤ 紧急救护二班组（下文以 M2 表示），车上人员为 2 名消防、紧急医护员。

⑥ 1 名紧急护理长官（下文以 EMS1 表示），根据该消防局的标准规程要求，他在事故现场同时承担事故安全官员（下文以 ISO 表示）的职责。

⑦ 1 名大队长（下文以 B1 表示），驾驶消防局的指挥车前往现场响应。

在 B1 达到现场后，即刻承担起事故指挥员的职责，他请求 1 辆云梯车，1 辆泵浦车，1 个管理系统作为事故支援。支援车辆从相邻辖区的互助消防局出发，当他们到达现场时 4 名伤亡消防员正被移出着火建筑物。

事故指挥员也发出了第二级火警，该级别的增援力量包括以下单位。

① 泵浦车四班组（下文以 E4 表示），车上人员为 1 名班长、1 名驾驶员、1 名消防员。

② 紧急救护五班组（下文以 M5 表示），车上人员为 2 名消防·紧急医护员。

(2) 消防员个人防护装备

事故救援过程中，V1、V、FF1、FF2 在进入着火建筑物时都穿着全副消防员防护服和装备，包括防火服、防护头套、头盔、手套、消防靴、配有麦克的对讲机、配有 PASS 装置的呼吸器。在进入建筑物之前，所有面具都按要求佩戴和连接。他们的呼吸器的流量测试、静压测试都符合时限要求。他们所使用呼吸器装配的是 30min、31MPa 的气瓶，都符合 NFPA1981 消防自给式空气呼吸器标准和 NFPA1982 个人安全报警系统（PASS）标准的要求。他们的呼吸器经 NIOSH "个人防护技术国家实验室"检测，也符合 NIOSH 认可的各项指标。2013 年 1 月，经第三方评价程序，确定涉事消防局的固定和移动空气充装系统都符合 NFPA1989 应急呼吸保护可吸入空气质量标准，以及其他国家标准规范的要求。

2. 战斗行动进展时间表

根据事故发生过程中无线电通信所记录到的、清晰可辨的信息，整理得到此次灭火作战过程中从火场通信中反映出的消防响应和火场作业行动进展的时间表。

• 23：19

调度中心接收到手机报警，报警者提供的信息包括：一个娱乐场所发生火灾；不知着火建筑物内是否有人员；停车场中没有车辆停放；可以看到火焰从建筑物中冒出。

• 23：24

E1 到达火灾现场，班长 V1 通告 E1 班组根据火势进入进攻作战模式，由 V1 传达灭火指挥命令。

T1 到达现场。

EMS1 提供了距离最近的消火栓的位置信息。

B1 到达现场，向调度报告说一栋单层的商贸建筑发生火灾，在建筑物 B/C 角上方的屋顶处可以看到火焰。B1 开始承担事故指挥员职责，命令采取进攻模式进行灭火作战。

T1 班长要求 T1 操作员携带"k 型工具（一种破拆工具）"及其他工具到达前门。

EMS1 到达现场。指挥员按程序要求指定 EMS1 担任事故安全官员（ISO），并指定其在完成绕场侦察之后在 C 面选定其现场位置。

• 23：26

指挥员要求互助消防局的 1 台云梯车、1 辆泵浦车、一个行政组到场响应。

V1 通过无线电告知指挥员"将一条 200ft 水带从前门处展开"。

指挥员做出认可答复"收到。确认 E1 已位于前门处"。

T1 班长报告：他们强行打开了建筑物 D 面的一扇门，正在强行打开建筑物 C 面的另一扇门。

• 23：27

M2 到达现场并进入备战状态。

E2 到场，开始协助 E1 作战。

ISO 在建筑物的后部建立起安全观察点，位于建筑物的 C 面。

T1 班长报告建筑物 C 面和 D 面的门已被强行打开，并保持关闭状态。

• 23：28

E2 向指挥员报告他们正在设立现场供水、在 M2 和 B1 周围铺开一条水带。

E5 到场，被指挥员指定作为"紧急干预分队（下文以 RIT 表示）"展开作业。

指挥员要求设立大流量供水。

E2 班长报告他们正在进行绕场侦察、展开另一条水带；得到指挥员的确认。

指挥员通过无线电要求"确认 E1 和 T1 已进入建筑物内部"。

T1 回复否认，"T1 正在 C 面试图打出一个通风孔"。

指挥员通过无线电要求"确认 E1 已进入建筑物内部"。

E1 班长 V1 向指挥员报告其班组成员已在建筑物内部展开灭火作业。

• 23：29

指挥员要求 ISO 和紧急干预分队进行绕场侦察。

ISO 通过电告指挥员 RIT 即将完成他们的绕场侦察，ISO 自己的绕场侦察已完成 3/4，正在寻找该建筑的电源接线盒。

指挥员要求 E2 铺开第二条水带去协助 E1；E2 回复按其指示行动。

指挥员要求 E1 做出其人员、状态、行动、需求四个方面的报告。

• 23：30

指挥员向调度报告在建筑物 A/B 角的屋顶处呈现较大的火势。

V1 在对讲机里陈述道"……那边有一扇门我无法打开……如果打开它我们这里的浓烟就可以从那里排出去。我在绕场侦察时就试图打开那扇门，但当时没能打开它……"

指挥员命令 T1 去打开建筑物 B 面的门。

T1 报告门已打开，可供 3 人小组进入，并实施 3 人的入场行动。

指挥员在对讲机内确认了 T1 班组的 3 人已经进入建筑物，B 面的门已打开。

• 23：31

V1 要求 1 条水带增援。

E2 人员入场，并得到指挥员和调度的确认。

E1 操作员向指挥员报告罐车达到一半的余量。

指挥员指示 E2 打开消火栓。

• 23：32

ISO 切断位于建筑物 D 面的配电盘中的空开器件、主开关器件。

来自互助消防局的增援云梯车和泵浦车在开往现场的途中。

• 23：33

E2 操作员完成了对 E1 的供水作业。

T1 班长报告他们班组 3 人从火场退出，其中 2 人将再次进入火场；指挥员确认收到该信息。

指挥员向调度确认需要 1 台增援泵浦车前往火场响应。

调度确认了互助消防局的增援消防车正在途中，调度会每 10min 通告一次增援情况；指挥员确认收到该信息。

E2 班长向位于门口的消防员要求拉近水带。

• 23：34

指挥员向 V1 通告在建筑物 A/B 角屋顶处仍然看到火焰从屋顶冒出。

E1 操作员报告供水已建立完毕。

指挥员要求地方水、电部门参与事故响应。

调度要求指挥员对其无线电上的紧急状态进行重设；指挥员确认接收到该要求。

• 23：36

指挥员指派 ISO 前往 C/D 接角处"保持现场侦察"。

E2 操作员通告指挥员他完成了"大功率供水"作业。

T1 班长通告 V1 所有的水带都已展开拉进火场。

E2 班长向指挥员提问他们已实施的扑救行动是否取得灭火效果；指挥员答复"从外部观察看来，我认为你们已取得效果，火势看来正在消减"。

- 23：37

T1 班长通告指挥员他们班组实施内攻的 2 人正在从建筑物中退出以重装呼吸器气瓶。

- 23：38

指挥员要求 E1 或 T1 的操作员在前门处布置排烟机；E5 通告他们班组请求配合布置第二台排烟机。

指挥员通告实施内攻的班组他们的行动看来已取得一定效果，现场已经不再呈现可见的火灾，只呈现很大的烟气，外部人员已在前门处布置了排烟机组。

E2 班长通告他们正在舞厅内，这里非常热，屋顶有燃烧现象，他们正在实施往火场深处推进的行动。

- 23：39

指挥员回答"我认为你正在获得灭火效果，现在我们能看到的唯一一处火灾仍在 B 面靠近 A/B 角的屋顶处，现场仍有大量的烟，我们正在前门处布置一组排烟机"（注：排烟机到位后即刻启动）。

T1 班组 3 人进入建筑物；指挥员和调度都确认接收到该信息。

- 23：40

V1 告知指挥员他的呼吸器发出低容量报警，他与自己的同行消防员失去联系，他位于红色水带旁；V1 向指挥员重复该条通话。

E1 的实习消防员报告他自己位于红色水带旁，呼吸器处于低容量状态。

- 23：41

指挥员要求调度发出紧急撤离警报信号，同时指挥员通告所有场内单位撤离建筑物。警报信号发出，同时指挥员重复命令"撤离建筑物"。

E2 班长报告他们班组已在建筑物外部；指挥员确认收到此信息。

ISO 向指挥员建议灭火作战进入救援模式，并提出第二级火警请求。

- 23：42

T1 班长电告指挥员他听到了消防员个人安全报警系统（下文以 PASS 表示）装备所发出的警报声。

指挥员请求第二级火警增援，紧急撤离警报信号关闭。指挥员在信号关闭后又一次发出撤离建筑物的命令。

互助消防局的支援力量到场，请求分配任务。

- 23：43

指挥员通知所有单位撤离建筑物。

ISO 通告有浓重的火焰烧穿屋顶，并向 C 面蔓延。

指挥员要求互助支援的云梯车进入工作状态。

指挥员通告所有单位撤离建筑物。

指挥员要求 E5 班组点名（RIT 作业就位）。

V1 告知其呼吸器低容量警报关闭，请求给予其呼吸装备，他仍然位于红色水带旁。

- 23：44

指挥员回复 V1，重复"沿着红色水带往外走"。V1 告知指挥员"不行，指挥员，我做不到，因为有物体跌落在水带上，我迷失了方向，请求派人来帮助我"。指挥员再次回复"沿着红色水带往外走"。

T1 班长向指挥员报告有一名消防员在红色水带处受困（受困位置距离水带大约 7～8m 处）。

指挥员通告所有单位撤离建筑物。

E1 操作员向指挥员报告他已在车上支起水炮，请示是否进行射水。

指挥员命令 T1 班组撤离建筑物。

- 23：46

指挥员要求 E5（RIT）班长做出状态报告。

指挥员要求调度发出撤离警报信号。指挥员通告所有单位撤离建筑物。

- 23：48

麦克打开。

调度通过无线电提问"E1 班长"的对讲机是否遭受紧急通信拥堵。

E4 在前往现场途中。

指挥员要求 2 辆救护车增援。

- 23：50

互助云梯车向指挥员报告就位，接到指令即可出水。指挥员要求他们立即往火场射水。

ISO 通告指挥员有一名消防员从建筑物内撤离出来。

指挥员要求调度派出医疗直升机。

- 23：51

M2 要求更多救护车增援；指挥员要求调度派出 4 辆救护车。

- 23：52

ISO 通告指挥员第三名消防员从建筑物内撤离出来，提出第二架医疗直升机增援。

- 23：53

T1 电告他们需要人员帮助从门口处将几名消防员转移出来。

- 23：55

互助云梯车向指挥员报告屋顶开始坍塌；指挥员确认收到此信息。

E4 在前往现场途中。

- 23：59

T1 班长通告 V1 距离他 3m 远，需要人员帮助将其转移出来。

- 00：02

E4 班长告知指挥员他们看到火势重大，同时他们听到一台 PASS 关闭。

- 00：04

指挥员请求第三级火警增援。

- 00：08

ISO 通告指挥员 V1 已被转移至门口处。

- 00：09

所有消防员点名。

指挥员要求 ISO 在转移 V1 后监督所有人撤离建筑物。

- 00：10

所有救援人员都处于建筑物外部。

3. 灭火作战过程的还原

根据上述的战斗行动进展时间表，以及事后 NIOSH 调查报告中对于战斗行动结果的陈述，我们将灭火作战过程的细节还原如下。

2013 年 2 月 15 日 23：19，一人骑车经过该娱乐场所时发现火焰从屋顶冒出，他立即用手机向 911 报警。消防和警察部门接到调度指令响应该建筑火灾。警察部门与消防部门同时到达现场。到场的警察观察到 A/B 角屋顶处冒出夹杂着 0.9～1.2m 长火焰的浓烟，D 面阁楼一处排风口处冒出厚重的黑烟（注：到场的消防部门并没有确认后者）。警察到场后随即观察到停车场没有车辆停放，着火建筑物呈锁闭的、无人居住的状态。

第一辆到场的消防车是 E1 班组，班长 V1 通过消防车上的无线电通告奔赴火场的后继单位：屋顶有火焰冒出，E1 根据火势进入进攻作战模式。T1、EMS1 和 B1 随后到场。V1 在将指挥交给 B1 之后，接着指令自己班组的实习消防员在 A 面的前门处布置一台正压排烟机，再从 E1 消防车后部卸下一条 61m 长、口径 45mm 的红色消防水带。在实习消防员落实这些任务的同时，V1 按程序要求开始围绕着火建筑物进行 360°的绕场侦察。

T1 人员到达现场下车时，听到和看到 E1 的人员正在敲开位于建筑物 A 面门上的玻璃。T1 人员取出备用工具后，T1 班长和消防员沿逆时针方向，开始他们的绕场侦察。T1 操作员在穿戴完毕他的消防服和呼吸器之后，也开始绕场侦察并与其班组人员会合。这时 E2 到场，他们开始连接消火栓，设立一条口径 127mm 的供水线为 E1 供水。E5 紧接着到场，被指挥员指定为 RIT。E5 班组 V2 和 FF2 开始绕场侦察，同时 FF1 穿戴个人防护装备。

这时，V1 和他的实习消防员持一条 45mm 红色水带，由实习消防员掌握水枪，通过 A 面的门进入建筑物内部的门厅。在他们进入之前，就位的排烟机已开启至"高速"挡运行，正对着前门的门厅处送风。E1 班组的实习消防员事后在向 NIOSH 的调查过程中陈述：当他们进入建筑物的初期，烟层距地面大约 1m，能见度大约 3m；他们进入门厅之后，即刻左转进入宾果游戏厅（见图 3-12），该厅内放置了大量桌子和椅子；室内充满烟气，烟浓度中等，但该消防员说他当时能看到远处（即 B 面的墙）有黄色的灼热燃烧现象；当他们觉得自己大概到达该厅的中部时，V1 指示该实习消防员打开水枪，向在他们上方滚动的火焰处射水；他们采用直流射水方式，压下了前述的"黄色灼热燃烧"，此时指挥员通过无线电告诉 V1 他认为 E1 正在实施的内攻行动从建筑物外部看来确有成效。

在 E1 班组在宾果游戏厅内灭火作业的同时，T1 班组的 2 名成员开始破拆作业，强行打开建筑物外部的各扇门。T1 首先强行打开建筑物 D 面办公室的门，这扇门打开后发现该室内没有火灾和烟气，他们接着闭合了该扇门，再采用相同程序强行打开建筑物 C 面的另一扇单开门，这扇门打开后发现室内有轻微烟气，但看不到燃烧迹象。T1 接着经过 B 面靠近 B/C 角的一个双扇门，但他们没有对其实施作业，而是直奔 B 面的另一扇通往厨房方向的门，因为看得出起火点就在该区域。T1 强行打开这扇门，推开后发现门后围绕着火焰，整个室内（即厨房）陷于大火之中。此时，T1 班组的 3 个成员正好会合在一起，由于破拆作业周边环境中的火灾和烟气状态，他们的呼吸器都处于开启状态。T1 闭塞了为通风而打开的厨房的门，在这个过程中，可以看到火焰在门后隐现。

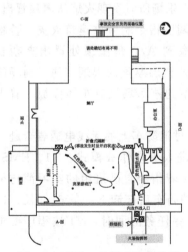

图 3-12　当 V1 及其实习消防员开始往建筑物出口实施退出行动时的火场示意图（未按比例绘图）

这时 E2 班组正完结他们的绕场侦察，他们经过 T1 人员，前往 A 面，返回后他们看到 E1 的操作员从 E1 消防车卸下第二条水带，为 61m 长的黄色水带。指挥员命令 E2 协助 E1，所以他们抓起这条黄色水带，走入前门门厅。然后 E2 左转进入宾果游戏厅，由于火场态势，他们不得不爬行作业。他们沿着红色水带前行，直至遇到 V1，双方进行了简短的面对面交流，告知发现了起火位置。之后，E2 班组从宾果游戏厅返回到门厅处，在此处他们决定前行进入舞厅区域（见图 3-12）。E2 进入舞厅后，前行了 7～8m，他们发现头顶处有火焰，立即向上方的顶棚处射水，顶棚隔音板受消防水流的撞击而落下。

T1 班组在完成他们的绕场侦察并打开建筑物四面的门之后，返回 A 面。接着 T1 班组 3 人（班长、操作员、1 名消防员）携带相关工具通过 A 面的门进入火场。他们沿左手方向搜索火场，进入宾果游戏厅。进入该室后，发现充满深色的浓烟，但没有太多的热。几分钟之后，T1 不得不退出建筑物，原因是其班组中操作员面具的密闭性出现问题。之后，T1 操作员留在场外修复该问题，T1 班长及其消防员再次通过 A 面的门进入火场，这次他们沿红色水带爬行深入宾果游戏厅以图确定 E1 班组的位置。在与 V1 会合时，V1 要求 T1 增援一条水带。E1 的实习消防员事后在向 NIOSH 的调查过程中陈述：在此次会面后，他与 V1 拉动水带继续爬行深入，直至到达火势严重的一处，该处从地面到屋顶都处于燃烧状态，火焰时时在他们头顶吞吐。他们两人呈坐姿往该处射水，数分钟后，周边环境变得非常暗、非常热。此时，T1 班组的两人退出建筑物去更换他们呼吸器的气瓶。

在 E1 的实习消防员射水的过程中，V1 要求他帮助查看自己呼吸器气瓶上的压力表（注：前一晚值班的班长告诉 NIOSH 调查员，V1 使用的这台呼吸器上的平视显示器在上次执勤过程中发生故障，他在交班给 V1 时也告知其此故障）。此时，V1 的气瓶显示余量为 1/4，实习消防员的平视显示器读数处于黄色区，所以 V1 告知其实习消防员他们需要马上离开。E1 实习消防员就将水枪放置在他们一直射水灭火的地方，开始沿着他们的红色水带，先行往外走。V1 紧随其后，但很快就与其拉开了距离。E1 实习消防员报告说他听到 V1 通过无线电说他自己迷失了方向，也听到指挥员告诉 V1 要求他沿着红色水带往外走（注：在 V1 和指挥员的无线电信号之前，RIT 班组在前门处临近第一台排烟机布置了第二台排烟机，如图 3-11 所示）。因此，E1 实习消防员停下来，向 V1 喊话，但他没有听到 V1 的回应或者 PASS 的报警声。他就接着往外爬行，因为他的呼吸器发出低容量警报声。E1 实习消防员陈述到他在沿水带行进的过程中，出现了短暂的绕圈情况，这是因为水带的铺设出现了一小段环状现象（见图 3-13），他借助自己的手电筒弄清楚了水带朝外的方向。E1 实习消防员在宾果游戏厅接近门厅的地方，碰到了 T1 的 3 名队员，他们引导他回到建筑物出口。E1 实习消防员告诉 T1 人员 V1 迷失方向的情况。

T1 班组的消防员告诉 T1 班长他好像听到了从 E1 实习消防员刚退出的房间内传来了 PASS 的警报声，T1 班组就沿着红色水带进入游戏厅，向警报声传来的方向搜索过去。但他们在前行过程中发现这个 PASS 的警报声似乎往远离他们的地方移动。T1 班组一直前行到 E1 实习消防员在退出建筑物时向他们描述的水带呈现环状的地方，此时 T1 消防员的空气容量再次达到低限，所以 T1 班组不得不集体转身返回建筑物外部。在退出过程中，T1 班组在门厅里遇到因同样原因而退出的 E2 班组，T1 班长就向 E2 人员询问他们是否听到了 PASS 警报声，得到了否定回答。在此期间，就在 T1 班组退出游戏厅时，指挥员下达了撤离命令。T1 班长事后陈述就在他们即将撤出建筑物之前，他认为自己听到了从游戏厅传来两声"噗噗"的爆破声。

图 3-13　火场俯视图（地面上的火灾残留物已清理，图中
显示了 V1 及其实习消防员所使用的水带的铺设状态；箭头处
表示水带呈环状的位置，图中显示出该环状部位
与建筑物面积之间的大小比例）

　　当 V1 与其实习消防员失散后，他立即发送了无线电信号报告自己迷失方向、空气几近耗尽、需要有人来到红色水带旁帮助自己解困的状况。指挥员告诉 V1 沿着红色水带往外走，但他表示自己无法办到。V1 同时也点按了自己对讲机上的紧急情况警报按钮，此后一直没有重新设定这一启动。调度中心的管理人员告诉 NIOSH 调查人员 V1 对讲机上的麦克在火灾过程中一直处于音调调高的开启状态，消防局则认为这种无线电被持续启动的情况是由于火灾的热损伤造成的故障。这种情况会导致火场的通信联系中断，且经常发生，针对这种情况火场指挥员就不得不通过面对面交流的形式进行任务分配。

　　就在 V1 停止灭火且发生走失的同时，场外的指挥员也注意到现场火势开始增大，从屋顶一直往 C 面蔓延。指挥员在发出紧急撤离命令后，ISO 建议指挥员灭火作战应转入救援模式、同时申请第二级火警。指挥员听取并落实了他的意见。ISO 陈述他现在可看到火灾烧过屋顶中央峰线，向 C 面蔓延，他将这种情况转述给指挥员。ISO 还在 C 面打开的门的门口放置了一个手电筒，作为一个指示信号，以帮助建筑物内的人员确定该门的位置。接着 ISO 来到 A 面，指挥员指派他对撤离出现场的消防员进行清点核查，并协助处理应急救护事宜。指挥员也命令 RIT（E5 班组）进入建筑物对 V1 实施搜救（注：T1 班长确实与 V2 提及他们班组听到 V1 的 PASS 警报声的位置，即进入宾果游戏厅后 7～9m 附近）。V2 指示 FF1 和 FF2 沿着红色水带进入火场去搜寻 V1，他们自己并没有携带水带。室内非常暗，可见度为零，也极其热，RIT 成员不得不采取爬行动作进入游戏厅。FF1 和 FF2 事后回忆他们听到 V1 大喊求助的声音以及 PASS 警报声都发生在游戏厅后部。FF1 走在 RIT 的最前方，后面顺序跟着 V2 和 FF2。FF2 在调查中回忆到在进入游戏厅之前，V2 示意 RIT 暂停一下，从自己的热像仪上读取了一个数据。FF1 在沿红色水带进入 12～15m 之后，找到了 V1。

E2 班组在更换气瓶的时候，E2 班长注意到从场外往门厅看过去，能看到舞厅区域的火势非常严重。（注：E2 班组在退出建筑物的时候已经听到了撤退的命令）。E2 拉着黄色水带再次进入建筑物的门厅，在舞厅入口处往舞厅内射水灭火。就在门厅内展开水带的过程中，E2 班长注意到游戏厅内处于非常黑暗的状态，但没有燃烧现象，而舞厅此时已整个陷入火海。

FF1、FF2 和 V2 抓紧 V1，开始将他向门厅拖去，FF1 一条胳膊下还夹带着红色水带。就在拖行的过程中，室内轰燃发生了。RIT 队员一直紧抓着 V1，直至 FF1 因火灾形势所迫而没有其他选择，只能放下 V1 转而采取了一个保护自己的姿势。另一方面，E2 班长在安排其水枪手在舞厅门口定位后，立即离开黄色水带前往游戏厅处查看，他看到消防员们位于门口的右手边，他们被火灾包围但仍紧拖着 V1（见图 3-14）。在事后的调查中，E2 消防员对 NIOSH 人员陈述当他们展开水带在经过游戏厅门口时，他听到了游戏厅传来一台 PASS 警报声，他认为自己的班长也听到了这个声音。

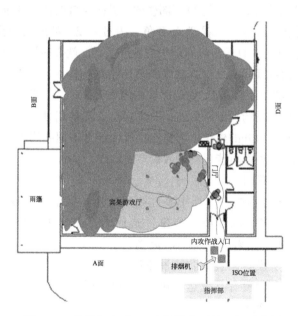

图 3-14　轰燃发生后 E2 班长视角下的现场示意图

E2 班长尝试用对讲机向指挥员汇报，但没有接收到回应。E2 班长快速返回到黄色水带水枪手身边指示他重新定位，转向游戏厅内区域射水，对游戏厅内的消防员实施保护。E2 班长认为可能就在 E2 第二次往舞厅区域射水的时候发生了轰燃。T1 班组此时也再次进入建筑物，看到 E2 正在通过黄色水带往游戏厅内射水。E2班长注意到就在游戏厅门边地面上倒伏着一名消防员，他就一把抓住这名消防员，并把他往门厅方向拉，T1队员也很快抓住这名消防员，把他带到前门处。此时，舞厅靠近C面的区域已陷入完全燃烧，而游戏厅火势较小。场外的救助云梯车队员在云梯就位后，就观察到舞厅区域出现屋顶塌落的现象。同时在火场内，在T1协助下，E2从相同区域处搬运出另外2名倒伏的消防员（先是第二名消防员，接着是V2）。黄色水带向舞厅区域射水，也扫射保护从游戏厅内救助同伴的消防员。最后一名被T1、E2和E4班组人员发现、搬出的消防员是V1，他被搜救到的位置是游戏厅进门右手3～5m处。V1被搬运至建筑物外部时，已经没有脉搏和呼吸。V2后来在当地的烧伤中心死于伤势严重。FF1和FF2在被搬出火场时已大面积烧伤，需要在烧伤中心接受深入治理恢复。

（四）事故和伤亡原因

1. 火灾原因

　　当地和德克萨斯州的火灾调查人员对此次事故的原因进行了调查。调查确定此次火灾为意外火灾，起火点位于厨房区域，之后在吊顶内发生了自由燃烧。就在此次火灾事故发生的数个小时之前，该建筑场所为预定于第二天在此间举办的一场舞会进行了装饰，室内设置了大量的塑料桌、椅和装饰品。

　　首先到场的警察曾看到建筑物D面阁楼的一处排风口处冒出厚重的黑烟，到场的消防部门并没有确认这一点，只看到A/B角（厨房区域）的屋顶处冒出火焰和浓烟，NIOSH的调查人员认为一旦厨房区域的火灾发生蔓延，就会很快向上蔓延进入阁楼区域，而阁楼区域是由敞开式舞厅上方的大跨度桁架结构构成。在V1发出最后的求救信号之前以及E1在游戏厅时和E2在舞厅实施内攻灭火时，都报告他们头顶上方有燃烧或者火焰在烟气中滚动的现象。另外，消防队在A面前门处布置了两台排烟机，这是为了在大型的、相对敞开的建筑中增加能见度而经常采用的措施，也导致室内的火灾状态发生了变化。这些都可能促使最后轰燃的形成。

2. 导致消防员伤亡的原因

　　在一场灾难救援过程中有一连串事件顺序发生，而消防员职业伤亡最终通常都是由其中的一个或多个因素或重要事件造成的。在此次事故中，NIOSH的调查人员确定了以下主要因素导致了消防员伤亡：

　　① 商贸建筑场所没有设置消防喷淋系统。
　　② 灭火指挥过程中没有有效运用风险管理原则。
　　③ 高风险、低频率事故。
　　④ 火场策略、战术和通风技术。
　　⑤ 火灾蔓延速度非常快。
　　⑥ 火灾在未被人察知的情况下，在吊顶上发生燃烧和蔓延。
　　⑦ 班组活动的整体性。
　　⑧ 呼吸器的空气管理。

⑨ 火场通信。

⑩ 轰燃的发生。

根据尸检报告，V1 死亡原因为爆燃烧伤，血液中碳氧血红蛋白（COHh）含量高达 34%；V2 死亡原因为热烧伤和烟气吸入，血液中 COHh 含量达 19%。FF1 和 FF2 被诊断为身体三度烧伤。

（五）建议

1. 对于所有的建筑火灾的扑救，消防局都应该运用风险管理原则

在此次事故中，该建筑物的停车场内没有车辆停放，火灾发生的时间为深夜，而建筑物所有的门都呈锁闭状态，现场指挥员从这些信息中应该能够确定该建筑物此时处于无人居住的状态。

[讨论与思考]

由于消防员所从事的灭火作战从性质上而言本身就是一个危险的职业，消防组织在确立风险管理原则时，应该基于这样的思想："消防员在进行灭火作战时，当有生命需要拯救时就承担较大的风险，而当救援的目标为财产时，则消防员所承担的可接受风险就应大大降低。"内攻灭火战术或者速战灭火战术会增加消防员因建筑坍塌、轰燃、窒息等而导致受伤和死亡的风险。因此当确认现场无需救人之后，指挥员必须基于风险-收益分析，以此决定计划将自己所属人员置于什么性质的风险之中。

2010 年 7 月，NIOSH 发布了一份标题为"在建筑火灾扑救中采用风险管理原则预防消防员死亡和受伤"的安全警示通告，这份警示文件中所确定的风险管理原则对消防局作出了这样的提示和建议：对于弃用的、空置的、无人居住的建筑物，以及对于没有明显证据表明着火建筑物中有受困人员且处于能够救援状态的情况，消防指挥员应更加谨慎保守地对待有可能面临的风险。

事故救援的指挥员，应从指定的事故安全官员或者下属支队、班组的各级领导处获得信息，并基于这些信息，负责对建筑火灾的状态进行评估，从而确定出安全的灭火战术。为达到这个目的，指挥员应该运用一套标准的战术决策模式。首要的要求是，指挥员应该对火场的重要因素进行侦察收集和分析评估。在下达进攻型灭火作战命令之前，指挥员必须确定进攻（内攻）作战的进行不会对消防员造成超出合理范围的风险，也必须做好一旦在灭火作战期间风险评估发生变化就随时停止进攻作业的准备工作。在进行风险评估时，必须对包括但不限于下列的多种因素作出考虑。

① 建筑物内是否有被困人员。

② 关于人员存活和救援可能性的现实评价。

③ 建筑物的规模、结构、用途。

④ 建筑物的年限和状态。

⑤ 建筑内物质的性质和价值。

⑥ 建筑物内火灾的位置和燃烧程度。

⑦ 邻近建筑物的辐射风险。

⑧ 建筑构件受火灾影响的程度和耐受程度。

⑨ 属于住宅建筑还是商贸建筑。

⑩ 火灾报警时间是否延迟及其对于燃烧时间和结构稳定性所产生的影响。

⑪ 火灾荷载和火灾行为方面的考虑。

⑫ 在现有资源的基础上落实一次成功的进攻型火灾扑救的现实评价。

现场指挥必须对照已确定的风险管理计划，对这些火场诸因素进行权衡。到场的各级消防官员和事故指挥员，在确定其作战行动方案时，都需要对初步风险评估过程中收集到的所有信息加以考虑。

消防员在进行以抢救财产为目的的战斗活动时，通常会置身于一些已知或者可预测的风险中。而指挥员的责任，就是辨识、评估这些风险，进而确定现场风险水平是否可以接受。无论怎样，应该保证抢救财产所冒风险总是低于抢救生命所面临的风险。每当需要决定是采用进攻型还是防御型灭火战术时，都必须考虑消防员所承受的风险相对于抢救生命和财产的收益之间的风险-收益分析。指挥员应该形成惯例，对调度的和现场的消防员的作战状态以及实现各项目标的进度报告进行评价和重复评价。这样的要求可以促使指挥员决定是否坚持或修正原定的灭火战术和作战计划。如果失于对一个不恰当或者不再符合实际情况的作战战术进行修订，就有可能导致消防员发生伤亡的风险增加。

《NFPA1500 消防职业安全和健康标准》第 4.2 节详细列出了与"风险管理计划"相关的信息。与过去相比，当今的火场指挥要求各级指挥员和相关官员具备比以前更高的建筑结构方面的知识，尤其是要关注火灾行为对结构的影响、结构稳定性、人员风险与所在建筑场所种类的关系等知识。火场指挥是一个复杂的过程，要求根据建筑场所所存在的独特风险而决定应采取的灭火战术，同时必须秉承一种与火灾发展特征、受灾场所的特征预测相一致，且考虑到火灾行为发展趋势的方式，对人力资源、火场供水以及心理承受力等元素进行充分的协调。除了指挥员，首先到场的主管官员在指挥采取灭火行动之前和之中，也都必须依据已有信息作出风险判断，确定处于危险状态之中的是人员还是财产。这个判断会决定某次事故救援的风险发展特征。在消防实践中存在一种普遍的现象：在被证实确实存在其他可能性之前，有许多消防员都坚持这样的观念，即所有的事故都是关于"人命"的事件，这种现象应该得到消防组织的重视。而且从历史角度看，美国的消防部门在根据人-财产事宜而对冒险作业的战术进行更正的历史记录方面，也是非常薄弱的。

2. 消防局应该确保事故指挥员和消防员理解特定的灭火策略和战术（比如，火场通风）对火灾行为和消防员安全有可能产生的影响，并对各种传统的灭火战术是否恰当作出思考

在此次事故中，到场的多个单位都观察到从 A/B 角的屋顶处有火焰冒出。云

梯车班组动作迅速地打开了位于 B 面靠近 A/B 角的那扇门，看到室内火势已经非常严重，但他们并没有跟进的消防水带进行灭火。V1 及其实习消防员在游戏厅推进了一条水带至相同的区域，从建筑内部进行射水灭火，但他们没有拉开吊顶的面板、也没有携带热像仪去查看火灾是否正在他们头顶蔓延。另外，正压排烟机布置在 A 面的前门处，它提高了门厅处的能见度，但同时也将新鲜空气送进建筑物内。所以，我们可以考虑一个可能更恰当的灭火战术：比如采用防御型战术，从 B 面的那扇门边进行灭火；只有当确认有人员处于危险之中，或者室内的状态得到足够改善使得入场灭火对消防员的风险性降低的时候，才进行内攻作战。

[讨论与思考]

灭火作战时的通风措施是对燃烧建筑物中的受热空气、火灾产生的烟和气体进行有序移除，同时代之以温度较低空气的一种系统性的方法。通风是一种非常常用的灭火技术，适当的、与其他灭火手段协调的通风措施，能够减小火灾的蔓延速度，提高火场的能见度，降低发生轰燃或回燃的可能性。适当的通风能降低发生轰燃的风险是由于在一个房间或者闭合区域内的可燃物达到其燃点之前就移除了热量；而适当的通风能降低发生回燃的风险是由于它降低了过热的火灾气体和烟在一个闭合区域内的聚集、积累的可能性。火灾中的热量、烟和火灾气体会不断增加，或者会在屋顶或吊顶处停滞、累加、沉降，继而往建筑物的其他区域水平蔓延，对建筑火灾适当地进行通风，能降低此类现象发生的趋势。为灭火作战而打开的通风开口能产生烟囱效应，引导建筑物内的空气向此类孔洞处移动，从而有助于火灾所产生的烟、热气体、燃烧产物向火场外排放，但同时，也会促使火势突然加大，使位于着火区域和通风开口之间部位的消防员身陷险境。所以，这种常用的技术也是一种需要细致拿捏的技术。

国际消防训练协会和俄克拉荷马州立大学于 2008 年出版的《灭火的要素》，以及美国保险商实验室 2010 年发行的《通风技术对于老式、新式住宅建筑火灾行为的影响》、2013 年发行的《创新性灭火战术》，都对灭火作战过程中通风技术的运用进行了大量研究。他们的研究结果表明，无论水平通风还是垂直通风的实施，尤其是前者，非常容易受火灾所在的位置和燃烧程度的影响。如果火灾发生在类似阁楼或者吊顶的结构内，通风的实施更应该特别谨慎。如果火灾处于初起的燃料控制型燃烧阶段，实施通风首先会减缓火灾的蔓延速度，因为通风移除了烟、热气体和不完全燃烧产物。所以从理论上看，通风应该尽早实施，最好在打开燃烧建筑物的门时就立即进行通风。不过，持续的通风因为向火场内引入更多的空气，可能会引起火势加大，此时有效的射水灭火能够压制火灾。因此，应突出强调"协调的灭火行动"，即通风的实施应该与水带就位及其他进攻型灭火技术密切协调，这就意味着在计划进行通风时，水带已经就位、准备启动，当开始送风时，如果通风加大了火势则随时能出水压制。换言之，如果只为火场提供了空气而没有同时加入射水行动，则火势就会增大，消防员的安全性就会降低。

无论采取何种灭火措施，如果不能迅速地扑灭火灾，它就会持续燃烧下去。如果火灾持续进入到完全发展阶段，火灾就会处于通风控制状态。此时对着火房间进行通风就会提供氧气，支持燃烧，加速火灾发展，造成火灾释热率提高。如果采用了协调的灭火行动也没能迅速降低这种释热速度，则很可能发生通风引发的轰燃现象。在消防队到场时，大多数火灾都经过了初起阶段，已经或者很快就会转入通风控制状态，所以持续实施通风有可能成为一个改变火灾行为的最显著的因素，会造成加速火灾燃烧的危险。

美国保险商实验室、美国国家标准和技术研究院及纽约市消防局在 2012 年共同进行了一系列"采用通风和外部灭火战术对住宅火灾扑救的影响"的实验研究，他们通过这些项目研究，建议消防部门对传统的灭火技战术进行重新思考。从美国 250 年的消防历史看，那些减缓和控制火灾危险性的传统技战术被证明确实有效，但这些技战术通常都以消防员个人经验的形式，代代传授，而在过去 30 年内，美国的建筑火灾已经降低了 53%，这种情况限制了消防员通过实战来获取必要的作战经验的机会，也降低了消防员对于现在所面临的日益复杂的火灾性质的理解。上述机构的火灾研究结果表明，在实施内攻灭火作战之前，通过着火建筑物外部的门或窗先行向内射水，会降低建筑物内的温度，冷却没有起火的物品，因此会延长建筑物内人员可能存活的时间，也为入场消防员提供了一个比较安全的作战环境。另外，他们的实验还证实了传统的采用打开门、敲掉窗玻璃或者破拆屋顶的途径，对一个通风受限的着火建筑物实施通风，会增加火灾危险性，增加火灾燃烧快速转变为轰燃的可能性。

3. **消防局应该确保其所建立的火场事故管理系统在针对某一具体事故时仍然是恰当的和有效的**

在此次事故中，涉事消防局所响应的是一起高风险低频率的事故。该事故高风险低频率的性质，是相对于消防局通常所面临的燃烧物为普通的房间及其中物品的住宅火灾而言的，而在此次事故中，发生火灾的建筑物为近 700m² 的娱乐场所。根据火灾报警电话，表明在第一响应班组到达火场之前，火灾已经出现在屋顶上。事故指挥员和前线官员都应该注意到这个信息，从而考虑到火灾可能已经经历了相当时间的自由燃烧，以及在某个内部结构上方发生燃烧的可能性。另外，相关风险评估表明在这场火灾中可能并无人员处于生命危险的状态。到场的所有指挥人员都进行了绕场侦察，这个程序增加了他们对事故建筑的了解，同时，这个程序也应该赋予各级管理人员一个机会，使他们在带领他们所属的班组成员进行内攻灭火之前，能表达出他们对于该建筑、对于可能采取的灭火技战术的看法。所有的消防局都需要认识到，对每一起火灾都采用相同的灭火作战策略和战术的做法，会造成火场人员满足于墨守成规、不思改观，不利于消防人员提高其处境意识和落实风险评估。

［讨论和思考］

对于美国的消防部门而言，通常认为大多数事故都属于高频率低风险性质的事故，对其进行处置都遵循常规，涉及的救援资源也不多。而处置低频率高风险性质的事故，则涉及大型的建筑物、大量的救援资源和复杂多变的事故状态。建立事故管理系统就是为了提供一个对紧急事故进行管理的标准化处置程序，在NFPA1500《消防职业安全和健康标准》和NFPA1561《应急机构的事故管理系统标准》中，都要求所有的应急事故救援应采用一套事故管理系统。在美国的这类系统中，应用最广泛的是"事故指挥系统"。对于复杂多样的事故状态，消防指挥员在运用这套系统时必须做出大量的评价和判断。无论面临何种事故形式，消防部门的首要目标都是对事故救援进行快速的、有成效的管理，所以"事故指挥系统"的使用不应对指挥员产生额外的挑战，而是为他们确保事故处置成功提供一个系统的方法。

事故管理系统包含的范畴很广，不仅限于火场作业。这样的系统包括救援人员的处境评估、作战策略和战术、对行动人员的清点核查、风险评价和持续评估、通信、快速干预分队、事故安全官员的职能和责任、多个机构之间的合作等内容。NFPA1561《应急机构的事故管理系统标准》第4.1节指出"事故管理系统应该为紧急事故的处置提供组织结构和协调功能，以保证各项处置行动所涉及的应急机构的响应人员和其他人员的安全和健康"，第4.2.1节指出"对于一个事故管理系统，风险管理应该是事故指挥的常规机能中不可或缺的一部分"。

在这个系统中，制定和贯彻作战行动方案是非常关键和重要的一部分，需要指挥员将其传达到每个层次的管理人员。对于消防部门而言，"行动方案"的字眼在现场通信中出现得最多。事故作战行动方案是基于即刻能够到场和正在前往现场的响应资源的性质和数量而制订的。作战目标应该依据事故救援的优先顺序确定，并由此而产生作战策略；战术上要实现的各项目标则是依据战略确定的，并由此做出具体的任务分配。在分配任务的同时，就要明确对作战人员进行清点核查的制度。

4. 消防局应该确保对于所有的建筑火灾都进行完整的现场状态侦察

在此次事故中，所有到场的消防官员都进行了绕场侦察，但指挥员却没有执行这个程序，就做出了在建筑内部推进一条水带，去寻找起火位置并实施灭火行动的决策。指挥员在派出消防员实施内攻之前，应该对许多因素作更深入思考，包括火场内是否有人员、建筑物的规模和类别、火灾发展的状态、火灾行为、可用的人力资源、通风的使用等。

［讨论与思考］

第一到场的消防官员需要承担多个重要职责，其中一项是进行最早的一次360°事故现场状态侦察，并将所获信息传达给已经或正在到场的其他单位。

国际消防局长学会一直致力于降低消防员的伤亡情况，作为这方面工作的一个主要内容，其下属的由 1000 名成员组成的"消防员安全、健康和现场生存部门"于 2009 年发布了"建筑火灾灭火作战规则——提高消防员的现场生存状态"，这一文件针对火场作业过程中所面临的风险和安全事项，为事故指挥员、消防员提供了作战指南，为消防局制订自己的灭火规程提供了一整套标准模式。在这一文件给出的作战要领指南中，建议指挥员在现场进行 360° 的关于事故状态的现场侦察，确定火场内人员的存活状态，进行初步的风险评估。NFPA1561《应急机构的事故管理系统标准》第 8.9.1.1 节也规定了现场侦察的要求。为了落实这项要求，第一到场的消防官员需要掌握 NFPA1021《消防官员的职业资质标准》中所规定的关于现场侦察方面的知识。

恰当的现场侦察应该始于接警的瞬间，且一直持续到火灾被扑灭，这项工作应该包括对下列各因素的评估。

① 火灾的位置和涉及范围。

② 所需火场供水量。

③ 建筑结构。

④ 建筑场所的使用性质（比如，是商贸建筑还是住宅建筑）。

⑤ 消防水源。

⑥ 头车是直接从消火栓连接水带还是需要等待另一辆水罐车到场为其供水。

⑦ 火灾已经燃烧的时间（考虑燃烧时间有可能对建筑结构的稳定性产生了影响）。

⑧ 建筑物内是否有人员。

⑨ 燃料荷载。

⑩ 现场是否有可燃危险品存在。

⑪ 邻近建筑物所面临的辐射热风险。

⑫ 屋顶和墙的承重。

⑬ 现场的或正在赶赴现场的可用资源。

⑭ 天气条件。

⑮ 在现有资源的条件下实施一场进攻型灭火作战能力的现实评价。

各级指挥员在接管相应的事故指挥权之前，就需要预先考虑，在这样的事项上做出决定：为了控制事故的发生，应该自发地或者按要求去完成哪些关键的任务；他们是否能在问题堆积起来之前，及时把任务指派给其他人员去承担。指挥员会考虑指定一个指挥助理或者作战组组长，可以把关键任务委托出去，落实下去，并得到有效的监督。这样指挥员就能运用已有的知识和之前的经验，制订计划对到场的车辆人员实施指挥。当指挥员到场后，必须尽量查清相关信息，以确认预定的作战行动方案是否仍然可行。指挥员可能会面临一些必须首先解决的问题，如受困人员、事故规模超出预想的范围，火灾本身的状态。而且它们在事故发展的过程中会不断发生变化。指挥员应做好一定的心理建设，随着对火场状态变化的重复评估，而对自己的作战策略和方案进行调整和更改。

5. 在对生命和健康具有直接威胁的环境中，消防局应该确保入场作战的班组人员的完整性得以恰当的维持

在此次事故中，V1 及其实习消防员在一起开始撤离建筑物之后，因某种不明原因而发生失散，实习消防员当时不知道 V1 遭遇麻烦，直至他从对讲机中听到这样的无线电信号，此时他们两人之间已经不能相互接触和联系。V1 在发现情况恶化之后，立即通过无线电求助，并按下其对讲机上的紧急情况按钮试图向他人发出警示。

[讨论和思考]

"班组人员的完整性"是指当作战班组进入着火建筑物后，班组成员之间必须通过视觉（眼神接触）、语言（无线电联系或面对面）或者直接接触（接触身体）的方式，保持接触和联系。对于消防员的火场生存来说，班组整体性是一个关键因素，它意味着消防员始终保持班组的集体形式，班组成员必须一起进入发生事故的建筑物，在建筑物内一直保持集体同行，所有人员一起退出到建筑物外部。NFPA1500《消防职业安全和健康标准》第 8.5.5 节指出"在危险区域作业的班组成员相互之间应该通过视觉、听觉、身体或者导向绳的方式保持联系，以协调彼此的行动"，第 8.5.4 节指出"在紧急事故的危险区域中作业的人员应该以每二人或多人一组的形式进行"。另外，第 8.5.6 节指出"班组成员应该保持相互紧邻的距离，以保证在出现紧急状态时能够及时提供援助"。国际消防局长学会曾专门对其所制订的灭火作战规则作出过修订，目的之一是确保进入着火建筑物的消防员总是采取二人或多人成组形式，在进入建筑物、实施灭火作业、退出建筑物的过程中，任何时间都不允许消防员单独进行。

NFPA1500 第 8.4.4～8.4.6 节指出："事故指挥员应该保持始终清楚地知道所有作战班组在事故现场的位置及其作战功能；对特定作战层面负有管理责任的消防官员，应该对其责任区域内的作战班组实施直接监督；班长应该对所有班组成员所在的位置和所处的状态保持持续的警醒"。

班组整体性的保持有贯穿性，从处警开始，班长就必须保证所有的成员知道自己在消防车上的乘车位置、正确佩戴个人防护装备、携带符合要求的工具和装备；到达事故现场后，班长从指挥员处接受任务指令，向班组成员通告他们应执行的任务的内容和实施方法；进入危险区域后确保这种整体性得到维持，班组成员同进、同行、同出，如果班组中有一人必须离开火场，则整个班组都应随之离开。由此可见，随时保持与班组成员的联系是每个消防员的责任，所有消防员必须保持指挥的统一性，他们在指挥员、部门领导、班长的指挥下统一作业；但班组整体性以及确保每个人都不会走散或迷失方向的责任最终要落实在班长身上。在危险区域灭火作战的过程中，班长必须通过查看、声音或身体接触的方式，与指派给他领导的成员保持联系，必须确保所有人员作为一个班组而同行同止，如果这些要求没有得到坚持，则班组整体性就会丧失，将消防员置于巨大危险之中。

6. 消防局应该确保设置并实施消防员紧急求救训练科目，对处置此类事故做好充分准备

　　此次事故表明了使消防员掌握紧急求救的具体程序要求、使其明白什么情况下必须做出宣称发生"紧急求救状态"的必要性。此次事故之后，涉事消防局落实了紧急求救作业模式，加强了"标准作业规程"中对于关键任务的实施要求。

　　[讨论与思考]

　　消防员安全的第一要务是不要将自己置于可能产生伤亡的处境中，所以消防员在火场作业期间必须始终保持"处境意识"。对于大多数的美国消防局，在允许消防员开始参与火场或其他现场环境会直接危及生命健康的救援行动之前，就对他们进行如何预防紧急求救状态的发生以及如何启动紧急求救程序方面的知识和技能的培训，并要求他们掌握。消防员的入伍培训教程还应该包括关于空气管理、个人防护装备和呼吸器的熟悉训练、班组整体性、火灾中烟气等指标的含义、建筑即将发生倒塌的迹象等内容。消防员必须有能力辨识什么性质的状态表明自身已处于不利的处境、需要发出求救信号。消防员宣称紧急求救状态所需要的知识、技能和能力都必须通过每年一次以上的系统培训，达到熟练的水平，而且这种水平要求在其整个职业生涯中都必须得以维持。

　　消防部门必须清楚每个消防员对于什么是"具有生命危险"的理解各不相同。消防员正确地宣称紧急呼救的能力是一种涉及情感的、认知的、心理学领域的复杂行为的反应。另外，在有毒物质含量很高的燃烧建筑物内，一旦发生紧急情况，容许消防员存活的时间非常短，消防员在需要宣称进入紧急求救状态时必须毫不犹豫，因为在宣称紧急求救上，任何的延误都会减少受困消防员生存、得到成功营救的机会，同时增加了试图对受困消防员进行施救的其他消防员的安全风险。

　　在《建筑火灾灭火作战规则》中要求：如果一个消防员发生走失，不能立即与其班组取得联系，则该消防员必须尝试通过手提无线对讲机与其班长进行联系；如果经过三次无线通信尝试而不能重新取得联系，或者在 1min 之内不能取得联系，则应在火场通信系统中通告宣称进入"紧急求救状态"；如果所置身的环境急剧恶化，则必须立即宣称发生了"紧急求救状态"。宣称"紧急求救状态"的主要动作要求是：走失消防员通过无线对讲机，连续发出三次国际通用的"紧急求救"呼号，随即启动对讲机上的紧急情况警报按钮（如果有的话），接着手动打开随身装备的消防员个人报警器；之后，应通报消防员能明确其所在的最后位置，如果可能的话，通报个人身份。同时，如果同行的班长或消防员意识到他们班组中有消防员走失，则他们也必须通过对讲机或直接喊话的方式，努力寻找走失消防员的位置，如果 3 次尝试或 1min 之内，还不能重新建立联系，则必须立即宣称发生了紧急求救状态。

对于消防员紧急求救状态的预防和处置，应加强日常训练，并且应该在所有消防员、班长、指挥员之间保持一致性。但在NFPA关于消防员职业资质的系列标准中，并没有包括消防员应该接受紧急求救训练的要求，也没有对在什么情况下必须做出紧急求救进行明确规定。所以是否对所属人员进行紧急呼救情况处置的训练、是否制定相关规则、是否对相关技能做出水平要求，都是由消防局主管官员决定的。美国有关消防组织提供了这方面的培训资源，比如美国国家消防学院有两门短期培训课程是针对这个主题的，一是"消防员安全——紧急求救"讲座，主要讲解消防员紧急呼救的认知和情感理论；二是"消防员紧急求救程序的操作"，为8h的动手训练课程。这两个培训课程具体呈现紧急呼救的要素指标，能帮助各地的消防局制订自己的程序要求和消防训练要求。美国国家消防局出版办公室也面向全国的消防局，免费发行该主题下的培训资料。

在"消防援助基金"的资助下，由国际消防员协会会同消防局长学会、NIOSH的主题专家组成技术委员会，于2008年完成了面向全美消防局的"消防员火场生存"培训课程，这也是消防局可以利用的一个资源。在这个综合性培训课题中，利用消防员死亡事故调查所得到的一系列经验教训，给出了消防员紧急救助培训的系列内容。

7. 消防局应确保消防员加强紧急状况下呼吸器使用训练、呼吸器重复技能训练

在此次事故中，数名消防员在火场上几乎同时耗尽了其呼吸器的空气供给量，这种情况可能会导致作战位置上的人力不足。V1曾要求其实习消防员帮他查看自己呼吸器上的压力指示表，以此得知自己还剩余多少空气供给量，事后的调查表明V1呼吸器上的平视显示器可能发生了故障。在确定自己的空气余量约为25%时，V1决定撤出，一直到之后发生的走失、遭遇困难，他气瓶内剩余的空气已不足以使其在迷失方向前沿水带撤出建筑物。在事故中，V1很有可能遭遇了呼吸器空气耗尽的紧急状况，在RIT找到他之前已经没有了可吸入空气。我们不知道他当时是否自行移除了呼吸器面具，事实上在他被抬出现场时脸上已经没有佩戴面具了。此时距他最后一次发出无线信号至少15min。

[讨论与思考]

消防员的作战环境经常具有对生命和健康有直接危险的性质，所以呼吸器重复技能训练至关重要。重复技能训练可以提高消防员在极度焦虑或者紧急状况下操作呼吸器的能力。在作战实践中，一些技能经常需要消防员在戴着手套、视觉受限、听力降低，以及无法明确接受从其他消防员或班长传来的命令或信息的情况下完成。而重复技能训练是在对生命和健康没有直接危险的环境下，训练消防员具备呼吸器使用的各种技能，比如按钮的开关、支路的使用、气瓶阀门启闭、共用连接等。通过装备使用训练和重复技能训练，有助于加强消防员的肌肉记忆力，使消防员戴着手套也能够适时、正确无误地启动呼吸器，使这些操作变为消防员的自然反应。

重复技能训练的另一个重要目的就是帮助消防员克服呼吸器不再继续供气的各种紧急状况。消防员也需要理解当他们遭遇对生命产生直接威胁的情况时，对他们所产生的心理和生理影响，比如呼吸器供气量到达底限、与同伴失散、迷失方向、受伤或者被困于极速蔓延的火灾等极度压力的情况下。在这些生命安全受到直接威胁的情况下，消防员会产生感官失真、认知能力极速降低的反应。同时，消防训练还应该强调对这些情况作出有效反应的关键求生技能。对于这种压力极大的环境，消防员具备能迅速解决问题的能力是非常重要的，为了培养这种能力，超额的训练和学习具有重要作用。接受过相应训练的消防员，对处理紧急情况行为的掌握非常纯熟，达到了做出最少停顿和思索、身体自动反应的程度。

在 NFPA1404《消防呼吸保护训练标准》中也给出了关于呼吸器使用以及对消防人员"空气管理"的要求。在事故建筑物内，消防员必须经常检查自己的空气供给情况，主要的检查节点包括：即将进入建筑物之前，承担体力需求量大的任务（比如拉动高位的或者充水的水带、上下楼梯）之前，在进入建筑物内部某个房间进行搜索之前和之后，在进入面积大的敞开空间或者很长的走廊之前。

8. 消防员在进行灭火作业期间应该正确使用热像仪

在此次事故中，头车消防班组在搜寻火点时，没有利用热像仪。只有 RIT 初次进入火场对 V1 进行救援定位时使用了一台热像仪。

［讨论与思考］

热像仪技术的应用能提高消防员的安全水平，提高消防员承担现场侦察、搜救、灭火作战、通风等任务的能力。热像仪的使用要求恰当、及时，需要对消防员进行相应的培训，使他们了解这种装备的各种优势和局限。

在 SAFE-IR 培训学校的"消防机构热像仪培训"课程中指出，热像仪主要应用于以下场合：当实施人员救援时，消防员需要在接近于零的能见度条件下，快速完成现场搜索，同时还应该满足更高的安全要求，所以在火场上使用热像仪能帮助消防部队实现抢救人员生命的首要目标；当灭火需要在分区面积很大或者异形布局的建筑物内进行时，热像仪的用途也有无可比拟的优势；当消防员发生失散时，热像仪有助于消防员在有限能见度条件下追踪和定位其他消防员，能够在问题发生之前增强班组整体性；如果消防员能恰当使用热像仪、正确理解其数据，则有助于发现建筑物内隐蔽空间所发生的火灾。同时，保险商实验室的研究也表明尽管这类设备有上述诸多优点，但它们在确定不同建筑构件（诸如墙面、吊顶、地面这样的建筑物外饰或者建筑物内部房间的外饰）背后的温度差方面，存在显著的局限性，消防员对这些局限性的理解也非常重要。

2009 年 NIOSH 发布的《工作场所安全对策：预防消防员在遭受火灾烧损的楼面上实施灭火作战时的伤亡情况》中指出，在建筑火灾中使用热像仪，有助于在调动消防员进入建筑物之前，就能确定起火位置或者火灾蔓延的程度，而这些信息，以前因为能见度差和建筑结构等影响是无从得知的。通过热像仪为消防员提供这样的信息，有助于消防员拿出最好的作战方法，保证了火场射水的灭火效率。热像仪能在多方面帮助消防员提高灭火行动的效率，其中对火场搜救作业的影响最大。如果没有热像仪，消防员需要在火灾烟气中爬行，努力寻找可能的受困人员的位置，而采用热像仪，消防员能够"恢复视力"，迅速找到救援目标。从火场通风的角度，消防员能利用热像仪确定火灾热发生聚集的区域、可能的通风点、会对灭火产生影响的建筑结构设施，这样有助于通风适当、有效、安全。

9. 消防局应该落实其辖区内建筑物的事故前预案的检查工作，以利于制订安全的火场策略和战术

在此次事故中，根据涉事消防局的说法，着火建筑物曾作出过事故前预案，但长期没有更新，而且事故发生的当晚，连这样的预案也不知所踪。

［讨论与思考］

在NFPA1620《事故前预案制订标准》中指出，事故前预案的制订是为了协助事故响应人员对紧急事件进行有效管理。一份这样的预案主要是为了确认某场所中与常规运营不同的地方，它可以采取复杂的、正式的形式，也可以只是简单的对特殊问题的提示，比如该场所具有可燃液体、有爆炸危险、消火栓不足、对建筑构件进行过更改、在之前的火灾中经受过结构损伤等。

一般而言，事故前预案应该对建筑物的特征进行记录，包括结构类型、所用材料、使用性质、燃料荷载、屋顶和楼面的设计、不寻常的特征，这些信息应在签署了救援互助协议的消防局之间共享。如果可能的话，还应将这些信息输入调度中心的电脑，这样一旦有事故报警，出动响应的消防队就可以获得这些信息。这样的事故前预案有助于消防人员确定在一栋建筑物之内及周边所存在的安全隐患、响应所需时间、距离最近的消火栓的位置等。

由于建立辖区内完整的事故前预案存在相当的困难，所以消防局需要选择重点保护目标，安排适当的制订次序。

10. 消防局和调度中心应该确保在紧急情况下的无线通信畅通、得到有效监听、得到最高的优先权

在此次事故中，V1没有宣称"紧急求救状态"，但他确实通过无线电通知指挥员他需要帮助，也确实启动了自己对讲机上的紧急情况按钮，向所有人发出警示。但是，他没能重置该按钮，反而有可能会造成共用频道的消防员之间的通信问题。当有消防员发出紧急呼救，或者遭遇困难不能完成某项火场作业任务时，调度或者指挥员应该请求增设一条额外的战术频道。

［讨论与思考］

当有消防员为压力情绪所左右、发生走失、或者陷于某种困境的情况发生时，火场通信就很有可能变得混乱、语意不清。在NFPA1221《应急机构通信系统的装置、维护和使用标准》中提出通信中心要具备对火场无线电畅通情况进行监听的能力，消防部门对于火场的无线电信号也应具备这种能力。火场指挥员和

调度中心都应该对火场通信保持监听，以免错漏重要的无线电报告，尤其是调度中心对火场频道的监听的作用不可低估，因为指挥员经常需要顾及火场的多种行动，故而有可能漏听了某个关键的无线电信号，而调度中心处于不同于火场的环境，专门负责火场的调度人员则有可能听到这个信号，这会带来截然不同的事故结局。

对于面临消防员宣称发生"紧急求救状态"的情况，这个紧急状态本身就框定了火场响应方案以及消防员、消防官员、调度中心和指挥员所应承担的任务。在处置程序上要求为火场作业、搜救作业或火场供水分别设立无线电通道，以降低处置过程中发生交流混乱。在所有事故中，报告"紧急求救状态"的无线电信号具有最高的通信优先权，调度、指挥员、事故现场的其他作业单位都应该把它置于首位。当这种紧急通信通道启动后，所有其他无线电通信应该停止，以保证该频道的清晰度。火场通信应立即转入备用的战术频道，保证紧急呼救使用一条专用频道，这样也有利于 RIT 的抢救作业。在灭火作战过程中，相关人员必须保证能随时辨识紧急求救信号且立即采取行动，如果只有部分人员听到这个信号，也应给予通信优先权对其进行确认。指挥员得到通知越早，RIT 启动得越快，受困消防员得到救援的可能性就越大。

11. 消防局应该制订关于正确使用、检查、维护呼吸器的程序规定并予以落实，确保呼吸器在使用时的正常性能

在此次事故发生之前，与 V1 交接班的班长告诉他，在他值班期间将使用的呼吸器上的平视显示器发生了故障。这个故障使得 V1 在灭火救援过程中没能及时确定自己的空气余量。

[讨论与思考]

NFPA1981《应急人员空气呼吸器标准》和 NFPA1982《空气呼吸器的选择、保养与维护标准》对消防呼吸器的使用和维护做出了直接规定。对呼吸器每天、每周、每月的检查都应该进行记录，记录内容包括气瓶和压力表读数、构件和面具的整体状态、个人安全报警系统的调节器、常规的流量测试和静压测试。这样的记录有助于尽早发现微小的问题，避免进一步造成呼吸器发生故障。另外，对呼吸器进行年度维护、测试和修整需要拆卸呼吸器零部件，要求使用特殊的工具、设备和专业知识，所以应由接受过厂家特别培训的人员按厂家的规定进行。消防局应该规定每次交接班之前以及每次事故之后，都应该对所有呼吸器进行彻底检查。

12. 消防局应该确保救援现场具有各个作战能力层次的恰当的人力资源，他们能完成各项作战任务，也足以应对始料未及的紧急情况

在此次事故中，消防局派出 3 个成员的泵浦车班组和 3 个成员的云梯车班组对事故进行响应。

[讨论与思考]

事故现场需要足够的救援资源以确保事故处置的稳定性和消防员的安全健康。在建筑火灾出动响应之前，消防局应该对可能承担的作战任务提前作出计划。在确定所需要的消防水流、铺设水带、破拆入内、搜索、救援、灭火等事项上，消防局应该计划出所需人力。另外，对于不同火警级别的战斗编成，应包括一定的不需要即时承担具体任务的人员，这些人员集结于现场，做好准备，在发生紧急情况下协助火场作业，或者满足轮流作战的人力需求。指挥员必须基于现场可用的资源，对无法落实自己预定的理想行动方案的可能性有一定的认识。

13. 消防局应该为事故指挥员设置助理人员，协助处理现场信息交流方面的事务

在此次事故中，当 V1 发出呼救信号时，指挥员正在对到场的互助消防力量以及火场的其他作战活动实施管理。指挥员在 RIT 作业、关注火势的恶化、其他各种火场作业之间频繁转换，忙于应对。如果设有指挥助理人员，则该岗位人员能分担一些职责，发挥重要的作用。

［讨论与思考］

在美国的消防机构中，在应急事故救援过程中被指定为协助指挥员处理各种作战任务的职位，可以称为消防主官助理、人事助理或者事故现场技师，他们的存在对于有效实施事故管理和促成事故成功处置非常重要。设助理人员有多种益处，包括：有助于消防主官在到场之前就可以启动与事故管理相关的事宜；有助于消防主官将自己的注意力集中于无线电通信以及着手制订事故处置的策略和战术、事故行动方案；在事故现场，指挥助理人员能协理一些指挥职责，比如到场援助人员的分配、保持对现场作业人员的作业位置和状态的清点核查、对多频道通信进行监听等，使在场或到场人员能毫无延误地投入到相应的作战行动中。其中，消防指挥助理的一个主要职责是负责"消防员清点核查制度"的贯彻。这个制度是消防员安全工作的一个重要部分，该制度的设计目的是当消防员在承担各种火场作战任务时，对他们的人员数量和状态进行记录和追踪，一旦发生紧急状况或者消防员求救事件，这个清点系统必须能够对事故现场所有的响应者进行快速点名和定位。

消防局在指定这样的指挥助理人员时，应考虑由对相关任务的执行有经验、有威信的人员承担。这些助理人员也可以承担平时的行政和训练管理工作。

14. 消防局应该确保在火场部署备用水带支线及作业人员，对内攻作战入口实施保护

在此次事故中，E2 班组铺设了第二条水带，初期对 E1 班组提供支援，但当确定 E1 进展顺利之后，E2 就转移了第二条水带的位置，从位于门厅实施协助灭火，转向进入舞厅区域。这样，两条水带实际上都成为处于不同位置的主攻水带，而两个班组以及主要撤离出口都失去了备用水带的保护。

［讨论和思考］

备用水带对内攻灭火小组而言，是一条"生命安全线"，其主要作用是保护消防员出入口，以及当内攻灭火班组不敌火势、主攻水带或水带接口发生故障时，对内攻人员实施保护。备用水带应该沿与主攻水带相同的入场口进行铺设，不应超越主攻班组所在的位置，也不应与主攻班组发生拥堵；备用水带不应用作另一区域的主要灭火水带或者控制邻近建筑物辐射危险的主要水带。备用水带班组与主攻水带班组要保持持续的联系，以保证两条水带都得到恰当铺设和推进。

15. 州和地方在建筑或消防立法上应该要求所有的商贸建筑场所都设置消防喷淋系统并予以落实

在此次事故中，如果建筑物设置有喷淋系统，则有可能将火灾限制于起火房间，防止火灾向吊顶位置蔓延。火灾在初期得到控制和扑灭会显著降低所有应急响应人员有可能面临的风险，也有可能预防这次消防员伤亡事故的发生。

［讨论和思考］

持续发展到起始阶段之后的火灾，是消防员要面临的最严重的危险之一。如果火灾受到自动喷淋系统的作用而局限在某个范围之内，则消防员所面临的这种风险就会大大降低。NFPA 的统计数据显示，对于设置了喷淋系统的建筑物，有 70％的火灾都由于启动了 1 个或 2 个喷淋头而在消防员到场之前就得到了控制。自动消防喷淋系统会给建筑物疏散设施提供保护，使大量人员在消防员到场之前就能安全撤离，从而降低消防员在抢救生命的过程中所面临的辐射危险。消防喷淋系统控制了火灾的发展，则消防员所面临的建筑物坍塌、火场清理等风险也会降低。

（六）涉事消防局在消防员伤亡事故发生后所采取的改进措施

此次事故发生后，该消防局成立了一个由各个层次的代表人员所组成的行动委员会，对所有的灭火作业规程进行了审核，做出了有利于提高消防员安全水平的修订和改进。在 NIOSH 调查阶段，该消防局表示他们在人员结构和作战程序方面已经落实了一系列改进措施，以预防类似事故的再次发生。主要的改进工作体现在改善人力资源、提高第一响应的人员力量、落实"消防员紧急求救"作业模式、采取协同水带作业、热像仪的应用、统一预连接水带的长度和规定颜色、改变火场无线电通信的方式、更新消防员个人防护装备、采用新式的水带盘法、增加实习消防员服装上的身份标识、在消防训练中增加相关的内容、提高对于新技术和新研究内容的关注等。

1. 改善人力资源

2013 年 6 月，市议会一致同意提高消防员的灭火力量，在今后 10 年内保持每辆消防车至少能配备 4 名消防员。这项增加人力资源的工作还包括设置一名全职的消防大队长助理。

2. 提高了建筑火灾第一响应的人员力量

第一响应从过去 1 个泵浦车班组和 1 个云梯车班组的基础上，增加了另 1 个泵浦车班组。最多的响应力量可以达到 4 个泵浦车班组、1 个云梯车班组、1 名大队长、1 名 EMS 长官、1 辆救护车。第 4 个到场的泵浦车班组将部署一条小口径水带，一旦现场出现紧急求救状态，这个班组将起到协助 RIT 的作用。他们的"防御水带"应独立沿着 RIT 的路径铺设，在 RIT 对火场内倒下的消防员进行定位、强行突破火势实施抢救的过程中，这条水带保护 RIT 活动免于火灾热或轰燃的危害。而这个班组的消防车驾驶员在到场后立即向事故指挥员报到，承担起指挥助理的职责。

3. 落实"消防员紧急求救"作业模式

消防局加强了消防员紧急求救状态下的标准作业规程，确保各项关键任务能顺利落实。在发生消防员报告紧急求救的状态下，每一个在现场作业的班组都应该确知他们在营救受困消防员过程中的职责。在这个"消防员紧急求救"作业模式中，通常状态下作为事故 ISO 的 EMS 长官应该向指挥员报到，当指挥员宣称进入紧急求救状态后，该 EMS 长官转而承担营救分队队长。事故指挥员将接手 ISO 职责直至他再次指定其他人员担任这个职位。受困或走失的消防员及其班组成员将仍然保持在原来指定的无线电对话组内，RIT 和"防御水带"小组也保持在这个组内。营救分队队长将对无线电通信进行监听，指挥营救工作并当面汇报给指挥员。所有其他涉及火场作业的班组都移至一条预先确定的战术频道，通过该频道交流灭火作战活动进展情况。当指挥员确认并宣称进入紧急求救状态，RIT 和"防御水带"小组将受命开始救援作业。指挥员将请求更高一级火警，使更多的消防资源加入营救工作。

二、美国宾夕法尼亚州某商贸场所火灾导致 1 名消防中队长死亡

2013 年 4 月 6 日，在宾夕法尼亚州某个商贸场所火灾的扑救过程中，1 名 53 岁的男性消防中队长（下文以 V 表示该遇难者）在进行屋顶破拆作业时，由于火灾烟气阻挡视线，从着火建筑物屋顶失足坠落，即刻导致死亡。

（一）涉事机构和人员简介

涉事消防局。涉事消防局辖区面积约 370km²，人口 1526000，所属共 61 个消防站，2200 名全职消防员。该消防局设南、北两个支队，分别由两个副局长主管（下文分别以 1 号、2 号副局长表示），还设一个紧急医疗救护支队。该消防局共设 11 个大队，日常人员和装备为 56 个泵浦车班组（每车配备 1 名班长和 3 名消防员），27 个云梯车班组（每车配备 1 名班长和 4 名消防员），1 个重型救援班组，2 个特别行动班组，3 个消防艇救援班组，以及可以从事技术救援、危险品事故处置和使用飞机进行灭火救援的特勤分队。支队、大队的每个主官都配有一名助理。

牺牲的消防员。V 于 1983 年加入该消防局，2003 年升任班长，2008 年升任中队长。该消防局 1992 年开始设置消防人员培训电子记录，查询可知他在 1992 年之后曾通过了消防员安全和火场生存、灭火战术、特种救援车作业、建筑物倒

塌事故救援指挥系统等 36 门培训科目。

着火建筑物。该建筑物位于城市的传统商业区域，该区域开始形成于 100 年之前，主营纺织品。随着纺织工商业的发展变化，该区域许多原有的纺织品商店逐渐转型为古玩店、理发店、自行车店等，原有的上层居住、下层底商的形式也转变为仅仅作为商铺使用。着火建筑物地面上有 3 层，地下室 1 层。第 1 层和地下室经营布料，第 2、3 层为居住场所。建筑周边布局如图 3-15 所示，从中可以看出由于着火建筑物的 C 面毗邻的单层商业和住宅建筑，消防力量无法直接接触到建筑物的 C 面。该建筑物由相互垂直的两部分组成了一个 T 形，这两部分都有整体的地下室。着火建筑物的边长为：A 面，6.6m；B 面，13m；C 面，20m；D 面，18m。

根据当地政府的房屋认可和检查机构的记录，着火建筑物始建于 1908 年之前。该建筑物结构为美国消防规范中规定的第 III 类普通建筑，建筑结构为砖墙、木质地板、木质平屋顶。建筑物 A 面和 D 面的第 2、3 层，共设有 5 个木质飘窗式阳台。建筑物 B 面的结构体系包括了由混凝土块和砖块灰浆砌筑立面组成的外承重墙。D 面由木构件和砖块灰浆砌筑立面组成承重墙体，托举工字钢梁，钢梁上铺设 5cm×30cm 的硬木地板，该钢梁体系对其上两层居住用房起支撑作用，且从 B 面一直设置至 D 面。除此之外，D 面还设多个支撑梁结构。在此次火灾中，出现了这类建筑结构常见的、由于温差造成水平钢梁膨胀而最终导致墙体突出、坍塌的现象，如图 3-16 所示。该建筑物的屋顶由 5cm×30cm 的木椽上铺设木焦油材质构成。

着火建筑物没有设置消防喷淋系统。该建筑的地下室被分隔成多个储物空间，隔间的布局与第 1 层并不一致。第 1 层和地下室都放置了许多货架，上面堆满了成卷的各类布料，这种情况减少了本来已经非常有限的通道空间，而且形成了迷宫一般的室内布局。在地下室内，从地面到顶棚挤满了布料的格状货架。地下室的入口包括 B、C、D 面的内部楼梯，以及 D 面外部一个井盖式的货物入口。

事故发生时的天气条件。天气晴朗，气温 10.5℃，湿度 23%，气压 4kPa，能见度 16km，风力为南风 2 级（风速 2.6m/s）。

（二）灭火救援的力量调动和战斗行动进展情况

1. 灭火装备和人员

（1）灭火救援的力量调动

根据 911 火灾报警电话提供的"一家商店的地下室内发生火灾"的信息，该消防局的火灾通信中心（下文以 FCC 表示）根据火警分级及等级力量调派的规定，调动了第一级火警中的中等战斗力量编成。当头车到场后，向 FCC 报告现场情况为："着火建筑物 3 层楼高，商铺面积大约为 4.5m×14m，现场可观察到轻微烟气"，在此基础上 FCC 又按规定增派 1 个救援班组。初始调度共调动了以下单位。

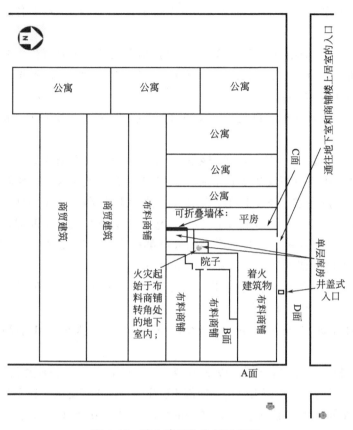

图 3-15　着火建筑物位置示意图

图 3-16　建筑物 D 面灭火过程截图（火灾导致
第 1 层向地下室坍塌，此图为第 2、3 层开始坍塌前的状态）

① 泵浦车 11 班组（下文以 E11 表示），车上人员为 1 名班长、3 名消防员。

② 大功率泵浦车 3 班组（下文以 E3 表示），车上人员为 1 名班长、3 名消防员。

③ 泵浦车 10 班组（下文以 E10 表示），车上人员为 1 名班长、3 名消防员。

④ 泵浦车 53 班组（下文以 E53 表示），车上人员为 1 名班长、3 名消防员（注：E53 与 T27 同乘）。

⑤ 液压起重云梯车 2 班组（下文以 T2 表示），车上人员为 1 名班长、4 名消防员。

⑥ 云梯车 5 班组（下文以 T5 表示），车上人员为 1 名班长、4 名消防员。

⑦ 救援 1 班组（下文以 R1 表示），车上人员为 1 名班长、5 名消防员。

⑧ 第 4 大队主官（下文以 B4 表示），包括大队长和大队长助理。

⑨ 第 1 大队主官（下文以 B1 表示），包括大队长和大队长助理。

随着现场救援的进展，当所有现场人员都投入灭火作战之中后，FCC 随之按照同等级火警增援调动规定，增派了以下单位。

① 云梯车 27 班组（下文以 T27 表示），车上人员为 1 名班长、4 名消防员（该班组担任"紧急干预分队（下文以 RIT 表示）"）。

② 特别行动 47 班组（下文以 SQ47 表示），车上人员为 1 名班长、5 名消防员。

③ 紧急救护 40 班组（下文以 M40 表示），车上人员为 2 名紧急医护员。

该级别最后的规定增援力量为：南部支队主官，即 1 号支队长和支队长助理。

灭火作战进入第二级火警后，增援的战斗力量编成为以下单位。

① 泵浦车 27 班组（下文以 E27 表示），车上人员为 1 名班长、3 名消防员（该班组担任"后勤保障分队"）。

② 大功率泵浦车 28 班组（下文以 E28 表示），车上人员为 1 名班长、3 名消防员。

③ 大功率泵浦车 49 班组（下文以 E49 表示），车上人员为 1 名班长、3 名消防员。

④ 泵浦车 24 班组（下文以 E24 表示），车上人员为 1 名班长、3 名消防员。

⑤ 泵浦车 43 班组（下文以 E43 表示），车上人员为 1 名班长、3 名消防员（注：被 E20 替代）。

⑥ 云梯车 3 班组（下文以 T3 表示），车上人员为 1 名班长、4 名消防员。

⑦ 云梯车 9 班组（下文以 T9 表示），车上人员为 1 名班长、4 名消防员。

⑧ 第 3 大队主官（下文以 B3 表示），包括大队长和大队长助理（担任"后勤保障官员"）。

⑨ 第 7 大队主官（下文以 B7 表示），包括大队长和大队长助理。

⑩ 第 8 大队主官（下文以 B8 表示），包括大队长和大队长助理。

⑪ 第 2 大队主官（下文以 B2 表示），包括大队长和大队长助理（担任"事故

安全官员”）。

灭火作战进入第三级火警后，增援的战斗力量编成为以下单位。

① 泵浦车 43 班组（下文以 E43 表示），车上人员为 1 名班长、3 名消防员。

② 泵浦车 29 班组（下文以 E29 表示），车上人员为 1 名班长、3 名消防员。

③ 泡沫车 60 班组（下文以 F60 表示），车上人员为 1 名班长、3 名消防员。

④ 大功率泵浦车 34 班组（下文以 E34 表示），车上人员为 1 名班长、3 名消防员。

⑤ 云梯车 6 班组（下文以 T6 表示），车上人员为 1 名班长、4 名消防员。

（2）消防员个人防护装备

事故救援过程中，V 在进入着火建筑物时穿着全副消防员防护服和装备，包括制式衬衣、防火服、防火裤、防护头套、头盔、手套、建筑火灾灭火作战靴、配有面罩的呼吸器。在进行建筑物屋顶作业之前，他按要求佩戴了呼吸器面罩。

2. 战斗行动进展时间表

根据事故发生过程中无线电通信所记录到的、清晰可辨的信息，整理得到此次灭火作战过程中的火场通信情况以及消防响应和火场作业行动进展的时间表。

2013-4-6：

• 17：33

警察调度中心的 911 接到电话报警，报警者报告烟气从一栋建筑物的地下室里冒出。火警电话被发送到消防局的 FCC。

• 17：35

FCC 调动了第一级火警中的中等战斗力量编成，包括 B4、B1、E11、E3、E10、E53、T2、T5、R1。

• 17：37

E11 向 FCC 报告到达现场：“现场的着火建筑物为 3 层楼高，商铺面积大约为 4.5m×14m，现场可观察到轻微烟气。我们按 1-1 方式备战”。（注：1-1 方式是指第一到场的泵浦车班组 E11 和第一到场的云梯车班组 T2 准备进入现场，配合作战；事实上是 T5 先于 T2 到场）。

FCC 指令除 E11 和 T2 之外的所有被调度班组赶赴现场备战。

• 17：39

B1 到场。

• 17：40

T5 到场。

• 17：42

B4 和 T3 到场。

B4 开始担任“现场指挥员（下文以 IC 表示）”。

• 17：43

IC 致电 FCC，表明"现场可观察到中等浓度的烟气，我们按 2-2 方式作战"。（注：2-2 方式是指第二到场的泵浦车班组 E3 和第二到场的云梯车班组 T5 准备进入现场，配合作战）。

• 17：44

E10 和 R1 到场。

• 17：45

FCC 致电 IC，要求报告火场侦察情况和建筑物规模情况。IC 说明"现场的着火建筑物面积大约为 4.5×18m，结构包括一个商铺和多个居室。"

IC 致电 T2，命令其对商铺上层的住宅楼层进行搜索作业；T2 报告说他们还没有到达现场（注：T2 受阻于交通而延迟了到场时间）。

• 17：46

IC 致电 FCC，说明"现场所有的人手都投入灭火作战。"

E53 到场。

• 17：47

FCC 调度 T27（作为 RIT）、SQ47 和 M4 赶往现场。

T2 到场。

• 17：48

FCC 调度 1 号支队长和紧急医疗救护支队长（ES4）赶往现场。

• 17：49

E11 班长通过无线电向 IC 报告他已经发现火灾起始于地下室，他们班组正在试图压下迎面而来的火势。

• 17：50

E10 班长向 IC 报告建筑物 B 面出现浓烟状态。

• 17：51

SQ47 到场。

IC 命令 SQ47 对建筑物的居住房间进行内部搜索作业。R1 正在开始对商铺的地下室进行搜索作业。

• 17：52

T27 到场。

• 17：53

IC 致电 T5 班长要求报告建筑物内部的原有人员情况。T5 班长报告说他们还处于初级搜索阶段，正在对建筑物前部实施通风。

IC 致电 T2 班长要求报告其作战以及现场情况。T2 班长报告说他们现在位于第二层，现场布满浓烟，他们处于初级搜索阶段。

• 17：54

IC 致电 E11 班长要求确认 E11 是否位于地下室。E11 班长报告说他们在地下室进行了搜索但没有发现起火的具体部位，他们现在位于第一层，火灾现在已经沿第一层的顶棚向建筑物后部蔓延。

• 17：55

R1 班组的人员分作两部分：一部分人员随 E11 进入商铺；另一部分人员对上层的住宅场所进行搜索作业。

IC 致电 R1 班长要求报告其作战情况。R1 班长确认了 E11 遭遇火灾的现状，R1 班组人员现位于第一层，正准备进入第二层的居住场所。IC 要求他们必须审慎行事。

• 17：56

1 号支队长到场。

• 18：00

1 号支队长开始担任 IC。

B4 被指定至 A 区指挥，B1 被指定至 C 区指挥。

• 18：01

E53 班长向 IC 报告 E11 向火灾射水，但现场仍处于浓烟状态。

• 18：03

IC 命令联络官（由 B4 的助理充任）提出转变为第二级火警的要求。

联络官联系 FCC："根据 1 号支队长的命令，转为第二级火警；集结区设在某街与某某街"

B1 的助理被指定充任"集结区主管"。

同时，IC 指示 R1 班长带领其班组前往屋顶，在屋顶破拆出一条隔离带。

• 18：04

A 区和 C 区的作业班组退出到建筑物外部。

• 18：05

FCC 按第二级火警进行调度：E27（后勤保障）、E28、E49、E24、E43、T3、T9、B3（后勤保障主管）、B7、B8、B2（事故安全官）、M21（注：之后对 E43 又进行了二次调度）。

• 18：07

IC 致电联络官，要求调派另一个 RIT（注：IC 之前将原来作为 RIT 的 T27 用于屋顶作业）。IC 告诉联络官"调派一个泵浦车班组或云梯车班组充任 RIT 都可，他们到场后可以使用 T27 的 RIT 装备"。

• 18：11

联络官向 FCC 要求调派另一个 RIT 班组，泵浦车班组或云梯车班组都可。FCC 调度了 T4，再次调度 E43 前往现场。

IC 询问 R1 班长他们是否已经到达屋顶；R1 班长回复说他们正准备在屋顶破拆出一个开口。IC 指定 R1 班长负责屋顶区域。

- 18：12

FCC 通知 IC 新的 RIT 为 T4 班组。

- 18：13

IC 向 FCC 作出最新的事故进展报告：现场所有的人手都投入灭火作战；现场已转入外部作战；我们正努力打开位于转角处、最初着火区域的建筑物屋顶；B 面都是类似的建筑物，建筑外形一致；着火建筑物充满浓烟；我们推测火点在地下室；灭火作战进展缓慢、平稳。

- 18：15

IC 继续告知：现场建筑物面积为 4.5m×18m，4 层楼高；作战班组状态良好、稳定；我们还没有确定起火点；至此还不存在对周边建筑物的辐射热风险。

IC 要求 A 区指挥员 B4 确认他现有班组的作战情况；B4 回答 E11 和 E10 在 B 面灭火，SQ47 正在 B 面实施通风作业。

- 18：16

IC 命令 B1 前往 D 区。

- 18：17

T27 报告 IC 他们到达 B 区的屋顶，他们看到从二楼冒出的浓烟正往 D 区蔓延过去。IC 命令 T27 中队长在 B 区和着火建筑物之间打开一条隔离带；IC 指定 T27 中队长负责 B 区屋顶的作战。

- 18：18

B 区屋顶作战班组（即 T27）请示 IC 他们需要一条水带，射水方向指向 B 区的二楼。

- 18：21

FCC 联系现场联络员"屋顶区域的 R1 和 T27 启动了他们手提对讲机上的紧急情况按钮"；IC 回复"你说的是屋顶区域 R1 和 T27，启动了紧急情况按钮?"；FCC 回复"确认。屋顶区域 R1 和 T27"。

屋顶区域 R1 报告"需要人员到达 B 区后部的庭院处；有人跌落于此处，他从屋顶上摔了下来"。

- 18：22

FCC 联系 R1 班长，提问他是否在宣称"消防员紧急求救状态"。R1 班长回答"有人从楼房的屋顶跌落到一处平房的屋顶上"。

- 18：23

FCC 尝试联系 T27 中队长未果。

- 18：24

R1 班长向 IC 提出"优先要求"：我们需要一支分队立即从 B 面推进，使我们能在平房下搭起拉梯，T27 中队长跌落在第二至第三层之间的屋顶上，现在根本没有办法接近那个位置。R1 班长建议"我们可以试着沿着这几个屋顶，到达他跌落的位置"。

- 18：25

T4（RIT）到场。

- 18：26

R1 班长向 IC 报告"我们正在设法移出跌落的中队长，非常费力、困难，但我们正取得一点进展"。

B 区的指挥员 B8 联系 IC，向他报告 SQ47 正与 R1 协作，获取所需装备、试图将跌落的中队长转移出其所在的屋顶；B8 还向 IC 报告了 E28 通过一条口径 45mm 的水带向 B 面 2 楼射水，以此对跌落的中队长实施保护。

- 18：27

屋顶区域的班长试图联系 IC 但被某人打断，提出"我们现在需要一条水带……"

- 18：28

B 区的指挥员 B8 联系 IC，向他报告"E53 正携带一条水带，通过与 B 区相邻的 B-1 建筑物，到达着火建筑物后部；E28 正携带一条水带，到达与 B 区相邻的 B-2 建筑物的二楼，从那里射水对跌落中队长进行保护"。IC 提问 B8 跌落中队长是否受到火灾或烟气的侵害，B8 回复 IC"我会去他身边查看"。

- 18：30

屋顶区域的班长向 IC 报告"我们现在面临严重的火灾状态；水带里没有水压；火焰正在接近跌落的消防员"。

- 18：31

IC 联系 B 区，告知 D 区报告另一名消防员受困。IC 询问"我们是否有 2 名消防员处于紧急求救状态？"B 区回复表示他感觉这些信息指向同一人。该受困人员在接近 C/B 区交接的一处发生跌落。B8 现在位于 B-2 建筑物的屋顶，向 IC 要求支援：需要一个泵浦班组对 E53 进行支援，一个泵浦或云梯车班组对 B-2 屋顶进行协助。

- 18：36

IC 联系 C 区，C 区报告"我们设一条水带出水灭火；这里建筑物发生部分坍塌，我们仍在努力接近跌落的消防员，他看上去被卡在二楼和三楼之间的夹角处"。

- 18：37

B 区向 IC 报告，正调动所有的可用资源前往单层库房的屋顶位置，对跌落的消防员实施救援。R1、T3 以及另一个泵浦车班组从消防车上铺设出一条口径 64mm 的水带，对该区域的救援作业实施保护。B 区要求再调动一个班组进行支援。

- 18：38

联络官联系 FCC：“根据 1 号支队长的要求，转为第三级火警；调度第三级火警资源进行集结”。

D 区指挥员 B1 通过无线电通告：“C 区所有人员即刻从屋顶撤退，着火建筑物即将发生倒塌”。

事故安全官向 IC 报告 D 面第一层的墙体发生断裂现象，即将往街道方向坍塌。

• 18：40

FCC 调度第三级火警资源：E43、E29、F60、E34、T6，并告知集结区的位置。

• 18：46

主管作战的副局长乘 2 号车响应此次事故。

• 18：49

IC 指派 T9 前往 B-1 建筑物，对发生倒塌的单层建筑物的墙体实施破拆、打开一条通道；IC 命令 D 区严密观察此破拆进程，并及时提出进一步的资源申请。

• 18：51

IC 指派 T3 前往协助 SQ47 和 R1 正在进行的破拆作业。

• 18：52

特勤部门主管响应此次事故。

• 18：54

联络官向 IC 要求作战进展报告。IC 报告“我们对着火建筑物实施外部灭火作战。B-1 和 B-2 建筑位置设一条 45mm 作战水带；C 区和 D 区建筑发生部分坍塌。T27 的中队长从高处跌落至起火建筑物的后部，我们正在努力打通 B-1 的墙体，将他解救出来”。

• 18：55

M21 将 T27 班组的一名消防员送往医院，他在救援过程中烧伤了双手。

• 18：56

消防局长乘 1 号车响应此次事故。

• 19：00

特勤部门主管到场。

• 19：12

FCC 按第三级火警规定，调度 M1。

• 19：14

1 号车到场。

• 19：16

2 号车到场。

• 19：22

2 号车担任现场指挥 IC，1 号支队长被指定为救援组指挥员，该组资源包括：1 号支队长、R1、SQ47、T3。

• 19：28

救援组指挥员通过无线电向 IC 报告已经在墙体上打开通道，R1 正使用热像仪搜索 T27 中队长的位置。

• 19：43

救援组联系 B 区屋顶作业组，要求他们关闭水枪，因为消防射水促使解救区域产生了许多烟气，影响救援作业。

• 20：49

救援组向 IC 报告他们正在抬出跌落的消防员。

• 21：00

联络官致电 FCC "根据 IC 的命令，将该事故设置为'已控制'状态"。

• 21：28

2 号车检查现场，现场指挥转交给 1 号支队长。

2013-4-7：

• 00：12

1 号支队长检查现场。现场指挥转交给 B4。

• 03：25

现场执勤的大队长和班组有：B4、E53、E11、E12、T2、M11。

• 09：51

现场执勤的单位有：E43、E11、E3、T2、M11。其他班组收队离开现场。

• 14：12

B4 检查清理现场。现场执勤班组为 E11。

2013-4-8：

• 07：03

事故处置完结。

3. 灭火作战过程的还原

根据战斗行动进展时间表，以及事后调查过程中对于战斗行动结果的陈述，我们对于此次火灾救援过程进行了还原。

2013 年 4 月 6 日 17：33，市警察局的 911 中心接到关于此次火灾的报警电话，值班人员接通了消防局的火灾通信中心（FCC），告知报警内容。

17：35，FCC 调度了第一级火警灭火力量前往现场，现场部署见图 3-17。

17：37，E11 到场，向 FCC 报告 "…我们按 1-1 方式备战"（注：E11 认为应该第一到场的云梯车班组 T2 已经到场，但实际上，是 T5 作为第一到场的云梯车班组，于 17：42 到场）。

着火建筑物的一名居民看到 E11 班长后，告诉这位班长他已经用灭火器把火

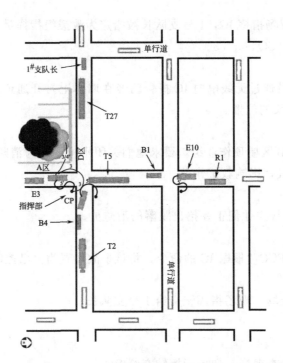

图 3-17　第一级火警力量的部署位置示意图

扑灭了（注：这名居民后被证实为商铺的经理）。之前有顾客曾告诉该经理闻到建筑物里有烟味，但他一直延误了 30~45min 之后才开始查看烟味的来源，他发现着火后先尝试用一个手提灭火器进行灭火，之后才向 911 报警。该名经理在看到到场的消防员后告诉他们他已经扑灭了火灾，但在之后的调查中承认由于燃烧所产生的烟气和火焰，他并没能把火灾扑灭。

E11 班组起初使用车载的小口径胶管水带从前门进入商铺。商铺第一层此时还完全没有烟气。商铺经理跟随消防员进入商铺，一直向班长解释他确实已经扑灭了火灾。E11 班长又命令将一条 45mm 口径的水带拉进商铺，铺设至地下室的南部楼梯入口处，并由此进入地下室，但并没能找到起火的位置。E11 返回第一层后接着发现了通往地下室的第二个楼梯（即北部楼梯）。一名消防员从该楼梯进入地下室，因为通道里放满了各种盒子和存储的布料，所以他只查看了部分区域就半路折返。17：39，E11 班长向 FCC 报告"地下室里有明显烟气，我们正在实施通风并下去查看"。17：42，B4 到场后担任火场指挥员职责，并在如图 3-17 所示的位置设立指挥部。随后，B4 的助理作为火场联络官向 FCC 汇报建筑物内有中等烟气，灭火作战采取 2-2 形式，现场状态报告将随后跟进。

在第一级火警出动力量中，各班组分别承担如下任务。

① E11 在着火建筑物内部，位于第一层，向地下室推进。

② T5 进入第二层，对居住用房进行初期搜索作业，并对第二层实施通风。

③ E3 携带一条 45mm 口径的水带，经室外的井盖式入口进入地下室。

④ E10 携带一条 45mm 口径的水带，进入与起火建筑相连的 B-1 建筑物内查看水带线的延长情况。

⑤ E53 受命为 E11 提供支持，携带一条 45mm 口径的水带进入着火建筑物。

⑥ T2 受命对商铺以上第二层和第三层的居住用房进行初期搜索作业。

⑦ R1 班组的人员分作两部分：3 名消防员进行搜索作业，随同 E3 人员由室外的井盖式入口进入地下室；另 3 名消防员进行通风作业，前往靠近 D 面的住宅用房。

17：46-48，FCC 调度了增援力量。

17：50，E10 向指挥员报告 B-1 建筑物内已经充满了烟气，指挥员命令他们撤出。17：52，T27 到场后设立了 RIT。17：54，E11 班长向指挥员报告其所在位置的屋顶处发生燃烧，指挥员求证他们的位置是否在地下室，E11 班长回答说他们去过地下室，但没能找到起火点，他们现在位于第一层，看到火灾沿第一层的顶棚向建筑物 B 面方向蔓延，E11 班组在第一层展开灭火作战。由于第一层存储了大量的布料商品，这些布料不断从高处落下，砸在 E11 消防员身上。在这个过程中，E11 班长注意到建筑物 A 面的墙体上，火灾已经呈从地面燃烧到屋顶的势态。E11 在后退时没能将水带拉回，因为落下的商品埋压了水带。另一方面，E3 和 SQ47 先后从室外入口进入地下室进行灭火作战，这两个班组在地下室相遇。由于此处的通道仅仅与肩同宽，所以两个班组的移动都非常困难。他们确认了火灾发生于地下室的东南角，但是此时消防射水对于火势而言已经无济于事。SQ47 班长尝试使用热像仪获取信息，但是由于地下室火灾和热量的发展程度，热像仪显示出的图像没有任何辨识特征。E3 班组因为有成员的呼吸器余量达到低限值而退出了地下室，SQ47 班组一直在地下室坚持作战，直至 18：05 分指挥员发出撤离命令。

18：00，1 号支队长开始担任火场指挥员，他指定 B4 负责 A 区，B1 负责 C 区。此时现场的力量布局为：E11、E53 班组以及来自 R1 的搜索人员在起火建筑物的第一层；T5、E2 班组以及来自 SQ47 和 R1 的搜索人员在起火建筑物的第二、三层的公寓房内，他们报告说所在环境处于高热、浓烟、能见度低的状态；E10 班组在 B-1 建筑物内；E3 班组在更换他们的呼吸器气瓶。

18：03，火场指挥员通过无线电命令 R1 班长带领其成员前往屋顶实施通风。A 区的 B4 联系 SQ47 班长要求他们继续对第二、三层的公寓房实施通风作业，完成这项任务后他们立即退出建筑物。指挥员通过无线电向 C 区求证是否所有人员都离开了着火建筑物，C 区回答说所有人正在退出。指挥员下达了火警升级至第二级的命令，同时决定了即将到场力量的集结区，指定 B1 助理担任集结区主管。第二级火警调度力量见前文所述。

18：07，火场指挥员联系 T27 班组的中队长，告诉他第二级力量一到场，

T27 班组就前往着火建筑物的屋顶，协助上面的通风作业。在第二级力量部署到位后，T27 的人员到自己的消防车内拿取通风作业所需的工具，他们车上所有的消防梯都已经被其他班组取用。被指派进行屋顶作业的班组人员有：R1 的搜索分组（3 名消防员）、SQ47 的 2 名消防员、T27 的 5 名消防员，他们的作业位置如图 3-18 所示。起初，T27 前往 A 面，计划从此处登上房顶，但附近没有设置消防梯，他们计划使用的消防梯已经被移动至 B-2 建筑物处。R1 的成员先登上屋顶，他们在 D 区安放了一个 9m 消防梯，通往附着事故建筑物而建的单层商铺的屋顶，在此单层建筑物的屋顶又设一个 6m 消防梯，通往着火建筑物的屋顶。R1 登上屋顶后，R1 班长打通一扇天窗，火灾烟气一下子喷涌而出。SQ47 的成员经 B-2 建筑物登上屋顶，他们受命在靠近着火建筑物 A 面的地方破拆出一条防火隔断。

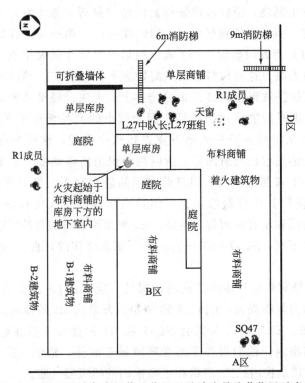

图 3-18　屋顶区域各班组作业位置以及消防员坠落位置示意图

18：20，T27 班组沿用 R1 的方式登上屋顶，迎面遭遇非常浓重的烟气，能见度极低。T27 中队长在屋顶上从 C 面往 A 面的方向走去，由于视力受阻，同时他可能也没有来得及清醒地意识到着火建筑物呈 T 形，导致他从屋顶上失足跌落至着火建筑物旁的单层仓库的房顶上，如图 3-18 所示。T27 班组的驾驶员和其他成员听到了中队长跌落的声音，T27 驾驶员即刻通告班组成员停止行动、低伏身体，按人员清点核查制度进行报名。T27 驾驶员在紧急情况下能立即承担起班长的职责，他的这一行动，确保了班组其他成员的安全，也确认了立即对中队长实施救援的紧迫性。R1 班组的 2 名消防员正在 B-2 屋顶上作业，目睹了 T27 中队长从着火建筑物屋顶上发生跌落的事件。

18：21，R1 屋顶分组和 T27 几乎同时启动了他们手提对讲机上的紧急情况按钮。R1 在无线电通信中说"需要派人前往 B 面庭院处，有人从屋顶上跌落于此处"。FCC 通告联络官他们在战术频道接收到来自 R1 屋顶分组和 T27 的紧急情况启动警报。18：22，FCC 和联络官就两起紧急情况启动电联 R1 班长，R1 班长说明启动原因是 T27 中队长的坠落，并确认发生了"消防员紧急求救状态"。随后，R1 班长向火场指挥员表明：我们需要一支分队立即从 B 面推进，使我们能在平房下搭起拉梯，T27 中队长跌落在第二至第三层之间的屋顶上，除非经过建筑物的内部通道，否则根本没有办法进入那个庭院。

T27 消防员设法将直梯水平搭置在邻接的平房屋顶与库房屋顶之间，以图接近 T27 中队长所在的位置，如图 3-19 所示。消防员们先拿到一架 5m 的直梯，但发现两栋建筑物之间距离大约 5.5m，所以换取了一架 6m 的直梯。直梯搭放稳定后，T27 的一名消防员通过直梯到达中队长的身边，他尝试了许多次，努力想将中队长拖下屋顶，放置到消防梯上，但都没有成功。就在这名消防员努力搬运中队长的同时，火灾烟气的颜色由浅灰变为浓黑，火焰从库房的一个窗口不断喷

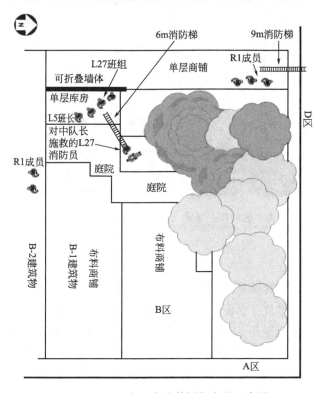

图 3-19　T27 班组实施救援行为的示意图

出，迫使这名消防员爬回消防梯，将中队长留在屋顶上（这名消防员在这个过程中双手烧伤，之后被送往医院医治）。整个过程中这名中队长没有做出任何反应。T27的驾驶员随后也尝试数次想通过直梯再次接近中队长，但是被此时已经蔓延至屋顶的火灾逼退。几分钟后，库房的屋顶发生坍塌，连同倒伏在屋顶上的中队长一起，向着火建筑物的地下室内塌落。这时大约是18：36，一条消防水带随即便定位于此，试图对坠落的中队长进行保护。

R1班长向指挥员报告库房已经发生坍塌，并要求在邻近库房的单层建筑物屋顶处铺设水带。起火建筑物现在发生整体自由燃烧，负责D区的B1于18：36电告所有在C区屋顶作业的人员从屋顶撤离。同时，事故安全官向指挥员报告着火建筑物D面第一层的墙体出现断裂现象，即将往街道方向坍塌。

18：40，事故升级为第三级火警，FCC调度了相应力量到场。在现场，R1班长、SQ47班长和B8制订了一个将坠落中队长从库房处移出的救援方案，救援组计划对B面的墙体实施破拆，打开一处通道。如图3-20所示，此处的墙体为双砖和木椽结构，现场的作业空间非常有限。救援行动大约于18：50开始实施，整个救援过程一直持续了近2h，直到20：49才由T27和E53班组将遇难者搬离发生事故的建筑物。

图3-20 救援小组的作业场景（图注：照片为涉事消防局版权所有）

（三）总结分析

1. 火灾原因

火灾始发于布料商铺的地下室靠近庭院的部分。在商铺经理向消防局报警之前，火灾已经燃烧了45～60min。火灾从地下室蔓延至建筑物第一层的布料商铺，继而蔓延至第二层和第三层的居住用房。从消防救援班组到场起直至建筑物所有楼层发生倒塌，大约经历了60min。火灾没有蔓延至相邻的其他建筑物。

在官方记录中，这场火灾的原因被归类为"未确定"。

2. 导致消防员伤亡的原因

在此次事故中，以下主要因素导致了消防员的伤亡。

① 火灾报警延误。

② 火灾发生于没有安装消防喷淋系统的商贸建筑。

③ 建筑结构和设计的特殊性。

④ 由于着火场所存放大量的布料商品，造成火灾荷载大、接近火点的通道受限。

⑤ 消防员缺少必要的处境警觉意识。

根据尸检报告，V 的死亡原因为多处钝击损伤致死。

3. 建议

① 消防局应该在制定标准作业规程、实施实体火灾训练、修订火场技战术规定的过程中，及时融合国家标准和技术研究院以及保险商实验室所推出的火灾科学研究结果，提高火场作战的效率和安全性。

② 消防局应该针对其辖区内的建筑物，落实符合 NFPA1620《事故前预案制订标准》要求的事故前预案工作。

③ 为了提高消防员在火场作业期间的处境警觉意识，可以考虑制订一套针对辖区消防重点建筑的信息收集系统，这个系统在性能上应该满足响应单位随时获取相关信息的需求。

④ 根据消防局的程序要求，灭火作战策略和战术应该由消防局的战训部门确定。

⑤ 消防局应该对火场紧急干预机制的应用进行定期审查。

⑥ 确保消防员和消防官员都接受过火场紧急求救方面的训练。

⑦ 应该为火场指挥员提供一份关于火场紧急求救应对方式的辅助表。

三、美国伊利诺伊州某汽车维修和保养中心火灾导致 2 名消防员死亡、3 名消防员受伤

1998 年 2 月 11 日，伊利诺伊州某个汽车维修和保养中心发生火灾，10 名消防员在进入室内进行起火点搜索的过程中，由于遭遇突发的回燃现象，在场所有消防员即刻身陷极度的生命威胁之中，最终导致 2 名 40 岁的男性消防员死亡，3 名消防员重伤，5 名消防员轻伤。

（一）涉事机构和人员简介

涉事消防局。涉事消防局辖区面积约 $580km^2$，人口 2700000，所属共 5000 工作人员，其中 4200 名为消防员。

牺牲的消防员。牺牲的 2 名消防员中，其中一名具有 2 年的消防员经验，18 年的紧急医护员经验；另一名具有 9 年的消防员经验。

着火建筑物。发生事故的建筑物是一家汽车维修和保养中心。建筑结构为混

凝土板基上的砌块结构，外立面为砖砌墙。屋面系统由开放式木质拱梁的桁架结构组成，屋顶内部表面涂饰着未加以阻燃保护的聚苯乙烯层，外部表面是新近敷设的一种橡胶材料。该汽修中心的维修区域外围边长为46m×19m。维修区前面附属一个23m×17m的玻璃隔断的展室，如图3-21所示。配件室上部有一处阁楼，其间放置大量轮胎以及圣诞节装饰品等杂物，从维修区域有通往该阁楼的楼梯。

从展室里可以通过一个标准入口门进入维修区，也可以通过一个外部的金属门进入维修区，这个入口主要用于汽车入内进行维护，通过一个自动的电动系统，可以控制金属门的起降。

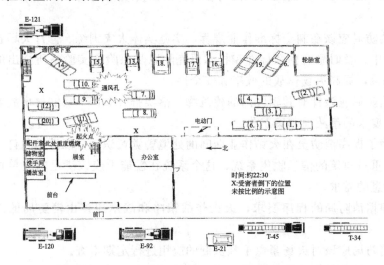

图 3-21　建筑物位置示意图（与实际布局不成比例）

（二）事故发生过程

1998 年 2 月 11 日 22：24，消防局接到报警，报警者在位于该汽修中心后部的住宅中通过电话报警，报告一家汽车维修和保养中心的建筑物内部发现火灾。

最初响应的消防班组包括以下单位（注：对这起火灾进行响应的消防力量涉及多个消防班组，本节只列举与致命事故的发生直接相关的单位）。

① 泵浦车 92 班组（下文以 E92 表示），车上人员为 1 名班长、1 名工程人员、2 名消防员（通常人员总数为 5 名）。

② 泵浦车 120 班组（下文以 E120 表示），车上人员为 1 名班长、1 名工程人员、3 名消防员。

③ 云梯车 24 班组（下文以 T24 表示），车上人员为 1 名班长、4 名消防员。

④ 云梯车 45 班组（下文以 T45 表示），车上人员为 1 名班长、4 名消防员。

⑤ 第 21 大队长（下文以 B21 表示）。

22：28，E120 首先到达现场，紧接着 E92、T45、T24 和 B21 依次到场。在

到场后，没有任何一个消防员看到火灾燃烧或烟气现象，所以其中一名消防员联系消防调度，以确认火警地址。在调度确认地址正确的同时，一名邻居告诉消防员他在建筑物后部看到了火灾。

大约 22：30，汽修中心的业主赶到现场，打开了通往展室的前门。第一到场的班组成员中，有 8～10 名消防员进入了展室。在事后的调查中，这些消防员有人说没看到烟气，有人说可以看到展室内有轻微的烟气，以及闻到汽车燃烧发出的味道。而当他们打开通往维修区的门，一下子就看到在这个区域里，黑色的浓烟已经充满了屋顶往下 1/3 的空间，但还是没有人看到有火焰产生。此刻，消防员们都明白了这种情况无疑表明室内某处发生了阴燃，但是没有人能找到起火点。消防员入室时携带了一条与 64mm 口径的供水线相连的 45mm 口径的充水水带。E120 的班长往维修区深入行进，他沿着通往南面的墙往前摸索，希望能找到灯的开关面板。云梯班组的班长也在此地进行了较大范围的搜索。消防员们事后陈述说他们中没有任何人感受到任何的超出正常限度的热或看到任何火灾燃烧现象。

在上述消防员进入建筑物内部的同时，T45 班组的 2 名消防员留在建筑物前面，T24 班组的 2 名消防员走到建筑物后面，他们 4 人将通过消防梯登上屋顶，用手斧在屋顶上凿出通风孔。T24 的消防员说当他们到达建筑物的后部时，没有看到有烟气或燃烧出现，但是他们注意到房屋的窗户已经呈现严重的烟气熏黑现象。有一名消防员用手斧的一个尖端，轻轻在一扇窗户上敲出一个小孔，黑色的烟从这个小孔喷涌而出。此时在建筑物内部的维修区侦察现场情况的 T24 班长看到和听到了消防员的这个行为和随之产出的这个现象。在此后 5～8min 的时间内，登上屋顶的 4 名消防员破拆形成一个开口面积为 0.35～0.45m² 的通风孔，就在他们剥开最后一层的屋面隔离层时，开口处立即喷出滚滚黑烟，不到 30s，熊熊火焰也从开口处冲出，4 个消防员立即捡起他们的装备，从梯子上快速返回地面。

大约 22：43，进入建筑物的消防员们大部分往内部行进了 4.5～6m，他们头顶上方充满了浓黑的烟气，由于能见度极差，消防员身体之间不断发生彼此冲撞的情况。大约 22：45，在没有任何预警信号的情况下，沿着 6m 高的屋顶聚集起来的热气体突然发生燃烧，引起回燃状态，回燃产生了压力波，消防员受其冲击，失去平衡而跌倒在地。处于当时现场状态下的消防员瞬时失去了辨别方向的能力，也无法找到之前扶持的消防水带，他们极力四下挣扎着希望能逃脱室内地狱般的高温。同时，顶棚上受热融化的聚苯乙烯纷纷滴落在他们身上。一名勉力通过维修区的门逃往展室的消防员事后回忆，他当时能听到消防员们在挣扎出逃的过程中相互之间发生碰撞或碰到室内物体上、发出骇人的嘶喊声。还有一名消防员跳窗口逃出着火建筑物。维修区域原来存放着 20 辆汽车，同时由于火灾产生的浓重黑烟、消防员身陷困境而产生的恐惧心理、迷失方向等因素，致使整个逃生过程变得极端困难。

消防员撤离火场后，立即进行点名，发现有 2 名消防员没能逃脱。消防队对这 2 名消防员采取了救援行为，多次试图进入着火的建筑物但都没有成功，因为整个维修区域都处于完全燃烧的状态之中，30min 后整个屋顶发生了坍塌。

（三）总结和讨论

1. 火灾原因

调查人员认为配件室放置杂物的阁楼是最初发生火灾的区域。

调查人员认为，就在燃烧发生之前，维修区的电动门因某种原因发生自触动而升起，使得大量新鲜空气进入该区域，从而导致回燃的发生。政府有关部门的电气检查员和电气工程师通过现场检查，也确认如果火灾造成了开关电路的低压端发生短路，必然会导致电机和驱动传动链构件启动电动门的升起和打开动作。

2. 导致消防员伤亡的原因

根据尸检报告，两名遇难消防员的死亡原都为因吸入火灾烟气和烟炱导致一氧化碳中毒致死。

3. 思考和讨论

消防员实施内攻灭火作战时，存在着遭遇回燃或轰燃危险的可能性。轰燃是消防员比较熟悉的一种火灾现象，轰燃是由于热辐射回馈所引起的，在一个发生燃烧或阴燃的房间内，顶棚处过热状态下的火灾气体和烟越积越多，当房间内所有的可燃物和火灾气体随着接受燃烧所产生的辐射热而达到燃点温度，整个房间内部就会同时发生全面的快速燃烧，形成轰燃。与轰燃不同，回燃是一种爆炸。在密闭的区域内，燃烧或阴燃的进行会消耗其间的氧气量，造成不完全燃烧，这种状态下如果因某种原因引发该密闭区域内的燃烧速度加快或者该区域内的热气体发生快速燃烧，就会形成回燃。回燃性爆炸的触发是由空间中氧气体积比的突然增加而造成的，比如说消防员在进行初期的搜索作业或者其他处置作业时，需要打开房门进入室内，这个行为往室内引入了新鲜空气。如同本案例，回燃的发生可能会没有任何的典型征兆，如浓重的灰色或黄色的烟气从建筑物的构建缝隙、屋顶通风口或天窗等处喷出这样可以提示消防员预警的征兆，所以回燃会对消防员的生命安全造成极大的威胁。

由于烟气是火灾中的主要杀手，所以对于有人居住的建筑物实施通风，是得到消防部队公认的抢救生命的战术之一。但是，通风作业不应该成为第一到场的惯例，而应该由现场指挥员到场后根据对建筑结构和状态的现场侦察和情况评估，决定是否有必要实施通风以及在哪些部位实施哪种类型的通风作业。

通过门窗实施通风作业，应该与其他灭火作业配合进行。只有当充水的水带线到位后，门窗通风作业才最有效。在实施屋顶通风作业时，灭火指挥员与实施通风的消防员之间应该保持密切联系。登上屋顶实施通风作业的消防员，可以从高处观察得到位于地面的指挥员所看不到的重要的现场状态信息，消防员还应该将屋顶的状况及时向指挥员报告，包括屋顶的结构状态、实现通风之前和之后火灾状态的变化，以及其他不寻常状态的出现，这些信息有助于指挥员制订相应的作战方案。

第四章
建筑火灾灭火救援行动安全

建筑火灾约占城市火灾的 90％以上，是消防部队出警救援最多的火灾。由于现代建筑高度不断增高，规模不断扩大，功能不断增加，材料不断更新，使火灾扑救难度和危险性不断提升，消防部队在扑救建筑火灾时，造成伤亡的事件也时有发生。因此，必须加强研究，掌握建筑火灾规律，采取正确措施，最大限度减少伤亡的发生。

第一节　基本知识

建筑是建筑物与构筑物的总称，是人类为了满足社会生活、生产需要，利用所掌握的物质技术手段，并运用一定的科学规律、宗教传说、风俗习惯和美学法则等创造的人工环境。

一、建筑分类

建筑的分类一般从以下几个方面进行划分。

（一）按建筑的用途分类

按建筑的用途分可分为民用建筑和工业建筑。

1. 民用建筑

民用建筑分为居住建筑、农业建筑、公共建筑。

居住建筑主要是指提供人们进行家庭和集体生活起居用的建筑物，如住宅、宿舍、公寓等。

农业建筑主要是指用于农业、牧业生产和加工的建筑物，如温室、畜禽饲养场、粮食与饲料加工站、农机修理站等。

公共建筑主要是指提供人们进行各种社会活动的建筑物，其中包括以下建筑。

① 行政办公建筑，如机关、企业单位的办公楼等。

② 文教建筑，如学校、图书馆、文化宫、文化中心等。

③ 托教建筑，如托儿所、幼儿园等。

④ 科研建筑，如研究所、科学实验楼等。

⑤ 医疗建筑，如医院、诊所、疗养院等。

⑥ 商业建筑，如商店、商场、购物中心、超级市场等。

⑦ 观览建筑，如电影院、剧院、音乐厅、影城、会展中心、展览馆、博物馆等。

⑧ 体育建筑，如体育馆、体育场、健身房等。

⑨ 旅馆建筑，如旅馆、宾馆、度假村、招待所等。

⑩ 交通建筑，如航空港、火车站、汽车站、地铁站、水路客运站等。

⑪ 通信广播建筑，如电信楼、广播电视台、邮电局等。

⑫ 园林建筑，如公园、动物园、植物园、亭台楼榭等。

⑬ 纪念性建筑，如纪念堂、纪念碑、陵园等。

2. 工业建筑

工业建筑主要是指为工业生产服务的各类建筑，如生产车间、辅助车间、动力用房、仓储建筑等。

（二）按建筑的规模分类

1. 大量性建筑

大量性建筑主要是指量大面广、与人们生活密切相关的那些建筑，如住宅、学校、商店、医院、中小型办公楼等。

2. 大型性建筑

大型性建筑主要是指建筑规模大、耗资多、影响较大的建筑，与大量性建筑相比，其修建数量有限，但这些建筑在一个国家或一个地区具有代表性，对城市的面貌影响很大，如大型火车站、航空站、大型体育馆、博物馆、大会堂等。

（三）按建筑层数和高度划分

低层建筑是指 1～2 层建筑。多层建筑是指 3 层以上的非高层建筑。高层建筑是指超过一定高度和层数的多层建筑。

世界各国对高层建筑的界定有一定差异。我国《民用建筑设计通则》（GB 50352—2005）规定，民用建筑按层数或高度的分类是按照《住宅设计规范》（GB 50096—2011）、《建筑设计防火规范》（GB 50016—2014）为依据来划分的。简单说，10 层及 10 层以上的居住建筑，以及建筑高度超过 27m 的其他民用建筑均为高层建筑。根据 1972 年国际高层建筑会议达成的共识，确定高度 100m 以上的建筑物为超高层建筑。表 4-1 列出几个国家对高层建筑高度的有关规定。

表 4-1　高层建筑起始高度划分界限表

国　名	起始高度	国　名	起始高度
德国	＞22m（至底层室内地板面）	英国	24.3m
法国	住宅＞50m，其他建筑＞28m	俄罗斯	住宅：10 层及 10 层以上
日本	31m（11 层）	美国	22～25m 或 7 层以上
比利时	25m（至室外地面）		

（四）按民用建筑耐火等级划分

在建筑设计中，应对建筑的防火安全给予足够重视，特别是在选择结构材料和构造做法上，应根据其性质分别对待。现行《建筑设计防火规范》（GB 50016—2014）把建筑物的耐火等级划分成四级，一级耐火性能最好，四级最差。性质重要的或规模较大的建筑，通常按一、二级耐火等级进行设计；大量性或一般的建筑按二、三级耐火等级设计；次要或临时建筑按建筑四级等级设计。

对任一建筑构件按时间-温度标准曲线进行耐火实验，从受到火的作用时起，到失去支持能力，或完整性能被破坏，或失去隔火作用为止的这段时间，称为耐火极限，用小时（h）表示。不同耐火等级建筑物相应构件的燃烧性能和耐火极限不应低于表 4-2 的规定。

表 4-2　不同建筑构件耐火等级

构件名称		耐火等级/h			
		一级	二级	三级	四级
墙	防火墙	不燃烧体 3.00	不燃烧体 3.00	不燃烧体 3.00	不燃烧体 3.00
	承重墙	不燃烧体 3.00	不燃烧体 2.50	不燃烧体 2.00	难燃烧体 0.50
	楼梯间和电梯井的墙	不燃烧体 2.00	不燃烧体 2.00	不燃烧体 1.50	难燃烧体 0.50
	疏散走道两侧的隔墙	不燃烧体 1.00	不燃烧体 1.00	不燃烧体 0.50	难燃烧体 0.25
	非承重外墙	不燃烧体 0.75	不燃烧体 0.50	难燃烧体 0.50	难燃烧体 0.25
	房间隔墙	不燃烧体 0.75	不燃烧体 0.50	难燃烧体 0.50	难燃烧体 0.25
柱		不燃烧体 3.00	不燃烧体 2.50	不燃烧体 2.00	难燃烧体 0.50
梁		不燃烧体 2.00	不燃烧体 1.50	不燃烧体 1.00	难燃烧体 0.50
楼板		不燃烧体 1.50	不燃烧体 1.00	不燃烧体 0.75	难燃烧体 0.50
屋顶承重构件		不燃烧体 1.50	不燃烧体 1.00	难燃烧体 0.50	燃烧体
疏散楼梯		不燃烧体 1.50	不燃烧体 1.00	不燃烧体 0.75	燃烧体
吊顶(包括吊顶格栅)		不燃烧体 0.25	难燃烧体 0.25	难燃烧体 0.15	燃烧体

注：此表来源于《建筑设计防火规范》。

第二节　建筑物火灾的特点

一、建筑物火灾发展蔓延的一般规律

（一）建筑火灾发展阶段

　　一般来说，建筑物火灾最初发生在室内（某个房间或某一个区域），然后由此蔓延到相邻的房间或区域，以及整个楼层，最后蔓延到整个建筑物。对建筑火灾发展阶段有不同的划分方式，有三阶段（初起阶段、全面燃烧和熄灭）、四阶段（初起、发展、全面燃烧和熄灭）和五阶段（初起、发展、全面燃烧、下降和熄灭）之分。从灭火救援的角度出发，将建筑室内火灾划分为三个阶段比较方便合理。室内火灾的发展过程可以用室内烟气的平均温度随时间的变化来描述，如图 4-1 所示。根据室内火灾温度随时间的变化特点，可以将火灾发展过程分为三个阶段，即火灾初起阶段（OA 段）、火灾全面发展阶段（AC 段）、火灾熄灭阶段（C 点以后）。

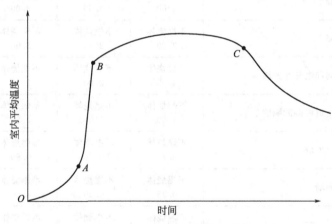

图 4-1　室内火灾温度-时间曲线

1. 初起阶段

　　室内发生火灾后，最初只是起火部位及其周围可燃物着火燃烧，这时火灾状态与在敞开的空间里进行类似。在火灾局部燃烧形成之后，可能会出现下列三种情况：①以最初着火的可燃物燃烧完而终止；②因通风不足，火灾可能自行熄灭或受到较弱供氧条件的支配，以缓慢的速度维持燃烧；③有足够的可燃物且有良好的通风条件，火灾会迅速发展蔓延到整个房间，使房间中的所有可燃物卷入燃烧之中。这一阶段的特点是：火灾燃烧范围不大，火灾仅限于初始起火点附近；室内温度差别大，在燃烧区域及其附近存在高温，室内平均温度低；火灾发展速度较慢，在发展过程中火势不稳定；火灾发展时间因受点火源、可燃物质性质和分布以及通风条件影响，其长短差别很大。

初起阶段火灾持续的时间，对建筑物内人员的安全疏散、重要物资的抢救以及火灾扑救都具有重要意义。若室内火灾经过诱发成长，一旦达到轰燃，则该室内未逃离火场的人员生命将受到威胁。要确保人员在火灾时安全疏散，应满足如下关系式。

$$t_p + t_a + t_{rs} \leqslant t_u$$

式中，t_p 为从着火到发现火灾所经历的时间；t_a 为从发现火灾到开始疏散之前所耽误的时间；t_{rs} 为转移到安全地点所需的时间；t_u 为火灾现场出现人们不能忍受的条件的时间。现在，利用火灾自动报警器可以减少 t_p，而且在大多数情况下效果比较明显。室内人员能否安全地疏散，在很大程度上取决于火灾发展速度的大小，即取决于 t_u。在建筑防火设计时设法延长 t_u（例如在室内采取不可燃材料和难燃材料装修等），就会使人们有更长的时间发现和扑灭火灾，并保证安全疏散。

根据初起阶段的特点可见，该阶段是灭火的最有利时机，也是人员安全疏散的最有利时段。因此，应设法尽早发现火灾，把火灾及时控制、消灭在起火点，并设法延长初起阶段的持续时间。许多建筑火灾案例说明，要达到此目的，除在建筑物内安装配备灭火设备外，设置及时发现火灾的报警装置是非常必要的。

2. 全面发展阶段

在火灾初起阶段后期，火灾范围迅速扩大，当火灾房间温度达到一定值时，聚积在房间内的可燃气体突然起火，整个房间都充满了火焰，房间内所有可燃物表面部分都卷入火灾之中，燃烧很猛烈，温度升高很快。房间内局部燃烧向全室性燃烧过渡的这种现象通常称为轰燃。轰燃是室内火灾最显著的特征之一，它标志着火灾全面发展阶段的开始。对于安全疏散而言，人们若在轰燃之前还没有从室内逃出，则很难幸存。

轰燃发生后，房间内所有可燃物都在猛烈燃烧，放热速度很快，因而房间内温度升高很快，并出现持续性高温，最高温度可达 1100℃ 左右。火焰、高温烟气从房间的开口部位大量喷出，使火灾蔓延到建筑物的其他部分。室内高温还对建筑构件产生热作用，使建筑物构件的承载能力下降，甚至造成建筑物局部或整体倒塌破坏。耐火建筑的房间通常在起火后，由于其四周墙壁和顶棚、地面坚固而不会烧穿，因此发生火灾时房间通风开口的大小没有什么变化，当火灾发展到全面燃烧阶段，室内燃烧大多由通风控制着，室内火灾保持着稳定的燃烧状态。火灾全面发展阶段的持续时间取决于室内可燃物的性质和数量、通风条件等。

为了减少火灾损失，针对火灾全面发展阶段的特点，在建筑防火设计中应采取的主要措施有：在建筑物内设置具有一定耐火性能的防火分隔物，把火灾控制在一定的范围内，防止火灾大面积蔓延；选用耐火程度较高的建筑结构作为建筑物的承重体系，确保建筑物发生火灾时不倒塌破坏，为火灾中人员疏散、消防队扑救火灾、火灾后建筑物修复及继续使用创造条件；并应注意防止火灾向相邻建筑蔓延。

3. 熄灭阶段

在火灾全面发展阶段后期，随着室内可燃的挥发物质不断减少以及可燃物数量的减少，火灾燃烧速度递减，温度逐渐下降。当室内平均温度降到温度最高值的80％时，一般认为火灾进入熄灭阶段。随后，房间温度明显下降，直到把房间内的全部可燃物烧尽，室内外温度趋于一致，宣告火灾结束。但该阶段前期，燃烧仍十分猛烈，火灾温度仍很高。针对该阶段的特点，应注意防止建筑构件因较长时间受高温作用和灭火射水的冷却作用而出现裂缝、下沉、倾斜或倒塌破坏，确保消防人员的人身安全。

（二）建筑物内火灾蔓延途径

火由起火房间向外蔓延是通过可燃物的直接延烧、热传导、热对流和热辐射扩大蔓延的，大量的火灾事例表明，火从房间向外蔓延主要有如下途径。

1. 火灾在水平方向的蔓延

（1）未设水平防火分区

对于主体为耐火结构的建筑来说，造成水平蔓延的主要原因之一是建筑物内未设水平防火分区，没有防火墙及相应的防火门等形成控制火灾的区域空间。

（2）洞口分隔处理不完善

对于耐火建筑来说，火灾水平蔓延的另一途径是洞口处的分隔处理不完善。比如，入户门为可燃的木质门，火灾时被烧穿；普通防火卷帘无水幕保护，导致卷帘熔化；管道穿孔处未用不可燃材料封堵等。

在穿越防火分区的洞口上，一般都装设防火卷帘或防火门，而且多数采用自动关闭装置。然而，发生火灾时能够自动关闭的比较少。这是因为卷帘箱一般设在顶棚内部，在自动关闭之前，卷帘箱的开口、导轨以及卷帘下部等因受热发生变形，无法靠自重落下。如在卷帘的下面堆放了物品，火灾时不仅卷帘放不下，还会导致火灾蔓延。此外，火灾往往是在无人的情况下发生的，即使设计了手动关闭装置，也会因无人操作而不能发挥作用。对于很多建筑物里的防火门来说，往往因为维护不当而呈开启状态，一旦发生火灾不能及时关闭也会造成火灾蔓延。而且，防火卷帘和防火门受热后变形大，一般凸向加热一侧。普通防火卷帘在火焰的作用下，其背火面的温度很高，如果无水幕保护，其背火面将会产生强烈热辐射，在背火面堆放可燃物或卷帘与可燃构件、可燃装修材料接触时，就会导致火灾蔓延。

（3）火灾在吊顶或闷顶内部空间蔓延

有些框架结构的高层建筑竣工时是个大的通间，在出售或出租给用户后，由用户自行分隔、装修。有不少装设吊顶的高层建筑，其房间与房间、房间与走廊之间的分隔墙只做到吊顶底部，吊顶的上部仍为连通空间，一旦起火极易在吊顶内部发生蔓延，且难以及时发现，导致灾情扩大。即便在没有设吊顶的情况下，如果隔墙不砌至结构顶部，留有孔洞或连通空间，也会成为火灾蔓延和烟气扩散的途径。

（4）火灾通过可燃的隔墙、吊顶、地毯等蔓延

可燃构件和装饰物在火灾时直接成为火灾荷载，由于它们的燃烧而导致火灾扩大的例子很多。如巴西圣保罗市安得拉斯大楼，隔墙采用木板和其他可燃板材，吊顶、地毯、办公家具和陈设等均为可燃材料，1972 年 2 月 4 日该楼发生了火灾，可燃材料成为火灾蔓延的主要途径，造成死亡 16 人，受伤 326 人，经济损失达 200 万美元。

2. 火灾在竖直方向的蔓延

在现代建筑物内，有大量的电梯、楼梯、设备等竖井，这些竖井往往贯穿整个建筑，若未作周密完善的防火设计，一旦发生火灾，就可以蔓延到建筑物的任意一层。此外，建筑中一些不引人注意的孔洞，有时也会造成整座大楼的恶性火灾。如在现代建筑中，吊顶与楼板之间、幕墙与分隔构件之间的空隙，保温夹层、通风管道等都有可能因施工质量或其他原因而留下孔洞，而且有的孔洞水平方向与竖直方向互相穿通，用户往往不知道这些孔洞隐患的存在，更不会采取什么防火措施，所以发生火灾时往往会因此导致生命财产的更大损失。

（1）火灾通过楼梯间蔓延

高层建筑的楼梯间，若在设计阶段未按防火、防烟要求设计，则在火灾发生时会产生烟囱效应，烟火会很快由此向上蔓延。有些高层建筑虽设有封闭楼梯间，但起封闭作用的门未采用防火门，发生火灾后，不能有效阻止烟火进入楼梯间，以致形成火灾蔓延通道，甚至造成重大人员伤亡。

（2）火灾通过电梯井蔓延

电梯间未设防烟前室及防火门分隔，将会形成一座座竖向烟囱。如 1980 年 11 月 21 日美国米高梅酒店的一处餐厅发生火灾后，由于大楼的电梯井、楼梯间没有设置防烟前室，各种竖向管井和缝隙没有采取分隔措施，使烟火通过电梯井等竖井迅速向上蔓延，在很短时间内，浓烟就笼罩了整个大楼，并窜出大楼高达 150m。在现代商业大厅及交通枢纽、航空港等人流集散量大的建筑物内，一般以自动扶梯代替了电梯。自动扶梯所形成的竖向连通空间也是火灾蔓延的主要途径，设计时必须予以高度重视。

（3）火灾通过其他竖井蔓延

建筑中的通风竖井、管道井、电缆井、垃圾井也是高层建筑火灾蔓延的主要途径。如香港大生工业楼发生火灾，火势通过未采取防火措施的管道井、电缆井、垃圾井等扩大蔓延。

3. 火灾通过空调系统蔓延

建筑空调系统的通风管道使火灾蔓延一般有两种方式：第一种方式为通风管道本身起火并向连通的水平和竖向空间（房间、吊顶内部、机房等）蔓延；第二

种方式为通风管道吸进火灾房间的烟气，并在远离火场的其他空间再喷冒出来，后一种方式更加危险。因此，在通风管道穿越防火分区之处，一定要设置具有自动关闭功能的防火阀门。

高层建筑空调系统如果未按规定设防火阀、采用不可燃的风管、采用不可燃或难燃烧材料做保温层，发生火灾时会造成严重损失。如杭州某宾馆，空调管道采用可燃保温材料，在送、回风总管和垂直风管与每层水平风管交接处的水平支管上均未设置防火阀，当因气焊操作点燃风管的可燃保温层而引起火灾时，烟火顺着风管和竖向孔隙迅速蔓延，从底层烧到顶层，整个大楼成了烟火柱，楼内装修、空调设备和家具等统统化为灰烬，造成巨大损失。

4. 火灾由窗口蔓延

在现代建筑中，从起火房间窗口喷出的烟气和火焰，往往会沿窗口墙及上层窗口向上窜越，烧毁上层窗户，引燃房间内的可燃物，使火灾蔓延到上部楼层。若建筑物采用带形窗，着火房间喷出的火焰被吸附在建筑物表面，被吸入上层窗户内部的可能性更大。另外，火灾也有通过窗间墙向水平相邻房间蔓延的可能性。

二、高层建筑火灾特点

高层建筑火灾除遵循建筑火灾的一般规律外，由于其基本特征和设备特点，还有有别于一般建筑火灾的特殊规律。高层建筑的高度高，层数多，功能复杂，设备繁多，竖向管道井多，因此，高层建筑火灾具有如下特点。

图 4-2　高层建筑火灾

（一）火势蔓延更加迅速

高度高，建筑上下压差大，建筑的楼梯间、电梯井、管道井、风道、电缆井、排气道等竖向井道多，如果防火分隔或防火处理不好，火灾时烟囱效应的作用强，成为火势迅速蔓延的动力和途径。据测定，在火灾初起阶段，因空气对流，在水平方向造成的烟气扩散速率为 0.3m/s，在火灾燃烧猛烈阶段，由于高温状态下的热对流而造成的水平方向扩散速率为 0.5～3m/s；烟气沿楼梯间或其他竖向管井扩散速率为 3～4m/s。一座高度为 100m 的高层建筑，在无阻挡的情况下，半分钟左右，烟气就能顺竖井扩散到顶层。如图 4-2 所示。

（二）建筑外保温层的应用，使火灾规律发生变化

由下向上、由内而外是火灾发展蔓延的一般规律，但建筑外保温层火灾打破了这种规律，火灾往往是在建筑外保温层首先蔓延开来，然后由外部向内部蔓延，如果火灾发生在中上部，坠落的燃烧物将下部保温层引燃，形成立体火灾。

2010 年上海市静安区胶州路公寓大楼"11·15"特别重大火灾事故，发生于上海市静安区胶州路 728 弄 1 号一幢 28 层的公寓大楼，该大楼正在进行外保温层施工，由于违章电焊，引起火灾，火灾共造成 58 人死亡，71 人受伤。如图 4-3 所示。

图 4-3　上海静安区教师公寓外保温层火灾

（三）建构复杂、功能多样、疏散困难

安全疏散存在如下不利因素。

1. 层数多，垂直距离长

由于层数多，垂直疏散距离长，疏散到地面或其他安全场所的时间也会长些。

2. 人员集中

规模大、人员集中的高层建筑，如果疏散通道未处理好，火灾时楼内紧急疏散人员与消防扑救人员相向而行，在慌慌张张的情况下，容易出现"对撞"和混乱拥挤的情况，影响了安全疏散。

3. 烟囱效应强

高层公共建筑各种竖向井如果未作有效的防火分隔处理，火灾时拔气力大，火势和烟雾向上蔓延快，增加了疏散的困难。

（四）灭火救援难度大，作战环境危险

高层建筑高达几十米，甚至超过二三百米，发生火灾时从楼外进行扑救相当困难，一般要依靠室内消防设施。目前，许多高层建筑内部的消防设施还不够完善，尤其是二类高层建筑仍以消火栓系统和消防队扑救为主。因此，扑救高层建筑火灾往往遇到较大困难。如热辐射强，烟雾浓，火势向上蔓延的速度快、途径多，消防人员难以堵截火势蔓延；高层建筑的消防用水量是根据我国目前的经济技术水平，按扑救初期或中期火灾考虑的，当形成大面积火灾时，其消防用水量明显不足，需要利用消防车向高楼供水，建筑物内如果没有安装消防电梯，消防队员因攀登高楼体力不够，不能及时达到起火层进行扑救，消防器材也不能随时补充，均会影响扑救。消防员灭火作战时间长、体力消耗大，空气呼吸器的气体

容易耗尽，内部结构复杂，容易"迷路"，无法返回。2009年2月9日20时许，中央电视台新址附近的烟花表演结束后，北配楼外部装饰板着火，火势由外到内烧到大楼中央，北京消防总队红庙消防中队指导员张建勇在灭火救援中，因吸入大量有害气体牺牲。

三、地下建筑火灾特点

(一) 地下建筑烟气流动特点

地下建筑只有内部空间，不存在外部空间，不像地面建筑有外门、窗与大气连通，只有与地面连接的通道才有出入口。地下建筑火灾时，空气的供给完全依赖与地面相连通的出入口，燃烧的状态除由于可燃物理化性质不同而不同外，主要由出入口供气状态决定。

当地下建筑只有一个出入口时（不管是设计只有一个还是火灾时只打开一个），则火灾初期因通风不良，燃烧比较缓慢，燃烧不久即趋向阴燃状态，建筑物内充满温度较高的浓烟。与地面唯一连通的出入口成为外部空气的进入口和烟的排出口，烟和空气分界的中性面开始较高，随着火灾的发展和扩大，逐渐降低，最后变成烟筒。

当地下建筑有两个或两个以上的出口时，自然排烟和空气进入口是分开的。火灾时，其中一个可能是进气口，另一个可能是排烟口。两个口即便在标高不同，季节不同，主导风向不同的情况下，火灾开始时，都会沿下风向口排烟。在这种条件下火灾发展蔓延较快，火场风速较大。由于排烟量大，排烟口面积小，火灾烟气在建筑中沿着环道高速旋转，通过出入口向外（地面）喷火喷烟。

大型地下设施（如地铁、地下商场等）因通风条件好，风流畅通，火灾的发展与地面建筑火灾相似，火灾很容易发展到猛烈阶段。

(二) 地下建筑火灾特点

地下建筑与地面建筑相比，发生火灾时具有以下特点。

1. 烟大温度高

地下建筑火灾一般供气不足，尽管火灾开始的短时间内与地面建筑无多大差别，但作为一个阶段来观察，温度在开始阶段上升较慢（尤其对于固体可燃物），阴燃时间长，发烟量大，如图4-4所示的一地下棉花加工厂火灾场景。地下建筑无窗，火灾时烟不能像地面建筑那样有80％可由破碎的窗户扩散到大气中去，而是聚集在建筑物中。燃烧物中还会产生各种有毒的分解物，都会危害人员的生命安全。地下建筑火灾时因热烟难以排出，散热缓慢，随着火灾的发展，内部空间温度上升加快，特别是一些可燃物堆积较多的地下仓库、工厂，尤其如此。

2. 人员疏散困难

地下建筑全靠人工照明，正常电源照明就比地上建筑的自然照明差。火灾时正常的电源被切断，依靠事故照明，人的逃生完全靠事故照明和指示灯，由于火

图 4-4 地下棉花加工厂火灾

灾时烟雾的减光性,使通道的能见度下降,人看不清通路,无法逃生。若无事故照明,建筑物内将一片漆黑,人员根本无法逃生。地下建筑内部的烟气造成的缺氧、中毒和高温,也会使人丧失逃生能力。地下建筑内人员逃生的通道只有楼梯和阶梯,而且地下建筑人员逃生方向与烟气流向一致,人们要脱险就必须逃到地面上。然而,烟气的扩散速率比人的运动速度快(烟的水平扩散速率为 0.5~1.5m/s),造成人员疏散困难。

3. 泄爆能力差

地下建筑基本上是封闭体,易燃易爆物品发生爆炸时,爆炸压力泄放能力差,易使结构和地面建筑破坏严重。武汉某办公楼地下室因汽油蒸气与空气混合物发生爆炸,使整个建筑结构受到严重破坏。

4. 扑救困难

地下建筑火灾比地面建筑火灾扑救要困难得多。火点处于地下建筑内部,火情侦察必须深入内部,侦察行动难度大,防护要求高。对于地下建筑火灾,指挥员不能直接观察火场,需要询问、借助侦检仪器、研究工程图纸,分析可能发生火灾的部位、可能出现的情况和危险,才能做出灭火方案,致使灭火时间长、难度大。目前,地下火场与地面的通信联系问题还未得到解决,而传统的依靠人来传递信息的方式,速度慢、差错多。灭火人员在火场内部发生任何情况,地面指挥员都很难及时知道,易出现差错。地面建筑火灾时,战斗员进攻途径较多,而地下建筑火灾扑救人员只能通过出入口才能进去,特别是对于有人员被困的情况,消防员的作业展开更加困难。

四、大空间建筑火灾特点

(一) 燃烧猛烈、火势蔓延迅速

大跨度大空间建筑的门和窗大部分时间是关闭的,客观地讲,一旦发生火灾，在初起阶段火势的蔓延速度是比较慢的，产生的燃烧产物也相对不多。但由于内部存放大量的可燃、易燃物资，导致其耐火性能整体较低，在一段时间后，参与燃烧的物质开始增加，加上整体结构的大跨度、大空间，热对流便以高于一般火灾 0.5～3m/s 的水平扩散速率急速传递，温度和燃烧强度急剧增大，火灾蔓延速度加快，很快进入猛烈阶段。另外，建筑物的顶棚、门窗等耐火性能都比较低，一旦火势突破至外围，大量新鲜空气进入后，会进一步加快火势蔓延速度。

（二）能见度低，毒气烟雾弥漫

火势的蔓延在很大程度上依赖于火灾产生的高温烟气的蔓延，烟气的流动扩散速率与烟气的温度和流动方向有关。烟气在水平方向的扩散速率较小，起火初期一般为 0.1～0.3m/s，起火中期为 0.4～0.8m/s。而烟气在垂直方向的扩散速率更快，一般为 1～5m/s。大跨度大空间建筑内部如果可燃物多，且没有相应的排烟设施、室内空气流通不畅，一旦发生火灾，燃烧物将释放出大量的烟雾，使得现场的能见度很低，而且产生的烟雾中含有一定比例的有毒成分，特别是生产原料为塑料、橡胶等产品时，烟雾中的有毒成分所占比例更高，这就给救援行动的展开带来一定的困难。

（三）空间过大，构件容易坍塌

由于大空间建筑一般采用大跨度结构，在防火分区的划分上标准相对较低，厂房越造越大，现行规范存在"滞后"现象。再加上这种结构的厂房可变性较大，厂房在实际使用过程中，企业往往变更了使用功能，降低了耐火等级，且为追求大空间和节约资金而忽视了必要的分隔，其防火分区面积大大超出了规范的安全要求。一旦发生火灾，在火焰和高温的作用下，烟气和火势迅速蔓延至整个厂房，承重主体构件的承载能力快速下降，在厂房本身构件荷载的作用下，加速了承重结构的变形，短时间内出现倒塌现象。构件倒塌后，内部堆积和存放的物资会散乱，随之建筑内部会出现更大的空隙，内部阴燃火会一下子形成有焰燃烧，这样就会促使现场火势在短时间内更加猛烈地燃烧起来，给整个扑救工作增加了难度。

（四）情况复杂，战斗展开困难

一是燃烧猛烈，温度高，内攻困难。大空间建筑很容易形成轰然，空间内全面积起火，温度达到 1000℃以上，对内攻灭火行动造成极大威胁。二是可能布置复杂的生产工艺，甚至有危险化学品，指挥员掌握情况困难，定下决心不易。三是面积超大，需要大量供水。一般大跨度大空间建筑的建筑面积都在几千平方米左右，规模较大的建筑面积都在一万平方米以上，如此大的面积内存放大量的可燃、易燃物资，一旦发生火灾，火势蔓延开来，势必形成一个大面积的火场，需要大量消防给水，导致供水困难。四是纵深蔓延，残火消灭持久。大跨度大空间建筑内堆积物资涉及原材料、半成品、成品等，大量的物资存放，在有限的空间内大多以堆垛的形式放置，如纸箱、塑料包等，而且堆垛高而密，一旦发生火灾，火势蔓延开来，火焰通过堆垛间的缝隙和内部通风孔洞向纵深延烧，再加上建筑构件的坍塌，内攻近战危险性较大，在危险区域的实战上缺少经验，这就使得内部阴燃火的扑救成了一场持久战，所以真正的战斗结束往往要耗数十小时。

第三节　险情分析与安全行动要则

建筑火灾对参加灭火救援行动的消防员的危险主要体现在高温烟气、轰燃回燃、建筑倒塌等方面。

一、高温烟气的危险性分析

火灾中产生的烟气是被困人员的第一杀手，据不完全统计，高温、有毒烟气是火灾造成人员伤亡的主要原因，约占70%以上。

（一）烟气成分及危害

1. 建筑火灾烟气成分

建筑发生火灾会产生大量烟气，特别是封闭建筑、地下建筑，由于对外开口少，空气供应不足，烟气流不出来，燃烧不充分，不仅产生大量的浓烟，还产生大量有毒气体。建筑物火灾烟气的成分比较复杂，它不仅取决于建筑物内的可燃物种类，而且与火灾现场的通风条件、建筑物结构以及有无外热源等客观因素相关。随着各种新型合成材料的大量出现和广泛应用，这些材料在火灾燃烧条件下形成的窒息性或中毒性烟气已经成为导致在场人员死亡的主要原因。

火场烟气是一种混合物，主要包括：可燃物裂解或燃烧产生的气相产物，如未燃燃气、水蒸气、CO_2、CO及多种有毒或腐蚀气体；由于卷吸而进入的空气；多种微小的固体颗粒和液滴等悬浮物。目前，已知的火灾中有毒烟气的种类或有毒烟气的成分有数十种，包括无机类有毒有害气体（CO、CO_2、NO_2、HCl、HBr、H_2S、NH_3、HCN、P_2O_5、HF、SO_2等）和有机类有毒有害气体（光气、醛类气体、氰化氢等）。还有些学者将火灾产生的细颗粒物（气溶胶）、烟雾（$0.01\sim10\mu m$的液体颗粒）和可能产生的重金属粉末也归入火灾产生的有毒有害物质。

2. 烟气的危害性

（1）火灾烟气的物理高温性　建筑室内火灾温度一般情况下可达到600℃以上，轰燃时可达到1000℃以上，如果不及时逃离高温火场，首先对人的呼吸系统和皮肤会引起严重烫伤，造成呼吸衰竭、休克而死。高温烟气还是火灾蔓延的主要媒介，高温烟气很容易穿过孔洞、竖井、闷顶等，流动到建筑的各个部位。烟气流动到哪里，就把高温带到哪里，当温度超过可燃物的燃点，就会引起燃烧。

（2）火灾烟气的减光性　烟气中的固体颗粒游离碳和干馏粒子及高沸点液滴对光线有吸收、反射、折射等作用，从而对可见光起到遮蔽作用，高浓度烟气会降低火场能见度，造成漆黑效果。火灾烟气中的氯化氢、氨气和氯等气体对眼睛有强烈刺激作用，严重影响人的视觉从而影响逃生疏散，给火场被困人员逃生及消防人员的救援行动带来障碍。

（3）火灾烟气造成的心理恐怖性　火灾现场四处扩散、遮天蔽日的浓烟会使人恐慌，如有的人会畏缩不前、盲目跳楼、随大流、拥挤踩踏等，无法理智逃生、自救。

（4）毒害性　烟气中的有毒成分，对人员直接造成伤害，分为单纯窒息性、化学窒息性、黏膜刺激性及其他伤害。

3. 各种成分的毒害效果

（1）CO　许多火灾事故的善后调查都证实，火灾中由CO致死的人数占死亡总人数的40%以上。目前人们了解较多并被唯一证实造成人员大量伤亡的有毒气体成分就是CO，人们对此也给予了足够的重视。虽然CO只是烟气中的一种成分，但它几乎总是比烟气中其他成分的体积分数要高，大多数烟气中毒死亡的事故都是由CO的作用造成的。CO在火场中的大致含量为：地下室0.04%～0.85%，闷顶阁楼内0.01%～0.1%，楼内或室内0.01%～0.4%，浓烟区域0.02%～0.1%，赛璐珞燃烧38.4%，火药爆炸2.47%～15%，可燃物爆炸5%～7%。CO含量对人体的影响如表4-3所示。

表4-3　不同体积分数的CO对人体影响

CO体积分数/%	对人体的影响	CO体积分数/%	对人体的影响
0.01	几小时内影响不大	0.5	20～30min内窒息死亡
0.05	1h内影响不大	1.0	1～2min内中毒死亡
0.1	1h内感觉头痛、作呕、不舒服		

（2）CO_2　CO_2是燃烧的主要产物，火灾中产生的CO_2气体也会造成在场人员的呼吸中毒，CO_2在体积分数较大时有毒害和麻醉作用。绝大多数人在9%的体积分数下能承受几分钟而不会失去知觉，但吸入更高体积分数的CO_2就会立即使人受害以致无法抢救。当人处在CO_2体积分数为10%的环境中时就会有生命危险（CO_2含量对人体的具体影响如表4-4所示）。尽管CO_2毒性较小，但当它处于火灾状态下的体积分数较大时就会使人失去知觉并导致死亡。在这种情况下，CO_2对人的窒息作用要比CO_2本身的毒性作用更大。

表4-4　不同体积分数的CO_2对人体的影响

CO_2体积分数/%	对人体的影响
0.55	6h内人体不会产生任何症状
1～2	引起不适感
3	呼吸中枢受到刺激，呼吸频率增大，血压升高
4	感觉有头痛、耳鸣、目眩、心跳加快等症状
5	感觉喘不过气来，30min内引起中毒
6	呼吸急促，感到非常难受
7～10	数分钟内失去知觉，以至死亡

（3）HCN　HCN 为无色、略带杏仁气味的剧毒性气体，其毒性约为 CO 的 20 倍。对含氮材料进行低温干馏时就会产生 HCN 蒸气，它与各种天然和人造的材料有关，如纸张、皮革，尤其是棉花的阴燃。在扑救造纸厂成品仓库、棉毛皮革仓库时，消防员要特别注意预防 HCN 中毒。HCN 在空气中不同的质量浓度对人体的影响见表 4-5。

表 4-5　HCN 在空气中不同的质量浓度对人体的影响

HCN 在空气中的质量浓度/(mg/m^3)	毒性作用
5～20	2～4h 使部分接触者发生头痛、恶心、眩晕、呕吐、心悸等症状
20～50	2～4h 使所有接触者出现头痛、恶心、眩晕、呕吐、心悸等症状
100	接触者在数分钟内即出现上述症状，吸入 1h 可致死
200	吸入 10min 即可致死
>550	吸入后很快致死

（二）危险性辨识

扑救室内火灾时，必须充分认识烟气的危害性。一般原则有以下几条。

① 室内火灾比室外火灾烟气危害大。

② 地下建筑、封闭建筑比一般建筑烟气危害大。

③ 豪华装修的建筑比普通建筑烟气危害大。

④ 仓库火灾比一般建筑烟气危害大，危化品仓库火灾危害更大。

不同的物质在火灾中烟气的产生量不同，相同物质由于空气供给不同，产生的烟气也不一样，从表 4-6 可以看出，相同物质试样，随着空气供应量的增加，其产烟量也增加，但是烟气的成分却有所不同，空气供给量越是不足，产生的 CO 浓度越高，因此，在扑救地下建筑火灾、封闭空间火灾时，烟气的毒性更大。

表 4-6　不同物质试样在不同空气供给下产烟量对比

试样	加热温度/℃	空气供给量/(mL/min)	HCN 生成量/(mg/min)
羊毛(或毛线)	700	500	39.6
		1000	40.5
聚氨酯装饰布	700	500	8.92
		1000	12.0
阻燃聚氨酯装饰布	700	500	12.9
		1000	14.1
腈纶(线)	700	500	20.7
		1000	10.9

消防员根据燃烧物质种类，大致可以判断出所产生烟气的成分，见表 4-7。

二、轰燃、回燃的危险性分析

（一）轰燃

1. 轰然现象及形成机理

轰燃是指火在建筑内部突发性地引起全面燃烧的现象，即当室内大火燃烧形

表 4-7　不同可燃材料所产生的烟气成分

有毒气体或蒸气	可燃材料	有毒气体或蒸气	可燃材料
CO_2,CO	所有含碳的可燃物	醛	酚醛树脂、聚酯树脂、木材
N_2O	赛璐珞、聚氨基甲酸酯	苯	聚苯乙烯
SO_2	橡胶、聚硫橡胶	锑化物盐类	某些阻燃材料
氢卤酸(HX)	聚氯乙烯	异氰酸盐	聚氨基甲酸酯泡沫
NH_3	三聚腈胺、尼龙、脲醛树脂	氢氰酸	羊毛、丝绸、皮革
丙烯醛	木材、纸		

成的充满室内各个房间的可燃气体和没充分燃烧的气体达到一定浓度时，形成的爆燃，从而导致室内没接触大火的可燃物也一起发生燃烧，从表现形式上看，也就是"轰"的一声，室内所有可燃物都被点燃而开始燃烧，这种现象称为轰燃。在通风能够满足的情况下，室内火灾表现为燃料控制燃烧，只要室内有足够的可燃物并持续燃烧，燃烧生成的热烟气在顶棚下的积累，将使顶棚和墙壁上部受到加热；同时，这个部位温度的升高又以辐射形式增大反馈到可燃物的热通量。随着燃烧的持续，热烟气层的厚度和温度都在不断增加，使得可燃物的燃烧速率不断增大。随着可燃物燃烧速率的增大，当室内火源的释热速率达到发生轰燃时的临界释热速率时，室内所有可燃物表面同时燃烧，就会发生轰燃。轰燃的出现是燃烧释放的热量大量积累的结果，这标志着火灾猛烈阶段的开始。

轰燃现象可用以下几点描述。

① 室内火灾由局部燃烧向全面燃烧转变，室内可燃物表面全部燃烧。

② 室内火灾由燃料控制燃烧向通风控制燃烧转变。

③ 室内顶棚下方积聚的未燃气体或蒸气突然着火，而造成火焰迅速扩大。

2. 轰燃的危害

轰燃是火灾进入猛烈燃烧、全面燃烧的标志，危害十分严重。

① 室内火灾一旦达到轰燃，被困人员在无外力帮助的情况下，逃生已无可能，容易造成群死群伤，消防员在个人防护装备不全面的情况下，也容易造成伤亡。

② 建筑室内火灾发生轰燃的瞬间，会产生较大的火风压，可能将消防员推出窗户、阳台等作战阵地，造成伤亡。2014年5月1日，上海一高层居民区发生火灾，消防员在破拆救人时，室内火灾发生轰燃，火风压将2名消防队员从阳台推出，造成牺牲。

③ 建筑室内火灾发生轰燃后，燃烧温度迅速上升，对建筑结构破坏力大，容易引起建筑倒塌，造成人员伤亡。

3. 轰燃条件辨识

消防指挥员只有正确预测轰燃发生的时机，才能有效避免轰燃造成的伤害。判断轰燃的条件如下。

① 上层热烟气平均温度达到600℃。轰燃是因为辐射热的反馈造成的，室内

火灾发生后，屋顶天花板及墙壁吸收大量的热，并且将热量反馈到室内的其他可燃物上，当被热辐射的可燃物达到自身的燃点后也开始燃烧，从而导致室内进入全面燃烧阶段。

② 地面上接受的热流密度达到 $20kW/m^2$。

③ 充足的氧气。充足的氧气可以使燃烧更加猛烈，如果着火房间是密闭的，没有新鲜空气的补给，轰燃就不会发生，因此，充足的氧气是轰燃发生的必要条件之一。

④ 回燃通常可以发展为轰燃。回燃是一种特殊的火灾现象，发生在密闭房间内，当有大量空气补给到房间后，房间内可燃物再一次进行猛烈燃烧的现象。由于回燃会使房间的温度急剧升高，因此，会导致房间发生轰燃，使室内的可燃物质发生全面燃烧。

（二）回燃

1. 现象及成因

回燃主要是指建筑火灾在通风受限时由于新鲜空气的大量补充，导致热烟气再次强烈燃烧的一种特殊的火行为。在燃料能够满足的情况下，室内火灾表现为通风控制燃烧。在门、窗户关闭等较差的通风条件下，可能的通风途径是通过与室内相通的小孔、裂缝等的泄漏。当火灾加热房间内部时，室内边界的气体向外泄漏，使内外的压力差减小甚至被平衡掉。当热烟气层下降时，可用的氧气不断减少，燃烧效率不断下降。过剩的热解产物积聚在上层，形成了富含燃料的热烟气层。如果通风条件得不到改善，这种前导火灾会随着时间而减弱，最后熄灭。但此时一旦通风条件改善，如突然打开门窗等行为，空气会以重力流的形式补充进来与室内的可燃气体混合。当混合气被灰烬点燃后，就会形成大强度、快速的火焰传播，在室内燃烧的同时，在通风口外形成巨大的火球，从而同时对室内和室外造成危害。

2. 回燃的危害

（1）威胁消防进攻人员的生命安全　部队到达现场后，为了快速地展开灭火救援行动，开辟灭火与救人通道，而打开门窗实施灭火与救人。此时由于门窗突然打开，通风条件突然改变，造成大量的新鲜空气突然进入，有可能会导致强烈的回燃，其特点是突发性强、破坏性大，对被困人员和救援人员的生命安全危害极大，尤其对正在执行灭火救援任务的消防人员的安全形成威胁。例如，1994 年 3 月 28 日，美国曼哈顿发生了一起典型的回燃案例，当时纽约消防局接到火警，称一栋三层公寓的烟囱里冒出大量的热烟气和火星。消防队到场后，指挥官命令两个 3 人消防小组进入一层和二层房间，当一层的房间门被强制打开后，一股火焰汹涌而出并直窜二楼楼梯，吞没了站在二层楼梯平台上的 3 名消防官兵，导致 3 名消防员丧生。2010 年 4 月 19 日 9 时 23 分，成都消防支队在扑救新希望路 2 号水漪袅铜小区一住宅楼时，突然发生回燃，造成 1 名消防员牺牲。

（2）易造成建筑倒塌　发生回燃后，会形成大强度、快速的火焰传播，在通风口外形成巨大的火球，火场释热速率迅速增大，往往会出现 500～600℃ 的高温，最高可达 1000℃，高温和强热辐射容易引起建筑构件的破坏和倒塌，从而引起更大的灾害。

（3）引起火势的快速蔓延　回燃本质上是烟气中的可燃组分再次燃烧的结果，是一种热烟气爆炸现象，其发生伴随着火球、冲击波和稳定火焰射流效应的产生。在回燃发生时会产生大量的火焰和烟雾，并且从门窗和洞口喷出，使火势迅速突破原来的着火房间，并且也会对到达现场的消防人员构成威胁。另外，回燃引发的稳定火焰射流通过窗口、暖气管道等通道迅速引燃临近建筑，造成火势快速蔓延，给灭火和救人行动带来极大的不便。

3. 识别回燃发生的条件

掌握回燃条件，可以判断回燃时机或阻止回燃发生，其条件如下。

① 火灾发生场所可燃物多，如仓库、无窗户或门窗封闭严密的房间等受限空间火灾。

② 火灾发生场所通风不良，室内氧气浓度远低于环境的正常值，火灾由通风控制。

③ 火灾发生时间较长，室内温度高，有点火源，如未熄灭的小火焰、余火、炽热的金属材料等。

三、建筑倒塌破坏的危险性分析

建筑在火灾中倒塌，原因是多方面的，只有全面了解建筑火灾坍塌的原因，掌握影响建筑火灾倒塌的基本因素，预见建筑火灾倒塌的危险性，才能不断提高预防建筑火灾倒塌的意识，全方位做好预防工作。建筑结构因火灾发生倒塌破坏的后果是十分严重的，它除了直接毁坏建筑物，造成人员和设备损坏外，还会造成火灾进一步蔓延扩大，影响灭火救援工作。如图 4-5 所示。因此，了解

图 4-5　建筑在火灾中倒塌

和熟悉建筑结构在火灾条件下发生坍塌破坏的原因和规律，对于在防火和灭火工作中采取有效的预防措施具有很重要的意义。

（一）建筑结构倒塌破坏的原因

建筑在火灾中倒塌，主要是由于建筑结构和材料失去了承载能力。

1. 主要建筑承重材料的耐火性能

建筑在火灾中的破坏倒塌，与建筑的主要承重方式及承重材料的耐火性能有

关。现代建筑的承重方式分为墙、柱、楼板、屋顶等，其材料主要有木材、砖石、钢筋混凝土以及钢架结构等几种。这些建筑承重结构的材料，在火灾高温下均会发生不同的破坏。

（1）砖的耐火性能

砖的类型很多，如土坯砖、黏土砖、煤屑砖、硅酸盐砖等。砖的耐火性能与砖的原料性质、砖墙厚度和外表粉刷层防火程度有关。如烧结后的黏土砖能承受800～900℃高温，而硅酸盐砖在300～400℃就开始分解开裂。石料如大理石、花岗石等，虽属不燃材料，但在高温下遇冷水喷射容易爆裂。

（2）混凝土的耐火性能

混凝土是由水泥、黄沙、碎石等骨料和水混合而成的，较厚的混凝土具有较好的耐火性能，但高温后受冷水喷射易碎裂。钢筋混凝土具有较好的承载能力和耐火性，是建筑中应用最为广泛的承重结构材料。钢筋混凝土柱一般耐火极限为3h，梁为2h，楼板为1.5h，但预应力钢筋混凝土楼板的耐火极限则为0.85h，一经破坏会迅速断裂。

（3）钢结构的耐火性能

钢结构的耐火性能极差，钢材在300～400℃时，强度急骤下降，600℃时失去承载力，特别是过热的钢结构遇水冷却会立刻变形坍塌。

2. 火灾高温作用对钢筋混凝土和钢结构的破坏

（1）高温对混凝土的物理影响

在火灾初期，混凝土构件受热后表面层发生的块状爆炸性脱落现象，称为混凝土的爆裂。它在很大程度上决定着混凝土结构的耐火性能，尤其是预应力混凝土结构。混凝土的爆裂会导致构件截面减小和钢筋直接暴露于火中，造成构件承载力迅速降低，甚至失去支持能力，发生坍塌破坏。

（2）高温对混凝土的化学影响

由于高温的影响，混凝土材料会发生化学变化，强度延性降低，钢筋和混凝土之间的黏结作用削弱，导致整个结构和构件的物理力学性能降低，产生损伤。当温度超过300℃以后，随着温度的升高，混凝土抗压强度逐渐降低。同时在火灾高温条件下，混凝土的抗拉强度随温度上升明显下降，下降幅度比抗压强度大10％～15％。当温度超过600℃以后，混凝土抗拉强度基本丧失。

（3）高温对钢筋和混凝土黏结力的影响

高温作用下的钢筋和混凝土之间的黏结强度变化对其承载力影响很大。由于钢筋膨胀系数大于混凝土的膨胀系数，混凝土环向挤压钢筋，从而使钢筋和混凝土之间的黏结力增大，但随着温度的升高，由于钢筋与混凝土之间的变形差异增大，以及混凝土的抗拉强度降低和混凝土产生内部裂缝，从而使钢筋与混凝土的黏结力逐渐降低直至完全破坏。

（4）高温对钢结构承重力的影响

　　钢结构的承重性能受火灾影响最大。虽然其本身不会燃烧，但在火灾情况下，强度会迅速下降，一般结构温度达到350℃、500℃、600℃时强度分别下降1/3、1/2、2/3，强度随温度变化曲线见图4-6。据理论计算，在全负荷情况下，钢结构失去静态平衡稳定性的临界温度为500℃左右，而一般火场温度高达800～1000℃，在这样的高温下，裸露钢构件会很快出现塑性变形，产生局部破坏，造成钢结构整体坍塌，因此，没有保护层的钢结构是不耐火的。

3. 火灾中建筑结构破坏的其他因素

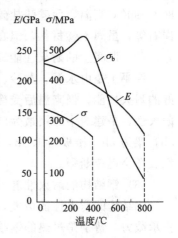

图4-6　钢材强度随温度
变化曲线

E—弹性模量，GPa；

σ_b—强度极限，MPa；

σ—许用应力，MPa

　　① 建筑设计不合理，结构整体牢固性差，是建筑发生大范围坍塌的关键因素。设计部门在建筑设计时，有时过分迁就用户，没有严格遵守《建筑设计防火规范》的要求进行，有的是在施工中，进行了违法修改，使建筑本身存在一定缺陷。现实生活中，有些违章、违法建筑根本就没有得到消防部门的审批，但却实实在在地矗立在城市中。为了节省成本，20世纪一些建筑采用底框架结构、预应力构件等建造，虽然符合建设标准，但由于抗火能力差，在火灾中可能发生整体倒塌，造成严重伤亡。2003年湖南衡阳"11·3"火灾中倒塌的衡州大厦建筑，就是采用了底框架结构。

　　② 施工质量差，降低了构件的承重能力和耐火极限，加快了火灾中建筑的破坏进程。衡州大厦在建设中就采用了过期的混凝土，强度达不到要求。有些建筑商为节省成本，偷工减料，不放或少放钢筋，或者采用劣质钢材，有的承重墙厚度不够，使结构强度明显下降。但这些情况，消防队员无从知晓，危险性更大。

　　③ 擅自改变建筑使用性质或在装修时拆改破坏建筑结构的行为也增加了火灾中建筑坍塌的可能性。衡州大厦就是将一层商铺，改为物资仓库，大大增加了火灾荷载密度。有的商户，私自打通防火墙，以增加空间面积，有的改变装饰装修材料，增加了火灾荷载密度。

　　④ 灭火战术问题及其他人为因素。在灭火作战中，采用人海战术，大量上人、射水，水流冲击承重构件，破拆破坏建筑结构，机械撞击建筑等，都加速了建筑倒塌。

　　⑤ 建筑在爆炸、地震、撞击等外力作用下，首先造成建筑结构破坏，然后发生火灾，这种情况下的建筑火灾坍塌，所需时间远远低于耐火极限时间。

(二) 建筑结构倒塌破坏的规律

　　根据对火灾情况下结构倒塌破坏的大量调查研究分析，得出结构倒塌破坏的一般规律如下。

① 结构倒塌破坏的次序一般是从上到下，先吊顶、后屋盖，最后是墙柱。

② 木结构和钢结构建筑都易于发生倒塌破坏，预应力钢筋混凝土构件不仅易于破坏坍塌，而且破坏发生得早，来得突然。

③ 木结构屋盖一般很少发生整体倒塌，大多是局部性破坏。而钢结构屋盖则多发生整体倒塌或大部分破坏。这是因为：钢结构屋盖的空间整体稳定性要求在屋架之间连接了很多支撑杆件，在发生火灾时，这些支撑杆件一旦失去作用，则导致结构整体或大部分丧失空间整体作用而倒塌。

④ 在结构形式中，简支构件、悬臂构件等静定结构比连续梁等超静定结构易于发生倒塌破坏，三铰拱薄壳结构屋顶的倒塌破坏大多是整片的。其原因是：这些屋顶结构一般是靠钢拉杆或四周止推结构提供止推力的，火灾时，一旦钢拉杆或止推结构失去作用屋架即发生整片破坏。桁架结构在火灾条件下破坏发生得早，且往往是大面积的破坏。这种破坏特性是由于组成桁架的断面尺寸小引起的，同时也与桁架的几何组成有关。

（三）建筑火灾倒塌的预测

1. 从建筑结构方面判断

（1）常见的建筑结构形式

按建筑高度分类，主要分为低层、多层、小高层、高层、超高层等。按楼体材料和结构形式分类，主要分为砖木结构、砖混结构、钢混框架结构、钢混剪刀墙结构、钢混框架-剪力墙结构、钢结构、底框架结构等。

（2）容易发生火灾倒塌的建筑

根据理论分析和经验验证，按建筑在火灾中的耐火时间，可大致排序如下，供消防指战员参考：钢结构＜木结构＜砖木结构＜预应力钢混结构＜底框架结构＜砖混结构＜钢混整体框架结构＜钢混框架-剪力墙结构。从实际案例中总结出不同建筑结构在火灾中可能倒塌的时间，参见表4-8。

表 4-8　不同建筑结构在火灾中可能倒塌的时间

结构形式	火灾中可能的倒塌时间	结构形式	火灾中可能的倒塌时间
钢结构（无防火涂料）	15min	钢结构（有防火涂料）	45～60min
木结构	30min	砖混结构	2～4h
砖木结构	30min	钢混结构	2～4h

笔者收集了一些火灾中倒塌建筑的数据，统计了倒塌时间供消防指挥员参考，见表4-9。

2. 从火灾荷载方面判断

火灾荷载密度大于 $50kg/m^2$，在火灾中容易发生倒塌。常见的建筑有：

① 大型商场、超市。

② 豪华宾馆、饭店。

表 4-9　部分建筑在火灾中倒塌时间统计

序号	火灾倒塌建筑名称	案例发生时间	倒塌时间
1	美国世贸中心(钢结构)	2001.9.11	两塔楼分别为 62min 和 115min
2	衡阳衡州大厦(底框架)	2003.11.3	约 4h
3	青岛正大集团(钢结构)	2003.4.5	约 40min
4	南昌万寿宫(底框架)	1993.5.13	约 135min
5	珠海前山纺织厂	1994.6.16	约 10h
6	天津体育馆(钢屋架结构)	1973.5.5	＜1h
7	北京玉泉营环岛家具城	1998.5.5	＜1h
8	上海文化广场	1969.12.19	约 15min
9	上海某纺织厂厂房(钢屋架)	1993.5	约 30min

　　③ 电影院、戏院。

　　④ 仓库等。

3. 从燃烧时间方面判断

　　在其他条件不变时,建筑火灾燃烧时间越长,其结构温升就越高,材料的承载能力越低,建筑发生倒塌的概率就越大,建筑材料与温度的关系见表 4-10。

表 4-10　建筑结构材料强度随温度降低的数据

强度比值 ＼ 温度/℃		200	300	400	500	600	700	800	900
钢材	普通钢筋(钢材)	1	0.97	0.91	0.68	0.40	0.20	0.10	
混凝土	高强钢筋	0.95	0.79	0.52	0.28	0.16	0.08	0.05	
	受压	1.05	1	0.95	0.85	0.60	0.38	0.20	
	受拉	0.80	0.70	0.60	0.50	0.40	0.30	0.20	0.11
	受压(降温后)	1	1	0.95	0.78	0.52	0.28	0.16	0.10

4. 外力破坏方面判断

　　根据建筑内部是否发生过爆炸、撞击,如液化石油气气罐、燃气管道爆炸等,是否受过大型机械、车辆、飞机等撞击,承重构件是否被破拆破坏,来判断建筑倒塌的可能性。2001 年美国"9·11"事件中,双子大厦就是由于撞击,破坏了结构,在火灾中发生倒塌。1993 年广东珠海发生建筑火灾,大火燃烧了10h,灭火后,大量人员进入建筑转移物资,也采用了大型机械,后发生倒塌。

5. 负荷增加方面判断

　　根据建筑是否有超过设计载荷的情况,是否增加了层数、改变了用途,建筑内储存的物资有无吸水特性,如海绵、泡沫、纸张等,有无大量上人、射水,造成积水,判断建筑是否会倒塌。

6. 从异常变形、声音方面判断

　　观察建筑有无裂缝、墙体是否变形外张,承重部件是否有混凝土、防火涂层剥落,造成钢筋裸露等现象。

7. 利用软件、仪器判断

可采用现有的计算软件，预测建筑在火灾中倒塌的时间，结合专用测量仪器观察，综合得到建筑倒塌时间的预测。

四、建筑火灾灭火救援安全行动要则

（一）做好消防员个人防护

（1）佩戴好个人防护装备　进入燃烧的建筑内进行火情侦察或者救人时，必须加强个人防护，首先要佩戴正压式空气呼吸器，佩戴前要检查气瓶压力，确保在 27MPa 以上；要检查面罩密封性；如果需要短时通过火焰，必须穿戴避火服；进行内攻灭火作战时，则可以穿着消防战斗服。为防止高空坠落物砸伤，要佩戴防撞击头盔；为防止扎伤，要穿着消防靴。

（2）做好消防员安全管理　专人负责进入建筑消防员登记工作，记录进出时间、空气呼吸器气瓶压力、防护服装情况。对于接近安全工作时间的消防员，应及时向指挥员汇报。

（3）配备先进仪器　进入建筑侦察、救人的消防员，可借助安全绳、导航定位仪保证能够安全撤离。

（4）加强通信联络　进入内部的消防员，必须保证能够与外界联系。一旦遇到危险情况，能够及时呼救。

（二）排除烟雾，防高温烟气伤害

在火场中，及时、正确的排烟行动可以有效排除建筑内的烟气，辅助消防员的灭火救援行动，并可增加被困人员的存活概率，减少消防员伤亡。排烟方法有以下几种。

1. 自然排烟

自然排烟分为水平排烟和垂直排烟。水平排烟就是利用起火部位同一水平位置的门窗，使烟气横向穿过这些开口从而达到排烟目的的一种火场排烟方法。首先，打开建筑下风方向的门窗用于排烟，且此窗口的位置应当尽量靠近起火部位。其次，开启建筑迎风方向的门窗，窗口的位置应位于烟气层的下方。在火灾初期，水平排烟是最为快速方便的一种方法。这种方法虽然方便，但其效果不佳，并且对于处于发展阶段的室内火灾，水平排烟还具有一定的风险性。因为室内火灾发展到一定阶段时，由于室内可燃物的燃烧对氧气的消耗会使室内压力小于外界的压力，当开启门窗时，就可能因为负压的作用使大量新鲜空气进入建筑内，从而可能促使轰燃和回燃现象的发生，造成伤害。垂直排烟是对建筑物的屋顶或较高处进行破拆，从而在起火点上方设置一个排烟口，利用烟气会在热压作用下上升的原理进行排烟的一种方法。垂直排烟要求消防员在屋顶上进行操作，并且在整个行动中要时刻注意屋顶情况。而排烟口的设置有时候很简单，只需要破坏天窗就可以，但在大多数情况下则需要对建筑进行破拆。在进行垂直排烟时，至少需要两部拉梯；一部用于消防员登上屋顶；另一部则是用于紧急情况下的撤离。为了安全起见，还应当设置相应的水枪进行掩护。对于排烟口尺寸，通常可取 1.2m×1.2m 大小的开口，而对于火灾荷载较大、火势较猛的情况可取着火面积的 10%。在破拆屋顶设置排烟口的过程中通常需要使用腰斧、机动链锯等破拆工具。消防员在进行破拆的过程中要十分谨慎，防止破拆建筑物的承重构件造成对屋顶结构的破坏。

2. 机械排烟

利用强制动力形成空气对流进行排烟，效果非常好，尤其是在开始阶段，可以确保发生火情的区域的压力变小，保证烟雾不会发展到别的方向，可以确保没有着火的区域实施疏散工作。其措施有两大类。一是利用配置的排烟机、排烟车实施移动式排烟，方式上既可确定一个远离火源的通道，即未选用为进攻的通道实施排烟，也可在距火源较近的通道，即作为选用进攻的通道实施送风。这不仅可以通过其他出口驱散烟雾，为内攻人员送上新鲜空气，更能在送风软管的一定范围区间内形成一个正压无烟的安全地带，作为抢险人员轮换休息地带。在实施移动排烟时，输出口要尽可能放在室外，送风时吸风口必须吸到新风，所以在纵深距离长的条件下排烟，可采用排烟机、车接力，效果更好。二是利用建筑固定排烟设备排烟。固定式排烟系统由防烟垂壁、防火防烟门、排烟风机、排烟管道、排烟口、自动控制设备等组成。相对来说，固定式排烟系统更加及时、有效，它不仅能在发现火灾的第一时间开始排烟，而且一个设计优良的机械在火灾时能排出 80% 的热量，使火场温度大大降低，从而对人员安全疏散和火灾扑救起到重要的作用。

3. 喷雾水排烟

喷雾水在火场上大约 90% 以上能完全汽化，除有冷却降温、掩护灭火人员进行救人、灭火等作用外，还可用于排烟，如在水中加入添加剂，喷出后还能吸收烟雾。利用喷雾水排烟时，要控制好喷射压力，使其保持在 0.7～0.9MPa，并调整好喷射角度，使其保持在 60°～70°。实验证明，喷射压力在 0.8MPa，喷射角度在 60°～62°时，喷雾排烟效果最佳。使用喷雾水排烟时，还应配备一定数量的直流水枪，以防止火势扩大。在进行喷雾水排烟时，应保证喷雾面能将一面门或窗全部封闭。同时，在门或窗对面的墙壁上开启一扇门。

4. 使用高倍数泡沫排烟

利用高倍数泡沫在室内排烟时用量小，造成的水渍损失小，且能同时起到降温和灭火的作用。

(三) 防止轰燃、爆燃伤害

1. 不轻易打开门窗，避免新鲜空气进入

消防人员在扑救仓库火灾、地下建筑火灾和相对封闭的室内火灾时，切记不能盲目打开门窗。可以先试探门外表面的温度，如果温度过高，则说明内部烟气

温度很高，此时打开门窗极有可能引起轰燃，可用喷雾水枪对门的外表面进行射水降温。当发现建筑物内已生成大量黑红色的浓烟时，说明此时室内空气供给不足，燃烧由通风控制，可燃气体大量积累。可以在房间顶棚或墙壁上部打开排烟口将可燃烟气直接排到室外，有利于降低烟气与空气的混合浓度。同时在打开通风口时，应当在开口部位设置水枪阵地，降低烟气的温度，防止热解气体引燃临近目标，从而减小烟气着火的可能性。在扑灭比较封闭的室内火灾，且现场又无法及时排除热解气体时，消防人员不宜进入，应在火场得到足够冷却的前提下再考虑进入。

2. 运用细水雾技术，防止回燃发生

为了研究回燃产生的临界条件，火灾科学国家重点实验室的翁文国和范维澄建立了一套小尺寸回燃实验装置，并进行了一系列的实验。其实验结果表明：腔体内未燃烧燃料的质量分数是回燃产生的决定性参数，而细水雾能抑制回燃的产生，其抑制机理是降低腔体内未燃烧燃料的质量分数。超高压细水雾喷嘴喷出的微细水雾在遇到火场高温时会迅速吸收热量变成水蒸气，水蒸气由无数细小液滴构成，其体积可膨胀 1640 倍，将会吸收大量的热量，可以有效降低火场温度，同时，产生的水蒸气稀释了氧气浓度，达到抑制燃烧的效果。另外，还有较强的冷却效果，使火焰及气流温度迅速冷却至 100℃ 以下，既能快速有效灭火，又能有效地保障消防队员的人身安全。超高压细水雾灭火系统的穿透速度非常快，穿透 1cm 厚的钢板仅需 10s，穿透防盗门仅需 2~8s，穿透 15cm 厚的水泥混凝土墙仅需 1min，而穿透木板、砖墙等只需数十秒。因此，如果现场尚未发生回燃，消防队员可以利用超高压细水雾有效地控制灭火，并且可以利用其超强的穿透能力，在室外通过穿透墙体实施灭火，消防队员可以不必进入室内实施灭火，有效地保证了消防队员的安全。同时，还可以通过慢开门窗、小孔灭阴燃等技术措施有效地遏制回燃的发生。

3. 消防员在开启门窗或破拆时注意站位安全

消防员不能站在正对着开口的位置，开启可能发生轰燃、回燃的建筑门窗，必要时采取低姿或匍匐前进，一旦发生回燃，不要跳起，而是采取顺势卧倒、向外翻滚的动作。特别注意，对燃烧时间较长且门窗紧闭的高层、多层建筑，消防员不能从外窗和阳台开启进入，因为一旦发生轰燃、回燃，火风压会将人员冲出建筑，发生危险。

（四）科学设置灭火阵地

1. 选择灭火阵地的依据

灭火阵地的选择应以控制火势、消灭火灾、保证安全为前提，保证与火场需要相适应，与战术手段一致。一般应根据风向、风力对火场的影响程度，火势蔓延主要方向，燃烧发展的速度，贵重物资的数量及受火势威胁程度，有无爆炸和倒塌危险，有无人员被火势围困及数量、位置，以及所施用的灭火剂的特性和

消防车（炮）的技术性能等条件进行选择。

2. 选择灭火阵地的原则

（1）便于射水　充分发挥水枪（炮）手的作用，水枪（炮）能够上下、左右灵活射水，使水枪（炮）射出的水流能击中火点。

（2）便于观察　水枪（炮）手在射水过程中，能观察到火情变化，找准射水目标。

（3）便于进攻和转移　水枪（炮）手应尽可能地利用于地形、地物，接近火源，消灭火点。同时又便于前进、后退、转移阵地，发生危险时能顺利撤出。

3. 水枪阵地的设置

（1）依托门窗口设置水枪阵地　门窗口出入方便，有利于进攻，还能起到较好的掩护作用，也便于观察火情，将水流准确地射到火点上。

（2）依靠承重墙、柱设置水枪阵地　在宽大的车间、仓库和大厅等建（构）筑物内灭火时，为防止屋顶坍落或其他物体坠落，导致人员伤亡，战斗员不应站在建（构）筑物内的中间部位，应将水枪阵地设置在承重墙、柱边射水。

（3）吊顶内外通口设置水枪阵地　吊顶检查口、屋顶上的老虎窗、天窗，是设置水枪阵地的理想部位，便于战斗员进攻和撤退。在这几个地方设置水枪阵地，不需要破拆，可赢得灭火时间。

（4）利用消防梯设置水枪阵地　火焰在二、三层楼的窗（门）口燃烧，或屋顶已被烧穿，战斗员不能直接进入室内（吊顶内）灭火时，可将消防梯架设在燃烧着的窗门口旁边或屋檐上设置水枪阵地，向燃烧区射水灭火。

（5）利用地形地物设置水枪阵地　灭火战斗中，战斗员为躲避压力容器、爆炸物品、建筑构件和辐射热等可能造成的伤亡，应充分利用地形地物做掩体设置水枪阵地。

4. 分水器的设置

（1）地面进攻时的位置　分水器通常设置在火势蔓延方向的侧面；或两支水枪的中间部位；水枪需要上屋顶时，则设置在靠近消防梯处。

（2）楼层进攻时的位置　分水器通常设在接近燃烧层的楼梯间；若几层楼同时燃烧，担负下层进攻任务的战斗班，可将分水器设在下层楼梯间；担负上层堵截任务的战斗班，则将分水器设置在上层楼梯间。

5. 消防炮阵地的设置

使用载有消防炮的消防车（艇），以及移动式消防炮灭火，应根据所扑救的火灾对象、火场地形、风向风力、所施用的灭火剂的特性和消防炮的技术性能等选择阵地。通常选择在火势蔓延方向的前方和两侧，根据火势和火场地形情况确定停车距离。消防炮流量大，不宜在 25m 以内使用，防止伤害人员和损毁建（构）筑物。

6. 火场指挥部的位置

灭火救援总指挥部一般设在距火场中心100m以外，既能便于得到情况报告，又能及时传达命令。

现场作战指挥部，应当设在接近现场、便于观察、便于指挥、比较安全的地点，并设置明显的标志。一般建筑火灾距火场中心50m左右，高层建筑火灾距火场中心100m左右，超高层建筑，根据建筑高度，可适当增加距离，确保安全。

前线指挥所（基层指挥机构），一般设在着火层的下一层。

7. 主要力量的集结地点应设在建筑倒塌范围之外

建筑倒塌范围可如下估算：砖石混合结构、预制楼板房屋为$1/2H \sim 1H$；砖石混合结构、现浇板房屋为$1/2H$；砖承重墙体房屋为$1/3H \sim 1/2H$。其中H为建筑檐口至地面的高度。一般建筑距离在30m以上，高层建筑距离在50m以上，超高层建筑可按$1/2H$设计。这样即使建筑倒塌或者有物体高空坠落，也不至于造成重大伤亡及消防车辆砸坏。

（五）预防建筑火灾中倒塌造成伤害

1. 准确预测建筑在火灾中倒塌的时间

根据建筑结构、材料、火灾荷载密度、燃烧时间及征兆，准确判断建筑倒塌的可能性，预测倒塌时间。

2. 采用正确的灭火战术

① 采取冷却、排烟、排热技战术，降低建筑物内部温度，降低倒塌的可能性。

② 谨慎实施破拆，慎用冲击力大的直流射水。坚持不见明火不射水的原则，避免大量射水、增加载荷，不用强力水流冲击承重构件，以免破坏承重结构。要避免因不当破拆和直流射水的冲击，造成建筑物的二次坍塌甚至人员的伤亡。

3. 设置好进攻阵地与路线

① 人员在扑救大空间建筑火灾时，严禁在"人"字形槽钢支撑彩钢板的屋顶实施破拆排烟。

② 扑救高架仓库火灾，当内部货架过密过高、全面充烟时不盲目内攻，边冷却边推进，防止货架倒塌伤人。

③ 进入建筑的人员要用水枪探射天花板和地面，坚持沿着边沿、沿承重构件搜索前进的策略，尽量不走中间，避免被掉落的物体砸伤，避免踏空掉落。特别是大空间、钢屋架建筑，避免整体塌落，将救援人员"盖帽"。

④ 外部水枪阵地不易距离墙体很近，防止墙体倒塌砸伤；不要设在建筑外的狭窄通道内，阻挡撤退道路；在高温、狭小通道灭火设防时尽可能使用移动水炮、带架水枪、自动摇摆射水器等无人把持的灭火装备实施远距离灭火；水枪阵地不要设在简易房的顶棚，防止压塌坠落。

4. 做好安全防护

① 进入建筑的救援人员，要加强个人防护，要精简人员数量，防止人员过多，增加建筑荷载。

② 进入有倒塌危险的建筑侦察、救援，可携带顶撑、加固装置，对危险部位加固，避免倒塌。

③ 救援人员不应进入建筑结构已经明显有倒塌迹象建筑内部；不得登上已受力不均衡的阳台、楼板、屋顶等部位；不准冒险钻入非稳固支撑的建筑废墟下方。

④ 防止撞击建筑。在采用大型机械时，一定要谨慎、缓慢，防止直接撞击到建筑，降低地面剧烈震动，以免加速建筑的倒塌。

⑤ 如果倒塌现场有易燃、易爆气体或化学危险品泄漏，要迅速采取措施消除。

⑥ 设置安全员，加强现场监护工作，可利用专门检测建筑倒塌的仪器，及时发现建筑倒塌的征兆，提醒指挥员。

5. 及时撤退

规定专门的撤退信号，如强力汽笛等，一旦发现有倒塌迹象，迅速拉响汽笛，通知人员撤退。

第五章
油罐灭火救援行动安全

油罐火灾燃烧猛烈，辐射热大，扑救困难，需要调集大量的救援人员、装备和灭火剂。油罐火灾灭火战斗危险性大，一旦发生爆炸、沸溢、喷溅等现象，容易造成消防员伤亡。

第一节　基本知识

油罐是用来储存油品的容器，不同的油品需要不同的油罐来盛装，不同的油品发生火灾的风险也不同，相应的灭火战术和安全措施也不一样，因此，我们首先需要对油品有一个认识。图5-1是石油储备基地的油罐布置图。

一、油品分类

石油库储存的油品种类很多，根据生产、储存、火灾扑救等多方面的需要，通常按以下几个方面分类。

（一）按油品蒸馏沸点范围分类

图 5-1　石油储备基地

开采的原油经过炼制后可以生产出各种石油产品，这些油品主要以蒸馏的沸点范围来分类。一般可分为原油、汽油、煤油、柴油、重油和渣油。

（二）按油品的用途分类

原油经炼制而得到的各种油品，按其用途可分为燃料油、溶剂油、润滑油、润滑脂四大类。

（三）按油品的火灾危险性分类

现行《建筑设计防火规范》将油品按储存要求分成甲、乙、丙三类，按《石油库设计规范》又将丙类油品细分成丙A类和丙B类，以便根据不同情况，采取相应的消防安全措施，按设计规范要求分类见表5-1。

（四）按油品的相对密度分类

按油品的相对密度区分，可将油品分为重质油品和轻质油品两大类。

重质油品一般指相对密度大于 0.9 的高沸点油品，如渣油、沥青油、原油等。轻质油品一般指相对密度在 0.8 左右的低沸点油品（沸点低于300℃），如汽

表 5-1 《石油库设计规范》对油品的分类

油品的类别		油品的闪点 $Ft/℃$	举例
甲		$Ft<28$	原油、汽油
乙		$28≤Ft<60$	喷气燃料、灯用煤油
丙	A	$60≤Ft<120$	轻柴油、重柴油、20# 重油
	B	$Ft≥120$	润滑油、100# 重油

油、煤油、柴油等。

二、油品储罐

(一) 油罐的类型

油罐是储存各类油品的大型容器。油罐的分类尚无统一规定，常用的分类方法有按照埋设深度、建造材料和结构形式等进行分类。

1. 按油罐埋设深度分类

按油罐埋设深度可以分为地上油罐、地下油罐和半地下油罐三种类型。常见的不同安装位置的油罐有以下几种。

(1) 地上油罐

指油罐基础等于或高于相邻区域（距罐周围不小于 4m 的范围内）设计标高的油罐。这类油罐目前数量最多，应用最普遍。个别油罐虽部分埋入地下，但埋设深度小于本身罐高的一半，也属于地上油罐。

(2) 覆土油罐

置于被土覆盖的罐室中的油罐，且罐室顶部和周围的覆土厚度不小于 0.5m。

(3) 埋地卧式油罐

采用直接覆土或罐池充沙（细土）方式埋设在地下，且罐内最高液面低于罐外 4m 范围内地面的最低标高 0.2m 的卧式油罐。

(4) 人工洞库油罐

油罐及附属设备放置在人工开挖的洞内。

2. 按油罐建造材料分类

油罐按其建造材料可分为金属油罐和非金属油罐两大类。

(1) 金属油罐

指用钢板等金属材料通过焊接而建造的各种油罐。常见的金属油罐主要有立式圆柱形、卧式圆柱形和特殊形三种，其中应用最为广泛的是立式圆柱形。

(2) 非金属油罐

指采用烧砖、石块等非金属材料修筑而成的各种油罐，非金属油罐一般不用来储存轻质油品，主要用于储存重质油品。

3. 按油罐的结构形式分类

油罐按其结构形式，可分为拱顶罐、浮顶罐、卧式罐和油池等多种类型。

（1）拱顶罐

又称固定顶罐，主要形式为立式圆柱形，是目前应用最为普遍的一种油罐，见图 5-2。

（2）浮顶罐

指浮顶覆盖在油面上并随油面升降的油罐。

外浮顶罐。指在液面上设置浮船，能随油品液位升高和降低而上下浮动的油罐。浮顶的四周用耐油橡胶并以弹簧压挤紧贴在内壁上保持封闭。目前建造的 $10000 \sim 150000 m^3$ 的大型油罐多数都采用这种结构形式，见图 5-3。

内浮顶罐。指在油罐内设有浮盘的固定顶油罐，见图 5-4。

图 5-2 金属拱顶罐

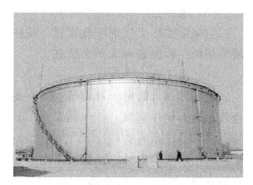

图 5-3 外浮顶罐

浅盘式内浮顶罐。钢制浮盘不设浮仓且边缘板高度不大于 0.5m 的内浮顶油罐。

（3）卧式罐

通常用于小型分配油库，加油站、企事业单位的附属油库等。在大型油库中常作为附属油罐使用，如放空罐、计量罐、灌装罐等。

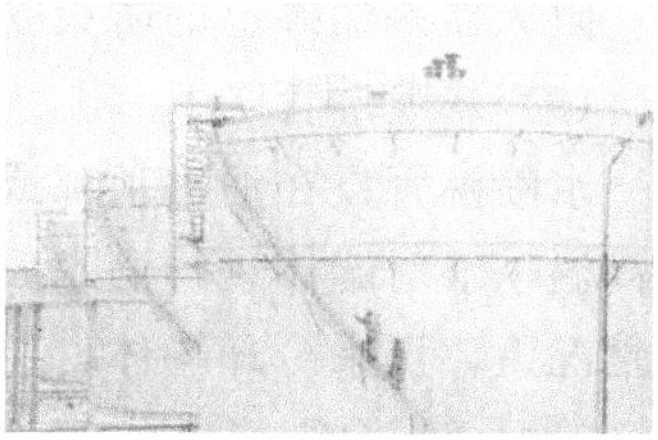

（4）油池

图 5-4 内浮顶罐

一般用非金属材料建造，形式有长方形、正方形、椭圆形等，其深度大小各不相同，主要用来储存渣油、柴油等。

（二）油罐附件

为了保证油罐安全使用和便于油品的收发、储存，油罐上按设计规范要求设有各种附件和装置，这些附件和装置对于油罐的防火和灭火都十分重要。

（1）罐梯

罐梯由金属焊接而成，与罐壁相连，是上下油罐的通道设施，宽约 70cm，灭火时可以用来作为进攻的途径。

（2）量油孔

量油孔是测量罐内油位高低和吊取油样的专门附件、每个油罐顶上设置一个，大都靠近罐梯平台处，量油孔直径通常为 150mm。

（3）机械呼吸阀

机械呼吸阀设在油罐的顶板上，是调节油罐内外压力，保持油罐储油安全的重要附件。其作用是在一般情况下可保持油罐的密闭性，而必要时又能自动通气平衡压力。

（4）液压安全阀

液压安全阀是保护油罐安全的另一个重要附件。液压安全阀装设在油罐的顶部，其作用是当机械呼吸阀发生故障失灵时，代替机械呼吸阀进行工作，以增加油罐的安全保险系数。

（5）泡沫室

泡沫室亦称空气泡沫发生器，装在油罐最上层圈板的罐壁上，是油罐上通常所采用的一种固定泡沫灭火装置。

（6）采光孔

设在罐顶与罐壁人孔对面处，一般为直径 500mm 的圆孔。其作用是清理或检修油罐时用作通风、排气和采光，其结构形式大致与人孔相同。

（7）进出油短管

进出油短管安装在油罐最下层圈板上，用于连接输出管道，进出油短管的中心距底板 300mm，每个罐上装有 1～2 个。

（8）阻火器

阻火器是油罐上的防火安全装置，位于罐顶机械呼吸阀的下部。

（9）水喷淋管

水喷淋管设在油罐顶部或罐顶下沿，是油罐上洒水降温的冷却设施。其作用是高温季节对罐体进行洒水，降低油品温度和罐内蒸气压，以减少油气挥发。火灾情况下，用来冷却罐体，控制油温。

（10）升降管

在罐内与进出油管相接，油品满罐时，可以升至罐内中心部位。升降管用钢索自罐内顶部通至罐外绞车，通过绞车操纵升降。主要作用是收发油，对于油罐的储油安全也有一定作用，如罐外进出油管爆裂，或管线阀门失灵出现跑油时，可将升降管摇出油面以防止大量油品从罐内流出。

（11）虹吸栓

亦称放水阀，装设在油罐下部第一圈板下缘处（有的装在罐底板的集油槽坑处），罐外装有阀门，用以放出罐内垫水。

（12）人孔

人孔设在罐壁最下圈钢板上，大多为直径 600mm 的圆孔。人孔的作用是在清洗或维修油罐时，作为检修人员进出的道门，亦可用来采光或通风。

（13）搅拌器

储罐用搅拌器是侧入式船用三叶螺旋桨推进型搅拌器，主要作用是使油罐中的油品混合均匀，强化传热。

三、消防设施

(一) 防火堤

为防止火灾情况下油品溢出罐外，形成更大范围的地面流淌火，石油库储油区内地上油罐与半地下油罐的油罐组，均都采用非燃烧材料建造防火堤。防火堤内的有效容量，通常不小于油罐组内一个最大固定顶油罐的容量，如为浮顶油罐或内浮顶油罐，其容量则不小于油罐组内一个最大油罐容量的一半。

防火堤内油罐数量较多和储油量较大时，应设隔堤。每一隔堤内油罐的数量，一般是等于或大于 $10000m^3$ 的油罐不超过 2 座；$3000 \sim 10000m^3$ 以下的油罐不超过 4 座；小于 $3000m^3$ 的油罐不超过 6 座。

(二) 泡沫灭火系统

泡沫灭火系统是各石油库罐区普遍采用的一种固定灭火设备。火灾情况下，应及时启动，力争将火灾扑灭在初起阶段。

1. 低倍数泡沫灭火系统

泡沫灭火系统通常包括泡沫产生器、泡沫混合液输送管线和消防泡沫泵房。

泡沫灭火供给总量主要取决于着火油罐的燃烧液面积。固定顶油罐燃烧液面面积按整个油罐的截面积计算。浮顶油罐的燃烧液面面积，按罐壁与泡沫堰板之间的环形面积计算。泡沫堰板距罐壁一般为 $0.9 \sim 1.4m$。浮顶油罐堰板的高度，采用机械密封时都在 $0.25m$ 以上，采用软密封时都在 $0.9m$ 以上。

空气泡沫或泡沫混合液供给强度和泡沫连续供给时间见表 5-2。

表 5-2　空气泡沫或泡沫混合液供给强度和泡沫连续供给时间

油品类别	供给强度				连续供给时间/min
	固定式、半固定式		移动式		
	泡沫 /[L/(s·m²)]	混合液 /[L/(min·m²)]	泡沫 /[L/(s·m²)]	混合液 /[L/(min·m²)]	
甲、乙类	0.8	8	1.0	10	30
丙类	0.6	6	0.8	8	30

2. 中倍数泡沫灭火系统

中倍数泡沫通常指发泡倍数在 $20 \sim 200$ 倍之间的泡沫。中倍数泡沫比低倍数泡沫发泡倍数大，泡沫相对密度小，流动速度快，灭火时间短。

用中倍数泡沫灭着火的固定顶油罐，泡沫混合液供给强度和连续供给时间见表 5-3。

用中倍数泡沫灭着火的浮顶油罐，中倍数泡沫混合液流量通常按罐壁与堰板之间的环形面积计算。

表 5-3　中倍数泡沫混合液供给强度和连续供给时间

油品类别	混合液供给强度/[L/(min·m²)]		连续供给时间/min
	固定式、半固定式	移动式	
甲、乙、丙	4	5	15

3. 氟蛋白泡沫液下喷射系统

氟蛋白泡沫液下喷射系统可防止油罐爆炸起火时泡沫设备被破坏，保证火灾情况下的灭火效能。氟蛋白泡沫液下喷射的供给强度，按泡沫混合液的供给强度计算，通常都在 $8L/(min·m^2)$ 以上；泡沫液的储备量，可满足连续供给 30min 的需要。

在石油库泡沫灭火系统中，当固定顶油罐采用固定式泡沫灭火设备时，在防火堤外的泡沫混合液输送管线上，通常都设有带闷盖的口径为 65mm 的管牙接口。灭火时用泡沫消防车通过水带连接起来，直接向罐内输送泡沫。这比全部采用移动式装备灭火，更易于操作，效率更高。

(三) 消防给水系统

石油库的消防给水系统，主要用于扑救油罐火灾时配制泡沫和对罐冷却或保护用水等方面的需要。消防给水系统主要包括喷水设施、消火栓、供水管道、消防供水泵房和消防水池。

1. 冷却范围

消防冷却范围是指火灾时需要冷却和消防给水系统能够冷却的着火油罐和相邻油罐。

对于地上式或半地下式的固定顶油罐区来说，消防冷却范围主要包括着火罐和着火罐直径 1.5 倍范围内的相邻罐。当相邻油罐较多时，最大范围只能冷却其中三座较大油罐。对于浮顶罐来说，消防冷却范围只考虑着火罐，不考虑相邻罐。

对于地下油罐或覆土油罐区来说，消防冷却范围不考虑着火罐和相邻罐，主要考虑灭火时的保护用水，即人身掩护和冷却地面及油罐附件的用水需要。

对于地上卧式油罐，消防冷却范围包括着火罐和着火罐直径与长度之和的一半范围内的相邻罐。

2. 冷却水供给强度

石油库内消防供水系统，不但可满足固定设备冷却用水需要，而且还可满足移动装备冷却用水需要。

石油库内储罐区采用固定设备冷却时，是在油罐罐壁外上缘安设一个环形喷水冷却管。当采用这种方式冷却时，着火罐为固定顶油罐的，冷却供水强度为 $2.5L/(min·m^2)$；着火罐为浮顶油罐的，冷却供水强度为 $2.0L/(min·m^2)$。相邻油罐的冷却供水强度为 $1.0L/(min·m^2)$。

　　石油库内储罐区采用移动装备冷却时，主要是利用消防车通过消火栓供水设冷却水枪。当采用移动冷却方式时，着火罐为固定顶油罐的，冷却供水强度为 0.6L/(s·m)；着火罐为浮顶油罐的，冷却供水强度为 0.45L/(s·m)；相邻油罐的冷却供水强度为 0.35L/(s·m)。

　　地上卧式油罐的冷却面积按油罐投影面积计算。着火油罐的冷却供水强度为 6L/(min·m²)；相邻油罐为 3L/(min·m²)。

3. 冷却水供给时间

　　石油库内大多都建有消防水池，或通过其他水源来满足库内整个消防冷却用水的需要。供水系统的储水量和供水能力，通常都是根据油罐的不同形式来确定的。

　　当储罐区内的油罐为直径大于 20m 的地上固定顶油罐时，冷却水的供给时间为 6h。当储罐区内的油罐为浮顶油罐或直径小于 20m 的地上固定顶油罐时，冷却水的供给时间为 4h。地上卧式油罐冷却水的供给时间为 1h。

　　石油库内消火栓的数量，通常按所需消防用水量来确定；每个消火栓的出水量为 10~15L/s。消火栓的位置按保护半径来确定，每个消火栓的保护半径一般不大于 120m。

第二节　灾害事故特点

一、油品的火灾危险特性

（一）易燃性

　　油品属有机物质，其危险性的大小与油品的闪点、自燃点有关，油品的闪点和自燃点越低，发生着火燃烧时的危险性越大。表 5-4 列出了几种油品的闪点、自燃点和燃烧速度。

表 5-4　油品的闪点、自燃点和燃烧速度

油品名称	油品闪点/℃	油品自燃点/℃	燃烧速度	
			传播速度/(m/s)	燃尽速度/(mm/min)
原油	27~45	380~530		1.5~3
航空汽油	−16~10	390~530	12.6	2.1
车用汽油	−50~10	426	10.5	1.75
煤油	28~45	380~425	6.5	1.10
轻柴油	45~120	350~380		
润滑油	180~210	300~350		

（二）易爆性

　　油品蒸气与空气混合形成的混合气体在一定的浓度范围内遇火源就会发生爆

炸。爆炸极限一般用油品的蒸气浓度表示，也可用相应的温度来表示。表 5-5 列出了几种油品的爆炸浓度极限和爆炸温度极限。

表 5-5　几种油品的爆炸浓度极限和爆炸温度极限

油品名称	爆炸浓度极限(体积)/%		爆炸温度极限/℃	
	下限	上限	下限	上限
汽油	1.4	7.6		
航空煤油	1.4	7.5	−34	−4
煤油	1.4	7.5	40	86
车用汽油	1.7	7.2	−38	−8
溶剂油	1.4	6.0		

（三）易蒸发、易扩散、易流淌性

油品蒸发出的油气密度都比空气大，蒸发出的气体可随风沿地面扩散，在低洼处积聚不散。油品比水轻，能够在水面上扩散飘浮。飘浮在水面上的油品随水流到哪里，便会增加哪里的火灾危险性。若油品大量飘浮到江、河、湖、海的水面上，将对港口或水域下游的船只、岸边建筑物带来极大的危险。

（四）受热膨胀性

油品受热后，温度升高，体积膨胀，若容器灌装过满，管道输油后不及时排空，又无泄压装置，便会导致容器和管件的破坏；若油品温度降低，体积收缩，容器内出现负压，也会使容器变形破坏。

（五）沸溢喷溅性

重质或含有水分的油品着火燃烧时，可能发生沸腾突溢和喷溅。燃烧的油品大量外溢，甚至从罐内猛烈喷出，形成巨大的火柱，高达 70～80m，火柱顺风向喷射距离可达 120m 左右，不仅扩大火场的燃烧面积，而且严重威胁扑救人员的人身安全。

油品的热波传播速度和燃烧直线速度见表 5-6。

表 5-6　油品的热波传播速度和燃烧直线速度

油品名称	热波传播速度/(cm/h)	燃烧直线速度/(cm/h)
轻质原油含水率 0.3% 以下	38～90	10～46
轻质原油含水率 0.3% 以上	43～127	10～46
重质原油和重油含水率 0.3% 以下	50～75	7.5～13
重质原油和重油含水率 0.3% 以上	30～127	7.5～13
煤油	0	12.5～20
汽油	0	15～30

二、油罐火灾的基本类型

(一)稳定燃烧型火灾

轻质油品储罐在气温较高时，可从呼吸阀、采光孔、量油孔等处冒出，遇到火源，会出现一种稳定性燃烧。其特征是燃烧发生在罐顶局部，燃烧过程中没有明显声响，火焰呈火炬形、黄色、伴有亮光和少量烟雾，火焰高度比较平稳，没有明显起伏现象，火场范围内感觉不到强烈的辐射热，如果客观条件不发生变化，这种稳定性燃烧将延续到油品烧完，图5-5为大连"7·16"油库火灾。

(二)爆炸型火灾

油罐内的油品蒸气与空气形成的混合物，在爆炸极限范围遇到着火源，会形成爆炸型火灾。油罐的爆炸型火灾主要有以下几种形式。

图5-5 2010年大连
"7·16"特大油库火灾

1. 先爆炸，后燃烧

先爆炸，后燃烧是指油罐的火灾是由爆炸而引起的。油罐爆炸按性质可分为化学性爆炸和物理性爆炸两大类，通常情况下化学性爆炸威力较大，多数都能引起火灾；物理性爆炸威力小些，起火的概率比化学性爆炸小。爆炸后的燃烧，在一定的时间内处于稳定状态，但随着燃烧时间的延长，可进一步导致再次爆炸或油品沸溢。

2. 先燃烧，后爆炸

先燃烧，后爆炸是指油罐的爆炸是由燃烧引起的，燃烧是爆炸的起因。对于着火罐自身的爆炸来说，只有在着火罐开口部位较小，外界空气流入罐内与油气形成爆炸性混合气体，并有火焰进入的条件下才能发生。对于着火油罐的相邻罐来说，则是由于着火罐产生的高温辐射对其影响的结果。

3. 只爆炸，不燃烧

只爆炸，不燃烧是一种一闪即逝的瞬间爆炸现象。有些空油罐由于洗罐不彻底，油品挥发的油蒸气与空气在空罐内形成爆炸性的混合气体，遇明火或达到自燃温度而发生爆炸。但由于罐内没有油品，失去了持续燃烧的条件，而没有出现燃烧。重质油品储罐内的油蒸气浓度高于爆炸浓度下限，遇到火源虽也可能在罐内发生爆炸，但由于油品挥发速度跟不上燃烧的需要，因而也不能在爆炸后持续燃烧。

爆炸型火灾的特征是：爆炸声响之处产生强大的气浪，火焰随着浓烟冲天而起，呈蘑菇云状翻滚扩散，油罐在爆炸声中遭受不同程度的损坏，如罐顶向外掀开，向内塌陷或边缘胀裂，罐体出现裂缝或位移等。油品在油罐被破坏部位的开口处呈敞开式、半敞开式、斜喷式燃烧，当油品在油罐裂缝处向外流淌扩散时，又会形成立体式燃烧。爆炸起火后的火焰随油罐的开口形状呈现出火炬形、矩形、扇形，或因油品流淌扩散而出现不规则的火区等。

（三）沸溢型火灾

由于重质油品的沸溢喷溅性，重质油品储罐发生火灾后，油品在燃烧过程中出现沸腾、溢流和喷溅等现象，称为沸溢型火灾。这种现象会使火灾迅速扩大，并危及现场救援人员生命安全。

三、油罐火灾的燃烧形态

油品储罐火灾的基本燃烧形态主要有以下几种。

（一）火炬形燃烧

因燃烧的部位和条件不同，火炬形燃烧通常有直喷式燃烧和斜喷式燃烧两种形式。直喷式火炬，通常发生在油罐顶部的呼吸阀、测量孔等处，火焰垂直向上，燃烧范围只局限于较小的开口部位。斜喷式火炬主要发生在罐内液体上部的罐壁裂缝处。

（二）敞开式燃烧

无论是轻质油罐火灾，还是重质油罐火灾，都有可能发生敞开式燃烧。敞开式燃烧火势比较猛，罐口火风压较大，扑救时需要投入较多的灭火力量。

敞开式燃烧的火焰高度比较稳定，一般不会再次发生爆炸。但是，由于火区范围大，火焰辐射面大，若是重质油品有可能发生沸溢和喷溅。若油品处于低液位燃烧时，则有可能造成罐壁变形或倒塌。

（三）塌陷状燃烧

塌陷状燃烧是金属油罐的爆炸致使罐盖被掀掉一部分后，而塌陷到油品中的一种半敞开式的燃烧。

塌陷状燃烧会因部分金属构件塌陷在油品中，导致灭火时出现死角，造成灭火困难。另外，也会因塌陷构件温度高、传热快，而导致复燃，或引起油品过早出现沸溢或喷溅。

（四）流散形燃烧

流散形燃烧是指由于爆炸、沸溢、罐壁倒塌、管道破裂而造成液体流淌燃烧。流散形燃烧一般火区较大，火焰围住多罐同时燃烧，扑救工作极其艰难而复杂。

（五）立体式燃烧

立体式燃烧是指由于油品沸溢、喷溅、溢流或其他原因而形成的罐内、罐外、地面的同时燃烧。这种形式的燃烧，将对着火罐本身产生极大的破坏作用，给相邻罐带来极大的威胁，灭火难度较大。

第三节　危险性分析与行动安全要则

油罐火灾扑救造成消防员伤亡的原因主要有爆炸、沸溢、喷溅、流淌火包围和辐射热灼伤等，正确认识与辨识油罐火灾危险性，并采取正确防范措施，是避免消防员伤亡的重要措施。

一、火灾危险性分析与辨识

（一）辐射热灼伤

1. 成因分析

油罐火灾燃烧温度高、辐射热大，灭火作战时间长，往往会对消防员造成永久性灼伤。2001 年沈阳大龙洋油库火灾，周围 100m 范围内的树木、庄稼都被烤焦，消防车的油漆被烤煳，多名消防员也受到不同程度的灼伤。

2. 危险辨识

火灾规模大，一个和多个油罐同时起火，甚至还有大面积地面流淌火，火焰高度较高，需要长时间作战，消防员被辐射热灼伤的危险增大。

多罐燃烧比单罐燃烧辐射热大，下风头比上风头辐射热大，立体火灾比罐顶燃烧辐射热大，地面流淌火比仅罐体燃烧辐射热大，轻质油比重质油燃烧辐射热大，火灾时间长比起火时间短辐射热大。

（二）爆炸

1. 成因分析

成品油库一旦发生火灾，可能有多个油罐受到火灾包围，在火焰的辐射和烘烤下，罐内油品迅速汽化，内压不断升高。由于油罐按常压容器设计，内部压力很容易达到爆破压力，这种类型的爆炸为物理爆炸。虽然油罐上安装有呼吸阀和安全阀，但其排放量往往远不能满足火灾条件下排放的要求。特别是储存汽油等沸点较低的油品时，油罐内油品蒸发速度更快。汽油的馏程在 30～205℃，沸点较低，在火灾情况下，极易挥发，所以汽油罐发生爆炸的概率要大得多。沈阳大龙洋油库火灾就先后发生了 3 次大爆炸。从油罐结构来看，固定顶罐和内浮顶罐更容易发生爆炸，而浮顶罐由于浮船可随油品上下浮动，一般不会发生爆炸。从油罐材料上看，金属油罐比混凝土油罐热传递速度快，内部温度上升也快，爆炸危险性更大。但是，混凝土罐一旦发生大规模火灾，热量不容易传递出来，也有爆炸的危险。1989 年青岛黄岛油库的混凝土油罐，就发生了大爆炸。综上所述，可以得出结论：固定顶的轻质油油罐，在火灾中发生爆炸的可能性最大。

在油罐焊缝裂缝、安全阀、呼吸阀、排放管等发生泄漏，并形成喷射式燃烧火焰的情况下，由于火焰的辐射烘烤，造成罐内压力上升，致使气体不断喷射和持续燃烧。当消防队到场后，如果用强力水流进行冷却，使罐内压力骤降，罐内形成负压，将火焰吸入罐内发生回火爆炸，这种爆炸为化学爆炸。

2. 危险辨识

发生物理爆炸的条件如下。

① 油品：汽油＞煤油＞柴油＞重油

② 结构形式：固定顶金属罐＞内浮顶金属罐＞混凝土罐＞半地下罐＞覆土罐

③ 燃烧环境：燃烧时间长、燃烧猛烈、辐射热强

④ 燃烧环境：油罐处于火焰包围中、油罐位于着火罐下风方向

⑤ 征兆：油罐发生爆炸前安全阀、呼吸阀的喷射会更加猛烈，发出刺耳的尖叫，罐体发生变形或异常响声。

（三）沸溢与喷溅

沸溢是指含水原油或重质油品储罐发生火灾后，由于油品热波特性的作用，油品中的自由水或乳化水沸腾汽化，生成大量油泡，使油罐满溢外流，扩大火势的现象。

发泡溢流是指油罐发生火灾时，油品从罐顶边沿向罐外流出的现象。发泡溢流的原因较多，但无论是重质油罐还是轻质油罐，最主要的原因就是扑救措施不当，灭火中向罐内注水过多，水分蒸发形成气泡，体积扩大造成油品溢流。

突沸喷溅是指重质油品储罐发生火灾后在辐射热和热波特性作用下，高温热层向罐底传播，遇到罐底水垫层后引发的水突然沸腾，大量的水蒸气将上部油层从罐内喷溅出来的现象。油品发生突沸喷溅，可使火焰增高，火势增大，辐射热增强，给灭火救援带来极大困难。

1. 发生沸溢和喷溅的条件

（1）油品具有形成热波的条件　即油品中各组分的沸点范围较宽。原油各组分的沸点范围宽，可发生沸溢和喷溅；而汽油组分的沸点范围较窄，只能在距液面 6～9cm 处存在一个固定的热锋面，即热锋面的推移速度与燃烧的直线速度相等，故不会产生沸溢和喷溅。

（2）油品中含有一定量的水　水是导致发生沸溢的重要原因，原油中就含有一定的乳化水或悬浮状态的水，喷溅需要罐底有水垫层。

（3）油品的黏度较大　油品只有具有足够的黏度，水蒸气不易自下而上逸出，才能使水蒸气泡沫被油膜包围，形成油泡沫。

2. 发生的原因

（1）辐射热的作用　重质油品罐发生火灾时，辐射热在四周扩散的同时，也加热了油品表面。随着加热时间的延长，被加热的液层也越来越厚，当温度不断升高，原油被加热至沸点时，燃烧着的原油就会沸腾，溢出罐外。

（2）热波的作用　由于重质油品馏程比较宽，沸点低的轻馏分变成蒸气，离开原油表面被烧掉，而沸点高的重馏分，则逐步下沉并把热量带到下面，在液面下形成一个热的锋面，这一现象称为热波。热锋面温度可达 300℃左右，远远超过水的汽化温度。由于热油层相对密度较大，在油面上逐步下沉，同时将热量（高温）不断向下层传递，这种现象称为热波特性。辐射热和热波往往共同作用。

（3）水蒸气的作用　重质油品中含有自由水、乳化水，热波会使原油中的水被加热汽化，变成水蒸气。水一旦变成水蒸气，其体积膨胀，蒸气压也相应增

大，当超过原油的液压时，水蒸气会向上逸出，并形成大量的气泡，蒸汽泡沫被油薄膜包围形成油泡沫，这样使原油的体积剧烈膨胀，超出储罐所能容纳的范围时，就向外溢出，形成沸溢。随着燃烧的继续进行，热波的温度逐渐升高，且不断向下移动，当热锋面遇到水垫层（或大量水）时，大量水变成水蒸气，蒸气压迅速增大，以至将水垫层上部的油品抛向上空，形成喷溅。

3. 沸溢和喷溅的主要区别

① 发生的时间不同，一般是先沸溢后喷溅。

② 水的来源不同，发生沸溢是原油中的乳化水、自由水，而发生喷溅则多是水垫层的水。

③ 危害程度不同，与沸溢相比，喷溅来势凶猛，危害更大。

4. 危险辨识

油品：重质油品，包括原油、重油、渣油、蜡油、沥青等。

燃烧时间：其他条件不变，燃烧时间越长，发生沸溢和喷溅的概率越大。

油层厚度：油罐发生喷溅的时间，与罐内重质油品的油层厚度有关，油层越厚，发生喷溅的时间越晚。

含水率：油品中含水量大、黏度大，发生喷溅就特别剧烈。

油品燃烧速度与热波传递速度：油品的燃烧速度快，传热速度快，发生喷溅的时间就早。

沸溢发生时间预测：发生沸溢的时间与油品种类、产地、油罐的类型有关，没有通用的计算公式，一般在起火后 70～140min 发生。

喷溅发生时间预测：喷溅发生时间就是热波传递到水垫层的时间，可按下面公式计算。

$$T=[(H-h)/(V_0+V_t)]-KH$$

式中 T——预计发生喷溅的时间，h；

H——储罐中液面的高度，m；

h——储罐中水垫层的高度，m；

V_0——原油燃烧的线速度，m/h；

V_t——原油的热波传播速度，m/h；

K——提前常数（储油温度低于燃点取 0，温度高于燃点取 0.1），h/m。

征兆：沸溢与喷溅发生前是有明显征兆的，指挥员必须密切关注火场形态变化，及时发现沸溢和喷溅的征兆，迅速下达撤退命令。征兆有三个。

（1）火焰由浓变淡 主要是水汽化，水蒸气增多的原因，使得燃烧烟气中大大增加了水蒸气的成分，使浓烟变淡；

（2）油罐发生鼓胀 由于罐内液体水汽化，体积大大增加，重质油品密度和黏度都较大，限制了水蒸气自由冒出油面，使罐内压力迅速上升，油罐不是按压力容器设计的，壁厚相对较薄，而且直径很大，刚度小，在压力作用下很容易发生变形。

（3）发生数次小的沸溢　位于油品上部的水蒸气，较容易突破上部油层压力，迅速喷涌，产生少量冒泡。

二、行动安全要则

（一）一般原则

1. 集中优势兵力原则

集中兵力一次歼灭就是在战斗中，当到场的力量能够满足灭火的实际需要时，通过组织一次进攻战斗将火扑灭。集中兵力一次歼灭可分为首批到场力量一次歼灭和后续到场力量一次歼灭两种情况。当火场情况比较简单，火势不大时，首批到场力量虽不是很多，但完全可以满足灭火的需要，这时就应抓住灭火的有利战机，集中现有力量一举歼灭。火场情况比较复杂，延烧的火势比较大时，如大型的油罐、油池等，首批到场力量无法满足灭火的实际需要，这时就不能盲目地组织进攻，应该耐心等待增援力量的到达。在等待的过程中做好适当的灭火准备工作，待后续部队到达后，能够满足灭火的需要时，再进行组织进攻战斗，力求一次将火歼灭。

集中兵力对消防员安全的作用：①当力量足够时，可以迅速将火灾消灭，避免对消防员的进一步伤害。②即使不能立即消灭火灾，也可以加大冷却强度，不至于让火灾扩大蔓延，形成爆炸、沸溢、喷溅等情况，这是对消防员最好的保护。

2. "先控制，后消灭"原则

在"先控制，后消灭"原则指导下，依据火场实际情况，按照"先外围、后中间，先上风、后下风，先地面、后油罐"的要领实施灭火战斗，是扑救油罐火灾的重要战术。

（1）先外围，后中间

针对火场情况比较复杂的火场，如油罐火灾引燃周围的建筑物或其他构筑物。在此情况下就应首先消灭油罐外围的火灾，然后从外围向中间逐步推进，包围油罐，最后消灭油罐火焰。灭火战斗的实践表明，只有控制住外围火灾、消灭外围火灾，才能有效地控制住火势的蔓延扩大，才能创造消灭油罐火灾的有利条件，实现整个灭火战斗胜利的最终目的。但在灭火力量比较雄厚，能够满足火场需要时，可以分头展开战斗。

如果消防员直接深入中间部位扑救火灾，就有可能被外围火灾包围，在供水不足的情况下，有可能造成伤亡。

（2）先上风、后下风

火场上出现油罐群同时发生燃烧，或形成大面积的地面油火时，灭火行动应首先从上风方向开始扑救，并逐步向下风方向推进，最后将火灾歼灭。在上风方向可以避开浓烟，减少火焰对人的烘烤，而且视线比较清晰，有利于观察火情，接近火源；便于充分发挥各种灭火剂的效能，也可大大缩短灭火战斗的时间，加快灭火进程；同时还可以降低油品复燃的概率。

这也是一条重要的安全措施，消防力量一般不得在下风方向部署。1989年"8·12"青岛黄岛油库火灾，在灭火过程中，正是由于风向逆转，使原本部署在上风方向的4号罐上的官兵突然处于下风方向，看不见火场态势变化，以至于4号罐爆炸时来不及撤退，造成牺牲。

（3）先地面，后油罐

火场上由于油罐的爆炸、沸溢、喷溅或罐壁的变形塌陷，会使大量燃烧着的油品从罐内流出，造成大面积的流淌火，并与燃烧着的油罐连为一体，形成地面、罐上的立体式燃烧。在此情况下，只有先歼灭地面上的流淌火，才能有条件接近着火油罐，组织实施油罐火的进攻。此外，地面火对相邻储罐和建筑会构成严重的威胁。因此，对于地面出现了大量流淌火的油罐火灾，应采取先地面、后油罐的方法，逐次地组织灭火。

（二）一般战术

1. 合理部署兵力

合理部署与使用兵力，不仅可以迅速消灭火灾，还能有效避免消防官兵伤亡，正确部署兵力的方法如下。

① 当油品处于稳定燃烧时，且起火时间不长，邻近油罐受高温辐射影响不大，应把优势兵力投入灭火。

② 当在场灭火力量不满足灭火需要时，应把优势兵力投入冷却油罐，降低油温，控制火势上。

③ 当邻罐受火势威胁较大，灭火力量不能同时满足灭火、冷却两项任务需要时，应把主要力量投入到冷却邻罐上。

④ 当两个以上油罐起火，其中一个是沸溢性油品时，应把主要力量投入到沸溢性油罐的灭火，并对其他罐冷却控制；当油罐爆炸、油品沸溢流散时，应把主要力量投入到防止漫流的措施上。

2. 主动进攻，积极防御

当灭火力量足以歼灭油罐火灾时，就要不失时机地发动进攻，一举消灭火灾；当灭火力量不足以歼灭火灾时，就要积极冷却防御，防止灾害扩大，为增援灭火队伍的到达创造灭火战机。

3. 以固定设施灭火为主，固定设施与移动装备结合

以固为主，以移为辅，固移结合消灭火灾，是火灾扑救过程中器材装备的使用原则，在扑救油罐火灾中必须坚持。当火灾发生后油罐上的固定灭火装置遭受破坏时，应以移动式装备灭火为主，在比较大的油罐火灾中，可采用固移结合的灭火方式。

　　容积较大的油品储罐，一般都装有固定或半固定灭火装置，当油罐发生火灾后，在固定、半固定灭火装置没有遭受破坏的情况下，要迅速启动固定灭火装置灭火。启动固定装置灭火，具有操作简便、灭火快速、安全可靠等优点。

　　2001 年 "9·1" 沈阳大龙洋火灾扑救中，为防止与着火油罐最近的联汇公司5 号油罐爆炸，沈阳消防支队很好地贯彻了这条原则，及时启动联汇公司的油罐冷却系统，与移动装备交替冷却，保住了联汇公司的油罐，也保住了坚守阵地的12 位消防官兵的生命。

（三）灭火行动程序

　　扑救石油库火灾的措施基本上可以分为冷却和灭火两个方面，根据火场的具体情况和实际需要，其实施的程序主要有以下三种情况。

1. 先冷却、后灭火

　　对油罐燃烧时间长，油品和罐壁的温度比较高，灭火后具有复燃可能的着火罐，只有采取先冷却、后灭火，把罐壁和油品的温度降下来，才能充分发挥灭火剂的灭火效率。同时，降温为防止油罐发生爆炸、沸溢或罐壁的变形倒塌，创造了有利条件。

2. 边冷却、边灭火

　　边冷却、边灭火就是冷却和灭火同时进行。当油罐发生火灾后，燃烧时间不是很长，油品和罐壁的温度不高的情况下，可采取边冷却、边灭火的方法组织实施。延烧时间长，先冷却，后灭火；延烧时间短的可边冷却、边灭火。灭火后，都应继续保持一段时间的冷却，以防油品复燃。

3. 只灭火、不冷却

　　只灭火、不冷却是针对小型油罐、油池或油罐某一局部发生初起火灾，且燃烧时间不长，油品温度不高，可把火灭掉又不会出现复燃的情况下所采取的一种方法。采取这种方法的关键是，尽快做好灭火准备，及时抓住有利时机，近战快攻，一举灭火。否则会贻误战机，耗费灭火实力，使灭火行动由主动变为被动。特别是在火场水源缺乏，灭火力量极为有限的情况下，切不可生搬硬套先冷却、后灭火的框框，盲目组织冷却，使力量消耗，减弱了灭火所必需的力量。

（四）灭火行动安全措施

1. 防热辐射伤害措施

　　在油罐火灾灭火作战中，为防止消防员受到辐射热伤害，指挥员必须掌握以下几条原则。

　　① 首先要准确判断、估算辐射热伤害的范围，合理部署兵力。

　　② 加强消防员个人防护，完善防护装备，进攻人员必须着铝箔隔热服，必要时佩戴空气呼吸器。

　　③ 充分利用地形地物作掩护，也可采用专用的防辐射射水盾牌掩护，水枪手躲在盾牌后射水，这类盾牌向火的一面附着铝箔隔热层，将大部分辐射热散射。

④ 一线作战人员要实行轮换制，有条件的情况下，一线战斗员应实施轮班作业，减少辐射热的积累效应，避免辐射热造成永久性伤害。

2. 防爆炸伤害措施

油罐在火灾中发生爆炸，是引起消防员伤亡的重要原因，因此必须加以防范，主要有以下措施。

① 准确识别油罐潜在的爆炸危险，合理部署力量。消防车辆不停靠在油罐爆炸波及范围内，不停在工艺管线下，不停靠在地沟和井盖上。

② 加强冷却，消除爆炸的威胁。油罐发生火灾后，为防止着火罐的爆炸、引燃或破坏周围建筑物、可燃物或相邻储罐，必须采取有效的冷却降温措施，以保护着火罐，保护受火势威胁严重的周围建筑物、可燃物或相邻储罐免遭火灾破坏，防止爆炸、沸溢喷溅的发生或火势扩大。

冷却降温的方法，主要有直流水枪射水，开花、喷雾水枪洒水，泡沫覆盖，或启动油罐固定喷淋装置洒水等。对于着火罐和邻近罐都可采取直流水冷却和泡沫覆盖冷却、启动水喷淋装置冷却的方法。

一般情况下，冷却着火罐的供水强度为 0.8L/(s·m)。每支 19mm 口径水枪，有效射程 15m、流量为 6.5L/s 时，可冷却周长约 8m；有效射程 17m、流量为 7.5L/s 时，可冷却周长约 10m。

冷却油罐时，应注意以下几个问题。

① 合理设置水枪、水炮阵地。水枪、水炮阵地一般不设置在罐区防火堤内，不设置在固定顶油罐上，要多采用移动水炮、遥控水炮和高喷车水炮。

② 要有足够的冷却水枪和水量，并保持供水不间断。

③ 冷却水不宜进入罐内，冷却要均匀，不能出现空白点。

④ 冷却水流应成抛物线喷射在罐壁上部，防止直流冲击，浪费水。

⑤ 冷却进程中，采取措施，安全有效地排除防火堤内的积水。

⑥ 油罐火灾歼灭后，仍应继续冷却，直至油罐的温度降到常温，才能停止冷却。

3. 防沸溢伤害措施

在实战中通常采取倒油搅拌、抑制沸溢的措施，实际上就是通过搅拌降温的方法，从而破坏油品形成热波的条件。通常采取倒油搅拌的手段主要有三种。

① 由罐底向上倒油，即在罐内液位较高的情况下，用油泵将油罐下部冷油抽出，然后再由油罐上部注入罐内，进行循环。

② 用油泵从非着火罐内泵出与着火罐内油品相同质量的冷油注入着火罐。

③ 使用储罐搅拌器搅拌，使冷油层与高温油层融在一起，降低油品表面温度。

运用倒油搅拌手段时，应注意以下几个问题。

① 由其他油罐向着火罐倒油时，必须选取相同质量的冷油。

② 倒油搅拌前，应判断好冷、热油层的厚度及液位的高低，计算好倒油量和时间，防止倒油超量，造成溢流。

③ 倒油搅拌时不得将罐底积水注入热油层，以免造成发泡溢流。

④ 倒油搅拌的同时，要对罐壁加强冷却，以加速油品降温。

⑤ 倒油搅拌的同时，必须充分做好灭火准备，倒油停止时，即刻灭火。

⑥ 倒油搅拌时，要密切注意火情变化，若有异常，立即停止倒油。

4. 防止喷溅伤害措施

沸溢性油品在燃烧过程中发生喷溅的原因，主要是油层下部水垫汽化膨胀而产生压力的结果。防止喷溅，必须排除油罐底部的水垫积水。通过油罐底部的虹吸栓将沉积于罐底的水垫排除到罐外，就可消除油罐发生喷溅的条件。

运用排水防溅手段时，应注意以下问题。

① 排水前，应计算水垫的厚度、吨位和排水时间。

② 排水口处应指定专人监护，防止排水过量，出现跑油现象。

③ 排水可与灭火同时进行。

5. 覆盖窒息灭火的安全措施

对火炬型稳定燃烧可使用覆盖物盖住火焰，造成瞬间油气与空气的隔绝层，致使火焰熄灭。这是扑救油罐裂缝、呼吸阀、量油孔处火炬型燃烧火焰的有效方式。一般采用以下安全措施。

① 在覆盖进攻前，用水流对覆盖物及燃烧部位进行冷却；

② 进攻开始后，覆盖组人员拿覆盖物，掩护人员射水掩护，覆盖组自上风向靠近火焰，用覆盖物盖住火焰，使火焰熄灭；

③ 实施覆盖的消防员，必须做好个人防护。

6. 登罐强攻灭火的安全措施

登罐强攻灭火是指当油罐发生火灾呈开式燃烧时，在缺乏泡沫灭火手段的情况下，利用消防梯，在水枪掩护下，登上油罐使用泡沫钩枪挂入罐壁，向罐内施放泡沫的一种强攻灭火手段。

运用登罐强攻灭火手段时，应注意以下几点。

① 实施强攻前，要选择精干人员，组成若干小组，明确任务与分工。

② 强攻组人员要加强自身防护，登顶人员着避火服或隔热服，佩戴空气呼吸器，系好安全绳。

③ 对强攻组人员要实施跟进掩护，用喷雾水枪，保证进攻人员不受火灾威胁，同时又要对跟进掩护人员实施掩护，梯次进攻。如果架设登顶梯子，应保证梯子不被火烧毁，不倾斜、晃悠、倒地。

④ 泡沫钩管要进行试射。可在混合液干线设分水器，分别接泡沫钩管和泡沫枪，挂好钩管后，先关闭通向钩管阀门，打开通向泡沫枪阀门，当泡沫枪正常喷射泡沫时，打开通向钩管的阀门，关闭通向泡沫枪的阀门。

7. 挖洞内注灭火的安全措施

当燃烧油罐液位很低时，由于罐壁温度高和气温的作用，使从罐顶打入的泡沫受到较大的破坏，或因油罐顶部塌陷到油罐内，造成死角火，泡沫不能覆盖燃烧的油面，而降低了泡沫灭火效果时，可采取挖洞内注灭火法。即在离液面上部50～80cm 处的罐壁上，开挖 40cm×60cm 的泡沫喷射孔，然后利用挖开的孔洞，向罐内喷射泡沫，可以提高泡沫的灭火效果。开挖孔洞时，要注意加强对挖洞人员的保护。操作人员不能正对着挖开部位，不要一次性挖开，挖开三面后，最后一面留足够强度的连接线，从侧面将挖开三面的金属拉开，以免烟火突然喷出。

第六章
液化石油气事故处置与灭火战斗安全

由于液化石油气的特殊性质，消防部队在处置其泄漏事故和扑救火灾时，面临着巨大危险，造成消防队员伤亡的悲剧时有发生。为避免这种牺牲的发生，消防部队指战员必须熟悉液化石油气性质，了解储存和运输液化石油气的压力容器及其安全附件，准确识别液化石油气事故的险情，熟练掌握处置事故和扑救火灾的技战术。

第一节　基本知识

一、气体分类

国家标准 GB/T 16163—2012《瓶装气体分类》将气体分为：永久气体、液化气体、溶解气体等。《危险化学品安全管理条例》中的压缩气体是指除液化气体以外的永久气体和溶解气体等。

1. 永久气体

永久气体是指临界温度小于-10℃的气体，如空气、氧、氢、氮、氩、氦、甲烷（天然气）、煤气、一氧化碳等，这与我们日常知识也是一致的。永久气体在储存容器内的状态为单一气相，又因在常温下，该类气体不可能被液化，所以称之为永久气体。天然气主要成分为甲烷，是一种永久气体，但为了储存、运输方便，仍然采用液化的方式，只是必须保持低温深冷状态。

2. 液化气体

液化气体是指临界温度大于或等于-10℃的气体。液化气体又可分为高压液化气体和低压液化气体。临界温度大于或等于-10℃且小于或等于70℃的气体为高压液化气体，如二氧化碳、氧化亚氮、乙烯、乙烷、氯化氢等。气体在气瓶内的状态会随着环境温度的变化而变化，如温度低于或等于临界温度时，瓶内气体状态为气液两相共存状态；如温度高于临界温度时，容器内气体为气相状态。低压液化气体在容器内呈气液两相共存状态，并以液态为主要特征，如溴化氢、硫化氢、碳酰二氯（光气）、氨等。其液体密度随环境温度的变化而变化，容器内压力为液面上的饱和蒸气压力。

为何以 70℃来划分高压液化气体和低压液化气体？这主要是为了保证低压液化气在 60℃时气瓶应具备的安全空间，即不允许在 60℃时出现"满液"（无气相空间）状态。而之所以认定 60℃为最高温度，这主要是根据我国地理位置、环境温度等综合因素来确定的。液化石油气是一种低压液化气体，最高储存温度为50℃，相对应的饱和蒸气压为 1.6MPa。

3. 溶解气体

溶解气体是指在一定的压力下，溶解于容器内的溶剂中的气体。乙炔气在常温下加压极易液化。但由于加压乙炔气的热力学性质很不稳定，只要稍给能量（如震动、碰撞等）就会很容易发生聚合和分解反应，并导致气体爆炸。为此，人们经过大量实验，发现使大量的乙炔气体（作为溶质）溶解于丙酮（作为溶剂）之中，使溶解于丙酮中的乙炔气体均匀分散在多孔物质之中，这样可以有效避免发生乙炔气体的积聚（避免聚合和分解反应），从而达到安全充装、储存、运输、使用等目的。

二、液化石油气的特性

液化石油气是石油催化裂解过程中的一种副产品。液化石油气的主要组成部分为 $C_3 \sim C_5$ 的烃类化合物，如丙烷（C_3H_8）、丙烯、丁烷、异丁烷、丁烯、戊烷、戊烯等。目前，液化石油气成为重要的清洁能源，在日常生产和生活中，得到越来越多的应用。

(一) 物理性质

纯净的液化石油气无色无味，但由于在炼制过程中脱硫不彻底，作为燃料用的液化石油气往往带有一种硫化物的特殊臭味。液化石油气属于低毒物质，浓度高时会使人麻醉窒息，大量吸入后会有头晕、恶心、呕吐、脉缓等症状。其中所含硫化氢是剧毒物质，含量高时使人中毒。

液化石油气常温常压下为气体，储存和运输时加压液化，在储存容器内为液体和气体的混合物。液化石油气随着受热温度增高，密度减小，体积则增大。其液态体积膨胀率比汽油、煤油都大，比水大 10～16 倍，在 15℃时其膨胀率为0.3%，容器内的液化石油气的体积随着温度上升压力迅速增大。受热时，其内存有气液两相，其饱和蒸气压在 50℃时为 1.6MPa，压力增加与温度升高成正比，其速度为 20.3～30.4kPa/℃。当液体完全充满容器空间时，温度每升高 1℃，容器内压力将升高 2～3MPa，远远超过容器的设计压力，因此，液化石油气绝对禁止超装。

液化石油气的沸点很低，在常压下，丙烷为 -42℃，丁烷为 -10℃。在常温常压下易汽化，由于其热容量比较大，发生相变时会产生很大的热量交换。液化石油气由液相变为气相，其体积将扩大 250～300 倍，同时吸收大量热量；反之则压缩放热。在液化石油气容器发生局部泄漏时，泄漏口周围往往会结冰。

液化石油气的平均分子量比空气大，因此，气态密度大于空气，为空气的1.5～2倍，一旦从容器内泄漏，在一段时间内会笼罩在地面，然后慢慢向周围扩散，这是液化石油气一个重要的危险特性。液化石油气的液态密度大约是水的二分之一，当在地面泄漏出现液滩时，也不宜用水喷射。

（二）燃烧与爆炸特性

液化石油气极易发生燃烧和爆炸。一是由于点火能量很低，最小点火能量约为0.26mJ。日常使用的丁烷打火机，打出的石火花十分微小，仍能将气体引燃，由此可见，液化石油气是十分容易点燃的。在救援工作中，电火花、金属撞击、摩擦产生的火花都能使液化石油气发生燃烧和爆炸，救援人员应十分重视。二是液化石油气爆炸下限低，一旦泄漏，在空气中很容易形成爆炸混合气体。液化石油气爆炸极限为1.5%～9.5%（体积分数）。也就是说，当液化石油气在空气中的浓度达到1.5%～9.5%（体积分数）这个范围时，混合气体遇火源会着火爆炸。当液化石油在空气中的浓度低于1.5%时，可燃气体不足；液化石油气在空气中的浓度高于9.5%时，氧气不足，这两种情况下混合气体均不燃烧、不爆炸。但是，高于爆炸上限的安全是不稳定安全，随着气体扩散，随时可能降至爆炸极限范围内。因此，在泄漏事故现场救援人员应特别注意。1t液化石油气泄漏汽化后，会产生 $500～600m^3$ 气体，与空气混合达到1.5%爆炸下限时，将产生 $33333～40000m^3$ 爆炸气体，如果笼罩在地面，可以想象将形成多大面积的爆炸范围。

液化石油气的自燃点为466℃，热值为47472kJ/kg，燃烧温度可达1800～2000℃以上，发生火灾时，火场将产生巨大的辐射热。

三、盛装液化石油气的容器

为便于储存、运输和使用，液化石油气必须加压液化后用压力容器来盛装。储存液化石油气的容器分为三类：储罐、槽车和气瓶。这三种容器的生产、使用和检验必须按《压力容器安全技术监察规程》《移动式压力容器安全技术监察规程》和《钢制压力容器》等法规和标准要求执行。

（一）储罐

储罐是用来储存液化石油气的压力容器，由罐体、连接管道和安全附件组成。罐体分为球形储罐和卧式储罐两种。球形储罐由若干片钢板拼接而成，球罐受力合理、节省材料，但加工、组装复杂，焊接技术要求高，制造成本也高，一般 $100m^3$ 以上的大型储罐采用这种结构。卧式储罐由筒体和椭圆型封头组焊而成，加工、制造较为简单。各类储罐的最大充装量不大于其容积的85%。储罐设计温度为50℃，设计压力为1.77MPa。球罐结构见图6-1，卧式储罐结构见图6-2。

图 6-1　液化石油气球罐

图 6-2　液化石油气卧式储罐

(二) 罐车 (槽车)

液化石油气罐车 (亦称为槽车, 以下均称为槽车) 是指由罐体与走行装置采用永久性连接组成的运输装备, 分为铁路槽车和汽车槽车, 均属于移动式压力容器。液化石油气槽车设计温度为 50℃, 设计压力为 1.77MPa。槽车充装系数为 0.42kg/L, 在特定条件下, 如果槽车在一次充装、运输和卸液的全过程中, 确能严格控制最大温差不超过 30℃, 则允许按罐体容积的 85% 进行充装。液化石油气罐车见图 6-3。

图 6-3　液化石油气罐车

(三) 气瓶

液化石油气钢瓶是指正常环境温度 (−40~60℃) 下使用的, 公称工作压力为 2.1MPa, 公称容积不大于 150L, 可重复盛装液化石油气的钢质焊接气瓶, 也是移动式压力容器的一种。液化石油气钢瓶编号为 YSP-××。××代表最大充装量，如 YSP-35.5 表示最大充装量不超过 15kg 的钢瓶。常见的钢瓶型号有 YSP-23.5（10）、YSP-35.5（15）和 YSP-118（50）（注：括号内数字为老标准表示方法），其容积分别为 23.5L、35.5L 和 118L，液化石油气最大充装量为 9.8kg、14.9kg 和 49.5kg。居民家庭、饭店厨房、火锅店等场所，经常采用液化石油气钢瓶来盛装液化石油气，作为烹调能源。液化石油气钢瓶在我国使用非常广泛，因此发生事故也比较多。

（四）安全附件

为了保证液化石油气容器的安全运行，容器上必须设置和安装压力表、液位计、安全阀、温度计、紧急切断阀和排污管等附件。

1. 压力表

液化石油气储罐、槽车和钢瓶上，均应安装压力表。压力表一般要求正常操作的量程为全量程的 50%，表盘刻度的极限值应为罐体设计压力的 2 倍左右，并在对应于介质的温度 40℃和 50℃的饱和蒸气压处涂以红色标记，以示危险压力范围，当容器内压力超过红色标记时能与报警装置联动。

2. 液位计

储罐和槽车均需安装液位计。储罐常用的液位计有板框式玻璃液位计和固定管式液位计，也有采用浮子跟踪远传式液位指示设备的。槽车液位计采用磁力浮球式、旋管式和拔管式。液位计在 85% 及 15% 的位置上应划有红线，以标示出液化石油气容器允许充装的液位上限和下限。

3. 安全阀

储罐和槽车上必须设置安全阀，如图 6-4 所示。在容量较大的容器上使用全启式弹簧安全阀，而在容量较小的容器上可使用微启式弹簧安全阀。大型容器（大于 $100m^3$）至少设置两个以上的安全阀，且采用同一型号和规格，以保证罐内压力出现异常或发生火灾的情况下，均能迅速排气。安全阀的开启压力不大于储罐设计压力，而回座压力不低于开启压力的 0.80 倍。安全阀与储罐之间设有闸门，安全阀出口应接放空管。放空管的高度距罐顶不小于 2m，距地面不小于 5m，有条件的地方可引至安全地点。槽车安全阀须采用内置全启式弹簧安全阀，开启压力为设计压力的 1.05～1.1 倍，回座压力不低于设计压力的 0.8 倍。

(a) 储罐安全阀　　　(b) 罐车安全阀
图 6-4　液化石油气安全阀

4. 温度计

为了控制和掌握容器内液化石油气的液相温度，需设温度测量仪表来控制和检测。液化石油气储罐和槽车上的温度计测温范围为−40～+60℃，并在40℃和50℃两处标以红线，以示危险界限。

5. 紧急切断阀

液化石油气紧急切断阀是一种安全保护阀，在液化石油气的铁路和汽车槽车上都必须安装此阀门。紧急切断阀安装在槽车气液相接口上，可在现场或一定距离之外借助液压、气压机械实现快速关闭。当外界发生火灾等原因使环境温度升高至规定范围时，借助易熔件，阀门能快速自动关闭，起安全保护作用。带有过流关闭功能的紧急切断阀，在卸车过程中过线断裂，发生大量泄漏时，阀门会自动关闭，其结构原理见图6-5。

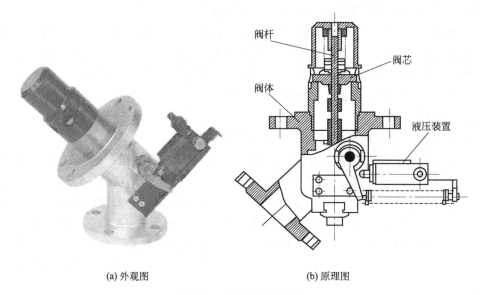

(a) 外观图　　　　　　　　　(b) 原理图

图 6-5　车用紧急切断阀

6. 排污管

液化石油气储罐上设有排污管，在排污管的上部串联装设有两个排污截止阀。

第二节　灾害事故特点

常见的液化石油气事故主要有泄漏、爆炸和火灾。

一、泄漏事故

（一）液化石油气罐泄漏的部位

1. 阀门的泄漏

阀门法兰的密封垫片易老化、开裂等而发生泄漏。法兰分为阀门前法兰和阀门后法兰，一般说来，阀门后法兰泄漏危险性较小，阀门前法兰泄漏比较麻烦。

2. 管线的泄漏

液化气管线因材质薄弱或受震动、撞击等出现裂缝而发生泄漏。若气相管泄漏，在一定时间内的泄漏量要少一些，若液相管泄漏，危险性较大。

3. 储罐根部的泄漏

储罐根部因材质问题或其他原因出现裂缝泄漏，此处不受阀门控制，但一般裂缝不会太大。

4. 储罐上部撕裂泄漏

即储罐上部大开口泄漏，因储罐内部超压，或受高温烘烤急剧增压而在顶部撕口、爆裂，这种泄漏量大、扩散快，十分危险。

从泄漏的部位看，阀门后法兰泄漏可以通过关阀解决；阀门前法兰泄漏，阀门无法控制，只能采取堵漏措施。按照现有的堵漏技术，阀门前法兰泄漏、管道泄漏、储罐根部裂缝泄漏等都可以带压堵漏。储罐顶部撕口子泄漏，一般无法堵漏，只能采用点燃、驱散、倒罐等措施处理。

（二）原因分析

1. 由于制造、安装质量低劣而引起的本体泄漏事故

这类事故主要发生在 20 世纪 80 年代以前生产的液化石油气储罐、罐车及液化石油气钢瓶上。这些产品有的选材不当，有的组焊质量较差，焊缝错边、咬肉、裂缝等缺陷严重，制造或检修时经多次返修，又未经热处理。如吉林市某液化石油气厂容积为 $400m^3$ 的球罐，钢板对接错边超标量占 50.06%，焊缝咬边占 45.2%，在 1979 年 12 月发生泄漏爆炸，造成重大人员伤亡。这类事故多半从焊缝处突然开裂，液化石油气大量喷出，一般属于无法止漏的事故，情况最为危险。

2. 安全附件失效引起的事故

（1）安全阀起跳

安全阀起跳有两种原因，一种是由于超装或温度升高而造成的超压，使安全阀起跳。处理这类事故应首先打开喷淋水，使储罐降温，同时可以打开与压力较低的储罐连接的液相管和气相管，使压力自动平衡，还可以充装小瓶，对喷出的气体，可用水枪驱散。另一种情况是安全阀在储罐压力较低时起跳，原因是安全阀起跳压力失控，这时从安全阀冲出的介质主要是气相，此类事故危险性小，可直接关闭安全阀下面的截止阀，更换安全阀即可。

（2）液位计失效

液位计失效造成的事故也可分为两类：一类是由于液位计失灵，造成假液位，导致储罐或罐车超装超压；另一类是液位计在冲洗时，丝堵滑丝，造成液化气从液位计泄漏，此类事故一般泄漏量较小，如果液位计与储罐之间有截止阀，关闭阀门即可，如果没有阀门或阀门失效，则应采取本体堵漏的方法处理。

（3）压力表失灵或泄漏

压力表指示不准，也容易造成超压破坏，如果安全阀可靠，安全阀会自动打开泄压，压力表本身泄漏，可以关闭仪表针阀，重新更换安装。

（4）紧急切断阀泄漏

紧急切断阀是液化气罐车的主要安全附件，可以防止液化石油气大量外溢，但由于其结构特点及液化石油气的污染，很容易发生泄漏，检查其泄漏的方法是：关闭紧急切断阀，关闭出口阀，如果紧急切断与环阀之间的压力在 0.98MPa时，泄漏量不超过 3L/min，则认为紧急切断阀不合格。如果此时为空车，则不应继续灌气，而应直接到专业检修部门修理。如果满载情况下，应尽量找就近的液化气站联系卸车，然后进行检修。

（5）其他阀门泄漏

液化石油气罐罐体上，安装有气相阀、液相阀、排污阀、放空阀等许多阀门，这些阀的种类有截止阀和球阀，规格有 $DN80$、$DN50$、$DN40$ 和 $DN25$。

阀门泄漏有内漏和外漏两种。气相阀门、液相阀门内漏，一般不易发现，可以在检验时修理、更换。排污阀或排空阀内漏比较危险，发现不及时会造成大患，如果发现及时，则可在泄漏阀门外加装一只规格相同的阀门，安装时，应将新换阀门打开，待安装好后再关闭，否则形成背压，无法安装。安装时，应使用铜制或不锈钢工具，以免发生火花，引起爆炸。阀门外漏多由于盘根质量不好或老化所致，有一个渐变过程，如果及时发现、更换填料，一般不会发生较大事故。但在更换填料时，必须确认截止阀的入口是靠罐体一侧，否则，液化气会从盘根窜出，酿成大祸。

3. 安全管理不当造成的事故

此类事故分两种类型：一类是储罐、罐车和钢瓶在检验或修理时，未按工艺规程进行残液处理，在罐内残液未处理干净时，就对其进行气密实验，造成爆炸；另一类是由于居民乱倒钢瓶内残液，遇火源而发生爆炸或燃烧，此类事故是液化石油气事故中最多的一种，虽财产损失不是很大，但往往会造成人员伤亡，影响很坏。检验、修理之前应将储罐、罐车或钢瓶内残液处理干净，储罐、罐车内残液用临时火炬烧掉，钢瓶内残液应用抽残装置处理。残液处理完成后，对罐体应用水蒸气吹扫，如无条件可用氮气进行置换。最后检验合格后应做水压试验，水压试验合格后，方可进行气密试验。气密试验后应抽真空，并用氮气或液化石油气置换。液化气站应建立密闭式抽残装置，定期对用户钢瓶残液进行处理，并对用户进行安全教育。

4. 过量充装所造成的事故

过量充装是造成重大事故的主要原因。由于液化石油气的膨胀系数很大，一般设计充装系数不超过 0.9，一旦完全装满液体，没有气相空间，温度每升高1℃，压力会上升 2～3MPa，迅速达到容器的爆破压力（液化石油气容器设计压力为 1.77MPa），造成罐体安全阀起跳，罐撕裂甚至发生物理爆炸。液化气站应严格管理制度，每次进出气要作记录，并与液位计指示数字核准，发现液位计失灵，应立即停止进气，对液位计进行检修。

（三）事故特点

泄漏事故占液化石油气事故的比例最高，很多火灾、爆炸事故都是由泄漏引起。如 1998 年西安"3•5"液化石油气爆炸事故。这类事故经常由小的泄漏开始，由于处置不当，使事故不断扩大，最后引起火灾或爆炸，酿成惨案。因此，泄漏事故的前期处置，是防止灾害扩大的关键。

二、爆炸事故

（一）爆炸类型

液化石油气的爆炸事故分为三类：物理性爆炸、化学性爆炸和连锁式爆炸。

1. 物理性爆炸

液化石油气容器发生物理性爆炸的原因是容器内部的压力超过容器所能承受的压力。这种爆炸有三种情况：设备管道系统发生的韧变、脆变、腐蚀等导致的物理性爆炸；设备管道系统受热辐射和热传导作用造成的内部液体和气体膨胀，超过耐压极限而导致的物理性爆炸；强烈的外力撞击，如山体滑坡受泥石流冲击，或山洪、海啸、地震、龙卷风等引起的倒塌而导致的物理性爆炸。

在火场上，受热储罐、槽车和钢瓶极易发生物理性爆炸，因为液化石油气大约温度每升高 1℃，体积膨胀 0.3%～0.4%，气压增大 0.02～0.03MPa。国家规定按照纯丙烷在 48℃时的饱和蒸气压确定钢瓶的设计压力为 2.2MPa，按纯液态丙烷在 60℃时刚好充满整个储罐来设计罐容积。若按规定的灌装量灌装，在常温下液态体积大约占储罐容积的 85%，还留有 15%的气态空间供液态受热膨胀。如果储罐接触热源，当温度升高到 60℃时储罐内就完全充满了液态，罐体膨胀力将直接作用于罐壁，温度每升高 1℃，压力就急剧增大 2～3MPa。储罐的爆破压力一般为 8.0MPa，此时温度只要升高 3～4℃，储罐内的压力就可能超越罐壁的爆破压力，引起储罐爆炸。如果超量灌装钢瓶，那就更加危险了。

2. 化学性爆炸

当液化石油气在空气中的浓度处于爆炸极限范围内（1.5%～9.5%），遇到点火能量极小的火源都会引起剧烈的爆炸。液化石油气从储罐设备中泄漏后，迅速蒸发与空气混合，形成爆炸混合物，遇火源发生化学性爆炸，这种爆炸性燃烧也称为动力燃烧。液化石油气的爆炸威力大，爆速达 2000～3000m/s，1kg 液化石油气与空气预混，浓度达到 5%时爆炸威力最大，等于 4～10kgTNT 炸药的当量，具体计算方法参见下文。这种爆炸性燃烧会产生强大的冲击波和高温，破坏周围的建筑物、设备和容器，造成重大损坏和人员伤亡。2012 年 10 月 6 日上午，湖南怀化常吉高速公路官庄镇 1117 段地穆庵隧道口发生了一起液化石油气槽车侧翻事故，在救援过程中，液化石油气突然发生爆炸，爆炸造成了现场 3 名消防人员牺牲。

3. 连锁式爆炸

这种爆炸是化学性爆炸和物理性爆炸交织在一起，有时是先发生化学性爆炸，由于爆炸的冲击波和高温等引起压力设备容器和储罐的物理性爆炸；有时是物理性爆炸，然后又引起化学性爆炸，继而再引起物理性爆炸。这种爆炸一般发生在较大型的液化石油气罐瓶厂、站或储罐群中。1988 年天津二罐站液化石油气火灾首先由化学爆炸引起大火，在烈焰的辐射下，造成储罐连续物理性爆炸。

（二）爆炸破坏力计算

如果储罐破裂度严重，由于大量液化石油气在瞬间汽化，发生沸腾液体蒸气爆炸（Boiling Liquid Expanding Vapour Explosion，BLEVE），遇到火源还会引起蒸气云燃烧爆炸（Vapour Cloud Explosion，VCE），从而引起爆炸冲击波、容器碎片抛出和巨大的火球热辐射，对周围的人员和设备造成严重破坏。

1. 储罐爆炸

储罐爆炸时爆炸能量主要来自两部分，一部分是储罐上方的蒸气膨胀，另一部分是储罐下方的液体汽化膨胀（蒸气爆炸）。由于前者在储罐内只占很小的一部分，计算时可以忽略不计。

液体汽化膨胀爆炸的能量为：

$$U_1 = [(i_1 - i_2) - (s_1 - s_2)T_b]M \tag{6-1}$$

式中　U_1——液化石油气储罐发生蒸气爆炸的能量，kJ；

　　　i_1——液化石油气在储罐破裂前的平均温度下的焓，kJ/kg；

　　　i_2——液化石油气在大气压力下的焓，kJ/kg；

　　　s_1——液化石油气在储罐破裂前的平均温度下的熵，kJ/(kg·K)；

　　　s_2——液化石油气在大气压力下的熵，kJ/(kg·K)；

　　　T_b——液化石油气在大气压力下的沸点，K；

　　　M——液化石油气的质量，kg。

TNT 当量为：

$$M_{TNT} = U_1 / H_{TNT} \tag{6-2}$$

式中　M_{TNT}——储罐爆炸的 TNT 当量，kg；

　　　H_{TNT}——TNT 炸药爆炸热，4230kJ/kg。

例如，当储罐爆炸前内部液化气的平均温度为 55℃时，可得到储罐爆炸的能量为：

$$U_1 = 63M$$

因此，TNT 当量为 $M_{TNT} = 1.5\% M$

2. 蒸气云爆炸

蒸气云爆炸的能量为：

$$Uv = \alpha M H_c \tag{6-3}$$

式中 Uv——蒸气云爆炸能量，kJ；

    α——当量系数，由实验测定，一般可以取 $1\% \sim 4\%$；

    M——蒸气云质量，kg；

    H_c——液化气燃烧热，kJ/kg。

TNT 当量为：

$$M_{TNT} = (\alpha H_c / H_{TNT}) \cdot M = 1.1M$$

3. 冲击波超压

TNT 爆炸的冲击波超压可以按下式计算。

$$\Delta p / p = 1.06\lambda^{-1} + 4.3\lambda^{-2} + 14\lambda^{-3} \tag{6-4}$$

式中 Δp——冲击波超压，MPa；

    p——大气压力，近似为 0.1MPa；

$$\lambda = s / M_{TNT}^{1/3}$$

式中 s——储罐距目标的距离，m；

对于地面爆炸，由于地面的反射作用，冲击波超压应为 TNT 空中爆炸冲击波的两倍，式(6-4) 变为式(6-5)：

$$\Delta p = 0.2 \times (1.06\lambda^{-1} + 4.3\lambda^{-2} + 14\lambda^{-3}) \tag{6-5}$$

（三）爆炸特点

1. 破坏性大，对周边建筑人员威胁大

液化石油气与空气形成的爆炸混合物，遇明火发生爆炸，爆炸中心的空气突然减少，同时随着冲击波带走大量的空气，使爆炸中心出现一个瞬间的负压区，紧接着四周的空气迅速补充过来，形成与冲击波相反的强大吸力。这样一推一拉，又加强了对周围建筑物的破坏程度，使火场更加复杂。

当容器发生物理性爆炸时，不仅冲击波会对现场建筑、人员造成危害，碎片飞出后，还会对远处人员造成伤害。

2. 突发性大，易造成救援人员伤亡

液化石油气在空气中泄漏，很容易达到爆炸极限范围，当遇到很小的火点便会爆炸，事前并没有前兆。当救援人员赶到现场时，机动车辆、救援行动都有可能造成化学爆炸，往往会对救援人员产生极大的杀伤力。1998 年西安"3·5"液化石油气爆炸事故，造成消防官兵 11 人死亡，30 人受伤。

三、火灾事故

（一）火灾类型

1. 稳定燃烧（扩散燃烧）

稳定燃烧有两种情况：一是在液化石油气从储罐设备中一泄漏即被明火点燃，继而连续燃烧的现象；二是液化石油气从储罐设备中泄漏后与空气混合，再

遇火源发生爆燃，继而在泄漏处继续燃烧的现象。稳定燃烧火焰的形状与破裂口形状、开口大小有关，多以喷射的形式燃烧并伴有轰鸣声。

2. 爆炸燃烧（动力燃烧）

液化石油气从储罐设备中泄漏后，迅速蒸发与空气混合，形成爆炸混合物，遇火源发生的爆炸性燃烧，叫做动力燃烧。

3. 逆风蔓延

液化石油气泄漏后遇下风方向火源点燃，能够逆风向迅速蔓延。

4. 大面积燃烧

液化石油气泄漏后，在风力不大或风向不定的情况下，四处飘逸弥漫，人力无法堵截和控制，一旦着火，常常造成大面积燃烧。

5. 立体燃烧

液化石油气储罐发生火灾时，由于接管较多，长时间的燃烧会使多个接口密封失效，各处燃烧，如安全阀、放散管、排污阀及地面管线等，形成储罐上下、四周立体燃烧。

（二）火灾特点

1. 辐射热大，造成消防员灼伤

由于液化石油气燃烧温度高，达到1800～2000℃，火场辐射热也必然高，因为辐射热与温度的4次方成正比。因此，在扑救液化石油气火灾时，消防员承受着巨大的辐射热烘烤，体力消耗极大。同时，强烈的辐射热还会引起周边建筑火灾，使火场扩大。在灭火作战中，消防员的头盔被烤化，衣服被烤焦，皮肤、眼睛会受到灼伤。

2. 易引起邻近储罐、钢瓶物理性爆炸

在液化石油气罐站或钢瓶储存间发生火灾，强烈的辐射热，易引起储罐、钢瓶发生物理性爆炸。1979年12月吉林市液化石油气罐站火灾，引起球罐和3000多个钢瓶发生物理性爆炸，对救援人员安全形成极大威胁，被迫撤出火场。

第三节　危险性分析与行动安全要则

液化石油气事故分为两大类：一类是泄漏未起火；另一类是爆炸起火。这两类事故潜在的危险各有不同，处置方法也不一样。

一、液化石油气泄漏的危险性分析与行动安全要则

（一）危险性分析与辨识

1. 大量泄漏

储存液化石油气的储罐、槽车或连接管道发生泄漏时，特别是液相泄漏，如果不能及时堵漏，就会形成大量泄漏。由于液化石油气的沸点低，液体会迅速汽

化，其气体体积是泄漏液体的 250～300 倍，形成大面积蒸气云，笼罩在地面，在空气中极易达到爆炸极限范围，这时危险性最大，一旦遇到火源，即会发生剧烈爆炸。如果消防队员正在现场救援，则会造成重大伤亡。如果 1t 液化石油气发生泄漏，液体体积大约为 $1.6m^3$，形成大约 $480m^3$ 液化石油气气体，如果按照 2％的比例与空气混合，则产生 $2400m^3$ 的爆炸性混合气体，假设混合气体笼罩在 1m 高的地面，则形成 $2400m^2$ 的爆炸范围。

主要危险性识别如下。

① 消防队到场前已经泄漏较长时间，液化石油气扩散范围比较大，消防队进入灾害现场时就伴随着危险，如果指挥员不能准确识别危险性，指挥消防车盲目进入，不仅无助于应急救援，还可能引起爆炸。

② 泄漏部位特殊，消防队没有携带堵漏工具，或者一般的堵漏措施无法有效制止泄漏，液化气体不断泄漏并向外扩散。1998 年西安"3·5"事故就是这样一个典型例子，泄漏发生在排污阀与罐底相连接的法兰面之间，由于没有有效的堵漏工具，堵漏工作断断续续，始终无法彻底制止泄漏，随着泄漏时间延长，泄漏的液化石油气越来越多，扩散范围不断扩大，当到达不防爆的配电室时，自然容易引起爆炸。

③ 发生的场所。发生大量泄漏的容器往往是储罐、槽车和大型输送管道。如液化石油气储备站，内部有大量的球罐或卧式储罐，泄漏一旦无法控制，往往会引起爆炸。液化石油气罐车在发生交通事故时，安全阀折断或其他部位大量泄漏，一般堵漏方法很难奏效，消防队到场时，在很大面积内已经形成达到爆炸极限范围的混合气体，十分危险。大型输送管道泄漏，隐蔽性强，由于管道采用的埋设方式较多，泄漏途中有很多隐蔽空间，不容易被发现，一旦爆炸，往往是连锁反应，如果消防力量部署位置不当，很可能造成重大伤亡。

2. 局部空间泄漏

使用液化石油气钢瓶的厨房，饭店使用火锅或烧烤的房间，放置钢瓶的仓房，由于瓶阀、连接管老化等原因失效，液化石油气缓慢泄漏，使用者不易发现，消防员进入这些场所，也有爆炸的危险。家用液化石油气钢瓶的最大储存量为 13～15kg，一个 $6m^2$ 的厨房，空间容积约为 $18m^3$，仍然按照 2％的比例混合，只需要泄漏 $0.36m^3$，约 0.7kg，就能将整个厨房变成爆炸空间。

有些相对封闭的空间，如厨房、储藏间、下水道等，如果附近有泄漏源，气体很容易在通风不畅、相对封闭的场所积聚，形成爆炸空间。这些地方通常不被重视，如果不及时处置，也会造成严重后果。

（二）行动安全要则

为减少潜在爆炸危险对救援人员的威胁，主要注意三个方面：

① 尽量减少一线作战人员；

② 破坏爆炸（燃烧）的必要条件，即可燃物、氧化剂和火源三要素；

③ 尽快消除泄漏源。具体措施如下。

1. 加强侦检，设置警戒区

泄漏的液化石油气的潜在危险是泄漏气体连续蒸发，扩散范围难以准确预测，扩散范围内一旦达到爆炸极限范围，任何微弱的火源都能引发燃烧或爆炸。因此，其扩散范围越大，火灾和爆炸的危险性越大，现场警戒区划定的范围也就越大。措施如下。

（1）通过侦检，确定扩散范围和浓度

① 仪器测定。消防队到达泄漏事故现场后，要在指挥员的统一指挥下，运用液化石油气浓度检测仪或可燃气体侦检仪对泄漏事故现场进行检测，检测液化石油气扩散的地带及其范围的浓度，并据此作为确定警戒区域和兵力部署的依据。根据国际通行的做法，警戒区边界浓度取值应以爆炸浓度下限的 20% 为准，一方面是因为检测仪器本身存在一定误差，另一方面是因为泄漏的液化石油气是不断扩散变化的，因此取 20% 较为安全，也比较符合实际，可操作性强。对液化石油气储备站的一些相对封闭的工作间，如配电间、泵房、充装间等要重点检测；对地下沟槽、坑道、地下室及低洼地带要重点检测。

② 观察确定。除用检测仪器测定警戒区域外，还可以根据液化气泄漏由液相变为气相要吸收大量热量的特性，使空气中的水分凝结，形成大面积的蒸气云带，管壁、草地、树木附着一层冰或水珠以及地面飘移的白雾等现象确定警戒区域。一般这种气云离地面 4～5m 高，有时可达 10m 高。因此，对于上述迹象只能作为划分警戒区域的参考，警戒区边界的确定至少距蒸气云边缘 50m 以外，下风向还要远些。

（2）划定警戒区，设置警戒标志

测定警戒范围要与设置警戒标志同时进行。先到场的中队与后到场的中队要加强联系，紧密配合，掌握风向、风速、地形、建筑物的状况和液化气扩散流动范围，并在警戒区边界和通行地点设置"禁止入内""此处危险"等标志牌，也可用黄、红旗代替。标志要醒目；夜间要有显示，便于来往行人观察。消防队与公安交通、派出所等部门要密切配合，切断通往警戒区的一切交通，并在所有路口设立固定岗哨，无关人员一律不准入内，同时还要设有流动哨，密切注意警戒区内有关人员的行动，并随时注意风向的变化，以便采取应急措施。

2. 精简一线，加强个人防护

（1）根据扩散范围，合理部署兵力

消防队到达灾害现场时，不要盲目进入气体扩散区域，宜将消防车辆和人员集结在事故现场的上风方向，距离现场 1000m 以上，车头朝向撤退方向，不要将道路堵死。车辆避免停靠在工艺管线下和下水道等沟渠上部。

（2）要精简一线兵力

尽量减少前线人员，特别是避免人海、车海战术。人员进入要尽量沿着上风方向，非作战人员原则上不进入警戒区。在处置泄漏阶段，应当派懂技术、精战术、有经验、技能好、体能强的精锐人员，组成战斗小组，轮换进入。把大量人员、装备部署在外围相对安全地段，一旦发生爆燃，马上进攻，集中力量冷却危险储罐。

（3）加强个人防护

对进入危险区工作的人员要做好呼吸保护，佩戴空气呼吸器，防止窒息中毒。堵漏操作时，要穿着密闭的防护服装，避免泄漏气体进入衣服内部。要佩戴防冻手套，避免被泄漏的液化石油气冻伤。所有进入现场的人员严禁穿尼龙、化纤衣服，避免产生静电，引起爆炸。

3. 消除火种、消除静电、疏散区内人员

液化气发生泄漏后，为防止事故灾害扩大，必须采取坚决果断措施，消除危险区域内的一切火种，积极组织人员疏散到安全地带。

（1）消除火种

消除的火种包括一切明火、电火、静电火花、撞击摩擦火花等。

发出危险警报，动员区内人员熄火。液化气罐站应设有警笛，平时进行演习，一旦发生泄漏及时报警，附近人员听到警报声音后一律熄灭火源。在没有警笛的地方发生泄漏事故时，消防队到场后应迅速划定警戒区域，并用广播等手段通知群众，动员群众主动熄灭火源。同时，还要通知危险区域的生产单位停机、停火，停止一切能够产生火花的作业。

切断电源。事故发生后，要立即通知电业部门，及时切断危险区域的一切生产、生活用电或公共照明的电源，供电部门在没有接到警报消除通知以前，不得供电。

禁止车辆通行。事故发生后，凡在警戒区域内的一切机动车辆必须立即停车熄火，并严禁各种机动车、畜力车和自行车驶入警戒区域。关键路口要设置路障，避免车辆强行通过。

控制人员携带火种。凡进入危险区域的人员，不准使用扩音器、手电筒；不准使用普通通信设备，如必须使用，使用的器材装备必须防爆；不准携带铁器；不准穿钉子鞋和涤纶织物；不准随意扔踢石块等，确保行动万无一失。

（2）消除静电

液化石油气的点火能很低，在 $0.2 \sim 0.3 \text{mJ}$，极易被引爆。静电可能产生于气体喷射过程中，特别是气液两相流产生静电的可能性更大；也可能产生于消防员的救援活动中，如服装摩擦产生静电、堵漏操作产生静电等。为防止静电的产生，最好的办法是增加现场湿度，用喷雾水驱散气体的同时，使现场的湿度大大增加，当相对湿度达到 70% 的时候，静电不再危险。参加救援的人员，尽量不穿易产生静电的化纤衣物，为保险起见，进入现场前，也用喷雾水将救援人员衣服淋湿。如果采取倒流措施，一定要加接地装置，避免液化石油气流动过程中产生

静电。

（3）疏散人员

消防队到场后，要采取有效措施积极抢救、指导危险区域的群众撤离危险区，疏散到安全地带。

建立安全区。要在地势较高的上风方向建立安全区，以便群众暂时避难，安全区要设立广播站和安全标志，以引导群众，使其明确疏散方向。

确定疏散路线。为防止群众惊慌失措在危险区域内盲目行动，造成混乱，事先要确定好疏散路线，使群众在撤离危险区后，按照规定的路线到达安全区。

有效组织疏散。在疏散群众的过程中，要组织群众扶老携幼，照顾伤病人员，安抚群众不要慌乱；动员群众不要携带金属物品，不穿钉子鞋，使群众的疏散有组织、有秩序、安全可靠地进行。

4. 驱散气云，消除爆炸隐患

在堵漏工作展开和完成的同时，要对事故现场内所形成的液化气云，予以稀释驱散，彻底消除火险隐患。

（1）水雾驱散法

实践证明，用大量的喷雾水流驱散液化气云是行之有效的方法。它可以引起空气和水蒸气的搅动对流，起到稀释液化气的作用。采用这种方法时，喷雾水枪要由下向上驱赶蒸气云，同时还要注意用水稀释阴沟、下水道、电缆沟内滞留的蒸气云。一般当风速为 8m/s 时，消防车水泵出口压力为 0.7～0.9MPa，用 19mm 口径水枪驱赶的喷流角度在 50°～70°为宜。

（2）泡沫覆盖法

液化气若成液态沿地面流动时，最好采用中倍数泡沫覆盖，以减少其蒸发速度，缩小气云的范围。采用此法关键是要注意在泡沫覆盖未形成之前，泡沫里的水可能冲击而加大液态液化气的挥发速度。用中倍数泡沫可使含水率和稳定性两个相互冲突的因素得到平衡。

（3）送风驱散法

对于积聚于建筑物和地沟内的液化气云，要采用打开门窗或地沟的盖板的方法，通过自然通风吹散危险气体，也可采取机械送风的方法驱除。

5. 采取措施，及时制止泄漏

对于液化石油气泄漏事故，只有采取有效措施，消除泄漏，才能真正解除威胁。消除泄漏的方法很多，消防救援人员应根据现场情况，选择适当的堵漏措施。

（1）关阀制漏

关闭泄漏部位上游的阀门，是消除泄漏最简单、最有效的方法。当液化气由管线破裂而发生泄漏时，应采取关阀断气法，制止泄漏。关阀时，人应站在上风向操作，并最好由熟练工操作，使用手钳应有防护层，以免金属撞击产生火花发生危险。

（2）注水制漏法

若液化气从储罐底部泄漏，可以利用排污管由消防车向罐内加压注水，利用水比液化气密度大的特性，把液化气浮到漏口之上，以终止气体泄漏，待漏气口向外喷水时，再修复破裂口。对于冷冻的液化气储罐，无论在任何情况下，都不能用此法制止漏气，因为水会在罐内冻结。采用消防车注水时，一定加装止回阀，防止液化石油气压力过高，反向流入消防车，造成危险。

（3）冻结制漏法

法兰盘泄漏液化气，可采用冻结制漏法，即用麻袋片等织物强行包裹法兰盘泄漏处，然后浇水使其冻冰，从而制止泄漏。对于液相管道裂口也可用此法，但此法主要应用于寒冷季节。

（4）塞楔堵漏

用韧性大的金属、木材、塑料等材料制成的圆锥体楔或斜楔塞入泄漏的孔洞而止漏的一种方法，称为塞楔堵漏。这种方法适用于压力不高的泄漏部位的堵漏。

塞楔堵漏所用的材料一般有：木材、塑料、铝、铜、低碳钢、不锈钢等。材质的选择应根据具体工况条件来确定。如易燃、易爆场所应选择不产生火花的材料如木材、铝、铜，介质腐蚀性强时不能选用低碳钢。塞楔的形式应根据泄漏情况来确定，常见的形式有：圆锥塞、圆柱塞、楔式塞等。如图 6-6 所示。

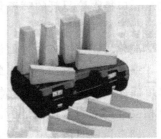

(a) 大、小圆锥塞　　　　　　(b) 楔式塞　　　　　　(c) 楔式塞

图 6-6　堵漏木楔

图 6-6（a）为大、小圆锥塞，大圆锥塞适用于较大圆形孔洞的堵塞堵漏。堵漏时用手锤有节奏地把圆锥塞敲打入孔洞，敲击前，将泄漏孔和堵塞涂上一层密封胶效果更好。小圆锥塞适用于较小的孔洞和砂眼，操作方法同大圆锥塞。图 6-6(b)、(c) 为楔式塞，适用于缝隙和长孔形的堵漏，它成刃形，有利于楔紧孔隙，达到密封的目的。敲打点应对中，用力先小后大。

如塞楔堵漏效果不够理想，可把留在本体外的堵塞除掉，然后采用黏结或卡箍的方法，进行第二次堵漏。压力容器发生泄漏时，泄漏孔往往不规则，此时可以根据泄漏孔洞的尺寸、形式，现场制作合适的堵漏楔塞。

（5）堵头堵漏

塞楔堵漏是靠塞楔本身的变形而压紧在孔洞内达到堵漏的目的，但对于压力较大的泄漏，塞楔可能被内部介质的压力顶出。堵头堵漏技术可克服这个缺点。堵头与本体的连接形式有：焊接、黏结、螺纹连接等。它适用于本体较厚，压力较大的部位，它的最大特点是与本体泄漏点连接时有导流作用，便于堵漏。

堵漏的方法是：首先确定本体的壁厚和泄漏孔的大小，从而确定堵头的尺寸，并根据堵头的尺寸在泄漏点钻孔攻丝（孔不宜钻穿），然后在制造好的堵头螺纹处包上1～2层聚四氟乙烯，或涂上一层密封胶，拧紧在泄漏处的螺孔中，再将堵盖套上密封圈，拧紧在堵头上即可。也可在泄漏处螺孔中安装一只小型阀门，然后关闭阀门即可。

（6）捆扎堵漏

利用捆扎工具把钢带紧紧地将设备或管道泄漏点上的密封垫或密封胶压死而止漏的方法，称为捆扎堵漏。这种方法简单，适用于壁薄、腐蚀严重、不允许动火的情况。捆扎工具简单、携带方便，主要由切断钢带的切断机构、夹紧钢带的夹持机构、捆扎紧钢带的扎紧机构组成。

当管道或直径较小的设备出现泄漏，而且泄漏孔或缝隙较小时，可以考虑采用捆扎堵漏。其方法是：将选好的钢带包在管道或设备上，钢带两段从不同方向穿在紧圈中，内面一段钢带应事先在钳台上弯成L形，并使L形卡在紧圈上，以不滑脱、不妨碍捆扎为准。外面一段钢带穿在捆扎工具上，首先将钢带放置在刃口槽中，然后把钢带放置在夹持槽中，扳动夹持手柄夹紧钢带。用手或工具自然压紧钢带的另一端，转动扎紧手柄，拉紧钢带。当钢带拉紧到一定程度时，把预先准备好的密封垫放在钢带的内侧，正对泄漏处，然后迅速转动扎紧手柄堵住泄漏处。待泄漏停止后，将紧圈上的紧固螺钉拧紧，扳动切断手柄，切断钢带。并把切口一端从紧固处弯折，以防钢带滑脱。

钢带材质一般有碳钢、不锈钢等。密封垫一般用橡胶、聚四氟乙烯、橡胶石棉、石墨等。

（7）卡箍堵漏

用卡箍将密封垫卡死在泄漏处而达到治漏的方法称为卡箍法。这种方法适用于管道和直径较小的设备的堵漏。

卡箍堵漏主要用在金属、塑料、水泥等管道上，适用于孔洞、裂缝等泄漏处，并有加强作用。图6-7为常见的几种卡箍堵漏的方法。卡箍与管道之间应加一层密封垫或密封胶。密封垫的材料有橡胶、聚四氟乙烯、石墨等。卡箍的材料有碳钢、不锈钢、铸铁等。卡箍材料和密封垫材料应根据泄漏介质的具体情况选用。

（8）夹具-注胶堵漏技术

此技术适合法兰面之间的泄漏。

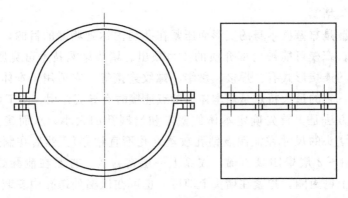

图 6-7　卡箍堵漏

① 工作原理。夹具-注胶堵漏技术是目前国内外广为采用的带压堵漏方法，具有操作简便、无需动火、安全可靠、成功率高的特点。其基本原理是：密封剂（胶黏剂）在外力的作用下，被强行注入到泄漏部位与夹具所形成的密封空腔，在注胶压力远远大于泄漏介质压力的条件下，泄漏被强迫止住，密封剂在短时间内迅速固化，形成一个坚硬的新的密封结构，达到重新密封的目的（见图 6-8）。

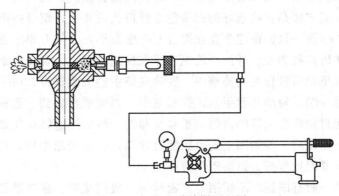

图 6-8　夹具-注胶堵漏原理图

② 夹具-注胶堵漏工具。注胶工具。注胶工具是由注射枪和液压泵用压力表和胶管等连接而成的，如图 6-9 所示。

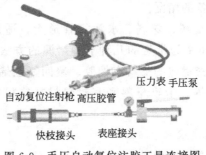

图 6-9　手压自动复位注胶工具连接图

注射阀和换向阀。连接注射枪和夹具的工具。

夹具。夹具是注胶法带压堵漏技术的关键部分，加装在泄漏部位的上部与泄漏部位的部分外表面形成新的密封空间的金属构件。其作用是包容住由高压注胶枪注射到泄漏部位的密封胶黏剂，防止其外溢，并承受住注胶压力和泄漏介质压力。它应满足下列要求：

a. 夹具应有足够的刚度和强度，因为要承受堵漏时的注胶压力和泄漏介质压力。

b. 夹具与泄漏部位之间需要有一个封闭的密封空腔，其宽度应能够全部遮盖住泄漏部位，密封空腔的高度，即注入胶层的厚度在 5～8mm 之间。

c. 夹具必须加工出带内螺纹的注胶孔，孔的位置和数量以能顺利地将密封胶黏剂注满整个夹具空腔为宜，同时应考虑到安装时间、排气卸压作用，因此至少应加工两个孔。

d. 夹具必须是分块式的，以便于把它装在泄漏部位上，而后再连成整体，一般为两块。若泄漏的设备、管道、阀门等外形尺寸很大，而泄漏部位却是一个点或一个小区域，夹具也可设计成局部式的。

e. 夹具的加工精度，视泄漏状况而定。压力较小，泄漏量不大时，间隙可控制在 0.3mm 以内；压力较高，泄漏量较大，特别是高于 350℃ 以上的泄漏介质，夹具间隙应控制为 0.1mm 以内，以防密封胶黏剂被泄漏介质带出。

f. 夹具的常用材料为 A3。

由此可见，注胶堵漏的实现，首先要在泄漏部位建造一个封闭的空腔或利用泄漏部位上原有的空腔，然后应用专用注射工具，把能耐泄漏介质温度并具有注射性能的密封剂注入并充满封闭空腔，而最终使密封腔内密封剂的压力等于或大于介质的压力，从而完全消除泄漏。如图 6-10 所示为各种常用夹具。

③ 密封剂。胶黏剂之所以能在这项技术中达到阻止泄漏的目的，是由胶黏剂本身的固有特点决定的。一般胶黏剂在固化前，都具有较好的流动性，在注入过程中可到达密封空腔的任何位置，填塞住各种复杂的泄漏缺陷。胶黏剂具有极为广泛的介质适应能力及耐高、低温的特点，因此，无论何种泄漏介质，都能选择到相应的胶黏剂，只要夹具的强度满足强度要求，新建立的密封结构是绝对可靠的。

④ 应用范围。夹具-注胶堵漏技术适用于本体泄漏、连接面泄漏、关闭件泄漏等几乎所有泄漏。适用氢气、煤气、液化石油气、氨气、水、水蒸气、氧气、氮气、二氧化碳、二氧化硫、石油、汽油、柴油、煤油、重油、润滑油、酸、碱、盐、酯类、醇类、苯类、酚、醛、酮、醚类等各种碳氢化合气体或液体等数百种介质。适用温度：-200～800℃；适用压力：真空～32MPa。

⑤ 堵漏方法。

第一步：把注射阀安装在夹具上，旋塞全部打开。

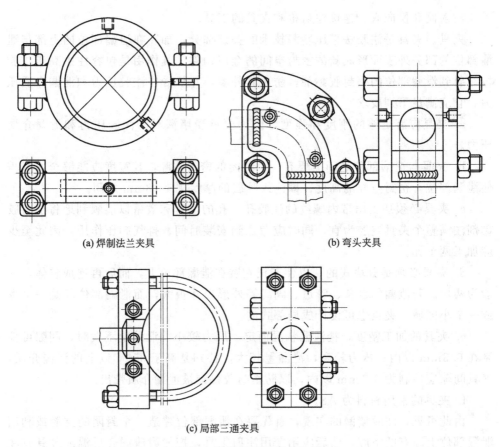

(a) 焊制法兰夹具　　　　　　　　　　(b) 弯头夹具

(c) 局部三通夹具

图 6-10　常用注胶密封夹具

　　第二步：将夹具安装在泄漏部位上，注意注胶孔的位置，应有利于注胶操作，并保证有一个注胶孔对着泄漏孔，以便排放介质和卸压，降低注胶推力，防止剂料出现气孔，有利于密封圈的形成。

　　第三步：上紧夹具螺栓，并检查夹具与泄漏部位的间隙，要保证夹具与泄漏部位的接触间隙不应大于 0.5mm，超过时要采取措施缩小间隙。

　　第四步：连接注胶枪和手压泵等部件，进行注胶操作。注胶应从泄漏孔背后位置开始，从两边逐次向泄漏孔靠近。

　　(9) 气垫堵漏技术

　　用拉紧带将气垫固定紧贴在泄漏部位外部，利用向气垫内充气所产生的高压而达到密封泄漏部位的方法，称为气垫外堵法，在气垫和泄漏体之间可以垫入密封垫。这种方法适用于低压的设备和容器本体泄漏的堵漏 [见图 6-11(a)]。气垫塞在泄漏部位的内部，利用气垫充气后的膨胀力将泄漏部位从内部压紧而治漏的方法，称为气垫内堵法。这种气垫一般为圆柱形。适用于管道本体的堵漏。将圆锥形或斜楔形气垫塞入泄漏孔内并向气垫充气而止漏的方法称为楔形气垫堵塞法［见图 6-11(b)］。

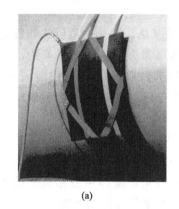
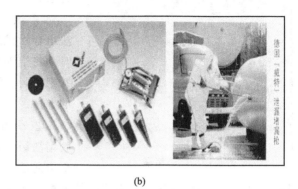

(a)   (b)

图 6-11 气垫外堵

(10) 磁压堵漏法

利用磁钢的磁力将泄漏处的密封垫或密封胶压紧而堵漏的方法称为磁压法。这种方法适用于表面平坦、压力不大的砂眼、夹渣等部位的堵漏，见图 6-12。

① 磁压堵漏工具。磁压堵漏工具主要由磁力产生器、仿型铁靴构成，铁靴是为了更好与容器型面完好结合，根据需要可以事先制作不同曲率的铁靴，如与 5t、8t、10t、15t 槽车，20m³、32m³、50m³、100m³ 储罐相互匹配的。

② 密封胶。由两种专用密封胶按 1∶1 的比例勾兑而成，用脱脂面纱作载体，在磁压作用下，进入容器孔洞或裂缝固化后便形成新的密封。

③ 特点。磁压堵漏器具的特点是使用方便、操作简单。磁压堵漏器具配有吊环，一只手即可提起，任意行动；操作手柄操作灵活，扳成 90°即可通磁堵漏。

④ 适用范围。可以用于低碳钢或低合金钢材料的立式罐、卧式罐、球罐和异型罐等大型储罐所产生的孔、缝、线、面等泄漏的修复，也可用于一般管线和设备上的泄漏堵漏。

⑤ 使用方法。第一步：根据泄漏容器的外观几何尺寸，选用或制作仿型铁靴，拧紧手提环即可固定在磁压堵漏器底部。

第二步：铁靴裸露面贴上胶带。

第三步：根据泄漏形状、大小确定用胶量，按 1∶1 比例挤到调胶板上，以刮刀将其充分调匀，以脱脂纱布为载体，视泄漏面大小剪下，将胶平整地涂在纱布上，以 2～3 层为宜，将已涂好的纱布层，平整地刮在磁压铁靴吸压面上。

第四步：待胶达到临界点时，双手把磁压堵漏器对准漏点迅速压在泄漏点上，迅速用左手压紧堵漏器本体，右手打开右开关（左手柄已经预先打开）。

第五步：待胶固化后，松开左右手柄，使磁力消失，拆除磁压堵漏器。

(11) 综合堵漏技术

综合堵漏技术是综合以上各种方法，根据工况条件、加工能力、现场情况等

图 6-12　磁压堵漏

合理组合上述两种或多种以上的堵漏技术方法。

① 顶压粘接法。这是由顶压法和胶堵法组合而成的堵漏方法。当泄漏处为小孔时，将铝铆钉通过顶压工具压住泄漏孔，并把密封胶涂于铆钉的外面固化后而堵漏的方法。

② 引流粘接堵漏法。这是由压盖法和胶堵法组合而成的一种方法。在压盖上开引流通道，压盖与泄漏体用胶粘连接而不是用螺栓固定，待胶固化后将引流孔拧上螺钉或阀门而堵住泄漏的方法。

③ 缠绕粘接法。用密封胶涂敷在泄漏部位和缠绕带上而堵住泄漏的方法。适用于管道和直径不大的设备的堵漏。

④ 上罩法。用金属或非金属罩子将泄漏的部位罩住，而达到堵漏目的的方法，称为上罩法。这种方法适用于填料处或体积不大的本体泄漏。上罩法是粘接、焊接、引流等多种技术的综合应用。

二、液化石油气火灾危险性分析与行动安全要则

（一）火灾危险性分析与辨识

1. 储罐、槽车火灾

液化石油气储罐、槽车发生火灾时，对救援人员最大的威胁：一是冷却强度不足，罐体突然发生物理爆炸，如现场指挥员看不出爆炸征兆，则会造成重大伤亡；二是在没有采取有效的堵漏措施前，将火灭掉，此时液化石油气继续泄漏，周边都是火源，而消防队员正在事故中心，一旦爆炸损失惨重。

2. 火场中的钢瓶

居民建筑发生火灾时，厨房、仓房内有时会有液化石油气钢瓶。钢瓶（特别是满瓶）被烈火烘烤，很可能达到物理爆炸条件，消防员在灭火时，突然爆炸，易造成伤亡。

（二）处置行动安全要则

扑救液化石油气容器泄漏火灾，保证消防员的安全有三条：

① 加大对着火储罐和邻近储罐的冷却强度，保证储罐吸收的辐射热不大于冷却水带走的热量；

② 控制燃烧，不轻易灭火；

③ 注意观察火场变化，一旦有爆炸前兆，及时撤退。具体措施如下。

1. 积极冷却，防止爆炸

积极冷却主要是在可控状态下扑救液化石油气储罐和大量堆集的罐瓶厂、站

火灾时使用。要集中力量，四面堵截包围，用大量的开花或喷雾水枪冷却已着火和受火势威胁的储罐，对相邻储罐重点冷却受火焰辐射的一面。如地势开阔可将未燃气瓶的阀门关闭，把气瓶搬到安全地带，但也要注意冷却，降低温度，以防止形成第二个火场。

（1）冷却方法与强度

火势严重威胁邻罐乃至全站的安全时，实施积极冷却应注意如下几个方面。

① 及时启动罐站的固定、半固定消防设施对燃烧罐和相邻罐进行冷却。

② 打开消防水池补水系统，保证供水。

③ 消防队到场后，加强对着火罐和邻近罐的冷却。使用大口径水枪（必须保证有效射程），加强对燃烧罐和邻罐的冷却。对储罐冷却强度不低于 $10L/(m^2 \cdot min)$。根据储罐大小确定水枪数量，要求均匀冷却，不留空白。调动和组织一切供水力量，保证不间断和充足的冷却用水。

④ 合理部署力量。在部署力量方面宜精不宜多，特别是一线更是如此，以减少不必要的伤亡。同时也便于前进和撤退。如火场温度过高可组织第二线水枪，掩护第一线。组织预备队，替换第一线人员。

⑤ 储罐冷却力量估算。

（2）着火罐冷却力量估算

着火罐一般应按整个球面积进行冷却估算。球形罐的球面积可按式（6-6）计算。

$$A = \pi D^2 \tag{6-6}$$

式中 A——球罐表面积，m^2；

D——球罐的直径，m。

知道了球罐表面积，按每支19mm口径、射程17m的水枪控制面积30m²计，可确定水枪数量，即可按式（6-7）确定。

$$n_{枪} = A/30 = \pi D^2/30 \tag{6-7}$$

式中 $n_{枪}$——水枪数量，支；

A——球罐表面积，m^2。

30——1支水枪控制的球罐冷却表面积，m^2。

计算出的水枪数量小于4支时，仍采用4支水枪；若计算出水枪数量超过10支时，可减少冷却水枪数量，但不应少于10支。当着火罐冷却水枪数量超过20支时，仍可采用20支水枪。

卧式储罐的冷却面积可按式（6-8）圆柱体估算。

$$A_1 = \pi D_1 L \tag{6-8}$$

式中 A_1——卧式储罐面积，m^2；

D_1——卧式储罐直径，m；

L——卧式储罐长度，m。

（3）邻近罐冷却力量估算

相邻罐一般按半个球面积进行冷却估算。距着火罐的罐壁 30m（着火罐容量小于 200m³，可减为 15m）范围内或距着火罐直径两倍的范围内的液化气罐，均称为相邻罐。

口径 19mm 水枪，有效射程 17m 时，每支水枪控制面积按 30m² 计算。当计算出来的水枪数量小于 2 支时，考虑战术需要，均应采用 2 支。当计算出水枪数量超过 6 支时，仍可按 6 支计算。

液化气储罐区的火场供水战斗车数量，为着火罐冷却供水战斗车数和相邻罐冷却供水战斗车数的总和。冷却液化气球罐的水枪喷嘴口径一般采用 19mm，当有效射程 17mm 时，每支水枪流量为 7.5L/s，因此，每辆消防车能供应两支水枪用水。根据冷却着火罐水枪数量和冷却邻近罐使用水枪数量，以及每辆战斗车供应两支水枪的要求，可估算出火场供水战斗车数量。

2. 保证充足不间断供水

液化石油气火灾扑救，除了最后灭火阶段可能用干粉外，火场灭火、冷却、堵漏、驱散、稀释等都要用水，而且用水量大、扑救时间长，因此指挥员思想上必须有强烈的供水意识。扑救液化石油气火灾，水是第一位的。供水不充足，强烈的辐射热使水枪手难以靠近冷却点，更不能有效抑制可能发生的爆炸，因此，扑救这类火灾，供水不充分和没有水源，消防队员只能撤出阵地。

扑救液化石油气火灾，指挥员在部署前方冷却灭火的同时，必须全面部署后方供水，甚至要先于前方组织后方供水。当水源缺乏时，应调用地方洒水车、铁路机车等力量，确保后方不间断，大流量供水。如有条件，可调集远程供水系统。

3. 控制燃烧，不轻易灭火

在液化石油气储罐或槽车着火后失控状态下，如果没有有效的堵漏措施，必须首选采用控制燃烧的措施。组织足够的力量，将火势控制在一定范围内，既能保护毗邻建筑免受火势威胁，又能控制火势不再扩大蔓延。控制燃烧，直至自行熄灭。控制人员应加强个人防护，防止被辐射热灼伤。器材和人员必须置于上风向，充分利用地形地物。铺设水带时考虑如果发生爆炸，如何防护或撤退。不得站在卧式液化气罐的端头，尽可能避免气罐爆炸威胁。

4. 运用好工艺措施

关阀断气。当确认阀门尚未烧坏，可穿避火服，带着管钳，在水枪掩护下，接近装置，关上阀门，断绝气源，这是熄灭液化石油气储罐火灾最方便最迅捷的方法。

泄压导流。当起火罐各流程管线处于完好状态时，可采用疏流导液的方法，通过出液管线，排污管线，将液态烃导入紧急事故罐，减少着火罐储量。通过泄压导流，防止事态扩大。

紧急放空。在无法关闭闸阀，又不能泄压导流的情况下，可通过罐顶安全阀和紧急放空管线直接将液化气排放到大气中，起到泄压和降低危险的作用。

应急点燃法。当各种方法都不能奏效时，为了防止爆炸（或二次、三次爆炸），应在测算好损失和危险程度的前提下，采取点燃的方法。人员撤离现场，用曳光弹或信号枪从上风方向点燃。然后实施控制燃烧。

液化气火灾被消灭后，要认真彻底检查现场，看漏口是否堵严，阀门是否关好，残火是否彻底消灭，确定是否需要留下消防车和人员看守，以防复燃。

5. 保持部队作战安全距离

（1）防热辐射伤害

液化石油气泄漏蒸气云爆炸产生火球引起的热辐射，消防员安全距离可以近似按式（6-9）计算。如果储罐按 85％充装，则可以得到储罐满装时安全距离与储罐容积的关系为式(6-10)。

$$s = 12M^{1/3} \tag{6-9}$$
$$s = 90V^{1/3} \tag{6-10}$$

式中　M——蒸气云液化石油气的质量，kg；

　　　V——储罐的容积，m^3。

（2）防冲击波伤害

液化石油气的爆炸冲击波来自于储罐爆炸和 BLEVE 爆炸。BLEVE 引起的火球的半径可按式(6-11)计算。

$$R = 3M^{1/3} \tag{6-11}$$

式中　R——火球半径，m；

　　　M——蒸气云液化石油气的质量，kg。

液化石油气储罐发生 BLEVE 爆炸时的安全距离是火球半径的 4 倍，储罐爆炸冲击波的安全距离近似于火球半径，蒸气云爆炸的安全距离约为火球半径的 5 倍。有关实验研究发现，90％以上的碎片落在火球半径 5 倍的范围内，大多数碎片的抛射范围小于蒸气云爆炸冲击波的安全距离。因此蒸气云爆炸冲击波的安全距离对于热辐射和碎片抛射一般来说都是安全的，但是圆柱形容器封头碎片的抛射范围可能大于上述距离，消防人员应该从容器的侧面接近。在不知道火球蒸气云液化气质量时，按储罐内液化气的实际储量计算的安全距离是偏于保守和安全的。例如，一台 $50m^3$ 的液化石油气储罐，储罐内按 85％充装，则液化气质量为21250kg，如果储罐发生严重破裂导致 BLEVE 火球，火球热辐射的安全距离为332m。对于冲击波的安全距离分别为 97m（储罐爆炸）和 402m（蒸气云爆炸）。

6. 观察前兆，及时撤退

在液化石油气火灾扑救中，要派出专人观察火情，包括燃烧罐、邻近罐的变化，以及罐区有可能受火势辐射等因素影响的储罐，善于发现并准确预报险情。火场指挥员更要密切观察火场态势，一旦发生物理爆炸的前兆，迅速发出撤退命令。一般说来，储罐在火灾辐射下，发生物理爆炸的前兆有三个。

(1) 安全阀、放散管等气体流出口发出尖锐刺耳的啸叫

液化石油气储罐内部的压力就是气体的饱和蒸气压，罐内液化石油气的成分是确定的，因此罐内压力仅是温度的状态函数，在火场辐射热的作用下，罐内温度越来越高，液体汽化速度加快，气体从泄放口流出的速度也加快，造成流道"气流拥堵"，发出尖锐啸叫，说明出口泄放量不足，内部压力不断升高。

(2) 储罐火焰发亮、发白、刺眼

纯净的液化石油气燃烧火焰是无色或蓝色的，火场上看到的黄色火焰或烟雾是不完全燃烧的碳粒发出的。在 700℃ 左右，碳粒辐射成橙黄色，火焰温度超过 1000℃，碳粒发出白亮色，此时说明燃烧火焰温度高，内部气体温度高，罐体材料强度随温度的升高逐步下降，是罐体爆炸的重要标志。

(3) 储罐、管道变形、发出声响

液化石油气储罐的设计压力是在钢材的弹性变形范围内，正常工作压力下，只产生肉眼不可见的微小变形，当罐内压力超过储罐屈服应力，产生了肉眼可见的变形或由此引起设备、管道声响时，说明其压力已经超过安全极限，很快会发生爆炸。

指挥员或安全观察员发现上述情况，要及时发出警报，组织撤退。

扑救液化石油气火灾，进攻和撤退都是依据火场态势作出的重要决策。进攻，是为了控制局面，防止爆炸，争取主动；撤退，也是为了避免伤亡，保存实力，以便再次组织进攻，争取整个战局的主动权。液化石油气性质活泼、反应敏感，稍有不慎就会引发爆炸，因此掌握和运用撤退战法更为重要。

在组织向液化石油气储罐冷却灭火时，要调整好停车位置及方向。进攻前或进攻中预先确定遇有险情的撤退线路，规定紧急撤退信号，联络方式。并授权各中队、各阵地指挥员遇有险情不需请示的撤退指挥权。撤退时不收器材，不开车辆，主要保证人员安全撤出。然后再调整部署，统一实施进攻。

7. 扑救钢瓶火灾注意事项

(1) 险情判断

在火灾中，瓶阀喷火的钢瓶，比没开阀钢瓶的刚性更安全，只要不推倒，一般不会发生物理爆炸。如果钢瓶没开阀，又在火灾中时间较长，此时十分危险。钢瓶阀门开启，并喷射火焰，熄灭后气体继续泄漏，可能达到爆炸极限范围，遇火爆炸，即所谓"复燃"，往往会造成伤亡。

(2) 安全措施

消防员进入有厨房、仓房、火锅店等可能存有钢瓶的房间，要提前侦察，不得贸然进入。发现房间有钢瓶时，要利用地形、地物掩护，对钢瓶冷却，冷却时不得将正在燃烧的液化气瓶打倒，否则角阀处漏出的将是液态，会造成火势急速扩大。当将被加热而又未燃烧的气瓶转移到安全处时，应先冷却气瓶后再移动，以防气瓶爆炸。如果钢瓶喷火一般不要先灭掉，一旦灭火，首先关闭阀门，制止泄漏，并及时转移。

第七章

交通事故应急救援行动安全

所谓交通事故，通常也被称之为交通灾害，是由包括陆地（汽车、火车）、水上（船舶）和空中（飞机）等各种交通工具所引起的人员伤亡和财产损失的灾祸。由于交通工具结构原理的特殊性和工作的流动性，其灾害规律与固定场所差别很大，消防员必须掌握规律，才能避免伤亡。

第一节　公路交通事故救援行动安全

一、基本知识

公路交通事故多发，造成损失严重。客运汽车火灾事故往往会造成重大人员伤亡，危险化学品运输车辆交通事故救援，则可能造成救援人员伤亡。

公路交通事故的表现形式是多种多样的。根据不同的分类方式，将其分为以下各类。

1. 按照事故的危害结果分类

可将交通事故分为特大事故、重大事故、一般事故和轻微事故 4 类。这一分类在不同的时期，其具体标准有所不同。

特大事故是指：

① 一次造成死亡 3 人以上。

② 重伤 11 人以上。

③ 死亡 1 人，同时重伤 8 人以上。

④ 死亡 2 人，同时重伤 5 人以上。

⑤ 财产损失 6 万元以上。

重大事故是指：

① 一次造成死亡 1～2 人。

② 重伤 3 人以上 10 人以下。

③ 财产损失 3 万元以上不足 6 万元。

一般事故是指：

① 一次造成重伤 1～2 人。

② 轻伤 3 人以上。

③ 财产损失不足 3 万元。

轻微事故是指：

① 一次造成轻伤 1～2 人。

② 财产损失机动车事故不足 1000 元，非机动车事故不足 200 元。

2. 按车辆性质分类

（1）货运车辆事故

包括一般货物和危险化学品罐车事故。

（2）客运车辆事故

主要指载人车辆发生交通事故，如各类客运车辆、轿车等。

（3）混合车辆事故

事故中既包括货运车辆，又包括客运车辆，在高速公路连续追尾交通事故多属于混合型。

3. 按事故性质分类

（1）火灾

指交通工具发生火灾，造成经济损失和人员伤亡，近期发生的几起公交车纵火案件就属于这类事故。

（2）非碰撞事故和碰撞事故

如角碰、追尾碰、迎面碰、后退碰、车辆相撞、翻车、倾倒等事故。

（3）混合类事故

如火灾引起的交通事故，或者交通事故引起危险化学品泄漏、火灾等。

4. 按照损害结果分类

可分为死人事故、伤人事故、物损事故、混合型事故等。

5. 按公路交通事故伤情分类

公路交通事故伤情严重、发生频繁、分布广泛、形成复杂，至今还未见系统而全面的伤情分类标准。下面就通常遇到的情况，结合事故损伤特征，做一简单介绍。

（1）按照操作的部位分类

可将其损伤分为：头部损伤、胸部损伤、腹部损伤、盆腔损伤、脊柱损伤、肢体损伤等。若涉及内脏器官的，还可分为心脏损伤、肺损伤、肝损伤、脾损伤、胃肠损伤、胰腺损伤、大血管损伤等。若涉及多个部位，可以按系统进行分类，如神经、呼吸、循环、消化、泌尿、运动系统损伤等。

（2）按照公路使用者类型分类

可将其损伤分为行人损伤、驾车人损伤、乘车人损伤、摩托车骑车人损伤、自行车骑车人损伤、摩托车搭乘者损伤等。

（3）按照损伤性状分类

可分为擦伤、挫伤、创伤性骨折、脱位、肢解等。

（4）按照损伤程度分类

可分为致命伤、重伤、轻伤、轻微伤。

① 致命伤：直接导致死亡的损伤。

② 重伤：严重大面积的撕脱伤、骨折、视力、听力丧失、内脏破裂、内出血等损伤。

③ 轻伤：一定程序的软组织损伤、关节脱位等。

④ 轻微伤：皮肤的一些小擦伤和轻微挫伤等。

（5）按照损伤形成方式和致伤因素分类

可分为撞击伤、辗压伤、跌倒伤、挥鞭样损伤、装载物损伤等。

① 撞击伤指汽车某一部分撞击人体或人体撞击到汽车上所致的损伤。发生极为频繁，行人为主要受害对象。此类损伤可形成擦伤、挫伤、裂伤、骨折和内脏损伤等，头部、下肢、盆腔是直接受累部位，损伤程度与车速、车辆的外部结构、行人动态及接触程度有关。车辆前保险杠撞击最多。通常大型车辆撞击行人大腿，轿车撞击在小腿。

② 辗压伤指汽车轮胎滚过人体所致的损伤，主要累及行人。损伤程度与轮胎结构、人体受压部位、载重、车速等有关。通常，辗压伤均较为严重，压在头部可致颅骨崩裂，头皮撕开，脑组织四溅；压在肢体、臀部可致严重骨盆骨折、大面积软组织损伤；压在胸部可致多发性肋骨、锁骨、胸骨骨折，心、肺破裂；压在腹部可致腹腔器官严重损伤，甚至腹壁完全破裂、胃肠膨出等。胸腹受压均可造成膈肌的破裂，胸腹腔脏器互相凸入。在受压皮肤表面有时可出现花纹状皮下出血，形成轮胎花纹，故有的称轮胎花纹印痕。

③ 挤压伤指车辆某一部分将人体挤压于另一物体（或地面）之上所致的损伤。挤压伤后果也较严重，多见于行人、驾车人和少数乘客，发生频率较低。受压部位可见软组织挫伤，有的可见骨折，皮肤表面有时可见挤压伤的轮廓特征，在受挤压的部位远端出现严重的缺血、缺氧。胸部受挤压后，头面部、脑组织可出现严重缺血、缺氧表现，严重者皮肤、皮下组织出现大面积弥漫点状出血、脑水肿、颅内压增高等征象，即"挤压综合征"。驾车人被挤压的情形多见于碰车事故中，方向盘抵压在驾车人的胸腹部。

④ 跌倒伤是指当人体受车擦刮、撞击、由车上摔下与地面之间发生作用造成的损伤。此类损伤常见。损伤程度与跌下高度、跌倒前受力程度、地面质地、跌倒撞触部位、人体受保护程度等有关，轻重不一，轻则仅擦伤、挫伤，重则可在跌倒后被继续行进的车辆辗压或挤压。有的由于暴力过于强大，在跌倒后人体还不能立即停止，而沿粗糙的地面滑行，形成大面积板样体表擦伤，故有人称之为"板刷样擦伤"，十分痛苦。

⑤ 撕裂伤是指人体受强大拉伸暴力牵拉所致的损伤，这是一种开放性损伤，创面较大，粗糙不平，污染严重，常形成巨大皮瓣，创面可见神经、血管、肌

肉等。

⑥ 挥鞭样损伤是指因颈部的过伸或过屈所引起的一类损伤。多见于撞车和紧急刹车制动中，驾驶员和乘客在向前面的阻挡物撞击结束后，自然向下向后回落，这时颈部产生伸展而导致驾、乘人员的颈椎骨折、颈脊髓损伤。

⑦ 安全带损伤是指汽车驾、乘人员在安全带使用中所产生的损伤。我国由于未大量采用安全带，因而这一损伤形式不多见。

⑧ 装载物损伤本身并不是交通工具所致的损失，而是人体撞击装载物或装载物撞击人体所产生的损伤。损伤严重性与装载物多少、形态、撞击力量、受伤部位有关，累及对象可以是行人，也可以是驾、乘车人员。

(6) 按照损伤与外界相通与否分类 分为开放性损伤和闭合性损伤。开放性损伤是指损伤与外界相通，这类损伤污染重、易感染。损伤与外界不相通者，称之为闭合性损伤。这类损伤皮肤和黏膜完整，污染轻，但易被漏诊。

二、公路交通事故的主要特点

(一) 成因多样性

车祸大多属于人祸，其成因与空难、海难相比虽要简单一些，但其种类要多得多。从车祸资料上分析，造成车祸的原因大致有以下几种。

1. 路况恶劣

由于一些公路设施不完善或年久失修而造成车祸。如 1988 年 10 月 12 日，陕西咸阳汽车公司的一辆大客车行驶在乾县城外的公路上，由于公路狭窄，路边水渠没有防护桩，加上渠岸泥土松软等原因，在会让迎面来车时，跌入水渠并爆炸起火，死亡 43 人，如图 7-1 所示，驾驶员坐在车内死亡。

图 7-1　汽车跌入水渠，驾驶员当场死亡

2. 违章操作

主要指因驾驶员违章操作而造成的车祸。1988 年，辽宁省大洼县一辆满载民工的大客车在铁路道口抢道，与 298 次直快旅客列车相撞，当场死亡 46 人，火车翻倒车厢 1 节、脱轨 3 节，图 7-2 为发生火车与货车相撞事故。

3. 气候原因

因气候原因如大雾、暴雨、冰雪等，致使视线不良、路面打滑而造成的车祸。1985 年 1 月 11 日，德国的高速公路经过连续 10 多天严寒风雪袭击，路况极差，当日下午又浓雾弥漫，致使高速公路发生车辆连环碰撞爆炸，毁车 155 辆，

亡 11 人，伤 41 人的事故。英国伦敦是有
名的"雾都"，其高速公路发生连环撞车
事故居高不下。

4. 发生火灾

　　由于车辆自身原因或者人为纵火，迅
速燃烧车辆，造成重大人员伤亡的事故，
近年来屡有发生。2011 年 7 月 22 日 4 时
左右，京珠高速（现京港澳高速）从北向
南 938km 又 700m 处，信阳明港附近一辆
大客车发生燃烧。这辆客车共载有乘客 47
人，除紧急救出的 6 人，其余 41 人死亡，
如图 7-3 所示。据调查，这辆客车荷载人
数为 35 人，属严重超员。2013 年 6 月 7

图 7-2　货车与火车相撞事故

日 18 时福建省厦门市一公交车在行驶过程中遭纵火，共造成 47 人死亡、34 人受
伤，如图 7-4 所示。

　　此外，还有因驾驶员酒后驾车、居民交通安全意识淡薄、车辆故障失
控、油罐车自燃自爆、车厢内失火及车体内有毒化学物质泄漏等原因造成
的车祸。

图 7-3　山东中型客车在京珠高速（现京港澳高速）发生火灾

图 7-4　厦门公交车纵火案

(二) 事故发生频率高

车祸尤其是公路车祸,在全世界范围内几乎每时每刻都在发生。世界每年平均 1 万人中就有 1 人死于车祸,每 1000 辆汽车中就有 1 辆撞死人。据统计,我国每 2min 就有 1 人因交通事故死亡,每 3min 就有 1 人因车祸受伤,公路交通事故的死亡率为 2.7%～22.1%。随着交通工具的迅速发展,交通负荷日益繁重,车祸问题也将日益突出。因此,加强对车祸救护的研究显得非常重要。然而,车祸发生次数虽多,但因其个案死亡人数较少,不像空难、海难那样规模巨大,故造成的社会影响没有空难、海难严重。

(三) 连锁性强

车祸危害具有很强的连锁性,不仅涉事车辆可能车毁人亡,还可能殃及四邻,祸及无辜。车辆发生碰撞或颠覆,其油箱和发动机及车载燃爆物均有可能产生爆炸,而且威力大、势头猛,对其附近的车辆、设施都会产生连锁危害。如 1978 年 7 月 11 日,西班牙的一辆液化石油气罐车在高速公路上发生爆炸,气浪将火焰射向四方,引燃了前后 100 多辆汽车,还烧着了路边的丙烯储罐,当场烧死 150 人,烧伤 100 多人。1950 年 5 月 25 日,美国芝加哥市的一辆满载乘客的公交车与一辆载有 8000gal (2113.6L) 汽油的油车相撞,引起满街大火,8 幢住宅楼被烧毁。1987 年 12 月 22 日,我国重庆市永川汽车运输公司一辆乐山牌大客车在泸县玄滩区境内坠落山崖,先是摔到 60m 深的岩崖下,再掉落到水塘中,车上人员先是被撞昏,继而又遭水淹,造成 30 人死亡,10 人重伤,24 人轻伤。另外,车祸发生后,有的不法分子往往趁火打劫,哄抢财物。如 1887 年 8 月 10 日,美国一列载有 600 名乘客的火车因木桥断裂坠入沟中,车祸发生后,车上的扒手、小偷肆无忌惮地哄抢财物,有的还互相厮杀,从而造成更多的伤亡。

(四) 影响面大

车祸的社会影响主要涉及三个方面,一是车祸导致交通中断,影响正常的营运秩序,并由此而引发社会和经济问题。如 1982 年 7 月 31 日,法国博内市高速公路上一辆长途客车失去控制,不仅先后撞击了两辆小轿车和一辆大客车,导致 50 多人死亡,还使高速公路中断交通数小时之久。如果发生铁路车祸,交通中断的时间将更长,经济损失也更大。而且车祸问题若处理不好,还可能引发一系列的社会问题。二是境外乘客越来越多,容易造成一定的国际影响。如 1988 年 3 月 24 日,上海市郊发生一起火车相撞事故,造成 64 名日本乘客伤亡,惊动了中日两国国家领导人。日本还专门设立了处理事故总部,并派出外务省政务次官滨田二郎一行来华处理善后事宜,双方仅就赔偿金额问题,就经过了长达 8 个月的谈判。三是对受难者家属打击大。由于车祸发生突然,而且大多又属人为因素所致,往往给受难者家属造成精神创伤,有的甚至一时难以接受车祸造成的现实而引发失常行为。而且,车祸频发还会引起社会舆论,并导致人们对交通运输失去信赖。

三、险情分析与辨识

（一）交通容易受阻，产生新的车祸

交通事故发生后，往往会引起人员围观和交通阻塞，造成交通秩序混乱，甚至可能因此而引发新的车祸，消防员在救援过程中，如果有新的车辆冲向现场，会造成救援人员伤亡。2004 年 8 月 12 日 0 时左右，一辆牌号为鄂 F00＊＊＊大客车与牌号为豫 NA1＊＊＊的大货车发生碰撞，事故中没有人员伤亡。赶来处理事故的民警依照程序，将两车乘客及有关人员转移到道路右侧防护栏以外的草地上，等待车辆来接送转移。正当民警还在处理事故时，一辆由南向北行驶的车牌号为湘 K01＊＊＊的牵引大货车在经过该路段时，碰刚到另一辆大货车后，失控向右滑行，撞上右侧斜坡，继而侧翻压在等待转移的人群中，造成 16 人当场死亡，23 人受伤送院，其中有 2 人因伤势过重抢救无效死亡。在死者中，包括一名在现场处理事故的民警和驾驶牵引大货车司机。

（二）险情隐患突出，随时可能爆燃

交通事故发生后，往往会潜藏多种险情隐患，如车体内的油箱、机械以及车载危险品，都有可能发生爆炸而形成次生灾害，稍有不慎可能危及抢救人员的生命安全。2012 年 10 月 6 日 9 时左右，湖南怀化常吉高速公路官庄镇 1117 段地穆庵隧道口发生了一起液化石油气槽车侧翻事故（图 7-5），当地消防接到报警后迅速赶往现场。然而，在救援过程中，液化石油气槽车突然发生爆炸，爆炸造成了现场 3 名消防人员牺牲。

图 7-5　湖南怀化常吉高速公路液化石油气槽车侧翻爆炸

（三）救援作业复杂，救援难度大

交通事故紧急救护是一场紧张而又复杂的救援行动。车祸发生后，现场秩序混乱，影响和妨碍救援作业的实施；抢救爆炸或失火性车祸，既要灭火救场，又要救人救物；既要紧急抢险，又要缜密排险，救援难度较大。由于人员被困车内，救援人员钻入车内救人和起吊车辆时，车辆有倾覆危险。

（四）特殊场所救援，危险性大

由于汽车的流动性，发生事故的地点可能在山崖，也可能在隧道，这些场所发生火灾，危险性更大。如危险化学品车辆在隧道内倾覆泄漏，消防人员盲目进入，就有可能遭遇中毒或爆燃气体炸死、炸伤。

四、应急救援的行动安全要则

（一）救援原则

交通事故发生后，随着时间的延长，不仅伤亡率越来越高，而且对交通秩序乃至社会的影响也将愈加严重，甚至可能引发新的连发灾害。因此，对车祸的抢救，必须争取时间，快速反应，力求最大限度地减少损失和伤亡。

1. 迅速就近调集力量到场

指挥中心或调度通信室接到报警或听到车祸消息后，应立即就近调集抢险救援力量，迅速前往车祸现场。其主要任务是：对车祸现场进行警戒，并疏导围观人员；查明灾情，并确定救援方案；积极有效、科学合理地采取针对灾情的相应措施，抢救生命，进行交通疏导或交通管制。

2. 所需的器材装备

交通事故救援的器材装备应以多功能抢险救援车为主，尽可能多携带具有破拆、切割、剪切、扩张、撑顶、拖拉、牵引、吊升等功能的器材。同时尽可能保证同一种器材数量充足，以便在现场抢险救援中采取组合式操作。

此外还要准备必要的消防器材，包括消防车、灭火器、手抬泵以及脸盆、水桶等。

抢救人员或其他动物时所需要的器材，包括医疗器具、担架、麻袋片、食品袋，冬天要准备棉被、棉衣等。此外，应尽可能多准备一些躯体和肢体固定气囊。

3. 组织部队准确迅速到达现场

第一出动力量在行进途中，指挥员要保持和指挥中心的联系，及时掌握事故现场的发展变化情况，要注意行进的公路是否畅通，特别是高速公路事故，要注意取得高速公路交警的配合和帮助，选择合适的入口和行进方向进入。到达现场后要及时向指挥中心报告向现场行进的最佳线路，给后续增援力量提供方便快捷的行车信息。

4. 快速展开抢险救援作业

第一出动力量到达事故现场后，指挥员应立即简单侦察，根据事故情况进行大致编组和概略分工，采取组合式操作，迅速组织部队展开抢险救援作业。为了使现场的抢险救援规范有序进行，在可能的情况下最好把力量分成若干个小组，具体分几个小组视情况而定。可以组成的小组有以下几种。

① 救援组。可以是若干个，每个小组至少需要 3～5 人，通常需要剪、扩、

撑、切、锯、吊、拉等组合式操作，所以对人员、器材需求很大。

　　② 警戒组。主要负责维护现场秩序，照看被疏散的人员和物资，并控制现场。

　　③ 隐患排除组。主要任务是对可能发生的爆炸、有毒、倾翻等潜在的灾害隐患进行清除；对已经发生的燃料泄漏、运输车上的物质泄漏进行控制、回收、输转、堵漏，已经着火的迅速扑灭火灾。

　　④ 救护组。主要负责抢救车内乘员和物资。

　　⑤ 遗物收置组。主要任务是收集遗物，搞好登记统计和移交。

　　部队展开抢救时，应对车祸地域进行简易划分和标示，以免救护行动交叉而产生忙乱。一般可划分为人员看管区、伤员救治区、遇难者尸体停放区和遗物堆放区等。

（二）行动安全措施

1. 控制事发现场

　　第一出动力量到场后，应迅速会同当地警察和有关人员对车祸地区进行有效控制。一是建立警戒，驱散围观人员。二是强化交通管制，维护交通秩序，防止无关车辆进入事故现场，引起新的事故，造成救援人员伤亡。高速公路事故救援时，应在事故区域前、后方 500m 处设置明显的警戒和事故标志；在雨、雪、雾等气象条件下，应在事故区域前、后方 1000m 处开始连续设置警示标志，防止后续过往车辆再次发生交通事故。

2. 消除连锁隐患

　　隐患排除组迅速对车体内的发电机、燃气机、电路、油箱、火炉等一切可能爆炸和引发火灾的隐患进行消除，以免发生次生灾害。特别是对危险化学品车辆，要采取技术消除泄漏隐患，避免演变为中毒与爆炸事故。

3. 危险场所救援

　　发生车祸的地点如靠近危险地域，应对周围的地形进行勘察，察看是否有滑坡、地层下陷和高压线杆倒落等情况。当车体处在悬崖、斜坡或其他不稳固的位置时，应对车体进行固定，防止车体滑落或翻倒。固定方法有三种：一是用手边的器材顶住，如木棍、三角木、砖块等顶住车体支架和轮胎；二是用钢丝将车体与大型固定物体连接；三是用重型消防车或抢险救援消防车将车体拉住。进入隧道内的救援人员一定要精干，加强个人安全防护，并使用开花或喷雾水枪掩护进攻。进入隧道内部作业的人员，要随时观察隧道构件变化，防止突然垮塌威胁救援人员安全。

4. 加强个人防护

　　在处置危险化学品车辆时，消防员必须穿着专用的防化服，佩戴好手套和呼吸保护装具，进入隧道作业，要备好空气呼吸器。一旦有危险化学品泄漏和发生火灾时，必须做好呼吸保护。

5. 轮换作业

处置大型交通事故，特别是危险场所事故时，一般作战时间都比较长，应备有替换力量，并适时组织作业人员进行轮换。

第二节　铁路交通事故救援行动安全

铁路交通事故是指在铁路交通系统中，由火车所引起的人员伤亡和财产损失的灾祸。随着列车速度的不断提升，特别是动车、高铁的出现，运行速度达到300km/h以上，一旦发生事故，危害极大，救援难度和危险性更加严重。

一、基本知识

铁路交通事故分为以下几类。

1. 列车冲撞和脱轨

在各国铁路行车事故中，列车撞车和脱轨事故占有很大比例。美国铁路1950~1960年共发生列车撞车事故13184起，脱轨事故31292起，分别占列车事故总数的11％和25％，合计为36％。1975~1984年间，脱轨占列车事故数的30％，撞车占14％，合计为44％。英国19615~1977年发生列车撞车事故2717起，脱轨事故1915起，分别占列车事故的27％和19％，合计为46％。列车撞车和脱轨事故造成人员伤亡惨重、财产损失严重。日本铁路曾发生的三和岛、鹤见和樱木町撞车及脱轨事故中，分别死伤160人和296人、161人和120人、106人和92人。我国2011年7月23日20点30分左右，北京南站开往福州站的D301次动车组列车运行至甬温线上海铁路局管内永嘉站至温州南站间双屿路段，与前行的杭州站开往福州南站的D3115次动车组列车发生追尾事故，后车四节车厢从高架桥上坠下。这次事故造成40人（包括3名外籍人士）死亡，约200人受伤。如图7-6所示为火车脱轨事故。

图 7-6　火车脱轨事故

2. 列车失火

列车失火与列车冲撞和脱轨事故相比而言较少见，但各国均有列车失火造成大量人员伤亡和严重经济损失的例子。日本 1956 年 4 月在樱木町车站发生电动车组火灾，当时电动车组的头车受电弓与被切断下垂的接触导线相碰撞产生火花起火，造成 106 人死亡，92 人受伤。美国 1979 年旧金山海湾快速运输系统列车火灾影响最大。当一列载有 40 名旅客的列车在隧道中行驶时，因电气故障起火，引燃聚氨酯坐垫和其他材料，散发出有毒气体，浓烟和烈火把旅客围困在隧道中，致使死亡 1 人，伤 17 人，造成 650 万美元的经济损失。英国铁路发生过多次严重列车火灾。1920～1987 年，造成人员伤亡的客运重大火灾事故有 11 起，死 70 余人，伤数百人。1987 年发生在淘顿的火灾令英国政府震惊，当时的事故原因调查表明，当该列旅客列车即将进入一条隧道时，发现前面的卧铺车冒烟。火灾由通道内的加热器引燃行李引起，造成 11 人死亡，伤 16 人，烧毁、破损各一节旅客列车。我国 1975～1987 年间，铁路共发生重大火灾事故 800 余起，经济损失达 6436 万元人民币，平均每年损失金额达 500 万元人民币。我国铁路旅客列车发生火灾的主要原因是旅客违规携带易燃、易爆物品上车。1980 年 1 月，在株洲车站因 1 名旅客携带 50 包打火机上车，碰撞摩擦起火，造成 22 人死亡、4 人受伤。1988 年 1 月，在京广线马田墟车站因 1 名旅客违规携带的防锈漆溢到坐席和地板上，被吸烟人用火柴点燃引起火灾，造成 34 人死亡，30 多人受伤，直接经济损失 18 万元人民币。如图 7-1 所示，为火车火灾事故。

图 7-7　火车火灾

3. 火车坠河

火车坠河事故较少见，一旦发生损失严重。1853 年，美国一列旅客列车以约每小时 30 英里（48.28km/h）的速度驶向一座吊桥时，吊桥已经吊起，司机在看到不许通过的信号时为时已晚，致使一节机车、一节水煤车、两节行李车以及第2 节行李车衔接的吸烟车厢投入河中，造成 46 名乘客死亡，25 人受伤。1964 年 8月，美国丹佛和普韦布洛间连日降雨，丹佛圣路易斯特别快车沿线的河流洪水滔滔。8 月 7 日，被称为"世界快车"的挂有 7 节车厢的特别快车在艾顿作短暂停留，然后在瓢泼大雨中向前行驶。当火车驶上斯蒂尔霍洛大桥时，上游一座旧桥被洪水冲垮，断桥的桥身顺流而下，将铁路桥撞塌，已在桥上行驶的特快列车侧身冲进河水中。这次坠河事故造成 96 人死亡，是铁路史上同类事故中最严重的一次。1956 年 9 月 2 日深夜，一列10 节车厢的印度中央铁路火车将要驶进海德拉耶省的马赫布伯纳格尔时，所有乘客或在睡觉或准备就寝。当火车经过一座摇摇欲坠的桥时，枯朽的桥墩已经无法撑住列车，供水车厢和两节旅客

图 7-8　火车坠河事故

车厢掉下深谷，两节车厢内 112 名乘客全部罹难，如图 7-8 所示。

4. 隧道车祸

在世界铁路史上，最悲惨的一次隧道事故于 1944 年 3 月 3 日发生在意大利南部西平宁山区一座较长的 S 形隧道内。这一天夜里零点多，一列火车满载着士兵和市民游客，行进到离城不远的这个狭长隧道里，不知什么原因突然停住。机车工作人员在几秒钟内被烟雾熏倒，未能告诉旅客逃离隧道，浓烟很快吞没了所有车厢，列车上全部旅客共 246 人窒息而死。日本是四面临海的岛国，是世界上铁路隧道最多的国家，隧道多达 800 座，总长 1819km，万米以上的隧道就有 10 多座，因此日本隧道发生灾难事故的机会更多。1947 年 4 月，在日本近畿铁路线上，一列 3 节式电动车组行驶至钩山隧道中，因前部车厢的主要变阻器过热起火，造成 28 人受伤，全部车厢烧毁。

5. 道口事故

道口事故中 80% 是由于过往道口行人和司机不注意观望，强行过道所致，也有因道口员失职引起的。1987 年 4 月 8 日，沪杭线曹杨路口，因道口员值夜班违纪睡觉，列车通过时，未放下火车道口横栏，与正在行驶的一辆公共汽车相撞，造成伤亡 44 人的严重后果。1988 年 9 月 23 日 11 时，法国格勒诺布尔至巴黎间运行的高速列车，在位于距瓦隆站 200m 处的双线道口上，与堵塞在道口上的变压器专用车相撞。当时的列车速度为 105km/h，冲突的结果造

成列车脱轨，司机和 1 名乘客死亡，300 名旅客中有 25 名受重伤。在法国 1986～1987 年中共发生道口上列车与公路运输设备冲突事故 516 起，死亡 108 人。

从数量上讲，我国道口事故每年发生 2000 多起，每百处道口事故率为 11.6%，日本为 2.8%，联邦德国为 1.59%，从道口事故严重程度来看，一次严重的道口事故，能造成上百万元的直接经济损失，死伤最高达 70～80 人，损伤也是相当惊人的。

二、铁路交通事故的特点

充分认识铁路交通事故的特点，便于人们及时采取科学对策，防止类似事件的发生。铁路交通事故具有经常性、突发性、灾难性和夜间以及区间事故多等特点。

(一) 经常性

各国行车安全状况，通常采用列车事故率和伤亡率来进行计算比较。所谓列车事故率是指每百万列车公里发生的撞车和脱轨事故数；伤亡率是指每千万乘客公里旅客伤亡人数。印度铁路事故较多，行车安全状况比较差，近几年来铁路行车事故率一直在 2.8%～3.0% 的水平，伤亡率超过 0.05%，在全世界各国是最高的。印度铁路事故较多的原因是设备陈旧和人员技术不熟练。美国铁路事故损失逐年加大。据美国铁路局统计，近几年来，每年平均发生铁路交通事故 5300 起，死亡人数 500～550 人，伤 4.45 万人。事故的损失严重程度逐年加大，1980 年平均每件事故损失达 3.24 万美元，1993 年平均事故损失达 7 万美元。美国铁路交通事故的主要原因为：线路故障占 34%、作业人员失职占 33%、机动车辆和自动设备损坏占 19%，其他原因占 8%。

(二) 突发性

铁路交通事故都是瞬间发生的，防不胜防。1972 年 7 月 21 日，西班牙一列马德里至加的斯特别快车快速行驶，14 节车厢里载着 500 名乘客在莱布雷加郊外正面与一列当地的 4 节车厢的火车相撞，造成严重脱轨，车上的 76 人在相撞中遇难，103 人受伤。1988 年 6 月 4 日，一列装有易燃品的货车在驶近前苏联高尔基城的阿尔扎马斯车站时，靠近火车头的 3 辆装有 120t 工业易燃品货车发生爆炸，死 68 人，伤 230 人，附近 150 栋房屋倒塌，600 多居民无家可归。1991 年 8 月 18 日 0 时 17 分，我国郑州铁路局武汉铁路分局从武昌开往广州的 247 次旅客列车行至广东大瑶山隧道时，17 号车厢因旅客抽烟不慎起火。列车停车灭火时，有部分旅客受惊跳车，被邻近线路上对向开来的 1766 次货车撞死 12 人，撞伤 20 人。同年 9 月 18 日 6 时 50 分，在陇海复线邳县郭口村路段施工的 13 名民工坐在铁路上休息时，因雾大未看到信号灯，被一列由东向西行驶的货车压倒，12 人当场死亡，另 1 人抢救无效而死。

（三）灾难性

每次铁路事故的发生，灾难都是巨大的。1964 年 7 月 26 日，葡萄牙"奥特玛拉"号快车载着度假归来的游客驶往奥波托。在离奥波托 9km 远的库斯瓦雅斯，严重超载的最后一节车厢突然脱钩，以 80km/h 的速度飞下路堤，裂成两截，车上 69 人当场死亡，92 人受重伤。当地消防队员经过 7h 的艰苦救援才将受伤者从车厢残骸中救出，其中 25 人由于伤势过重几个小时后死亡。这次火车事故死亡人数达 94 人，是葡萄牙历史上最严重的一次铁路事故。1988 年 1 月 17 日 14 时 53 分，从哈尔滨开往吉林的 438 次列车，应在拉滨线背荫河站停车，但因列车直角阀门被人扭转，造成制动失灵，使列车不能停车，原速冲出车站，在站外与迎面开来的 1615 次列车正面相撞，造成重大伤亡事故。货车车头"爬上"客车第 2 节车厢上，当场死亡 19 人，重伤 27 人，轻伤 50 多人，情景悲惨，目不忍睹。

（四）夜间和区间的铁路事故多

铁路重大伤亡事故发生在夜间多，尤其是后半夜（凌晨）多。郑州铁路局自 1973～1987 年间共发生列车追尾重大事故 18 起，其中发生在夜间 12 起，占 67％。12 起中有 8 起是在凌晨。夜间行车事故多发的原因与车站工作人员和机车乘务人员此时的精神状态欠佳有关。夜间能见度低，大部分人员都在睡梦中，大大增加了急救工作的难度。1992 年 3 月 21 日凌晨，夜黑雨骤。3 时 1 分，从南京西开往广州的 211 次列车行驶到浙赣线五里墩站时，与迎面而来的货物列车猛烈相撞。在列车相撞的一刹那，行李车和 2 号硬座车被甩出轨道，3 号硬座车被巨大惯性推上了机车，尾部搁在地下，车厢内一片漆黑，睡梦中的旅客像坐滑梯一样往下滑，一百多人挤成一团，惊恐哭喊。

区间行车事故多发也是铁路事故特点之一。郑州铁路局 1988 年共发生路外伤亡事故 1755 起，其中 1105 起发生在区间，占 63％。乌鲁木齐铁路局 1980～1990 年事故统计，发生在区间、中间站的事故达 55％。其特点为：事故发生在线路区间，大多数缺少必要的医疗条件，造成医护抢救工作时间的推迟。出事地点远离城镇，通信联络受阻，道路交通不便，因而影响救援人员及医疗救护人员及时赶到现场。事故现场所在地恶劣的气候、环境、地形等因素严重影响抢险救援工作的顺利进行。

三、铁路交通事故现场救援的险情分析与辨识

（一）救人难，救援人员自身处境险恶

列车发生灾害事故后，往往车体毁坏严重，车体变形，伤员受压，难于抢救。车内的空间太小，变形后人员很难进出，有的地方甚至连手都伸不进去。没有正常的通道，伤员的躯体或四肢被各种金属部件紧紧地挤压着，难以移动，呻吟哭喊，痛苦万分。由于先期没有足够的救援器材同时展开救援，有些被困人员

只能痛苦地等待，由于短时间内不能把所有被困人员救出，现场的医务人员也束手无策，或只能采取一些简单的抢救措施，解决不了根本问题。为尽快打开就生通道，救援人员往往采取破拆、顶撑等措施，由于对列车结构不够了解，这个过程也是险象环生。

(二) 行车难，救援途中危险性大

事故现场多发在比较偏僻的地区、山崖、桥上、隧道等特殊场所，救援人员有时只能在土路上勉强行车，四周或是山岭、悬崖峭壁，或是农田水网，或凹凸不平的空地。若再遇刮风、下雨、下雪等恶劣天气，道路泥泞不堪，车辆打滑，则前往现场的各种救援车辆难以接近事故地点，非常危险。

(三) 指挥难，前后方联系不便

很多列车救援现场地处偏僻，通信不便，指挥员对现场情况掌握不全面。有时事故发生在隧道内，必须深入侦察，十分危险。1998年湘黔铁路朝阳坝2号隧道液化石油气罐车倾覆事故，救援人员在进入救援时发生大爆炸，造成人员伤亡。

四、铁路交通事故抢险救援安全行动措施

(一) 准确调集力量

铁路交通事故同其他交通事故所不同的是灾害事故现场多发生在荒郊野外，而且灾害规模大，如果是旅客列车事故则受灾人员众多，而货运列车事故则次生灾害严重。所以，消防部队接到报警后要尽快了解情况，根据实际及时调集相应救援力量。以抢救人员为主，包括救护车、破拆车、起重车、牵引车以及运输救援人员和车辆的专用列车；同时调集处置次生灾害事故的力量，包括水罐车、泡沫车、干粉车、排烟车、防化车、洗消车、输转车、照明车以及必要的手抬消防泵等。

(二) 控制事发现场

一是出动力量到场后，及时侦察掌握现场实际情况，除了解被困人员情况外，还应对整个灾害事故区域的环境对抢险救援有什么影响，需要哪些特殊力量或部门的协助等了解清楚，同时迅速会同当地警察和有关人员对灾害事故现场进行有效控制。二是建立警戒，驱散围观人员。三是强化交通管制，维护交通秩序。三是严格看管人员和物资，防止发生哄抢和混乱。

(三) 消除连锁隐患

对于客运列车事故要及时消灭零星火点避免发生火灾，要积极发动有关人员认真检查旅客携带的危险物品，避免发生爆炸，对旅客列车上携带的燃油要实施密切监控，以免发生次生灾害。对于货运列车事故要针对列车运送货物的特点采取相应的对策，可以采取相应的防爆、防毒、防辐射、防泄漏、防燃烧、防哄抢等措施。并对周围的地形进行勘察，对可能因列车事故造成的山体滑坡、地质下陷、隧道倒塌、桥梁断裂等情况，应及时采取防患措施或进行防患标示。当列车车体处在悬

崖、斜坡或其他不稳固的位置时，应对车体进行固定，防止车体滑落翻倒。

第三节 水上交通事故救援行动安全

水上交通事故又称船舶灾害事故，是指船舶在内陆江河湖库及海洋上航行或停泊时所发生的意外事故，或遇到自然灾害所造成的各种危难。

一、基本知识

（一）船舶类型

船舶是指能航行或停泊于水域进行运输或作业的工具，按不同使用要求而具有不同的技术性能、装备和结构形式。船舶可以看成是漂浮于水上的钢结构建筑物，具有地面楼层建筑（船楼），地下建筑（主甲板以下舱室）和高层建筑（各层甲板叠加）的特点。

船舶按用途可分为民用船和军用船。民用船又可分为运输船舶、渔业船舶、工程船舶、海洋开发船舶、拖带船舶、港作船舶、农用船舶、游乐船舶。从船舶设计特征考虑，民用船也可分为运输船舶和作业船舶两类。军用船又可分为战斗舰艇和辅助舰艇。按航行区域分为极地船舶、远洋船舶、近海船舶、江海直达船舶、内河船舶和港湾船舶。按航行状态分为排水量船、滑行艇、水翼艇、气垫船、小水线面船、冲翼艇。按动力装置分为蒸汽动力船、内燃机动力船、核动力船、电力推进船等。按推进形式分为螺旋桨船、平旋推进器船、喷水推进船、明轮船等。按船体材料分为钢质船、铁质船、木质船、玻璃钢船、铝质船、钢丝网水泥船、混合结构船等。此外，还可按上层建筑、船体结构形式、船体线型等分类。在诸多船舶中，最常见的是钢质船、内燃机动力船、螺旋桨推进船等。

（二）水上交通事故分类

中华人民共和国交通部 2002 年 8 月 26 日公布的《水上交通事故统计办法》中明确了水上交通事故包括船舶发生的以下事故：碰撞事故，搁浅事故，触礁事故，触损事故，浪损事故，火灾、爆炸事故，风灾事故，自沉事故，其他引起人员伤亡、直接经济损失的水上交通事故。

水上交通事故按照人员伤亡和直接经济损失情况，分为以下等级：小事故，一般事故，大事故，重大事故，特大事故。具体见表 7-1。

表 7-1 水上交通事故分级标准表

船舶	重大事故	大事故	一般事故	小事故
3000 总吨以上或主机功率 3000kW 以上的船舶	死亡 3 人以上；或直接经济损失 500 万元以上	死亡 1~2 人；或直接经济损失 500 万元以下，300 万元以上	人员有重伤；或直接经济损失 300 万元以下，50 万元以上	没有达到一般事故等级以上的事故

续表

船舶	重大事故	大事故	一般事故	小事故
500总吨以上、3000总吨以下或主机功率1500kW以上、3000kW以下的船舶	死亡3人以上;或直接经济损失300万元以上	死亡1~2人;或直接经济损失300万元以下,50万元以上	人员有重伤;或直接经济损失50万元以下,20万元以上	没有达到一般事故等级以上的事故
500总吨以下或主机功率1500kW以下的船舶	死亡3人以上;或直接经济损失50万元以上	死亡1~2人;或直接经济损失50万元以下,20万元以上	人员有重伤;或直接经济损失20万元以下,10万以上	没有达到一般事故等级以上的事故

注：1. 凡符合表内标准之一的即达到相应的事故等级。

2. 本规则及本表中的"以上"包含本数或本级；"以下"不包含本数或本级。

二、水上交通事故特点

（一）一般特点

1. 事故危害严重

船舶事故因为发生在水域，人员难以及时逃离。尤其是海上事故，救援力量很难及时赶到，对遇险人员生命威胁很大，容易造成大量人员伤亡。1999年11月24日，山东烟大汽车轮渡股份有限公司"大舜"号滚装船在烟台附近海域遇难，船上共有旅客船员302人，抢救生还22人，其余280人遇难或失踪。

2. 类型、结构复杂

船舶分为客船、货船、油船、气船、驳船、滚装船等多种类型，功能各异、结构复杂，一旦发生事故，险情极为复杂。

3. 救援难度大

受事发地点、气候条件等影响，救援力量很难及时赶到现场，且难以靠近事故船舶。即使靠近事故船舶，因灾情复杂也难以展开救援行动。

4. 次生灾害危害大

一旦载有危险化学品的船舶发生事故，容易引发爆炸燃烧和水域污染，造成航道堵塞，危及周边群众的饮水安全。

（二）船舶火灾特点

水上交通事故类型很多，但消防部队参加救援的主要还是船舶火灾，特别是江河和内海近岸的船舶火灾，如图7-9所示，为船舶起火。船舶火灾具有以下特点。

1. 船楼火灾特点

船楼是船舶的指挥中心，同时也是船员起居和服务的场所。船楼一旦被烧毁，船就失去了驾驶、导航和通信联络的能力，有时甚至会造成船员的伤亡，后果十分严重。船楼火灾具有以下特点。

图 7-9　船舶海上起火

（1）火势向上蔓延

船楼内部梯道由底向上贯通，下层舱室起火后，火势在梯道的烟雾效应作用下，会沿走廊蔓延至梯道，再通过梯道迅速向上层甲板蔓延，并殃及整个船楼。

（2）温度高、烟雾浓，有毒气体多

当起火舱室处于封闭状态时，燃烧主要依靠舱室内和沿通风系统进入的空气发展，燃烧产物充满舱室。当舱室门烧穿时，新鲜空气流入舱室，燃烧更加剧烈，火焰将通过门孔沿走廊向梯道方向发展。此时，走廊、梯道内将充满高温、浓烟和有毒气体。

（3）易形成立体火灾

船楼内可燃物质较多，房间顶板、底板、侧板相连，楼内梯道上下贯通，发生火灾后火焰突破两舷门窗时，火舌可沿着船体或船楼外部，顺风向船楼上部蔓延，发展成内外扩展、纵横延烧、上下贯通的立体火灾。

（4）机舱安全易受威胁

机舱在船楼中间，船楼起火后，尽管机舱棚的围壁和机舱顶顶部的甲板均有防火隔热措施，但舱壁的热传导和火焰仍有可能使机舱起火，对机舱威胁很大。

2. 机舱火灾特点

机舱内发生火灾，将对船舶机械设备、油品储柜、上层的起居服务处所构成严重威胁。

（1）蔓延速度快

机舱内发生火灾，一般在起火后 10min 内就有可能延烧到整个机舱。机舱是船舶动力中心，舱内有许多在高温高压下工作的机器设备。可燃液体黏附在机器设备的外壳和地面上，空气中的油蒸气很浓，起火后火势会沿着机器设备、电缆线、油管线很快向四周和上部蔓延。

燃油泄漏引起舱内的火灾发展异常迅速。燃油和润滑油的热值高，油蒸气比空气重，易扩散，在着火时烟火在短时间内就能笼罩很大范围。

因主配电板故障发生的火灾，其发展基本上是沿电缆线路进行的。电缆的橡胶绝缘层以及结构和舱壁油漆涂料的存在促进了燃烧。电缆燃烧时火灾发展的强度不大，但如果引燃其他物品，将导致火势扩大。

机舱有烟囱效应。位于主甲板以上的各层开门具有强大的抽拔力，火灾在机舱内向上发展很快，在几分钟内所有暴露的可燃物质便会发生全面燃烧，形成贯通上下平台的立体火灾。

（2）向毗连舱室蔓延

机舱发生火灾时，通常以下述形式向毗连的舱室蔓延，从而引起货（油、客）舱和起居、服务处所的燃烧或爆炸。

① 通过船体甲板、舱壁隔板和金属管道等的热传导。

② 通过机舱内火焰所形成的高温辐射。

③ 通过开启着的通风管道、门窗、出入孔、开口等进行的热对流。

④ 通过管道内部残存的油气或电气线路燃烧。

⑤ 通过飞火传播。

（3）容易发生爆炸

机舱内有很多油箱（柜）、主（辅）机、输入油管路、高温高压锅炉设备和储气钢瓶等，由于燃烧所产生的火焰和高温，有可能导致这些物体发生物理性爆炸，燃油大量泄出燃烧，扩大火势，造成船毁人亡。

（4）烟雾浓，能见度低，不易发现火源

机舱内空间大，起火后产生的烟雾在通风机、天窗的抽力作用下，几分钟内便能冒出机舱，并迅速弥漫整个机舱内部空间，能见度很低，不易发现火源。

（5）迫使船舶停航，阻塞航道

在多数情况下，船舶机舱发生火灾，将导致船舶被迫停航，这在海上航行中是很危险的，不仅难以救援，而且有时会阻塞航道，影响水上交通。

3. 干货舱火灾的特点

干货舱火灾主要发生在普通货船上，其火灾的发展取决于货舱内部的结构，甲板层次，舱载可燃货物的种类、数量和燃烧性能，货舱开口的大小、数量、位置和状态等。

（1）舱内阴燃，火源不明

通常情况下，干货舱内堆积的各种货物多数是可燃的，发生火灾后，燃烧往往以阴燃的形式缓慢进行，且火源不易早期发现。

（2）舱内温度高，通过热传导方式蔓延

随着燃烧时间的延续，舱内热量和燃烧产物逐渐增多。由于舱盖紧闭散不出去，舱内热量剧增，火源附近温度可达 900℃ 以上，从而进一步将临近的可燃物引燃。其高温经钢质舱壁和层甲板的热传导，引起上下或左右毗邻货舱木质隔板的货物燃烧，并有可能引燃主甲板上的船楼，形成多舱室火灾。

（3）火势沿竖井蔓延

在货舱口盖封闭的情况下，处于各层甲板舱内的火势主要沿桅室竖井方向蔓延。由于桅室竖井贯通上下货舱，当底层货舱起火时，火势蔓延至桅室竖井口后，可顺竖井迅速向上蔓延至各层甲板货舱，在整个货舱范围内造成多层次火灾。

（4）货舱口开启，加剧燃烧

若起火时货舱口处于开启状态，因大量空气流入货舱，燃烧区域供氧充分，火势很快就会发展成猛烈燃烧。靠近起火货舱的相邻货舱或上层建筑将受到火势的严重威胁，有可能在高温、火焰的作用下起火燃烧。

（5）易燃易爆物品起火爆炸

有些货舱经常装运易燃易爆物品，有时在装卸这些物品或搬运过程中，由于碰撞、摩擦、高温、化学反应、电火花等多种原因而引起燃烧甚至爆炸，并产生大量的有毒气体。有些物品在燃烧时分解出可燃气体，也可能发生爆炸，对船舶或港口的威胁很大，图7-10为危化品船舶爆炸火灾。

图7-10 危化品船舶爆炸火灾

（6）扑救难度大，时间长

货舱起火后，因货物摆放密集，舱内又分好几层甲板，施放灭火剂不能有效地作用于火源。如果开舱灭火，则空气进舱后，火焰会迅速升腾，更难以扑救。如果火源在舱底，则要先将第二、第三甲板上的货物卸出舱外，然后才能灭火。所以扑救货舱火灾往往需要很长时间，造成很大的损失。

4. 货油舱火灾的特点

油船上货油舱火灾的蔓延取决于被运输的石油产品的性质和船舶的结构特点。货油舱火灾具有以下特点。

（1）爆炸燃烧

石油及其产品具有很强的挥发性，在装卸货油的过程中，当货油舱内的油蒸气与空气混合，达到爆炸浓度极限，遇到摩擦、撞击产生的火花、电火花、静电、明火和烟窗喷出的火星时，会引起舱内的爆炸性混合物先发生猛烈的爆炸，然后燃烧。

（2）易出现殉爆

在爆炸的冲击波作用下，毗邻货油舱以及距第一次爆炸中心较远的货油舱会发生重复爆炸。这是由于货油舱密封不好，存在观察孔、金属网、玻璃、敞开的膨胀筒等，才会出现这种情况。

（3）沿舱内管道蔓延

货油舱内有许多用途不同的管道，而且相互连通。尤其是位于货油舱内的溢流管，发生火灾时火焰会顺管道烧进邻舱，导致邻舱爆炸燃烧。

（4）油在水面上扩散燃烧

由于油舱的碰撞、货油舱的爆炸或油品的沸腾溢流、喷溅，导致大量货油流淌到水面上，扩散形成大面积燃烧，并有可能使出事船只和附近的船只一起陷入火海。若船上有人，疏散人员将变得十分困难，若浮油在港口内扩散燃烧，将给港口带来灾难。据测定，水面上厚度为 3mm 的石油薄层能够燃烧。在强风和 5 级以上海流的情况下，石油强烈地被水乳化而不能燃烧，但在有利的条件下（风速 5～6m/s），火焰的传播速度可达 0.6m/s。

5. 客舱火灾特点

客船火灾多发生在客舱，由于客舱内可燃物质多、空气流通、起火后燃烧猛烈、燃烧速度很快、旅客人多拥挤、很难疏散到安全的地方，有可能造成船毁人亡的严重后果。其火灾特点如下。

（1）顺风向蔓延

客船上舱室多，门窗开口多，通风条件较其他船舶好，若在航行中客舱发生火灾，因受风向的影响，火势会顺着风向向客船的其他部位和上层建筑蔓延，对下风向的舱室威胁极大。

（2）沿通风管道蔓延

客舱内设有通风导管，尽管穿过住宿区舱壁的通风导管均有自动关闭的挡火闸，并且在舱壁的每一面都有手动关闭的挡火闸手柄，但往往因为设备失灵或未引起船员注意而未予关闭，发生火灾后火势会在通风导管的抽拔力作用下，顺着通风导管蔓延，热传导和热气流会引燃通风导管经过处的可燃物质。尤其在排送风机未停机的情况下，火势蔓延较快，通道口容易被烟火封锁。

（3）产生有毒烟雾，人员伤亡大

客舱内部装修材料主要是木材和泡沫塑料等，在发生火灾时会产生热和多种有害气体，如一氧化碳、二氧化碳、氰化氢等，危害人员的生命安全。在火焰高温、有毒气体的侵袭下，被困人员易惊慌失措，导致重大伤亡。

三、水上交通事故救援行动危险分析与识别

1. 船体倾覆危险

由于船舶是水上漂浮物，发生交通事故时，有可能由于碰撞、爆炸损坏，开始漏水，当救援人员大量上船时，一旦船体由于进水或载荷增加而发生倾覆，救援人员有可能来不及撤退，被困船内溺亡。当船舶发生火灾时，消防人员大量射水灭火，有可能会使船舶超载倾覆，造成救援人员溺亡。

2. 高温烟气伤害

船舶如同建筑，特别是水下部分，如同地下建筑，高温烟气不易排出，当救援人员进入内部灭火时，由于高温烟气的存在，易造成灼伤、窒息、中毒、迷路，而引起伤亡。

3. 轰燃、回燃伤害

船舶货仓发生火灾，很容易形成轰燃或回燃现象，一旦发生这种情况，所产生的冲击力有可能将消防员推到水中，造成伤亡。

4. 爆炸伤害

油驳船发生火灾，消防员经常需要登船灭火，一旦冷却强度不够，油货仓会发生爆炸，造成救援人员伤亡。1989 年 1 月 2 日，武汉消防支队在扑救两艘油驳船火灾时，油驳船突然发生爆炸，造成 8 名消防官兵牺牲，8 名消防官兵受伤。

四、水上交通事故救援行动安全

水上交通事故发生后，情况紧急，遇难人员的处境险恶。组织抢救时，必须反应迅速，行动快捷，边行动边组织，力求以最快的方式、最快的速度赶赴事发地区。

(一) 救援行动要点

1. 立即就近调集力量

消防指挥中心接到救援报警后，应根据事故实际情况迅速确定调集哪些力量，如果事故发生在海上或大江大河之中，消防车无法利用，所以如果以救人为主，就应当立即调派航空消防力量和水上消防力量同时出动。如果具有爆炸危险或已经发生火灾，应当立即调集消防艇和港务部门的拖消两用船到场实施灭火。同时调派特勤力量登船排爆，攻坚灭火。第一出动力量到场后，应尽快查明灾难的性质、规模、危害范围及可能的发展趋势，及时向指挥中心提出增援行动的建议。

2. 迅速完善行动方案

指挥中心在调集第一出动力量到场的基础上，应根据实际需要迅速确定紧急救援的行动方案，并及时协调海事部门了解处置对策，组织增援力量快速做好行

动准备。如情况非常紧急且灾情规模较大时，不必苛求方案的一次性完善和周密，应边部署，边行动，边组织，边完善，力求用最好的装备、以最快的速度前往救援。

3. 及时组织指挥协同

水上交通事故抢险救援情况紧急，组织指挥复杂，既要简化程序，快速行动，又要建立稳定可靠的指挥协同关系。一方面，指挥中心要尽快与海事等相关部门或海上救援机构建立指挥协同关系，并明确通信联络的方式方法和有关保障事项；另一方面，参战队伍自身应建立稳定可靠的指挥体系。通常应建立陆地指挥部和行动指挥机构。行动指挥机构包括航行指挥和现场救援指挥。现场救援指挥通常以消防艇为依托，并视情况建立船舶救护、人员救护、后勤保障等若干指挥小组。海空联合行动时，指挥协同通常以海上行动为主组织。

4. 快速展开抢救作业

救援力量到达事发地域后，首先应查明事故性质及可能的发展趋势，完善救护作业方案，尽最大力量立即展开救护作业。展开时，应根据需要，对救援力量进行必要的分工和编组。通常以消防艇为基本依托，以其他到场的船只为补充分编成若干救护小组。空中力量除直接参与救援外，主要用于搜寻、作业引导以及前后运送。作业时，应根据灾情的性质、规模和发展趋势，灵活确定救援作业的重点。若只是发生局部性事故，船体尚可保全的情况下，应坚持保船与救人并举的原则实施救援作业；若船体已经解体、下沉，保船无望的情况下，则应全力抢救遇险人员。作业中，应密切关注可能发生的险情隐患并及时予以排除，若无法排除，则应迅速采取有效的避防措施，以免遭受险情隐患的连锁伤害。

（二）救援行动安全措施

1. 准确识别险情

指挥员应针对不同灾害，准确识别险情，做好防范准备。

2. 做好个人防护

进入船舶内部实施救援的消防员，应配备好个人防护服装和呼吸保护装具，为防止落水溺亡，应携带救生圈。

3. 选择适当的救援位置

抢救正在燃烧或有爆炸危险的船舶时，参加救援的大型舰船和消防艇必须在上风方向停泊，并保持一定的安全距离。

4. 维护现场秩序

如果参加救护的船艇有限且情况特别紧急时，要注意强制性地维护秩序，防止发生哄乱，避免发生救援和被救同时遭难的局面。

5. 搜救行动中，应随时掌握海洋气象情况

各救援机构（单位）之间，救援机构（单位）与派出机关之间，应保持顺畅的通信联络。特别是消防和海事部门要密切协作，保持统一指挥和协调行动。禁

止单个人员的随意行为。

6. 准备水上救生

设立安全观察员与救生员，配备救生装备，一旦事故船舶有人落水，迅速搜救。各类舟艇救护落水人员时，应在离落水人员的适当位置将挂机置于空挡，防止螺旋桨伤人。

第四节　飞机火灾灭火救援行动安全

飞机是用来运载旅客和邮件，联络国内中心城市和边远地区，或国际间城市往来的现代化交通工具。飞机火灾的特点是人员伤亡大、经济损失大、政治影响大和扑救难度大，一旦扑救不当就可能酿成机毁人亡的惨重后果。

一、基本知识

飞机种类繁多、结构复杂，这里主要介绍飞机的主要构成、材料的火灾危险性和主要起火危险部位。

（一）飞机的主要结构

飞机主要由机身、机翼、尾翼、驾驶舱、垂直机吊舱和起落架等构成，见图 7-11。

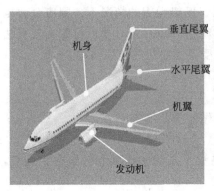

图 7-11　民航飞机结构

1. 机身

飞机的主体，又叫机舱。由骨架（桁梁、桁条、隔框）、地板骨架和蒙皮铆接而成的长筒形气密增压舱构成。

机身的功用主要是装载人员、货物、燃油、多种设备和其他物质，还用于连接机翼、尾翼、起落架和其他有关构件，使其连成一个整体。机身内一般都设有客舱、驾驶舱、行李舱、服务舱、辅助舱（厕所、衣帽间、餐室）和通风保暖、照明、供氧、消除噪声等设备，机身根据需要设有舱门、舷窗和应急出口等。除此，机身上还标有明显的破拆位置标志符号，以供消防员在紧急情况下破拆救援。

2. 机翼

固定在机身两侧,控制飞机的起飞降落。上面安装有 2～4 个发动机吊舱、燃料油箱、控制系统、起落架舱等。

一般小型民航飞机的机身长为 13～24m,机体高为 4～8m,冀展宽为 18～29m,占地面积为 240～670m²;中型民航飞机的机身长为 26～53m,机体高为 8.5～13m,翼展宽约为 30～44m,占地面积为 800～2300m²;大型民航飞机机身长为 50～70m 以上,机体高为 15～20m 以上,翼展宽为 45～60m 以上,占地面积为 2400～4500m²。

3. 驾驶舱

位于机身最前部,与客舱用隔板分开,里面有驾驶、导航、通信等仪器设备,舱壁上密布各种仪表和控制键。

4. 水平尾翼

机翼的一部分,水平固定在机尾两边,控制飞机的纵向平衡。

5. 垂直尾翼

机尾的一部分,垂直固定在机尾中间,控制飞机的定向平衡。

6. 垂直机吊舱

流线型,用于装载发动机,在主机翼下对称安装或安装在机身尾部两侧。一般小型民航飞机有 1～2 部发动机。中型民航飞机有 2～3 部发动机。大型民航飞机有 3～4 部发动机。

7. 起落架

飞机的起落装置。其功用是使飞机在地面或起飞、着陆和停放时,吸收着陆时的撞击能量和改善起落性能。

8. 舱门、滑梯与紧急出口

为了方便乘客和机组人员上下飞机或在紧急情况下脱险的需要,飞机上设有客舱门、驾驶舱门、紧急出口,并在舱门部位设有紧急疏散滑梯。由于飞机种类很多,其舱门、滑梯和紧急出口设置的部位及使用、开启方法并不一样。

(二) 飞机的火灾危险性

1. 航程远、载燃油量大

飞机航行时的燃料主要有航空煤油、汽油和喷气燃料。小型客机装载燃油量为 1200～5000L,中型客机装载燃油为 10000～100000L,大型客机装载燃油量可达 170000L 以上。

2. 通道窄、出口少、载客量大

小型民航飞机机身宽为 1.6～2.5m,一般设有 2 个舱门,载客量为 10～50人,舱内设有 2～4 排座位;中型民航飞机机身宽为 3.5～4m,一般设有 3～4 个舱门,载客量为 80～200 人,舱内设有 4～6 排座位;大型民航客机机身宽为

5.5～6.5m，一般设有 5 个以上舱门，载客量为 250～500 人以上，舱内设有 7～9
排座位。飞机客舱内的过道和舱门宽度一般均在 1m 以下。一般民航飞机均设有
应急出口，大、中型飞机上还备有救生滑梯。

3. 可燃物质多，火灾危险性大

现代化民航飞机的客舱设计，要求为旅客提供优美的环境、舒适的条件。因
此，机舱的装饰比较豪华，装饰材料一般都采用易燃可燃材料。如座椅、结构装
饰、地毯、救生器材、行李衣物、木材、窗帘、飞机的电气线路等。图 7-12 为一
场飞机火灾现场。

图 7-12　飞机火灾

（三）飞机金属材料的火灾危险性

消防人员必须了解制造飞机所用主要金属材料的性质及其火灾危险性，以有
效地采取灭火破拆、救援等措施。

1. 铝合金

铝合金是飞机上应用最广泛的金属材料，一般飞机的蒙皮和机翼、机身的某
些受力构件，如翼梁、隔框、杆桁条、翼肋等都是硬铝制成的。机壳上的铝合金
蒙皮有厚有薄，薄的部位容易破拆；厚的部位可用电动破拆工具破拆。铝合金在
火灾情况下不燃烧，但在高温、火焰作用下可迅速熔化。

2. 钛合金

钛合金主要用以制造涡轮发动机的某些部件和喷气飞机的某些主要部件，如
尾喷管、排气管、燃烧室套和喷气机转子叶片等部件。钛合金属于难燃材料，其
燃点为 610℃，熔点为 172℃。燃烧起来异常猛烈，用普通灭火剂无法灭火。用喷
射泡沫、雾状水的方法维持到钛合金部件烧完，保护周围的飞机结构不被损坏。
钛合金的部件较易破拆，但破拆时易产生火花。

3. 镁合金

用以制造轮毂、发动机托架、螺旋发动机轴箱，涡轮发动机的压气铸件等，
镁合金属难燃材料，加热时易氧化，当温度在 600℃ 以上时，能够燃烧，烧起来

相当猛烈。只能用特殊灭火剂（如三甲氧基硼氧六环，即 7150 灭火剂）将其扑灭。用大量射水的办法可控制其燃烧，保护周围的结构不被损坏。消防员在切割镁合金时，务必小心操作，防止镁合金燃烧。

4. 镍合金

用以制造发动机部件，加固高速飞机的外壳。镍合金外壳用普通破拆工具很容易破拆，但破拆时会产生火花。

(四) 飞机上的主要起火部位

飞机上的主要起火部位有燃油箱、润滑油箱、电池组、汽油燃烧加热器、液压液剂储存器。

1. 燃油箱

一般设置在机翼内，有些油箱穿过机身，其余的均装在内外侧发动机上，有软油箱、硬油箱之分。软油箱，又称为囊或油箱，燃料油储存在胶袋内。软油箱在火灾情况下易破裂，使大量燃油泄出流淌燃烧。硬油箱一般用硬质塑料制成，起火后易发生爆炸。燃油箱相互连通，并有供给阀。装载的燃料主要是航空煤油。

2. 润滑油箱

一般设在发动机吊舱内。有些设在发动机防火墙后面，有些设在防火墙前面。

3. 电池组

一般设置在前部，外壳有标记。飞机降落后如果引起火灾，应立即将其拆除。

4. 汽油燃烧加热器

设在机翼、机身或尾部（仅限于往复式发动机飞机）。

5. 液压液剂储存器

设在机身前部或靠近机翼根部。

二、民航飞机火灾的特点

民航飞机火灾与其他火灾相比，有其特殊性和复杂性。

(一) 火灾原因复杂

飞机火灾原因涉及飞机装置与设备故障，飞机滑行、起飞和爬升故障，飞机下滑、进场和着陆故障，不法分子的纵火破坏等。

(二) 火灾地点不定，突发性强

根据国际民航组织的统计资料，在飞机火灾事故中有 69% 发生在机场内，19% 发生在机场外，12% 发生在飞行中。在机场内的起火飞机，有 80% 以上停在距跑道两端 300m，跑道两侧约 1000m 的范围内。飞机在飞行过程中起火，失去控制或没有可供其降落的机场时，将会坠落在任何地方，如人口密集的市区、江河、田野、草原、山区等，火灾事故地点没有固定性。多数飞机火灾或爆炸事故在发生前并没有明显的征兆，即使有的出现征兆后，也来不及采取措施或因处置不当而突然发生，具有较强的突发性。

(三) 燃烧猛烈，发展迅速

飞机的内部装修、装饰材料，电气线路，氧气钢瓶，机翼和机身上载有大量的燃料油、润滑油、液压油，以及旅客携带的行李物品都是燃烧源。一旦发生火灾，火势发展迅猛，蔓延速度极快。特别是燃油的爆炸、破裂，会使大量燃油流淌到地面上燃烧，包围机身，仅 1～2min 时间就能将飞机烧毁。据有关方面测定，航空燃油起火时，火焰在油面上传播速度可达 213～214m/min，燃烧线速度为 0.33～0.38cm/min；火焰中心温度为 1500～2000℃ 以上；其边缘温度为 1100℃，其峰值测温可达到 2000℃ 以上；火焰高度为火焰直径的 1.5～2 倍。一架大型飞机着火后，需要扑救的最大面积可达 6000～7000m^2。

(四) 燃烧与爆炸交替进行

飞机上的燃油箱、氧气钢瓶、灭火器和轮胎等物体，受高温烧烤后，很容易发生爆炸。尤其是燃油箱，着火后几分钟就有可能发生爆炸，且具有连续性。燃烧引起爆炸，爆炸使燃烧高速度、大面积发展，从而给灭火救援活动带来危险，严重影响扑救工作的顺利进行，并有可能造成机毁人亡的严重后果。

图 7-13　人员疏散困难

(五) 疏散困难，伤亡严重

民航客机上旅客较多，少则几十人，多则 300～500 人。因受飞机结构的限制，机上的疏散途径很少，大多数飞机只有 2～3 个舱门，而且舱门宽度仅为 1m，舱口离地面高度为 2～8.5m，舱内通道狭窄，只能容 1 人通过。飞机起火后，旅客心情恐慌，着急逃生，更会导致通道阻塞，使人员难以迅速疏散到机外，从而造成严重伤亡，见图 7-13。

(六) 舱内烟雾弥漫，燃烧产物毒性大

飞机客舱内的可燃物质起火后，会迅速产生大量的热烟和有毒气体，如一氧化碳、二氧化碳、氰化氢、氯化氢和二氧化硫等。由于飞机客舱处于密闭状态，烟气和热量散发不出去，顷刻间舱内温度升高，烟雾弥漫，高温浓烟使灭火战斗行动受到阻碍。

(七) 不易破拆，救援困难

飞机机身材料大部分是铝合金，部分是镁合金，都比较坚硬。采用一般破拆工具破拆比较困难，且又因飞机蒙皮与夹层间布满了各种线路，机内线路和结构不同，破拆部位、开口的数量与面积的大小有严格的限制，必须在规定标志内进行，不能随意开口。在正常的出入口损坏而不能开启、紧急出口错位变形封死的

情况下，仅靠数量有限的破拆孔洞实施救援，其艰难性是可想而知的。

（八）经济损失大，政治影响大

民航飞机价格昂贵，一架波音 747 飞机，除去人员和装备物资外，仅其本身的价值就高达 1 亿多美元。民航飞机具有国际通航的性质，发生火灾后，往往会造成极其恶劣的国际影响。

三、飞机火灾险情分析与识别

1. 飞机迫降

当飞机在空中发生故障时，需紧急迫降到机场其他开阔地段。如果有条件的话，消防队往往要在飞机滑行阶段，就跟随救援。由于飞机从高空落下，有巨大的冲击力和摩擦力，容易引起油箱爆炸起火。

2. 飞机失事着陆

飞机已失事着陆，油箱破裂，大量燃油泄漏流淌。此时，消防队在赶往事故现场，或正在现场救援时，油品会突然爆炸起火，引起人员伤亡。

飞机失事着陆，消防员进入机舱灭火或救人，飞机突然起火，威胁救援人员安全。

四、飞机火灾的扑救方法和救援安全措施

（一）火灾扑救措施

飞机一旦发生火灾，会给机上所有人员的生命安全造成直接危险。在扑救飞机火灾时，消防人员必须确立以救人为主，灭火为救人创造条件的指导思想。在战术上实行救人与灭火同步进行，冷却、破拆、排烟并举，主要灭火剂与辅助灭火剂联（结）合使用，以最快的速度、最大的喷射量向燃烧部位和危险区域喷射的方法，一举消灭火灾。

1. 飞机起落架火灾的扑救

起落架装置是飞机的重要组成部分，它的任何部位发生火灾，都足以引起一场严重的飞机火灾事故。最危险的是危及油箱或造成飞机翻倒，使火势蔓延到整个机身。起落架火灾的发展，一般需要经过过热发烟、局部燃烧和完全着火三个阶段。扑救起落架火灾时，应在飞机停稳以后进行。

（1）过热发烟阶段

由于飞机机轮在维修时装有新的刹车垫，机轮上附着残油，或紧急刹车制动被卡等原因，使机轮或轮胎在摩擦过程中产生高温，引起轮胎橡胶的热分解或易燃液体受热冒烟，有燃烧的可能。

其扑救有以下几种具体方法。

① 准备好干粉和水枪，并时刻严密地观察，一旦发现起火便立即喷射。

② 如果烟雾逐渐减少，应让机轮或轮胎自然冷却，避免发热的机轮或轮胎急

剧地被冷却，特别是局部的冷却，可能引起机轮或轮胎的爆炸。

③ 如果烟雾增大，可用雾状水流断续冷却，避免使用连续水流，更不可用二氧化碳冷却。

（2）局部燃烧阶段

局部燃烧阶段，燃烧比较缓慢，火焰不大，热量不大，但能够在短时间内使整个机轮或轮胎全面燃烧，使轮胎报废，并将对机身和机翼下部形成威胁，有引起机身和机翼火灾的可能。

其扑救有以下几种具体方法。

① 用干粉迅速扑灭火焰。

② 用雾状水流冷却受火势威胁的机身或机翼下部，以及其他危险部位。

③ 同驾驶员或机械师协商，快速撤离机上所有人员。

④ 清理出在轮轴方向的安全地区。

⑤ 灭火后用雾状水流对机轮或轮胎进行均匀的冷却，预防复燃。

（3）完全着火阶段

除上述原因外，由于液压油的外泄，造成起落架完全着火，这时的火势猛烈，辐射热强，对机身或机翼的危险性更大，要求消防人员在最短的时间内将其扑灭。

其扑救有以下几种具体方法。

① 用大剂量的泡沫与干粉联用进行扑救。

② 迅速撤离机组人员和乘客。

③ 用泡沫冷却机身下部或机翼。

④ 清理出在轮轴方向的安全地带。

⑤ 随时准备对付火势的蔓延或可能出现的大火。

2. 飞机机翼火灾的扑救

飞机机翼内载有大量的航空燃料，发生火灾后燃烧猛烈，火势迅速向机身蔓延，并能够在短时间内烧毁机翼，引起机翼内燃油箱发生连续爆炸，使大量燃油漏泄到地面流淌燃烧，并迅速包围机身，对飞机起落架、机身及其内部人员威胁严重。灭火与疏散机内人员刻不容缓，消防人员应冷却保护机身，抢救旅客疏散为先，采用上风冲击、两翼外推阻挡火焰，干粉、泡沫联用围机灭火的战术。

对于一侧机翼根部起火的情况，使用两辆主战消防车灭火，冷却机身使其不受热辐射的影响，由机翼根部向外推打火焰，防止火焰烧穿机身，保护机内人员由机身前舱和后舱安全撤离；干粉、泡沫联用夹击灭火。

对于一侧机翼外发动机部位起火的情况，使用两辆主战消防车，干粉、泡沫联用向机翼末端推打火焰，夹击灭火。保护机身，掩护机内人员迅速由机身外一侧迅速撤离飞机。

对于两侧机翼全部起火的情况，使用 3 辆主战消防车停在机身前舱两侧，采用干粉、泡沫联用自上风冲击火焰，将火焰向机身外或机翼后推打，同时用泡沫覆盖冷却保护机身，防止火焰将机身烧穿。掩护机内人员从前（后）舱门迅速撤离到上风向安全地带。

尾翼起火主要是由发动机火灾引起尾翼燃烧，火势向前部机身蔓延。对于这种情况，使用2辆主战消防车停在飞机前方一侧，喷射泡沫冷却机身，控制火势由后向前蔓延，采用泡沫、干粉联用向尾翼冲击灭火，抢救机内人员从前舱门撤离飞机。

3. 飞机发动机火灾的扑救

发动机是飞机的关键组成部件，通常安装在发动机吊舱、机舱尾锥、机身腹部或机身底部和侧面。发动机内部发生火灾，会使飞机瘫痪或从空中掉下来，消防人员在扑救发动机内部的火灾时，应根据发动机的不同类型采取不同的扑救方法。

（1）发动机内部起火

内部燃烧时，排出的火焰颜色呈灿烂蓝色，带有高温气柱，除非在相对湿度70%或更大时，几乎看不见烟。在推力消失时，发动机内部燃烧的残余物（如橡胶垫片和毡纤维垫片）能产生一阵黑烟，但在某些情况下，残留物质会继续慢慢地燃烧2～3min，在管嘴内产生小的火焰。

当发动机内部燃烧时，因为其内部燃烧室耐热性良好，持续几分钟的极高温度，机体才能燃烧起来。在这种极高温度下，其内部一般早已完全毁坏，若发动机体尚未着火就不需要抢救。

如果火包围了发动机，使发动机体燃烧，可用水和泡沫有效地控制其周围的火，防止火势向机身外等部位蔓延，因为燃料本身含氧化剂，短期内会剧烈燃烧，一时不可能扑灭这种火。

（2）对钛部件着火的控制

有些发动机的零部件含有钛的成分。如果着火，使用普通的灭火剂一般是扑不灭的，其处理方法是：如果含钛部件着火被封闭在吊舱内，应尽可能让它烧完。只要外部没有可被火焰或炽热的发动机表面引燃的易燃蒸气混合气体，则这种燃烧不致严重地威胁飞机本身。用泡沫雾状水喷洒覆盖吊舱和周围暴露的飞机结构。

（3）灭火时的注意事项

登高问题。由于发动机高出地面很多，特别是安装在垂直稳定器上的发动机，有的飞机发动机离地面高度可达10.5m以上。因此，扑救飞机发动机火灾首先要准备好登高工具和可伸缩喷筒。

发动机下禁止站人。正在扑救发动机火灾的人和设备，不要位于发动机正下方。在实际灭火时，要有合适的喷筒或射程，并具有有效地喷射灭火剂的形式，喷射位置在发动机的外侧，前面和后面都可以。

灭火剂的选择。扑救发动机火灾时，应选用卤代烷或二氧化碳灭火剂控制发动机内的火灾；在发动机火势已发展到危及邻近飞机结构时，可使用其他灭火剂，如喷射水雾冷却处于危险状态的油箱和飞机机身。

危险区域。飞机发动机进气口前 7.5m，排汽口后 45m 范围内为危险区域，消防人员与被撤离人员严禁进入这一区域，以免被运转的发动机吸入或被喷气流烧伤。

4. 飞机机身内部火灾扑救

机身内部发生火灾，将直接对机身内部人员的生命造成危害。消防人员应把营救机身内部人员脱险作为首要任务完成，灵活运用冷却降温、阻截控制、破拆排烟、抢救疏散、内外夹攻、多点进攻、灌注灭火剂等战术。

（1）机身尾部客舱发生火灾

消防员从中部舱门攻入机身内部，用雾状水阻截火势向中部客舱蔓延，抢救乘客和机组人员从前、中部舱门和应急出口撤离飞机，疏散到安全地带。打开尾部舱门或打碎舷窗进行排烟，以降低舱内烟雾浓度和温度；同时，在打开的舱门或舷窗开口处布置水枪，阻击火焰从开口向机身外部蔓延。用泡沫覆盖或用开花水流喷洒机身外部受火势威胁较大的危险部位。在控制住火势向中部客舱蔓延的同时，消防员从尾部舱门突破烟火封锁，强攻进入尾部客舱，中部客舱水枪手与之形成合击。在舷窗间处的水枪手，应将水枪从舷窗口伸入客舱内部，与内部水枪手协同配合，打击火焰消灭火灾。

（2）机身中部客舱发生火灾

消防员同时从前舱门和尾舱门攻入机身内部，用雾状水控制火势向前部客舱和尾部客舱蔓延，掩护乘客和机组人员从前舱门和尾舱门撤离飞机，疏散到安全地带。在下风向距机翼较远的部位打碎舷窗进行排烟，并从舷窗口伸入水枪，多点进攻打击火焰，配合内部水枪手消灭火灾。进攻灭火的同时，应采用泡沫覆盖或开花水喷洒的方法冷却机身下部机翼，预防高温辐射引起机身和机翼处的燃油箱发生爆炸。

（3）机身前部客舱发生火灾

消防员从前舱门和中舱门攻入机身内部，用雾状水控制火势向驾驶舱或中部客舱蔓延，抢救乘客和机组人员从中、尾舱门和应急出口撤离飞机，疏散到安全地带。当火势凶猛，前舱门进攻受阻，且火势已越过前舱门，严重威胁驾驶舱时，就在靠近驾驶舱处打碎两侧舷窗，将水枪从舷窗口伸入机身内，用雾状水封锁空间，阻截火势蔓延，保护驾驶舱，并配合内攻水枪手，里应外合，消灭火灾。

（4）驾驶舱内发生火灾

消防人员从前舱门攻入机身内部，用雾状水冷却驾驶舱与客舱之间的隔墙，防止火势蔓延到客舱，掩护乘客和机组人员从前、中、尾部舱门和应急出口撤离机身，到地面安全地带。使用干粉或二氧代碳灭火剂扑救，迫不得已时再用水或泡沫扑救。

(5) 货舱（行李舱）内发生火灾

当飞机上有乘客时，应首先组织力量疏散客舱内所有人员。当货舱内装运普通货物时，可用喷雾水或泡沫扑救。当货舱内装运化学危险品时，应根据所装运货物的性质选用灭火剂。

(二) 灭火救援安全措施

1. 迫降准备

飞机迫降前，在迫降跑道上喷洒泡沫灭火剂，防止摩擦产生大量火花，引起油箱燃烧、爆炸。

2. 做好个人防护

深入机身内部的消防员必须佩戴呼吸器，穿着避火服或隔热服。扑救起落架火灾时，要求消防人员全身穿好隔热服，戴头盔和手套，并把面罩放下。接近起落架灭火时，应从起落架前方或后方小心地接近，绝对不能从轮轴方向接近。

3. 防止爆燃

机身处于全封闭状态，起火后产生的烟雾和温度散发不出去，会在机身内迅速积聚，当打开舱门后，空气进入机舱而形成爆燃。消防人员应手持喷雾水枪站在机舱门后，稍微打开一点机舱门，将喷雾水枪伸进机舱内射水；而后再完全打开机舱门，进入机舱内救人、灭火。在起落架下面，如发现有渗漏的油品，应用泡沫全部覆盖，以防起火燃烧。液压油管漏油时，应将漏口塞住或把液压油管折弯，从而有效地止住漏油。

4. 尽量避开危险区域

当轮胎着火或轮毂处于高温时，轮毂容易爆炸，其爆炸方向为沿轮轴方向向外。因此，在轮轴方向长 180m，沿轮轴方向左右 40°角度的范围内为危险区域，不准任何人进入。发动机下禁止站人。扑救发动机火灾的人和设备不要位于发动机正下方，因为这些位置可能有漏油、熔化金属或地面火势的伤害。

5. 确保登高安全

由于机舱、发动机、机翼都高出地面很多，距离地面高度可达 10～30m 以上。因此，扑救飞机火灾首先要准备好登高工具（如消防梯、举升工作平台）和用来喷射适当灭火剂的可伸缩喷筒。因为现代发动机内腔舱容量很大，灭火剂的喷射量也必然很多，在高速喷射灭火剂时，灭火剂喷离喷嘴时会产生很大的反作用力，在登高作业时，必须稳定、准确地掌握住喷筒，并采取有效措施，保障登高作业人员的安全。

6. 防止氧气瓶爆炸

飞机上有大量氧气瓶，受到火势和热辐射威胁时，应用雾状水冷却，或将钢瓶疏散到机身外安全地带，预防氧气瓶爆炸。

7. **排烟**

灭火过程中，要酌情打开舱门、紧急出口，并打碎舷窗等进行排烟，为机身内人员安全脱险提供条件，也为消防员提供救生条件。

8. **轮换作业**

作战时间较长，应组织预备力量及时接替内攻人员，使内攻人员得到休整。

第八章
危险化学品泄漏事故救援行动安全

消防部队在处置危险化学品火灾或泄漏事故时，面临的危险是多方面的，有中毒伤害、爆炸伤害、腐蚀伤害等。只有掌握危险化学品的性质和灾害处置技术，才能有效避免受到伤害。

第一节 基本知识

危险化学品是指化学品中具有易燃、易爆、有毒、有害及有腐蚀特性，对人员、设备、环境造成伤害或损害的化学品。

一、危险化学品及其分类

目前常见、用途较广的危险化学品约有数千种，其性质各不相同，每一种危险化学品往往具有多种危险性，但是在多种危险性中，必有一种主要的（即对人类危害最大的）危险性。因此在对危险化学品分类时，掌握"择重归类"的原则，即根据该化学品的主要危险性来进行分类，可分为爆炸品、气体、易燃液体、易燃固体、易于自燃的物质和遇水放出易燃气体的物质、氧化性物质和有机过氧化物、有毒品、放射性物品、腐蚀品。

1. 爆炸品

爆炸品包括：爆炸性物质；爆炸性物品；为产生爆炸或烟火实际效果而制造的上述两项中未提及的物质或物品。

爆炸性物质是指固体或液体物质（或这些物质的混合物）自身能够通过化学反应产生气体，其温度、压力和速度高到能对周围造成破坏，包括不放出气体的烟火物质。

爆炸性物品是指含有一种或几种爆炸性物质的物品。

烟火物质是指能产生热、光、声、气体或烟的效果或这些效果加在一起的一种物质或物质混合物，这些效果是由不起爆的自持放热化学反应产生的。

爆炸品分为以下六种。

① 有整体爆炸危险的物质和物品。整体爆炸是指瞬间能影响到几乎全部载荷

的爆炸。

② 有迸射危险，但无整体爆炸危险的物质和物品。

③ 有燃烧危险并有局部爆炸危险或局部迸射危险或这两种危险都有，但无整体爆炸危险的物质和物品。本项包括：可产生大量辐射热的物质和物品；相继燃烧产生局部爆炸或迸射效应或两种效应兼而有之的物质和物品。

④ 不呈现重大危险的物质和物品。包括运输中万一点燃或引发时仅出现小危险的物质和物品；其影响主要限于包件本身，并预计射出的碎片不大、射程也不远，外部火烧不会引起包件内全部内装物的瞬间爆炸。

⑤ 有整体爆炸危险的非常不敏感物质。包括有整体爆炸危险性、但非常不敏感以致在正常运输条件下引发或由燃烧转为爆炸的可能性很小的物质。

⑥ 无整体爆炸危险的极端不敏感物品。包括仅含有极端不敏感起爆物质、并且其意外引发爆炸或传播的概率可忽略不计的物品。该种物品的危险仅限于单个物品的爆炸。

2. 气体

本类气体是指：

① 在50℃时，蒸气压力大于300kPa的物质；

② 20℃时在101.3kPa标准压力下完全是气态的物质，包括压缩气体、液化气体、溶解气体和冷冻液化气体、一种或多种气体与一种或多种其他类别物质的蒸气的混合物、充有气体的物品和烟雾剂。

根据气体在运输中的主要危险性分为三种。

（1）易燃气体

包括在20℃和101.3kPa条件下：

① 与空气的混合物按体积分数占13％或更少时可点燃的气体；

② 不论易燃下限如何，与空气混合，燃烧范围的体积分数至少为12％的气体。

（2）非易燃无毒气体

在20℃时，压力不低于280kPa条件下运输或以冷冻液体状态运输的气体，并且是：

① 窒息性气体——会稀释或取代通常在空气中的氧气的气体；

② 氧化性气体——通过提供氧气比空气更能引起或促进其他材料燃烧的气体；

③ 不属于其他项别的气体。

（3）毒性气体

包括：

① 已知对人类具有的毒性或腐蚀性强到对健康造成危害的气体；

②半数致死浓度 LC_{50} 值不大于 $5000mL/m^3$，因而推定对人类具有毒性或腐蚀性的气体。

3. 易燃液体

易燃液体包括以下几种。

（1）易燃液体

在其闪点温度（其闭杯试验闪点不高于 $60.5℃$，或其开杯试验闪点不高于 $65.6℃$）时放出易燃蒸气的液体或液体混合物，或是在溶液或悬浮液中含有固体的液体。包括：

①在温度等于或高于其闪点的条件下提交运输的液体；

②以液态在高温条件下运输或提交运输、并在温度等于或低于最高运输温度时放出易燃蒸气的物质。

（2）液态退敏爆炸品

液态退敏爆炸品是指溶解或悬浮在水中或其他液态物质中形成一种均匀的液体混合物，以抑制其爆炸性质的爆炸性物质。

4. 易燃固体、易于自燃的物质、遇水放出易燃气体的物质

（1）易燃固体

易燃固体包括：

①容易燃烧或摩擦可能引燃或助燃的固体；

②可能发生强烈放热反应的自反应物质。自反应物质是指即使没有氧（空气）存在时，也容易发生激烈放热分解的热不稳定物质；

③不充分稀释可能发生爆炸的固态退敏爆炸品。固态退敏爆炸品是指用水或乙醇润湿或用其他物质稀释形成一种均匀的固体混合物，以抑制其爆炸性质的爆炸性物质。

（2）易于自燃的物质

易于自燃的物质包括：

①发火物质。发火物质是指即使只有少量物品与空气接触，在不到 $5min$ 内便能燃烧的物质，包括混合物和溶液（液体和固体）；

②自热物质。自热物质是指发火物质以外的，与空气接触不需要外部能源供应便能自己发热的物质。

（3）遇水放出易燃气体的物质

与水相互作用易变成自燃物质或能放出危险数量的易燃气体的物质，如碱金属钾、钠及其氢化物等。

5. 氧化性物质和有机过氧化物

（1）氧化性物质

本身不一定可燃，但通常因放出氧或起氧化反应可能引起或促使其他物质燃烧的物质。

（2）有机过氧化物

分子组成中含有过氧基的有机物质，该物质为热不稳定物质，可能发生放热的自加速分解。该类物质还可能具有以下一种或数种性质：

① 可能发生爆炸性分解；

② 迅速燃烧；

③ 对碰撞或摩擦敏感；

④ 与其他物质起危险反应；

⑤ 损害眼睛。

二、危险化学品泄漏事故的特点

危险化学品泄漏事故是指有毒有害化学物质突然失去控制，对人畜造成直接伤害或对环境造成严重污染的事故。近年来，国内外化学生产中发生了多起化学泄漏和爆炸事故，造成大量人员伤亡和重大财产损失。许多事故由于处置技术不当，处置程序不合理，使事故规模扩大，导致了惨重的损失。因此，加强对化学危险品事故规律的研究，掌握关键的处理技术，制定科学合理的处置程序是非常重要的。

（一）事故发生突然、扩散迅速

危险化学品泄漏事故往往在非常态下发生，如生产操作失误、设备超压爆炸或车祸、船祸等各种事故中，事先没有明显的预兆，往往瞬间发生，使人猝不及防。事故一旦发生，可能引起连锁灾变，污染范围迅速扩大，造成大量人员伤亡。1984 年 12 月 3 日凌晨，印度博帕尔市的美国联合碳化物属下的联合碳化物（印度）有限公司，突然传出几声尖利刺耳的汽笛声，紧接着一声巨响，一股巨大的气柱冲向天空，形成一个蘑菇状气团，农药厂发生了异氰酸甲酯泄漏，并很快扩散开来。毒气迅速笼罩了博帕尔市，最终造成了 2.5 万人直接致死，55 万人间接致死，另外有 20 多万人永久残废的人间惨剧。

（二）污染范围影响因素多、难以确定

危险化学品泄漏事故发生后，由于人员难以接近泄漏中心区，对泄漏量无法判定，泄漏物特别是气态和气溶胶状泄漏物的扩散受气候、地形、时间的因素影响较大，污染范围随时间不断发生变化，泄漏事故的危险区、污染区和安全区的确定难度大，因此，抢险救援力量的部署、控制要点的选择、救援方式具有一定的不确定性。

（三）对抢险人员构成严重危害、防护困难

危险化学品泄漏事故现场往往有中毒人员需要抢救，消防抢险人员首先到达现场，必然要接触到有毒物质或受污染的物体，而此时，抢险人员对这些物质的性质不一定完全掌握，防护措施未必得当，泄漏物质对抢险人员直接构成威胁。

（四）处理技术难度大、专业性强

　　危险化学品由于具有特殊的物理化学性质，其伤害形式特殊，伤害途径众多，因此，在抢险救援中，无论是判别有毒物质性质、程度，还是控制事态的发展，制止泄漏；无论是抢救中毒人员，还是洗消污染设备、环境，都同样需要特殊的设备、材料和相应的技术手段，这就大大提高了救援行动对技术的依赖程度。如危险化学品输转是一门既危险又专业的技术，见图8-1。

图 8-1　危险化学品输转

第二节　救援行动的危险性分析与评价

一、救援行动的危险性分析

（一）爆炸和爆燃危险

1. 火炸药爆炸

　　消防人员在参加火工品生产、运输、储存场所事故救援时，如果处置不当，有可能触发爆炸，造成重大伤亡。火工品的爆炸危险取决于其敏感性，所需的引爆冲能越小，其敏感度越高，反之则越低。如，碘化氮若用羽毛轻轻触动就可能引起爆炸；而常用的炸药 TNT 用枪弹射穿也不爆炸。

2. 气体和蒸气爆炸

　　消防员处置可燃、易燃气体，液体危险化学品时，发生爆炸、爆燃，会造成伤亡。有些易燃气体无色无味，泄漏后不易察觉，消防员在处置过程中，气体很可能达到爆炸极限而不被注意，一旦遇到点火源，产生猛烈爆炸，极易造成人员伤亡。

3. 危险化学品容器物理爆炸

　　盛装危险化学品的容器，在超装、超温、超压、撞击、火烧、辐射的情况下，都可能发生物理爆炸。

4. 遇水反应发生燃烧或爆炸

遇水放出易燃气体的物质主要包括碱金属、碱土金属及其硼烷类和石灰氮（氰化钙）、锌粉等金属粉末类，该类物品的特点是：遇水后发生剧烈的化学反应使水分解，夺取水中的氧与之化合，放出易燃气体和热量。当易燃气体在空气中达到燃烧范围时，或接触明火、或由于反应放出的热量达到引燃温度时就会发生着火或爆炸。如金属钠、氢化钠、二硼氢等遇水反应剧烈，放出氢气多，产生热量大，能直接使氢气燃爆。

5. 遇氧化剂和酸着火爆炸

遇水放出易燃气体的物质除遇水能反应外，遇到氧化性物质、酸也能发生反应，而且比遇到水反应得更加剧烈，危险性更大。有些遇水反应较为缓慢，甚至不发生反应的物品，当遇到酸或氧化性物质时，也能发生剧烈反应，如锌粒在常温下放入水中并不会发生反应，但放入酸中，即使是较稀的酸，反应也非常剧烈，放出大量的氢气。这是因为遇水放出易燃气体的物质都是还原性很强的物品，而氧化性物质和酸类等物品都具有较强的氧化性，所以它们相遇后反应更加剧烈。

6. 粉尘爆炸

可燃固体粉末在空气中达到爆炸极限，遇火源发生爆炸，类似可燃气体。

（二）中毒危险

危险化学品通过人体的呼吸道、消化道、皮肤三个途径进入体内，造成人身中毒。中毒的程度与蒸气浓度、作用时间的长短有关。浓度小、时间短则轻，反之则重。危险化学品大都具有一定的毒害性。《危险货物品名表》列入管理的剧毒气体中，毒性最大的是氰化氢，当在空气中的含量达到 300mg/m^3 时，能够使人立即死亡；达到 200mg/m^3 时，10min 后死亡；达到 100mg/m^3 时，一般在 1h 后死亡。不仅如此，氰化氢、硫化氢、硒化氢、锑化氢、二甲胺、氨、溴甲烷、二硼烷、二氯硅烷、锗烷、三氟氯乙烯等气体，除具有相当的毒害性外，还具有一定的着火爆炸性，这一点是万万忽视不得的，切忌只看有毒气体标志而忽视了其火灾危险性。

（三）腐蚀性危险

强酸、强碱和部分盐类，具有强烈的腐蚀性，一旦沾染到皮肤、眼睛，会造成严重烧伤。另外，一些含氢、硫元素的气体具有腐蚀性。如硫化氢、硫氧化碳、氨、氢等，都能腐蚀设备，削弱设备的耐压强度，严重时可导致设备系统裂隙、漏气，引起火灾等事故。目前危险性最大的是氢，氢在高压下能渗透到碳素中去，使金属容器发生"氢脆"变疏，引发物理爆炸。

（四）窒息性危险

除氧气和压缩空气外，其他压缩气体和液化气体都具有窒息性。一般情况下，压缩气体和液化气体的易燃易爆性和毒害性易引起人们的注意，而其窒息性往往被忽视，尤其是那些不燃无毒的气体。如氮气、二氧化碳及氦、氖、氩、氪、氙等惰性气体，虽然它们无毒、不燃，但都必须盛装在容器之内，并有一定的压力。如二氧化碳、氮气气瓶的工作压力均可达 15MPa，设计压力有的可达 20～30MPa。这些气体一旦泄漏于房间或大型设备及装置内时，均会使现场人员窒息死亡。

（五）自燃危险性

1. 遇空气自燃

易于自燃的物质大部分性质非常活泼，具有极强的还原性，接触空气后能迅速与空气中的氧化合，并产生大量的热，达到其自燃点而着火，接触氧化性物质反应更加剧烈，甚至爆炸。如黄磷遇空气即自燃起火，生成有毒的五氧化二磷。所以此类物品的包装必须保证密闭，充氮气保护或据其特性用液封密闭，如黄磷必须存放于水中等。

2. 遇湿易燃

硼、锌、锑、铝的烷基化合物类，烷基铝氢化物类，烷基铝卤化物类（如氯化二乙基铝、二氯化乙基铝、二氯化甲基铝、三氯化三乙苯铝、三溴化三甲基铝等），烷基铝类（三甲基铝、三乙基铝、三丙基铝、三丁基铝、三异丁基铝等）等易于自燃的物质，化学性质非常活泼，具有极强的还原性，遇氧化性物质和酸类反应剧烈。除在空气中能自燃外，遇水或受潮还能分解而自燃或爆炸。如三乙基铝在空气中能氧化而自燃。

$$2Al(C_2H_5)_3 + 21O_2 == 12CO_2 + 15H_2O + Al_2O_3$$

此外，三乙基铝遇水还能发生爆炸。其原理是三乙基铝与水作用生成氢氧化铝和乙烷，同时放出大量的热，从而导致乙烷爆炸。

3. 积热自燃

硝化纤维质地的胶片、废影片、X 光片等，由于本身含有硝酸根，化学性质很不稳定，在常温下就能缓慢分解，当堆积在一起或仓库通风不好时，分解反应产生的热量无法散失，放出的热量越积越多，便会自动升温达到其自燃点而着火，火焰温度可达 1200℃。

（六）带电性危险

多数易燃液体都是电介质，在灌注、输送、喷流过程中能够产生静电，当静电荷聚集到一定程度时则会放电发火，故有引起着火或爆炸的危险。

无论在何种条件下产生静电，在积聚到一定程度时，就会发生放电现象。据测试，积聚电荷大于 4V 时，放电火花就足以引燃汽油蒸气。所以液体在装卸、储运过程中，一定要设法导泄静电，防止聚集而放电。了解易燃液体的带电能力，不仅可据以确定其火灾危险性的大小，而且还可据以采取相应的防范措施，如选用材质好而光滑的管道输送易燃液体，设备、管道接地，限制流速等。

（七）放射性危险

工业生产和生活中，经常会用到一些放射性物质，如工业无损探伤用的放射源，能产生伽马射线等强穿透射线，医疗上也会用到一些放射源。放射源对人体照射，超过一定的剂量，就会产生伤害，可用辐射计等仪器测量评估其照射强度和剂量。

（八）腐蚀危险性

强酸、强碱以及有些盐类危险化学品，具有强烈的腐蚀性，与之接触，会造成伤害。强酸类物质对金属具有较强的腐蚀性，如"王水"可以溶解黄金。消防设备的金属构件，如果接触到盐酸、硝酸、硫酸等强酸，会迅速腐蚀损坏。人的皮肤、眼睛与腐蚀性物质接触，会被严重烧伤。

二、危险性评价

（一）评价危险品毒性的主要技术参数

1. 毒物的分类

毒物的分类方法较多，从军用战剂上、工业毒物上、毒理作用上或临床特点上等有不同的分类方法。急性化学毒物中毒常呈现多系统、多脏器的损伤。有的毒物既有刺激作用，又能引起窒息症状，能通过多种途径大规模地毒害人员。

根据有害物质的毒理性能，可分成表 8-1 所示的种类。每种毒物引起的中毒症状均有差异。

表 8-1　各种有害物质的毒理性能

类别	症状	常见毒物举例
呼吸系统中毒物	单纯性窒息	氮气、二氧化碳、烷烃等
	化学性窒息	一氧化碳、氰化物
	刺激肺部	氯气、二氧化氮、溴、氟、光气等
	刺激上呼吸道	氨、二氧化硫、甲醛、醋酸乙酯、苯乙烯
神经系统中毒物	闪电样昏倒	窒息性气体、苯、汽油
	震颤	汞、汽油、有机磷（氯）农药等
	震颤麻痹	锰、一氧化碳、二硫化碳
	阵发性痉挛	二硫化碳、有机氯
	强直性痉挛	有机磷、氰化物、一氧化碳
	瞳孔缩小	有机磷、苯胺、乙醇
	瞳孔扩大	氰化物
	神经炎	铅、砷、二硫化碳
	中毒性脑炎	一氧化碳、汽油、四氯化碳
	中毒性精神病	四乙基铅、二硫化碳等

续表

类别	症状	常见毒物举例
血液系统中毒物	溶血症	三硝基苯、砷化氢
	碳氧血红蛋白血症	一氧化碳
	高铁血红蛋白血症	苯胺、二硝基苯、三硝基苯、亚硝酸盐、氮氧化物
	造血功能障碍	苯
消化系统中毒物	腹痛	铅、砷、磷、有机磷等
	中毒性肝炎	四氯化碳、硝基苯、有机氯、砷、磷等
泌尿系统中毒物	中毒性肾炎	镉、溴化物、四氯化碳、有机氯等

2. 毒物的毒性评价的主要参数

　　毒物的毒性是根据毒物的剂量与其毒害效应之间的关系来评价的。所谓中毒，从毒理上看是毒物进入体内后与酶、蛋白质、神经感受器、生物大分子等发生的特定反应。因此，毒物的毒性首先取决于毒物分子的活性基团或功能结构，而表现出不同的生物活性和毒性强度。

　　目前，毒物的毒性是根据动物试验结果而获得的。毒物的急性毒性可按 LD_{50} 分级，即剧毒、高毒、中等毒、低毒和微毒五级，见表 8-2。利用 LD_{50} 指标便于比较毒物的相对毒性，但不能区分毒作用的特点。

表 8-2　有毒物质的毒性

毒性分级	大鼠一次经口 LD_{50} /(mg/kg)	6只大鼠吸入4h死亡2~4只的浓度/(mg/kg)	兔涂皮时 LD_{50} /(mg/kg)	对人可能致死量	
				g/kg	总量 /(g/60kg)
剧毒	<1	<10	<5	<0.05	0.1
高毒	1~50	10~100	5~44	0.05~0.5	3
中等毒	50~500	100~1000	44~350	0.5~5	30
低毒	500~500	1000~10000	350~2180	5~15	250
微毒	>5000	>10000	>2180	>15	>1000

（二）评价气体燃爆危险性的主要技术参数

1. 爆炸极限

　　易燃气体的爆炸极限是表征其爆炸危险性的一种主要技术参数，爆炸极限范围越宽，爆炸下限浓度越低，爆炸上限浓度越高，则燃烧爆炸危险性越大。

2. 爆炸危险度

　　易燃气体或蒸气的爆炸危险性还可以用爆炸危险度来表示。爆炸危险度是爆炸浓度极限范围与爆炸下限浓度之比，其计算公式如下：

$$爆炸危险度 = \frac{爆炸上限浓度 - 爆炸下限浓度}{爆炸下限浓度}$$

　　爆炸危险度说明，其数值越大，爆炸危险性越大。几种典型气体的爆炸危险度见表 8-3。

表 8-3　典型气体的爆炸危险度

名称	爆炸危险度	名称	爆炸危险度
氨	0.87	汽油	5.00
甲烷	1.83	辛烷	5.32
乙烷	3.17	氢	17.78
丁烷	3.67	乙炔	31.00
一氧化碳	4.92	二硫化碳	59.00

3. 传爆能力

传爆能力是爆炸性混合物传播燃烧爆炸能力的一种度量参数，用最小传爆断面表示。当易燃性混合物的火焰经过两个平面间的缝隙或小直径管子时，如果其断面小到某个数值，由于游离基销毁的数量增加而破坏了燃烧条件，火焰即熄灭。这种阻断火焰传播的原理称为缝隙隔爆。爆炸性混合物的火焰尚能传播而不熄灭的最小断面称为最小传爆断面。设备内部的可燃混合气被点燃后，通过 25mm 长的接合面，能阻止将爆炸传至外部的易燃混合气的最大间隙，称为最大试验安全间隙。易燃气体或蒸气爆炸性混合物，按照传爆能力的分级见表 8-4。

表 8-4　可燃气体或蒸气爆炸性混合物按照传爆能力的分级

级别	1	2	3	4
间隙 δ/mm	$\delta > 1.0$	$0.6 < \delta \leq 1.0$	$0.4 < \delta \leq 0.6$	$\delta \leq 0.4$

4. 爆炸压力和威力指数

（1）爆炸压力

易燃性混合物爆炸时产生的压力称为爆炸压力，是度量可燃性混合物将爆炸时产生的热量用于做功的能力。发生爆炸时，如果爆炸压力大于容器的极限强度，容器便发生破裂。

各种易燃气体或蒸气的爆炸性混合物，在正常条件下的爆炸压力，一般都不超过 1MPa，但爆炸后压力的增长速度却是相当大的。几种易燃气体或蒸气的爆炸压力及其增长速度见表 8-5。

表 8-5　易燃气体或蒸气的爆炸压力及其增长速度

名称	爆炸压力/MPa	爆炸压力增长速度/(MPa/s)
氢	0.62	90
甲烷	0.72	—
乙炔	0.95	80
一氧化碳	0.7	—
乙烯	0.78	55
苯	0.8	3
乙醇	0.55	—
丁烷	0.62	15
氨	0.6	—

（2）爆炸威力

气体爆炸的破坏性还可以用爆炸威力来表示。爆炸威力是反映爆炸对容器或建筑物冲击度的一个量，它与爆炸形成的最大压力有关，同时还与爆炸压力的上升速度有关。

测定炸药的威力，通常采用铅铸扩大法。即以一定量（10g）的炸药，装于铅铸的圆柱形孔内爆炸，测量爆炸后圆柱形孔体积的变化，以及体积增量（单位：mL）作为炸药的威力数值。典型气体和蒸气的爆炸威力指数参见表 8-6。

表 8-6　典型气体和蒸气的爆炸威力指数

名称	威力指数	名称	威力指数
丁烷	9.30	氢	55.80
苯	2.4	乙炔	76.00
乙烷	12.13		

5. 自燃点

易燃气体的自燃点不是固定不变的数值，而是受压力、密度、容器直径、催化剂等因素的影响。一般规律为受压越高，自燃点越低；密度越大，自燃点越低；容器直径越小，自燃点越高。易燃气体在压缩过程中（例如在压缩机中）较容易发生爆炸，其原因之一就是自燃点降低的缘故。在氧气中测定时，所得自燃点数值一般较低，而在空气中测定时则较高。有些高温储存的油品，由于储存温度超过其自燃点，一旦泄漏就会发生燃烧。

6. 化学活泼性

① 易燃气体的化学活泼性越强，其火灾爆炸的危险性越大。化学活泼性强的可燃气体在通常条件下即能与氯、氧及其他氧化剂起反应，发生火灾和爆炸。

② 气态烃类分子结构中的价键越多，化学活泼性越强，火灾爆炸的危险性越大。如，乙烷、乙烯和乙炔分子结构中的价键分别为单键（$H_3C—CH_3$）、双键（$H_2C\!=\!CH_2$）和三键（$HC\!\equiv\!CH$），它们的燃烧爆炸和自燃的危险性依次增加。

7. 相对密度

① 与空气密度相近的可燃气体，容易互相均匀混合，形成爆炸性混合物。

② 比空气重的可燃气体沿着地面扩散，并易窜入沟渠、厂房死角处，长时间聚集不散，遇火源则发生燃烧或爆炸。

③ 比空气轻的可燃气体容易扩散，而且能顺风飘动，会使燃烧火焰蔓延、扩散。

④ 应当根据可燃气体的密度特点，正确选择通风排气口的位置，确定防火间距值以及采取防止火势蔓延的措施。

8. 扩散性

处于气体状态的任何物质都没有固定的形状和体积，且能自发地充满任何容器。由于气体的分子间距大，相互作用力小，所以非常容易扩散。

压缩气体和液化气体的扩散特点主要体现在以下两个方面。

① 比空气轻的可燃气体逸散在空气中可以无限制地扩散，与空气形成爆炸性混合物，并能够顺风飘荡，迅速蔓延和扩展。

② 比空气重的可燃气体泄漏出来时，往往飘浮于地表、隧道、厂房死角等处，长时间聚集不散，易与空气在局部形成爆炸性混合气体，遇着火源发生着火或爆炸；同时，密度大的可燃气体一般都有较大的发热量，在火灾条件下，易于造成火势扩大。常见易燃气体的相对密度与扩散系数的关系如表 8-7 所示。

表 8-7　常见易燃气体的相对密度与扩散系数的关系

气体名称	扩散系数/(cm²/s)	相对密度	气体名称	扩散系数/(cm²/s)	相对密度
氢	0.634	0.07	乙烯	0.130	0.97
乙炔	0.194	0.91	甲醚	0.118	1.58
甲烷	0.196	0.55	液化石油气	0.121	1.56
氨	0.198				

掌握易燃气体的相对密度及其扩散性，不仅对评价其火灾危险性的大小，而且对选择通风门的位置、确定防火间距以及采取防止火势蔓延的措施都具有实际意义。

9. 可压缩性和受热膨胀性

任何物体都有热胀冷缩的性质，气体也不例外，其体积也会因温度的升降而胀缩，且胀缩的幅度比液体大得多。

压缩气体和液化气体的可压缩性和受热膨胀性特点如下。

① 当压力不变时，气体的温度与体积成正比，即温度越高，体积越大。通常气体的相对密度随温度的升高而减小，体积却随温度的升高而增大。如压力不变时，液态丙烷 60℃ 时的体积比 10℃ 时的体积膨胀了 20% 还多，其体积与温度的关系如表 8-8 所示。

表 8-8　液态丙烷体积与温度的关系

温度/℃	-20	0	10	15	20	30	40	50	60
相对密度	0.56	0.53	0.517	0.509	0.5	0.486	0.47	0.45	0.43
热胀率 φ/%	91.4	96.2	98.7	100	101	104.9	109.1	113.8	119.3

② 当温度不变时，气体的体积与压力成反比，即压力越大，体积越小。如对 100L、质量一定的气体加压至 1013.25kPa 时。其体积可以缩小到 10L。这一特性说明，气体在一定压力下可以压缩，甚至可以压缩成液态。所以，气体通常都是经压缩后存于钢瓶中的。

③ 在体积不变时，气体的温度与压力成正比，即温度越高，压力越大。这就是说，当储存在固定容积容器内的气体被加热时，温度越高，其膨胀后形成的压力就越大。如果盛装压缩或液化气体的容器（钢瓶）在储运过程中受到高温、暴

晒等热源作用时，容器、钢瓶内的气体就会急剧膨胀，产生比原来更大的压力。当压力超过了容器的耐压强度时，就会引起容器的膨胀，甚至爆裂，造成伤亡事故。因此，在储存、运输和使用压缩气体和液化气体的过程中，一定要采取防火、防晒、隔热等措施；在向容器、气瓶内充装时，要注意极限温度和压力，严格控制充装量。防止超装、超温、超压。

（三）评价易燃液体燃爆危险性的主要技术参数

评价易燃液体火灾爆炸危险性的主要技术参数是闪点、饱和蒸气压和爆炸极限。此外，还有液体的其他性能，如相对密度、流动扩散性、沸点和膨胀性等。

1. 饱和蒸气压

饱和蒸气是指在单位时间内从液体蒸发出来的分子数等于回到液体里的分子数的蒸气。在密闭容器中，液体都能蒸发成饱和蒸气。饱和蒸气所具有的压力叫做饱和蒸气压力，简称蒸气压力，以 Pa 表示。

易燃液体的蒸气压力越大，则蒸发速度越快，闪点越低，所以火灾危险性越大。蒸气压力是随着液体温度而变化的，即随着温度的升高而增加，超过沸点时的蒸气压力能导致容器爆裂，造成火灾蔓延。表 8-9 列举了一些常见易燃液体的饱和蒸气压。

表 8-9　几种易燃液体的饱和蒸气压

p_Z/Pa 温度/℃ 液体名称	−20	−10	0	10	20	30	40	50	60
丙酮	—	5160	8443	14705	24531	37330	55902	81168	115
苯	991	1951	3546	5966	9972	15785	24198	35824	510
航空汽油	—	—	11732	15199	20532	27988	37730	50262	52329
车用汽油	—	—	5333	6666	9333	13066	18132	24065	—
二硫化碳	6463	11199	17996	27064	40237	58262	82260	114	—
乙醚	8933	14972	24583	28237	57688	84526	120	217	156
甲醇	836	1796	3576	6773	11822	19998	923	168	040
乙醇	333	747	1627	3173	5866	10412	32464	626	216408
丙醇	—	—	436	952	1933	3706	17785	50889	83326
丁醇	—	—	—	271	628	1227	6773	29304	46863
甲苯	232	456	901	1693	2973	4960	2386	11799	18598
乙酸甲酯	2533	4686	8279	13972	22638	35330	7906	4413	7893
乙酸乙酯	867	1720	3226	5840	9706	15825	—	12399	18598
乙酸丙酯	—	—	933	2173	3413	6433	24491		

根据易燃液体的蒸气压力，可以求出蒸气在空气中的浓度，其计算式为：

$$C=\frac{p_Z}{p_H} \tag{8-1}$$

式中　C——混合物中的蒸气浓度,%;

　　p_Z——在给定温度下的蒸气压力,Pa;

　p_H——混合物的压力,Pa。

如果 p_H 等于大气压力,即 101.325Pa,则可将式(8-1)改写为:

$$C=\frac{p_Z}{101.325} \tag{8-2}$$

由于易燃液体的蒸气压力是随温度而变化的,因此可以利用饱和蒸气压来确定易燃液体在储存和使用时的安全温度和压力。

【例 8-1】　某厂在车间中使用丙酮作溶剂,操作压力为 500kPa,操作温度为 25℃。请问丙酮在该压力和温度下有无爆炸危险?如有爆炸危险,应选择何种操作压力比较安全?

解:先求出丙酮的蒸气浓度。从表 8-9 查得丙酮在 25℃ 时的蒸气压力为 30931Pa,代入式(8-1)得出丙酮在 500kPa 下的蒸发浓度:

$$C=\frac{p_Z}{p_H}=\frac{30931}{500000}=6.2\%$$

丙酮的爆炸极限为 2%～13%,说明在 500kPa 压力下丙酮是有爆炸危险的。

如果温度不变,那么为保证安全,操作压力可以考虑选择常压或负压。如选择常压,则浓度为:

$$C=\frac{p_Z}{101325}=\frac{30391}{101325}=30.5\%$$

如选择负压,假设真空度为 39997Pa,则浓度为:

$$C=\frac{p_Z}{p_H}=\frac{30931}{101325-39997}=50.4\%$$

显然在常压或负压下,丙酮的蒸气浓度都超过爆炸上限,无爆炸危险。但相比之下,负压生产更安全。

2. 爆炸极限

易燃液体的爆炸极限有两种表示方法:一是易燃蒸气的爆炸浓度极限,有上、下限之分,以"%"(体积分数)表示;二是易燃液体的爆炸温度极限,也有上、下限之分,以"℃"表示。因为易燃蒸气的浓度是可燃液体在一定的温度下形成的,因此爆炸温度极限就体现着一定的爆炸浓度极限,两者之间有相应的关系。如,酒精的爆炸温度极限为 11～40℃,与此相对应的爆炸浓度极限为 3.3%～18%。液体的温度可随时方便地测出,与通过取样和化验分析来测定蒸气浓度的方法相比要简便得多。

几种易燃液体的爆炸温度极限和爆炸浓度极限的比较见表 8-10。

易燃液体的着火和爆炸是蒸气而不是液体本身,因此爆炸极限对液体燃爆危险性的影响和评价同气体。

表 8-10　液体的爆炸温度极限和爆炸浓度极限

液体名称	爆炸浓度极限/%	爆炸温度极限/℃
酒精	3.3~18	11~40
甲苯	1.2~7.75	1~31
松节油	0.8~62	32~53
车用汽油	0.79~5.16	−39~−8
灯用煤油	1.4~7.5	40~86
乙醚	1.85~35.5	−45~13
苯	1.5~9.5	−14~12

易燃液体的爆炸温度极限可以用仪器测定，也可利用饱和蒸气压公式，通过爆炸浓度极限进行计算。

【例 8-2】　有一个苯罐的温度为 10℃，确定是否有爆炸危险？如有爆炸危险，请问应选择什么样的储存温度比较安全？

解：先查出苯在 10℃时的蒸气压力为 5966Pa，代入式(8-2)，则

$$C = \frac{p_Z}{101325} = \frac{5966}{101325} = 5.89\%$$

由表 8-10 查得苯的爆炸极限为 1.5%~9.5%，故苯在 10℃时具有爆炸危险。

消除形成爆炸浓度的温度有两种可能：一是低于闪点的温度；二是高于爆炸上限的温度。但苯的闪点为 −14℃，而苯的凝固点为 5℃，若储存温度低于闪点，苯就会凝固。因此，安全储存温度应采取高于爆炸上限的温度。已知苯的爆炸上限为 9.5%，代入下式：

$$p_Z = 101325C = 101325 \times 0.095 = 9625.8 \text{（Pa）}$$

从表 8-9 查得苯的蒸气压力为 9625.8Pa 时，处于 10~20℃范围内，用内插法求得：

$$10 + \frac{(9625.8 - 5966) \times 10}{9972 - 5966} = 10 + 9 = 19 \text{（℃）}$$

因此，储存苯的安全温度应高于 19℃。

【例 8-3】　已知甲苯的爆炸浓度极限为 1.27%~7.75%，大气压力为 101.325Pa。试求其爆炸温度极限。

解：甲苯的浓度为 1.27%时，在 101.325Pa 下的饱和蒸气压：

$$p_Z = \frac{1.27 \times 101325}{100} = 1286.83 \text{（Pa）}$$

从表 8-9 查得甲苯在 1286.83Pa 蒸气压力下处于 0~10℃之间，利用内插法求得甲苯的爆炸温度下限：

$$\frac{(1286.83 - 901) \times 10}{1693 - 901} = \frac{3858.3}{792} = 4.87 \text{（℃）}$$

甲苯的浓度为 7.75%时，在 101325Pa 下的饱和蒸气压：

$$p_z=\frac{7.75\times101325}{100}=7852.69（Pa）$$

从表 8-9 查得甲苯在 7852.69Pa 蒸气压力下处于 30～40℃之间，利用内插法求得甲苯的爆炸温度上限：

$$30+\frac{(7852.69-4960)\times10}{7906-4960}=30+\frac{26226.9}{2946}=38.9（℃）$$

在 101325Pa 大气压力下，甲苯的爆炸温度极限为 4.87～38.9℃。

3. 闪点

易燃液体的闪点越低，越易起火燃烧。因为在常温甚至在冬季低温时，只要遇到明火就可能发生闪燃，所以具有较大的火灾爆炸危险性。几种常见易燃液体的闪点见表 8-11。

表 8-11　几种常见易燃液体的闪点

物质名称	闪点/℃	物质名称	闪点/℃	物质名称	闪点/℃
甲醇	7	苯	−14	醋酸丁酯	13
乙醇	11	甲苯	4	醋酸戊酯	25
乙二醇	112	氯苯	25	二硫化碳	−45
丁醇	35	石油	−21	二氯乙烷	8
戊醇	46	松节油	32	二乙胺	26
乙醚	−45	醋酸	40	飞机汽油	−44
丙酮	−20	醋酸乙酯	1	煤油	18
		甘油	160	车用汽油	−39

两种易燃液体混合物的闪点，一般是位于原来两液体的闪点之间，并且低于这两种可燃液体闪点的平均值。如，车用汽油的闪点为−38℃，照明用煤油的闪点为 40℃，如果将汽油和煤油按 1∶1 的比例混合，那么混合物的闪点应低于：

$$\frac{-38+40}{2}=1℃$$

在易燃的溶剂中掺入四氯化碳，其闪点会提高，加入量达到一定数值后，不能闪燃。如，在甲醇中加入 41% 的四氯化碳，则不会出现闪燃现象，这种性质在安全上可加以利用。

各种易燃液体的闪点可用专门仪器测定，也可利用爆炸浓度极限求得。

【例 8-4】 已知乙醇的爆炸浓度极限为 3.3%～18%，试求乙醇的闪点和爆炸温度极限。

解：乙醇在爆炸浓度下限（3.3%）时的饱和蒸气压为：

$$p_z=101325C=101325\times0.033=3343.73Pa$$

从表 8-9 查得乙醇蒸气压力为 3343.73Pa 时，其温度处于 10～20℃之间，并且在 10℃和 20℃时的蒸气压分别为 3173Pa 和 5866Pa。可用内插法求得乙醇的闪点。

$$10+\frac{(3343.73-3173)\times 10}{5866-3173}=10+0.6=10.6℃$$

再由式(8-2)和通过查表求出乙醇的爆炸温度上限。

$$C=\frac{p_Z}{101325}$$

$$p_Z=0.18\times 101325=18238.5Pa$$

从表 8-9 中查得乙醇在 18238.5Pa 蒸气压力时的温度约等于 40℃。

乙醇的闪点约为 10.6℃，其爆炸温度极限为 10.6～40℃。

4. 受热膨胀性

同气体的受热膨胀性。

（四）评价易燃固体火灾危险性的主要技术参数

1. 燃点

燃点是表征固体物质火灾危险性的主要参数。燃点低的易燃固体在能量较小的热源作用下，或者受撞击、摩擦等，会很快受热升温达到燃点而着火。所以，易燃固体的燃点越低，越容易着火，火灾危险性越大。控制易燃物质的温度在燃点以下是防火措施之一。

2. 熔点

物质由固态转变为液态的最低温度称为熔点。熔点低的可燃固体受热时容易蒸发或汽化，因此燃点也较低，燃烧速度则较快。某些低熔点的易燃固体还有闪燃现象，如萘、二氯化苯、聚甲醛、樟脑等，其闪点大都在 100℃以下，所以火灾危险性大。易燃固体的燃点、熔点和闪点见表 8-12。

表 8-12 易燃固体的燃点、熔点和闪点

物质名称	熔点/℃	燃点/℃	闪点/℃	物质名称	熔点/℃	燃点/℃	闪点/℃
萘	80.2	86	80	聚乙烯	120	400	
二氯化苯	53		67	聚丙烯	160	270	
聚甲醛	62		45	聚苯纤维	100	400	
甲基萘	35.1		101	硝酸纤维		180	
苊	96		108	醋酸纤维	260	320	
樟脑	174～179	70	65.5	黏胶纤维		235	
松香	55	216		锦纶-6	220	395	
硫黄	113	255		锦纶-66		415	
红磷		160		涤纶	250～265	390～415	
三硫化磷	172.5	92		二亚硝基间苯二酚	255～264	260	
五硫化磷	276	300		有机玻璃	80	158	
重氮氨基苯	98	150		石蜡	38～62	195	

3. 自燃点

易燃固体的自燃点一般都低于可燃液体和气体的自燃点，大体上介于 180～400℃之间。这是由于固体物质组成中，分子间隔小，单位体积的密度大，因而

受热时蓄热条件好。易燃固体的自燃点越低，其受热自燃的危险性就越大。

有些易燃固体达到自燃点时，会分解出可燃气体与空气发生氧化而燃烧，这类物质的自燃温度一般较低，如纸张和棉花的自燃温度为130~150℃。熔点高的可燃固体的自燃点比熔点低的可燃固体的自燃点低一些，粉状固体的自燃点比块状固体的自燃点低一些。易燃固体的自燃点见表8-13。

表 8-13　易燃固体的自燃点

名称	自燃温度/℃	名称	自燃温度/℃
黄（白）磷	60	木材	250
三硫化四磷	100	硫	260
纸张	130	沥青	280
赛璐珞	140	木炭	350
棉花	150	煤	400
布匹	200	蒽	470
赤磷	200	萘	515
松香	240	焦炭	700

此外，易燃固体与空气接触的表面积越大，其化学活性越大，越容易燃烧，并且燃烧速度也越快。所以，同样的可燃固体，如单位体积的表面积越大，其危险性就越大。如铝粉比铝制品容易燃烧，硫粉比硫块燃烧快等。粉状的可燃固体，飞扬悬浮在空气中并达到爆炸极限时，有发生爆炸的危险。由多种元素组成的复杂固体物质（如棉花、硝酸纤维等），其受热分解的温度越低，火灾危险性越大。

第三节　救援行动安全

一、危险化学品泄漏事故处置一般程序

危险化学品泄漏事故发生后，救援单位应进行泄漏物质的定性与定量检测，确定危害程度和范围。检测的内容主要有：化学物品的性质、浓度、扩散范围，中毒人员情况，泄漏的部位与性质，气象情况等。根据侦察检测结果设立警戒区。进入灾害现场作业的抢险救援人员必须做好个人防护，防护的方法有服装防护、呼吸保护和药物防护。泄漏事故处置的关键是制止泄漏，止漏的方法有引流燃烧、工艺堵漏和带压堵漏。如果泄漏事故已经引起火灾，在堵漏的同时应组织冷却掩护和灭火作战，但在处置可燃气体泄漏事故时，如果不能制止泄漏，不要盲目灭火，而应控制燃烧。处理化学危险品事故的最后步骤是对受污染的地面、建筑、装备、人员进行洗消，洗消的方法有物理洗消和化学洗消，化学洗消消毒更彻底。在处置事故的同时必须及时抢救中毒人员，并施以简单的救治，以减少伤亡数量。化学危险品事故处置的一般程序见图8-2。

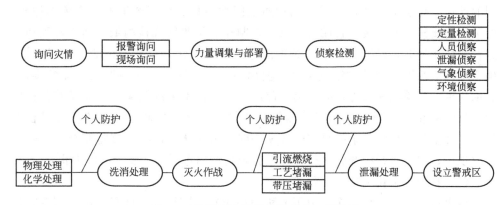

图 8-2 化学危险品事故处置的一般程序

二、危险化学品泄漏事故处置的技术要点

危险化学品事故处置的成功与否，很大程度上取决于处置技术，比较重要的技术有以下几种。

（一）侦察与检测技术

1. 危险化学品性质检测

确定危险化学品的性质，是正确处置事故的前提和必要条件。大部分情况下，通过灾情询问，就可以确定危险化学品的性质。但当灾情询问无法确定危险化学品性质时，消防抢险救援人员到场后应通过检测确定。检测的仪器和方法有以下几种。

（1）利用智能检测车检测

智能检测车利用色谱、质谱分析原理，几乎可以对所有危险化学品进行现场定性、定量分析，速度快、精度高，是比较理想的仪器。使用的方法也很简单，车内配备了专用的智能取样检测器，只要将智能取样检测器携带至灾害现场，几分钟内就可以完成取样工作，对检测过的毒剂，智能取样检测器会直接显示其性质，对未检测过的毒剂，将样品携带至检测车，便可迅速得到结果。但由于这种仪器价格昂贵，目前我国只有少数几个城市配备。

（2）利用 MX2000、MX21 等便携式智能气体检测仪检测

MX2000、MX21 等便携式智能气体检测仪可以检测大部分可燃气体和氯气、氨气、一氧化碳等有毒气体的性质、浓度，更换探头还可以检测其他气体。这种仪器是我国消防局指定引进的法国产品，目前各省会城市和部分重要城市均有配备，虽然使用上受到一定的限制，但可满足大多数场合的要求，是理想的气体检测仪器。

（3）利用化学快速检测法检测

对没有能力配备上述两种仪器的中小城市，可以利用化学快速检测法检测毒

剂的性质。化学检测法是利用不同物质之间发生化学反应产生不同颜色的原理，将某种物质预先放入玻璃管或特种纸张，制作成检测管或检测纸，当有毒物质与这种物质接触时，检测管或检测纸的颜色会发生变化，根据变色的长度或深度，确定毒剂的浓度。这种方法成本低，使用简单，比较适合检测性质已知的毒剂。利用这种方法检测未知毒剂时，消防部门可以根据常见的危险化学品及管区内的危险化学品种类，预先制作好检测管，如氯气、氨气、氰化物、硫化氢等检测管。当发生危险化学品事故且其性质未知时，消防队可以将检测管箱全部携带至事故现场，逐个打开检测管进行检测，直至检测出毒剂的性质和浓度为止。

（4）利用核生化（NBC）侦检车

核生化（NBC）侦检车（以下简称侦检车），见图 8-3。该车是由德国施密茨公司设计开发制造的化学事故、核辐射事故和生物污染事故侦测、鉴定和检验的移动实验室型的大型综合侦检车辆，是为在核生化事故发生后长时间在静止和行驶状态下进行大规模、大面积的侦检作业而设计开发的。该车是一部移动实验室型的大型综合侦检车辆。侦检车设有核辐射侦检模块、生物侦检模块、化学侦检模块三大模块，可以对核生化事故发生现场长时间静止和行驶状态下进行大规模、大面积的侦检作业。侦检车装有两组相互独立的安全换气设备，两组设备相互独立工作，保证受污染的空气不能浸入车内。同时，侦检车配有各类侦检器材，能安全、快速地对核事故、生物恐怖事件和化学灾害事故现场的有毒有害物质进行鉴定并实时监测。

图 8-3 核生化事故侦检车

2. 危险化学品定量检测

对已知性质的危险化学品，可以用可燃气体检测仪、智能气体检测仪以及检测管、检测纸等确定其危险范围。常用的仪器有可燃气体和毒气检测仪，这些仪器可以对大部分可燃气体的爆炸范围进行检测，仪器价格便宜，性能稳定，使用方便，是理想的检测仪器。MX 型智能气体检测仪能对四类气体定量检测，可以用于划定警戒区。利用检测管和检测纸同样可以定量检测。

（二）泄漏量计算

正确估算化学危险品的泄漏量，对评估灾害规模、制定救援方案，具有十分重要的意义。

1. 液体泄漏量计算

液体泄漏量与其泄漏速度有关，泄漏速度可用流体力学的柏努利方程计算，见公式（8-3）。

$$Q_0 = C_d A \rho \sqrt{\frac{2(p-p_0)}{\rho} + 2gh} \tag{8-3}$$

式中　Q_0——液体泄漏速度，kg/s；

C_d——液体泄漏系数，见表 8-14；

A——裂口面积，m^2；

ρ——泄漏液体密度，kg/m^3；

p——容器内介质压力，Pa；

p_0——环境压力，Pa；

g——重力加速度，$9.8m/s^2$；

h——裂口之上液位高度，m。

表 8-14　泄漏系数 C_d

雷诺数	裂口形状		
	圆形	三角形	长方形
＞100	0.65	0.60	0.55
≤100	0.50	0.45	0.40

当容器内液体是过热液体时，即液体的沸点低于周围环境温度，液体流过裂口时由于压力减小而突然蒸发。蒸发所需热量取自液体本身，而容器内剩下的液体温度将降至常压沸点。在这种情况下，泄漏时直接蒸发的液体所占百分比 F 可按式（8-4）计算。

$$F = Cp \frac{T-T_0}{H} \tag{8-4}$$

式中　Cp——液体的定压比热容，J/(kg·K)；

T——泄漏前液体的温度，K；

T_0——液体在常压下的沸点，K；

H——液体的汽化热，J/kg。

按式（8-4）计算结果，F 几乎总是在 0～1 之间，事实上，泄漏时直接蒸发的液体将以细小烟雾的形式形成云团，与空气混合而吸收热蒸气。如果空气传给液体烟雾的热量不足以使其蒸发，一些液体烟雾将凝结成液滴降落到地面，形成液池。根据经验，当 $F＞0.2$ 时，一般不会形成液池；当 $F＜0.2$ 时，F 与带走液体之比，有线性关系，即当 $F=0$ 时，没有带走（蒸发）；当 $F=0.1$ 时，有 50% 的液体被带走。

2. 气体泄漏量

气体从裂口泄漏的速度与其流动状态有关。因此，计算泄漏量时首先要判断泄漏时气体流动属于音速还是亚音速流动，前者称为临界流，后者称为次临界流。

当式(8-5)成立时，气体流动属音速流动。

$$\frac{p_0}{p} \leqslant \left(\frac{2}{k+1}\right)^{\frac{k}{k-1}} \tag{8-5}$$

当式(8-6)成立时，气体属于亚音速流动。

$$\frac{p_0}{p} > \left(\frac{2}{k+1}\right)^{\frac{k}{k-1}} \tag{8-6}$$

式中　p_0、p——符号意义同前；

　　　k——气体的绝热指数。

气体呈音速流动时，其泄漏速度按式(8-7)计算。

$$Q_0 = C_d A P \sqrt{\frac{Mk}{RT}\left(\frac{2}{k+1}\right)^{\frac{k+1}{k-1}}} \tag{8-7}$$

气体呈亚音速流动时，其泄漏速度按式(8-8)计算。

$$Q_0 = Y C_d A P \sqrt{\frac{Mk}{RT}\left(\frac{2}{k+1}\right)^{\frac{k+1}{k-1}}} \tag{8-8}$$

式中　C_d——气体泄漏系数，当裂口形状为圆形时，取 1.00，三角形时取 0.95，
　　　　　长方形时取 0.90；

　　　Y——气体膨胀系数，由式(8-9)计算；

　　　M——相对分子质量；

　　　R——气体常数，J/(mol·K)；

　　　T——气体温度，K。

$$Y = \sqrt{\left(\frac{1}{k-1}\right)\left(\frac{k+1}{2}\right)^{\frac{k-1}{k-1}}\left(\frac{p}{p_0}\right)^{\frac{2}{k}}\left[1-\left(\frac{p_0}{p}\right)^{\frac{k-1}{k}}\right]} \tag{8-9}$$

3. 两相流泄漏量

在过热液体发生泄漏时，有时会出现气、液两相流动。均匀两相流的泄漏可按式(8-10)计算。

$$Q_0 = C_d A \sqrt{2\rho(p-p_c)} \tag{8-10}$$

式中　Q_0——两相流泄漏速度，kg/s；

　　　C_d——两相流泄漏系数，可取 0.8；

　　　p——两相混合物压力，Pa；

　　　p_c——临界压力，可取 $p_c = 0.55$Pa；

ρ——两相混合物平均密度，kg/m^3，按式(8-11) 计算；

$$\rho = \frac{1}{\dfrac{FV}{\rho_1} + \dfrac{1-Fv}{\rho_2}}$$ 　　　　(8-11)

式中　ρ_1——蒸发蒸气密度，kg/m^3；

　　　ρ_2——液体密度，kg/m^3；

　　　Fv——蒸发的液体占液体总量的比例。

液化气体的泄漏即属两相流泄漏。

(三) 泄漏处置技术

泄漏处置的目的是为了制止泄漏和驱散危险区的气体，以防止其达到爆炸极限或大范围中毒。泄漏处置的方法有稀释驱散气体、燃烧和堵漏。

1. 喷雾稀释

① 对溶于水或稀碱液的气体可利用水或 Na_2CO_3 溶液喷雾稀释，如：

$$NH_3 + H_2O = NH_3 \cdot H_2O$$

$$2Cl_2 + 2Ca(OH)_2 = Ca(ClO)_2 + CaCl_2 + 2H_2O$$

$$H_2S + Na_2CO_3 = Na_2S + H_2O + CO_2 \uparrow$$

常见危险气体溶解及生成物情况见表 8-15。

表 8-15　常见危险气体溶解及生成物情况

气体种类	水	碱性溶液	酸性溶液	产物毒性
液化石油气、天然气、煤气、氢气	不溶	不溶	不溶	
氯气、硫化氢	溶解	溶解	不溶	无毒或低毒
氨	溶解	不溶	溶解	无毒或低毒

② 对不溶于水的气体可用喷雾水枪驱散、稀释，如果有蒸汽管线，用水蒸气驱散不溶气体效果更佳。

③ 对罐体上方气体，可用水枪向上托起驱散，以利于快速在空气中扩散。

2. 引流燃烧

① 有火炬点燃系统的可通过火炬点燃。

② 没有火炬系统的可以通过临时管线，引流到安全地点点燃。

③ 对于罐体燃烧或爆炸后的稳定燃烧，应由水枪进行控制，使燃烧控制在一定范围内，火突然熄灭后应继续点燃。

3. 堵漏处置

危险化学品一旦发生泄漏，无论是否发生爆炸或燃烧，都必须设法消除泄漏，堵漏是处置危险化学品事故的根本方法，常用的堵漏方法有以下几种。

（1）工艺方法

采取工艺堵漏是最简单也是最有效的方法，因此，工艺堵漏是首选的方法，工艺堵漏有以下几种。

① 关闭上游阀门：如果泄漏部位上游有可以关闭的阀门，应首先关闭该阀门，泄漏自然会消除。

② 关闭进料阀门：反应容器、换热容器发生泄漏，应考虑关闭进料阀。

③ 工艺倒罐：对发生泄漏的储存容器、罐车可以利用倒罐技术，用烃泵或自流的方法将物料输送到其他容器或罐车，倒罐不能使用压缩机，压缩机会使泄漏容器压力增加，加剧泄漏。

注意，工艺堵漏要在事故单位工程技术人员的配合下进行，最好由事故单位人员操作，消防人员配合掩护。

(2) 带压堵漏

带压堵漏的方法有楔塞法、捆扎法、注胶法及上罩法等。

设备焊缝气孔、沙眼等较小孔洞引起的泄漏，管线断裂等可用楔塞堵漏，用于堵漏的楔塞有木楔、充气胶楔等。

小型低压容器、管线破裂可用捆扎法堵漏，捆扎堵漏的关键部件是密封气垫，气垫充气压力应大于泄漏介质压力。

管道破裂、阀门填料老化、法兰面泄漏等用注胶堵漏方法最理想，不同的泄漏部位应选用不同的卡具，不同的泄漏介质选用不同的密封胶。

对大型容器大孔洞破裂、阀门根部开裂、人孔根部开裂，用上述几种堵漏方法，无法处理，选用上罩堵漏法比较有效。上罩法是在泄漏部件外部粘接一特制罩子，罩子上装有阀门，通过该阀门，可将泄漏介质引流或关闭。

(四) 疏散距离确定

在危险化学品泄漏事故中，必须及时做好周围人员及居民的紧急疏散工作。如何根据不同化学物质的理化特性和毒性，结合气象条件，迅速确定疏散距离是化学事故救援工作的一项重要课题。鉴于我国目前尚无这方面的详细资料，特推荐美国、加拿大和墨西哥联合编制的《应急响应手册》中的数据，见表8-16。这些数据是运用最新的释放速率和扩散模型，美国运输部有害物质事故报告系统（HMIS）数据库的统计数据，美国、加拿大、墨西哥三国120多个地方5年的每小时气象学观察资料，各种化学物质毒理学接触数据等四个方面综合分析而成，具有很强的科学性。

疏散距离分为两种：紧急隔离带是以紧急隔离距离为半径的圆，非事故处理人员不得入内；下风向疏散距离是指必须采取保护措施的范围，即该范围内的居民处于有害接触的危险之中，可以采取撤离、密闭住所窗户等有效措施，并保持通信畅通以听从指挥。由于夜间气象条件对毒气云的混合作用要比白天小，毒气云不易散开，因而下风向疏散距离相对白天的远。夜间和白天的区分以太阳升起和降落为准。

使用表8-16的数据还应结合事故现场的实际情况如泄漏量、泄漏压力、泄漏形成的释放池面积、周围建筑或树木情况以及当时风速等进行修正；如泄漏物质发生火灾时，中毒危害与火灾/爆炸危害相比就处于次要地位；如有数辆槽罐车、储罐或大钢瓶泄漏，应增加大量泄漏的疏散距离；如泄漏形成的毒气云从山谷或高楼之间穿过，因大气的混合作用减小，表 8-16 中的疏散距离应增加。白天气温逆转或在有雪覆盖的地区，或者在日落时发生泄漏，如伴有稳定的风，也需要增加疏散距离。因为在这类气象条件下污染物的大气混合与扩散比较缓慢（即毒气云不易被空气稀释），会顺下风向飘得较远。另外，对液态化学品泄漏，如果物料温度或室外气温超过 30℃，疏散距离也应增加。

表 8-16　化学危险品安全疏散距离（部分）

UN No/ 化学品名称	少量泄漏①			大量泄漏②		
	紧急隔离/m	白天疏散/km	夜间疏散/km	紧急隔离/m	白天疏散/km	夜间疏散/km
1005 氨,液氨	30	0.1	0.2	150	0.8	2.0
1008 三氟化硼,压缩三氟化硼	30	0.1	0.5	300	1.7	4.8
1016 一氧化碳,压缩一氧化碳	30	0.1	0.2	200	1.2	4.8
1017 氯气	60	0.4	1.5	500	3.0	7.9
1023 煤气,压缩煤气	60	0.2	0.2	100	0.4	0.5
1026 氰,气体氰	30	0.1	0.5	60	0.4	1.7
1040 环氧乙烷,与氮气共存的环氧乙烷	30	0.1	0.2	150	0.9	2.0
1045 氟气,压缩氟气	30	0.1	0.2	100	0.5	2.3
1048 无水溴化氢	30	0.1	0.3	200	1.2	3.9
1050 无水氯化氢	30	0.1	0.3	60	0.3	1.3
1051 AC(氰化氢)化学武器	60	0.3	1.0	1000	3.7	8.4
1051 无水氰化氢,20%以上的氢氰酸,稳态氰化氢	60	0.2	0.6	400	1.4	3.8
1052 无水氟化氢	30	0.1	0.5	300	1.5	3.2
1053 硫化氢	30	0.1	0.4	300	1.7	5.6
1062 甲基溴	30	0.1	0.2	100	0.6	1.9
1064 甲硫醇	30	0.1	0.3	150	1.0	3.2
1067 二氧化氮,氮氧化物	30	0.1	0.4	300	1.1	2.7
1069 亚硝酰氯	30	0.2	1.1	600	3.6	9.5
1071 石油气,压缩石油气	60	0.2	0.2	100	0.4	0.5
1076 CG(光气)化学武器	150	0.8	3.2	1000	7.5	11.0+③
1076 光气	100	0.6	2.7	500	3.1	10.8
1076 DP(双光气)化学武器	30	0.2	0.7	200	1.0	2.4

续表

UN No/ 化学品名称	少量泄漏①			大量泄漏②		
	紧急隔离/m	白天疏散/km	夜间疏散/km	紧急隔离/m	白天疏散/km	夜间疏散/km
1076 双光气	30	0.2	0.2	30	0.3	0.5
1079 二氧化硫	100	0.7	2.8	1000	5.6	11.0+
1082 稳态三氟氯乙烯	30	0.1	0.2	60	0.4	0.9
1244 甲基肼	30	0.1	0.3	100	0.9	2.6
1135 氯乙醇	30	0.1	0.1	60	0.3	0.4
1295 三氯硅烷(水中泄漏)	30	0.1	0.3	60	0.7	2.2
1298 三甲基氯硅烷(水中泄漏)	30	0.1	0.2	60	0.6	1.6
1340 不含黄磷和白磷的五硫化磷（水中泄漏）	30	0.1	0.2	60	0.4	1.4
1384 连二亚硫酸钠,次硫酸钠(水中泄漏)	30	0.2	0.6	60	0.8	2.7
1397 磷化铝(水中泄漏)	60	0.2	0.9	500	2.1	7.5
1419 磷化铝镁(水中泄漏)	60	0.2	0.9	500	1.9	6.5
1432 磷化钠(水中泄漏)	30	0.2	0.6	400	1.4	4.2
1510 四硝基甲烷	30	0.2	0.4	60	0.5	1.0
1556 甲基二氯化胂	100	1.4	2.2	300	3.8	6.9
1560 三氯化砷	30	0.2	0.3	100	1.0	1.6
1569 溴丙酮	30	0.2	1.2	150	1.9	3.6
1582 三氯硝基甲烷和氯甲烷混合物	30	0.1	0.4	60	0.4	1.7
1589 CK(氯化氰)化学武器	150	1.0	3.8	800	5.7	11.0+
1589 稳态氯化氰	100	0.5	2.2	400	2.6	8.6
1612 四磷酸六乙酯和压缩气体混合物	100	0.8	2.7	400	3.5	8.1
1613 氢氰酸或氰化氢水溶液（含氰化氢≤20%）	60	0.2	0.7	150	0.5	1.3
1614 稳态氰化氢(吸收的)	60	0.2	0.7	150	0.5	1.7
1660 一氧化氮,压缩一氧化氮	30	0.1	0.6	100	0.6	2.3
1670 全氯甲硫醇	30	0.2	0.4	100	0.7	1.3
1680 氰化钾(水中泄漏)	30	0.1	0.2	100	0.3	1.2
1689 氰化钠(水中泄漏)	30	0.1	0.2	100	0.4	1.4
1695 稳态氯丙酮	30	0.1	0.2	60	0.4	0.8
1725 无水溴化铝(水中泄漏)	30	0.1	0.1	30	0.2	0.6
1726 无水氯化铝（水中泄漏）	30	0.1	0.3	60	0.6	2.2
1728 戊基三氯硅烷(水中泄漏)	30	0.1	0.2	60	0.6	1.9
1732 五氟化锑(水中泄漏)	30	0.1	0.5	150	1.2	4.2
1744 溴,溴溶液	60	0.6	1.9	300	2.8	6.5
1745 五氟化溴(陆上泄漏)	30	0.4	1.4	200	2.3	5.1
1745 五氟化溴(水中泄漏)	30	0.1	0.6	150	1.2	4.4

续表

UN No/ 化学品名称	少量泄漏①			大量泄漏②		
	紧急隔离/m	白天疏散/km	夜间疏散/km	紧急隔离/m	白天疏散/km	夜间疏散/km
1754 氯磺酸(陆上泄漏)	30	0.1	0.1	30	0.3	0.4
1754 氯磺酸(水中泄漏)	30	0.1	0.3	60	0.7	2.5
1754 氯磺酸和三氧化硫混合物(陆上泄漏)	100	0.4	0.9	400	2.9	5.7
1777 氟磺酸(水中泄漏)	30	0.1	0.1	30	0.2	0.8
1809 三氯化磷(陆上泄漏)	30	0.2	0.5	100	1.0	2.2
1809 三氯化磷(水中泄漏)	30	0.1	0.3	60	0.8	2.5
1818 四氯化硅(水中泄漏)	30	0.1	0.3	100	0.9	2.8
1828 氯化硫(陆上泄漏)	30	0.1	0.1	60	0.3	0.5
1828 氯化硫(水中泄漏)	30	0.1	0.2	30	0.4	1.2
1831 发烟硫酸,含少于30%三氧化硫的发烟硫酸	100	0.4	0.9	400	2.9	5.7
1834 硫酰氯(陆上泄漏)	30	0.2	0.5	100	1.0	2.0
1834 硫酰氯(水中泄漏)	30	0.1	0.2	60	0.5	1.8
1836 亚硫酰氯(陆上泄漏)	30	0.2	0.7	100	0.9	1.9
1836 亚硫酰氯(水中泄漏)	100	1.1	3.0	800	9.9	11.0+
1838 四氯化钛(陆上泄漏)	30	0.1	0.2	30	0.4	0.7
1838 四氯化钛(水中泄漏)	30	0.1	0.2	60	0.5	1.8
1859 四氟化硅,压缩四氟化硅	30	0.2	0.8	100	0.6	2.5
1923 连二亚硫酸钙,亚硫酸氢钙(水中泄漏)	30	0.2	0.7	60	0.8	2.8
1931 连二亚硫酸锌,低亚硫酸锌(水中泄漏)	30	0.2	0.6	60	0.7	2.5
1975 一氧化氮和二氧化氮混合物,四氧化二氮和一氧化氮混合物	30	0.1	0.6	100	0.6	2.3
1994 五羟基铁	100	0.9	2.1	400	4.8	8.3
2004 二氨基镁(水中泄漏)	30	0.1	0.5	100	0.7	2.4
2011 磷化镁(水中泄漏)	60	0.2	0.8	500	1.8	6.0
2012 磷化钾(水中泄漏)	30	0.1	0.6	300	1.2	4.0
2032 发烟硝酸	30	0.1	0.3	150	0.5	1.1
2186 氯化氢,冷冻液体	30	0.1	0.3	300	2.0	7.6
2188 胂,砷化三氢	150	1.0	4.0	1000	5.8	11.0+
2188 SA(砷化氢)化学武器	300	1.9	5.7	1000	8.9	11.0+
2189 二氯硅烷	30	0.1	0.4	200	1.2	2.9
2197 无水碘化氢	30	0.1	0.3	150	0.9	2.8

① 少量泄漏：小包装（＜200L）泄漏或大包装少量泄漏。

② 大量泄漏：大包装（＞200L）泄漏或多个小包装同时泄漏。

③ 指某些气象条件下，应增加下风向的疏散距离。

三、救援行动安全措施

(一) 安全防护

参加危险化学品抢险救援的人员的安全防护是消防部队完成抢险救援任务的重要保障。安全防护主要包括以下几方面。

1. 呼吸保护

常用的呼吸保护器具有防毒面罩、正压式空气呼吸器和氧气呼吸器。

过滤式防毒面罩体积小、质量轻、使用方便，对某些毒气有一定的防护作用。由于不同的过滤芯只能适用于一种或几种毒气，因此，在未知毒剂性质的条件下安全性相对较差。过滤式防毒面罩，只是过滤空气中的有毒有害气体或者颗粒物质，并不能提供新的气源，因此，在缺氧环境下也不适用。使用时外界的一氧化碳浓度不能大于 2%，氧气浓度不能低于 18%；且呼吸阻力大。最近，武警学院科研所针对毒害气体的物理化学特性和使用环境开发了新型吸附材料。在该项目中：

① 对以活性炭为代表的颗粒状吸附材料进行改性；

② 对竹碳纤维、纤维素、离子交换纤维等纤维状吸附材料进行改性；

③ 开发具备不规则形状的沸石类分子筛为代表的吸附材料，增加与有毒气体的接触面积，降低呼吸阻力；

④ 开发以经相关溶液浸渍的聚丙烯酰胺为代表的溶合性吸附材料；

⑤ 制备了有特殊化学基团且具有大比表面积和孔容的纳米多孔材料，吸附效果明显提升。

正压式空气呼吸器采用的是独立气源，空气供应量充足，佩戴舒适，安全性高，适合于化学危险品毒性大、浓度高及缺氧的危险场所。在处置化学危险品事故时，抢险救援人员所佩戴的正压式空气呼吸器应选择气瓶容积大、整机质量轻、工作时间长、面罩密封性能好的形式。空气呼吸器的作业时间不能按名牌标定的时间，而应根据佩戴人员平时的实际测试确定，一般容积为 6L 的气瓶，有效工作时间不超过 30min。救人时所佩戴的空气呼吸器应带有双人接头。空气呼吸器技术进展主要是体现在气瓶材料上，近年来碳纤维材料逐步取代了高强度合金钢材料，降低了质量，提高了安全性，现在空气呼气器的气瓶最大可达 6.8L，同时也在研究提高气瓶压力，由原来的 30MPa 提高到 40MPa，工作时间自然提高 25%，但目前我国消防部队采用的很少。空气呼气器技术的其他进展是安全性能大幅提升，如面罩密封性增加、强制报警装置、头骨传声装置等。

氧气呼吸器使用范围较为广泛，我国消防部队在 20 世纪 80 年代以前大都装备过这种呼吸器。因气源系纯氧，故气瓶体积小，质量轻，便于携带，且有效使用时间长，连续工作可达 4h。其不足之处是：这种呼吸器结构复杂，维修保养技术要求高；部分人员对高浓度氧（含量大于21%）呼吸适应性差；泄漏氧气有助燃作用，安全性差；再生后的氧气温度高，使用受到环境温度限制，一般不超过60℃；氧气来源不易，成本高。

2. 服装保护

进入高浓度区域作业的人员，内衣必须是纯棉的，外着全封闭式的抢险救灾服、阻燃防化服或正压充气防护服等特殊防护服装。进入火灾区域可着避火服。外围人员可穿着普通战斗服，但袖口、领口必须扎紧，最好用胶带封闭，防止气体进入服装内。

（1）特殊防护服的材料

用于制作抢险救援特种防护服装所用的材料主要有以下几种。

① 聚四氯乙烯覆膜布。这种布共有三层，第一层为普通布料或阻燃布料，第二层为聚四氯乙烯覆膜，增加防毒透气性，第三层为耐磨树脂，以增加其耐磨性。由于聚四氯乙烯耐腐蚀、耐毒气等特殊性能，特别适合制作抢险救灾服装，目前国内已能生产这种布料。

② 活性炭布。将普通棉布双面起绒，然后在一面黏涂活性炭，活性炭质量100g/m²，由于活性炭的多孔结构，有强烈的吸毒作用，能吸附大量毒气，每克活性炭保护面积为900~1000m²，经黏涂处理后，仍可达600~700m²，而人体皮肤表面积一般为2.4~2.6m²。这是一种理想的防毒布料。

③ PVC。PVC是一种用途广泛的材料，耐腐蚀及老化，耐高温，可用于制作服装复合布料，也可用来制作消防靴，密封服装接缝，透明PVC还可用于制作防护面罩。

④ 聚酰亚胺。聚酰亚胺具有阻燃、隔热、防腐、防毒、耐老化的特点，是制作救灾服装的理想材料。

⑤ 氟碳橡胶。氟碳橡胶阻燃、隔热、防腐、防毒、耐老化，可作为防护服装涂层。

（2）特种防护服装的典型结构

① 全防护式。这种形式的服装，衣、裤、手套、靴子（或袜子）、头盔连成一体，从胸部开口，用自粘式搭扣密封，接缝处穿着后用PVC密封条密封，与空气呼吸器或防毒面具配套使用。

② 衣裤连体式。这种形式将上衣、裤子及头罩制成一体，胸部开口，手套、靴子另配，连接处用PVC材料或胶带密封。

③ 分体式。上衣与头罩制成一体，裤子、手套、靴子分开制作，连接处用密封条式胶带密封，这种形式穿着方便，但安全性差。

④ 正压充气式。为防止外部毒气进入服装，将服装内衣充入一定量压缩空气，使之内部始终保持正压，为了穿着舒适，在头盔处安装一卸放阀、当压力大于80Pa时，空气便排出衣外，空气消耗量为2~30L/min。压缩空气来自空气呼

吸器。

⑤ 空气呼吸器内置式。空气呼吸器放置在防护服装内部，增加了安全性，一般用于高温场所。

⑥ 空气呼吸器外置式。空气呼吸器放置在防护服外部，为了增加其安全性，有时专门给呼吸器具增加一防护罩。

（3）几种典型抢险救灾服装简介

① 防化服。这是一种全防护式服装，外层用聚四氟乙烯覆膜布制作，内层用活性炭布制作，衣、裤、手套、衬袜均连成一体，前胸开口，开口处配有 PVC 密封条。内部穿纯棉内衣，从胸部开口处进入，然后粘好密封扣，贴好密封条，佩带正压式空气呼吸器，穿好防刺、防腐、绝缘消防靴，消防靴与裤子接缝处用胶带密封。带好酚醛消防头盔。检查密封性，合格后，方可进入灾害现场。这种服装耐腐蚀、防水、防毒、防化，密封性能好，吸毒性能好，保暖性能好，质量轻、布料柔软，穿着灵活、方便，可在氯气、光气、氰化物、强酸、强碱、芥子气、沙林等各种有毒、有害环境进行抢险救援活动。

② 橡胶全防护服。全防护式服装，由耐酸、耐碱、耐油及其他化学药品的橡胶制作。服装由前胸开口，密封搭扣密封，与防毒面具配用。穿戴时从胸部开口处进入，粘好密封扣，贴好密封条，佩戴防毒面具。带好酚醛消防头盔。检查密封性，合格后方可进入灾害现场。该服装质量轻，穿着方便，可在酸、碱、油等场合使用，手套耐高温，可处理高温蒸气。但不适合于光气、芥子气、沙林浓度较高的场合。

③ 正压式防护服。正压式防护服由聚酰亚胺为基料制成，为增加耐腐、耐磨、耐火性能，在聚酰亚胺两面涂一层丁基橡胶，再在内层丁基橡胶上覆一层氯碳橡胶。该服装与正压式空气呼吸器配用。为增加安全性，内部安装管路系统，气体从胸部进气阀进入，直接通过气管，冲入手部、足部，然后返回，头盔后部安装一卸放阀，开启压力为 80Pa，既保持内部正压，又使压力不致太高，使穿着舒适。压缩空气来自空气呼吸钢瓶，每分钟消耗气体 2～3L。穿戴时从胸部开口处进入，然后粘好密封扣，贴好密封条，佩带正压式空气呼吸器，穿好防刺、防腐、绝缘消防靴，消防靴与裤子接缝处用胶带密封。带好酚醛消防头盔。这种服装防水、防火、隔热、防毒、耐酸碱及化学药品，可在光气、氯气、芥子气、沙林、一氧化碳、强酸、强碱等各种危险场合下使用，还可穿着此服装从火场穿过，适合进入火区进行火情侦察和救人、关阀堵漏等活动。

④ 防辐射服。防辐射服主要根据辐射强度的不同选择制造，可采用发射式，一般只能防护 α、β 射线等辐射级别较低的射线。

3. 药物防护

消防部队可以常备一些防毒、解毒药物，药物品种的准备可根据责任区内的危险化学品种类和性质确定。常见危险化学品中毒药物急救方法如下。

（1）氰及其化合物

离开污染区，立即对患者进行人工呼吸（不可用口对口的人工呼吸，以防中毒），待呼吸恢复后，给患者吸入亚硝酸异戊酯、氧气，静卧、保暖。患者神志清醒，可服氰化物解毒剂，或注射硝酸钠液并随即注射硫代硫酸钠液。

（2）氯气

速离开污染区，休息、保暖、吸氧，给患者 2％碳酸氢钠雾化吸入及洗眼，高浓度氯气吸入时，可立即致死，重度中毒者应预防水肿发生。

（3）一氧化碳

使患者离开污染区，如呼吸停止，则应立即口对口人工呼吸，恢复呼吸后，给患者吸氧或高压氧。昏迷复苏病人，应注意脑水肿的出现，用甘露醇或高能葡萄糖等脱水治疗。

（4）光气

使吸入患者急速离开污染区，安静休息（很重要），吸氧，眼部刺激、皮肤接触用水冲洗，脱去染毒衣着，可注射 20％乌洛托平 20mg。

（5）硫化氢

吸入患者急速离开污染区，安静休息、保暖，如呼吸停止，立即人工呼吸、吸氧，眼部刺激用水或碳酸氢钠液冲洗，结膜炎可用醋酸可的松软膏点眼，静脉注射美蓝加入葡萄糖溶液，或注射硫代硫酸钠，促使血红蛋白复原，控制中毒性肺炎及肺水肿发生。

（6）氮氧化合物及硝酸

吸入患者须送医院救治，即使患者未感到严重不适，也须迅速离开污染区，安静休息，进行医学观察。如呼吸停止，立即人工呼吸，有变性血红蛋白症时，紫绀明显，可用美蓝静注，肺水肿脱水并用抗泡沫剂硅酮，使呼吸道通畅，及对症治疗。硝酸蒸气中含有多种剧毒的氮氧化物，如 NO、NO_2、N_2O_3、N_2O_4 等，其吸入急救相同，但硝酸液体对皮肤有极强腐蚀作用，灼伤须立即冲洗。

（7）石油类

吸入患者立即离开污染缺氧环境，清洗皮肤，休息保暖。如吸入汽油过多，也可发生吸入性肺炎。

（8）苯的氨基、硝基化合物

吸入及皮肤吸收者立即离开污染区，用大量清水彻底冲洗皮肤，脱去污染衣物，用温水或冷水冲洗，休息、吸氧，并注射美蓝及维生素 C 葡萄糖液。

（9）苯酚

中毒者离开污染区。脱去污染衣物，用大量水冲洗皮肤及眼，皮肤洗后用酒精或聚乙二醇（分子量 300）擦洗净皮肤。

（10）甲醇及醇类

中毒者离开污染区，经口进入，立即催吐或彻底洗胃。

（11）强酸类

皮肤用大量清水或碳酸氢钠液冲洗，酸雾吸入者用 2％碳酸氢钠雾化吸入。经口误服，立即洗胃，可用牛奶、豆浆及蛋白水、氧化镁悬浮液，忌用碳酸氢钠及其他碱性药洗胃。

（12）强碱类

大量清水冲洗皮肤，特别对眼要用流动水及时彻底冲洗，并用硼酸或稀醋酸液中和碱类。经口误服，引起消化道灼伤的，用牛奶、豆浆及蛋白水或木炭粉保护黏膜。

（13）有机磷农药

除去污染，彻底清洗皮肤，安静休息，注射阿托品及氯磷定、解磷定等解毒药（敌百虫中毒禁用碳酸氢钠及碱性药物，对硫磷等禁用过锰酸钾洗胃）。

（14）铅及其化合物

用依地酸二钠钙或二巯基丁二酸钠注射排毒，腹绞痛不易控制，可用 10％葡萄糖酸钙注射。

（15）苯类及煤焦油类

脱离污染区域，呼吸新鲜空气，促进苯排泄，呼吸停止或不正常者，进行人工呼吸。心跳骤停者，进行胸外心脏按摩，禁用肾上腺素，昏迷时间较长者应防脑水肿。

（二）加强警戒管理

根据现场询问、计算与侦检检测结果，确定不同的浓度范围，分为轻度区、中度区和重度区，依据不同区域划分警戒范围。一旦确定了警戒范围，必须在警戒区设置警戒标志，如反光警戒标志牌、警戒绳，夜间可以拉防爆灯光警戒绳。在警戒区周围布置一定数量警戒人员，防止无关人员和车辆进入警戒区。主要路口必须布置警戒人员，必要时实行交通管制。对于易燃气体、液体泄漏事故，如果火灾尚未发生，则必须消除警戒区内火源。常见的火源有明火、高温设备、静电、机动车辆的尾气、救援操作时工具的碰撞等。

（三）力量部署

处置危险化学品事故时，应迅速、科学、合理地调集救援力量，消防车辆和人员到达现场后，不要盲目进入危险区，应先将力量部署在外围，尽量减少一线救援人员数量，以免发生救援人员大量伤亡。1993 年 8 月 5 日与清水河油气库相邻的一危险化学品仓库发生火灾，并导致连续爆炸，爆炸导致 15 人丧生、800 多人受伤，伤亡人员多为救援人员。因此，危险化学品事故处置，必须掌握情况，科学合理地部署相关人员。消防车辆不应停靠在工艺管线或高压线下方，不要靠近危险建筑，车头应朝向撤退位置，占据消防水源，充分利用地形、地物作掩护设置水枪阵地。2015 年 4 月 6 日，福建漳州古雷 PX 工厂工艺管道发生爆炸，造成邻近 4 个 $1 \times 10^4 \, m^3$ 的（轻质油）油罐起火（重石脑油、轻重整液），方圆 3km

物品被震坏，工艺管道旁约 200m 近的多个油罐固定冷却系统被冲击波炸坏，损失约 10 亿人民币，造成企业消防队员 12 人受伤，公安消防队烧毁 2 部消防车。

（四）做好救援人员登记和安全管理工作

大型危险化学品事故处置现场，往往场面很大，参与救援的单位和人员都很多，有时达数百人，甚至数千人，涉及多个部门，如果对人员控制不力，必然会引起混乱，人员中毒或受伤，得不到及时救援。因此，消防部队必须设置专门的安全员，负责检查进入内部的人员，装备是否安全，通信是否畅通，记录进入时间与出来时间，如有超时人员，及时通信联系，如果联系不上，则有可能遇险，必须组织营救。

（五）防止吸入、接触危险化学品

加强个人防护，按防护等级部署在不同的危险区域，重度危险区的救援人员必须采用隔绝式呼吸保护，着全封闭防化服。绝对禁止吸入、接触有毒气体、液体和固体。一旦沾染，迅速洗消，必要时送医院救治。

（六）防止爆炸、飞溅

禁止向遇水爆炸物质射水或泡沫灭火剂，以免引起爆炸和火灾。碱金属及其氢合物，如钾、钠、氢化钾、氢化钠，轻金属粉末，如铝粉、镁粉，一旦遇水，会发生剧烈爆炸，造成人员伤亡。轻金属粉尘在封闭空间容易达到爆炸极限，一旦粉尘被搅动，遇到火源就会发生爆炸。2015 年 3 月 20 日，辽宁省营口大石桥市一家小型铝厂发生火灾，消防员在灭火救援过程中发生粉尘爆炸，造成正在救火的消防员 1 死 7 伤。

禁止向浓硫酸等浓酸射水，以免引起浓酸飞溅，烧伤人员，腐蚀设备。浓硫酸与水混合，会产生大量热量，使射入硫酸中的水沸腾，造成硫酸喷溅，如果喷溅到救援人员身上、面部或眼睛，则会严重烧伤。

（七）防止自燃

对空气中能自燃的物质，禁止让其暴露在空气中。有些磷及其化合物，自燃点很低，如黄磷（又称白磷）性质极活泼，暴露在空气中即被氧化，自燃点低，只需 1～2min 即自燃，必须保存在水中。

（八）组织指挥

在主要由公安消防部队进行抢险救援时，到场的最高指挥员要掌握灾情变化，确定总体决策和行动方案，一切处置行动自始至终要严防中毒和爆炸，当遇到紧急情况危及参战人员的生命安全时，应果断下达撤离命令。

第九章
自然灾害救援行动安全

所谓自然灾害就是人类赖以生存的自然界中所发生的异常现象。自然灾害对人类社会所造成的危害往往是触目惊心的。其中，地震、台风、洪水、山崩、滑坡、泥石流等灾害突发性强，救援行动危险性大。

第一节　地震灾害事故救援行动安全

一、基本知识

（一）地震

地震是亿万年来地壳缓慢变动过程中长期积累应变能量释放而造成的结果。在地壳脆弱、地应力作用较大和地表岩层发生断裂变动处更易发生地震。地震是一种很常见的自然现象，地球上每天要发生1万多次地震，1年约有500多万次，其中，99％是人们感觉不到的微弱地震（1～3级），仅有1‰才是人们感觉到的有感地震（4级以上），而形成破坏性的地震（5级与5级以上）仅有1000次左右。

（二）地震灾害

地震灾害是指地震造成的人员伤亡和社会财产的损失。地震造成伤亡的主要因素是建筑物的倒塌以及由地震引发的其他次生灾害。据统计，世界上90％的地震灾害损失是由建筑物倒塌造成的。强烈的地震会给人类社会带来巨大的灾难。地震造成的人员伤亡，中国居世界首位。1556年1月23日陕西华县8级地震，死83万人，是世界地震灾害史上死亡人数最多的地震。20世纪，世界上破坏性严重的22次地震，共死亡101万余人，其中1920年12月16日宁夏海原8.5级地震，死亡23.41万人；1976年7月28日河北唐山7.8级地震，死亡24.24万人，见图9-1。20世纪，一次地震死亡人数超过10万的全球有4次，中国占两次，死亡人数占总死亡人数的65％以上。1966～1976年是20世纪中国大陆地震的第四个高潮期，也是世界上地震灾害较重的十年。十年里，全世界死于地震灾害的人数达41.29万人，中国占63.7％；地震致残的人数达38.8万人，中国占56％。中华人民共和国建立以来，我国大陆地区发生5级以上地震近千次，其中造成破坏和伤亡的130多次，占14％；造成严重破坏的7级以上强震有15次，震毁房屋达832万多间，伤亡人数达49万。地震灾害不仅对一个地区的经济造成致命的打击，顷刻间将几代人上百年积累的社会财富化为乌有，还要增加巨额的救灾支出，巨大的人力和物力耗费，会在一个长时期内影响整个国家或地区的经济可持续发展速度。另外严重的地震灾难还会造成较大的社会心理影响。20 世纪我国约有 60 万人死于地震灾害，其中新中国成立以来地震就造成死亡近 30 万人，受伤人数达数十万人。当前，随着社会的城市化发展，高楼林立，人口密集，投资集中，生命线工程日益增多，防震减灾问题更为突出。2008 年 5 月 12 日四川汶川地震，造成 69227 人遇难，374643 人受伤，17923 人失踪，直接经济损失 8452 亿元人民币，见图 9-2。

图 9-1　唐山地震灾害现场

图 9-2　汶川地震灾害现场

二、地震灾害的基本特点

地震灾害可分为直接灾害与次生灾害两大类。

(一) 直接灾害

由地震的原生现象如地震断层错动，以及地震波引起的强烈地面振动所造成的灾害。主要有以下几种。

1. 地面破坏

如地面裂缝、塌陷、喷砂冒水等。

2. 建筑物与构筑物的破坏

如房屋倒塌、桥梁断落、水坝开裂、铁轨变形等。

3. 山体悬崖等的破坏

如山崩、滑坡等。

4. 海啸

海底地震引起的巨大海浪冲上海岸，可造成沿海地区的破坏。

5. 地光烧伤

不太常见，我国海城、唐山等地震有人员和动物被地光烧伤。

（二）次生灾害

直接灾害发生后，破坏了自然或社会原有的平衡、稳定状态，从而引发出的灾害。有时，次生灾害所造成的伤亡和损失比直接灾害还大。主要的次生灾害有以下几种。

1. 火灾

地震后人员慌乱，不知所措，火源、电源、高温热源、化学物质失控引发火灾。

2. 水灾

水坝、河堤决口，山崩、滑坡阻塞河道引发水灾。

3. 毒气泄漏

建筑物、构筑物被震坍塌，化工装置遭到破坏，盛装容器破裂等引起。

4. 瘟疫

地震使有序的生态平衡条件严重破坏，水源、空气、医疗、食物等遭到污染，人和动物的尸体得不到及时彻底的处理，有害细菌、病毒爆发扩散，导致瘟疫。在古代由于防范水平低，往往会有"大灾之后必有大疫"之说。

（三）主要特点

1. 突发性强

地震属于一种猝发性事件，震前没有明显的人感预兆，往往在瞬间突发剧变，使人们来不及作出有效的反应和抗御。目前人类对地震的测报工作还处在探研阶段，对地震发生的时间、地点和强度难以作出准确的预测。如 1960 年 2 月 29 日摩洛哥的阿加迪尔地震，从大地晃动到全城化为废墟仅 15s，3500 栋房屋即刻成了瓦砾堆，正在酣睡中的人员根本来不及反应，非死即伤，死亡 1.6 万人，占全城人口一半以上。

2. 破坏性大

由于地震是一种地质剧变现象，瞬发时，往往给地面上的人和物造成整体性破坏。大震级的地震还会给广大的地区造成毁灭性的灾难。如 1976 年 7 月 28 日的唐山大地震，顷刻之间便使一座百万人口的城市成为一片瓦砾，破坏范围超过 $3 \times 10^4 km^2$，震感波及 11 个省（市），造成 24.24 万余人死亡，16.4 万余人重伤，直接经济损失达 100 亿元。再如 2010 年 1 月 12 日海地里氏 7.0 级大地震，太子港的大多数建筑均在地震中遭到损毁，包括海地总统府、国会大厦、太子港大教堂等，造成 22.25 万人死亡，19.6 万人受伤。此次地震中遇难者有联合国驻海地维和人员，其中包括 8 名中国维和人员。

3. 继发性突出

地震灾害不仅直接造成建筑物倒塌、设施毁坏和人员伤亡，而且还会引发一系列次生灾害和衍生灾害，甚至小震造成大灾。如火灾、水灾、毒剂泄漏、细菌污染以及滑坡、泥石流、海啸等，都有可能发生，从而使灾后雪上加霜。2011 年 3 月 11 日，日本当地时间 14 时 46 分，日本东北部海域发生里氏 9.0 级地震并引发海啸，造成重大人员伤亡和财产损失。地震震中位于太平洋海域，震源深度海下 10km。地震引发的海啸影响到太平洋沿岸的大部分地区，已致 11004 人遇难 17339 人失踪。地震造成日本福岛第一核电站 1~4 号机组发生核泄漏事故，核泄漏事故等级为 7 级，影响沿海其他国家，其危害至今未消除。

4. 社会性复杂

由于地震的突发性和破坏性极强，在给人类造成巨大的灾难之后，还会引发很多社会问题。主要有：地震灾害造成的社会心理影响和精神创伤，容易出现地震谣传，甚至产生"恐怖症"以致出现越轨行为；地震灾害的巨大破坏作用，使灾区经济遭受致命打击，并给国家财政造成沉重负担，而且，灾区经济系统的破坏，还有可能制约其他地区的经济发展；震后经济秩序的破坏，有可能影响社会秩序的稳定，并引发社会治安的不良后果，甚至发生政治性事件；地震灾害之后，还将出现大量的家庭解体、绝户以及孤、老、残和职工的安置问题。如 1988 年前苏联亚美尼亚发生地震后，有 50 万人无家可归。

（四）对抢救行动的影响

1. 搜救难度大

地震之后，受灾地区变成一片废墟，寻救被埋压人员时，很难及时判明被埋压的数量和位置，即使已经判明甚至发现，也因倒塌体的阻隔和卡压，很难迅速将其救出，尤其是寻救被高大建筑物埋压的人员，更是难上加难。如唐山大地震发生后，参加抢救的官兵为了尽快救出被埋压的人员，双手扒得血肉模糊，尽管如此，有的遇难者还是在震后第八天才被找到。

2. 险情威胁大

地震灾害往往引发或隐藏多种险情，并直接构成对抢救行动的威胁。一是余震威胁。在强震之后，常有余震发生，地面上的建筑体仍然处于不稳定状态，抢救作业面临"二次倒塌"的威胁。二是人为坍塌的威胁。建筑物倒塌后，虽然倒塌体重新形成相对稳定的组合结构，但在抢救作业时，很容易因破坏其支撑而失去平衡，作业人员面临被埋压的危险。三是继发灾害的威胁。地震引发的火灾、水灾、毒气泄漏以及爆炸等次生灾害，使灾区形成"灾害群"，抢救行动处在多种灾害的威胁之中。

3. 组织指挥难

由于地震灾害除了建筑物倒塌外，还会引发许多次生灾害，从而使抢救行动有可能是多路、多方向、多种类、多样式同时展开，既要救人，又要"救场"，既要救火，又要治水，既要作业，又要防护，组织指挥纷繁复杂。由于基础设施遭到破坏，通信联络不畅通、交通道路不通畅，使各级指挥机构与作业人员联系不便，难以实施指挥。

三、险情分析与辨识

1. 破坏结构在新的扰动下发生的二次坍塌

众所周知，坍塌建筑物的稳定性会决定建筑物能否发生二次坍塌，从而影响搜索与救援队员的生命安全。地震灾害发生后，往往伴随着余震，有时级别还很高。如2008年四川汶川地震，发生余震1万多次，4级以上余震193次。如果建筑物十分不稳定，就需要支撑与加固，进而影响到了救援行动的时间。除了应该考虑到坍塌建筑物的稳定性之外，还应该考虑到其相邻建筑物的稳定性。在建筑物比较密集的区域，一个坍塌的建筑物可能引起相邻的建筑物发生坍塌，这同样影响着救援人员的安全。

2. 山体滑坡、泥石流和堰塞湖等次生灾害

救援队所要面对的是地震过后一片狼藉的灾难环境，这个环境不光包含大量震后破坏或者坍塌的建筑，同时还可能遇到山体滑坡、堰塞湖、泥石流等自然灾害。因为我国很多城市都是山城，一部分建筑依山而建，这类建筑物在坍塌以后，附近的地形可能发生变化，不仅可能增加救援的难度，而且还威胁着救援人员的生命安全。同时，受灾地所处的海拔也是影响救援队员安全的一个重要因素。我国西部的很多城市都在海拔几千米之上，倘若救援队员不能够适应高原的天气与气候，将大大降低救援行动的连贯性与有效性。

3. 有毒有害物质的泄漏

如果灾害现场的危险物得不到合理正确的处置，则会产生更大的破坏。为了能够减少不必要的损失，对于危险物的探测和处置，应该在救援行动实施之前进行，从而保证救援人员以及幸存者不会受到不必要的伤害。在《美国联邦政府反应计划》中，将有毒有害物质概括为石油、污染物、生物物质、特殊的化学物质以及大规模的杀伤性武器等。在日常生活中，建筑物里往往存在着许多易燃易爆物品，如学校实验室里的化学药品，煤气罐以及工业建筑物当中的一部分原料等，都有发生泄漏、燃烧或者爆炸的可能，能够造成次生灾害。因此，在地震救援行动当中，救援人员应该密切注意有毒有害物质的影响。

4. 漏电、漏水和火灾以及现场挖掘产生的大量粉尘

在地震灾害之后，救援人员的救援行动主要是针对被困于坍塌建筑物里面的受灾者进行救援的。在救援行动的过程当中，建筑物里的电线漏电、水管破裂以

及大量的粉尘都可能威胁救援人员以及幸存者的生命安全。

5. 钢筋、瓦砾等尖锐物品的刺伤和划伤

建筑物的高度以及建筑物的结构类型，不仅与建筑物的构造方式紧密相关，同时与建筑物的材料紧密相关。为了能够提高建筑物的高度以及结构类型，建筑里往往使用大量的钢筋、砖块等物体，而在进行救援的行动时，救援队员为了能够救出受困者，对那些无法移动的墙体或者天花板进行切割，加上因地震发生断裂的墙体或者天花板等，都可能产生尖锐的物品，这些物品可能划伤或者刺伤救援人员。

6. 霍乱、疟疾等疫情感染

地震能够使灾区的环境污染更为严重，垃圾、粪便以及死者的尸体如果不能够及时外运，非常容易导致传染病的爆发和流行。由于救援部队很多都是来自于灾区的外部，广大救援人员对当地的自然疫源性疾病都没有抗体，霍乱、疟疾等疫情非常容易在救援人员当中爆发、流行。

四、救援行动安全措施

（一）行动原则

1. 快速反应原则

地震就是命令，各级政府、各部门要立即做出反应，每个干部按职能坚守岗位，边组织边抢救，边报告边布置，争分夺秒开展抢险救灾工作。

2. 就地就近开展自救互救的原则

救人第一是震灾后的首要任务，要立即组织群众互救，先近后远，先易后难，被救出者如果伤势轻微也可马上成为救援者，逐渐扩大队伍，扩大救援面积。

3. 突出重点的原则

灾后的各项工作复杂繁重，要以灾情区分轻重缓急，突出重点，先人后物，先要害后一般，指挥员要以块为主、条块结合。

4. 主动配合的原则

为提高抗震救灾整体效果，根据灾情，统一部署力量。各级政府、各单位、各部门以现行的地方行政管理体制为主，生命线工程由行业统一组织。在独立完成本职工作的同时，相互间还要主动配合。

5. 主动报告的原则

为了确保防震减灾工作指挥有力、有效，灾后各级政府、各部门要积极收集灾情，将人员伤亡、建筑物倒塌等各类破坏情况及时上报，先粗后细，但不可虚报夸大事实，避免总体部署失误。

（二）出动途中的行动要点

① 利用车载喇叭，沿途向居民群众宣传如何预防火灾和初期火灾的扑救方

法，广泛发动群众自觉行动起来，积极开展自救和互救，全面控制次生火灾的发展和蔓延。

②如遇多处火灾无法应对时，应及时报告调度指挥中心，由调度中心根据灾区总体情况，合理调整力量联合救援。

③出动时要首先选择主要干道，救援车辆需要通过桥梁时，要先查明其结构是否震坏，不可贸然通过。

④调动社会力量和机械施工车辆首先疏通主干道。如遇道路障碍无法快速清障，可携带轻便灭火器材进行最大效能的灭火活动。

⑤出动过程中要密切注意余震的发生发展情况，行进过程中要注意躲避可能倒塌的建筑物、构筑物以及电线杆、树木、陡坡、山崖等，避免战斗力受损。

（三）对埋压生命的抢险救援

抢救被埋压的包括人员在内的生命，是震灾抢险救援行动最主要、最急重的任务。地震发生后，大量人员和其他动物被埋压，生命垂危，抢救作业必须争分夺秒，科学施救，及早救出每个幸存者。

1. 抢救原则

抢救埋压人员，应遵循六项原则：一是救命为先，先救活人；二是先易后难，先表层，后底层，逐层深入；三是先救人员密集区，后救人员分散区；四是先用手扒，再用工具；先简单工具，后小型器具，再大型机械；五是先救急重伤员，后救一般伤员；六是边扒挖边救治，边救治边救送。

2. 搜寻方法

抢救被埋压生命，必须首先弄清埋压的位置和数量，只有寻得到，才能救得出、救得快。使用一切可利用的生命探测仪、搜救犬、机器人以及挖掘、破拆和救生器具，营救被埋压在地震废墟中的遇险生命。其基本方法有以下几种。

问。及时询问未被埋压的幸存者和早期救出的人员，并根据其提供的情况，有目的地进行搜寻。

听。在搜寻过程中，要不断地对倒塌废墟内进行呼叫或敲打，并俯身倾听呼救声、呻吟声或敲击声，注意瓦砾堆中的反应。

寻。注意发现倒塌体内人员爬动的痕迹和血迹，并顺迹搜寻，以救出被埋压后因自我求生而精疲力竭的蒙难者。

判。根据各方面提供的情况以及建筑物的结构、层次、地震力的作用方式等要素，分析判断人员被埋压的大致位置，然后有针对性地进行重点搜寻。

嗅。利用经过训练的搜救犬，寻找被埋压在瓦砾堆中的人员。

测。借助仪器对人员呼出的二氧化碳气体进行快速微量测定，然后根据扩散的浓度确定其位置。

爆。即近人爆破，利用氧化反应原理，使混凝土或岩石碎裂崩解。

3. 作业步骤及要领

把到场的战斗人员合理地分成攻坚突击队、紧急预备队和急救担架队等，确保现场救援任务有序进行。

输送空气。可以利用我们随身佩带的空气呼吸器储气瓶，在确保能够通过缝隙使用导管的情况下，向被埋压在废墟里面的人员适量地输送新鲜空气，保障生命最大限度地延长时间，以便于救援。

扩孔钻缝。建筑物倒塌后，重新形成相对稳定的结构，并支撑出大小不等的缝孔。早期抢救时，应充分利用形成的缝孔及内部空间，及时救出倒塌体内的蒙难者。其要领是：利用小型工具将孔扩大，并沿孔顺缝往里钻，边扩边钻，边钻边寻，边寻边救。

打洞通联。根据建筑物的结构和倒塌后的状况，在扩孔钻缝的基础上，有针对性地从倒塌物顶部逐层朝下打洞。进至每一层时，利用混凝材料或撑顶支架支撑出的空隙（如走廊、房间等）竭力向四周扩张，并与原有的缝孔衔接，以形成纵横通联的寻救通道网。

掘进开挖。对倒塌体进行全面搜救后，应立即利用机械对倒塌体进行清场开挖。开挖时，每台机械编配 8～10 人，配合机械作业，边观察边开挖，边开挖边寻救。发现迹象立即停机，迅速改用小型工具作业。

4. 对特殊情况的处理

对于被混凝材料卡压的人员，应首先对其周围进行清理，并认真分析卡压结构及其支撑原理，然后利用起重气垫、千斤顶将卡压物顶起，或用小凿子凿，或用人工抠挖，待压力缓解后，再将其救出。

对于作业难度大，一时难以救出的人员，应先开口通风，并进行喂补供氧、包扎止血，以增强抗御能力。

（四）安全措施

1. 出发准备与途中安全

① 接到指挥中心或上级命令时，立即集合队伍清点人数，根据需要组织精干力量奔赴灾区。

② 按照地震救援预案，携带好应急救援所需的一切装具。

③ 如果发生在本市，对在队人员要及时、合理、科学地进行分组，做好自救和救援工作。如部队营房设施有倒塌或遭受严重损坏危险时，立即将消防车停在相对安全地带，确保消防车辆、器材、装备的完整好用。

④ 战前搞好紧急动员，鼓舞士气，做好打大仗、打恶仗、长时间作战的思想准备，保持高昂的士气和旺盛的战斗力，全力以赴投入抗震救灾的战斗中。

⑤ 由于地震时往往受灾严重，次生火灾可能比较突出，消防部队应当首先立足于扑救火灾，全面做好灭火的各项准备工作，最大限度地减少火灾危害。

⑥ 应当保证有相对充足的食品保障，以备前沿战斗的官兵能够及时得到比较

卫生的水和食物的补充，防止部队内部感染流行病菌发生瘟疫。

⑦ 车辆在途中行驶，要遵守交通规则和指挥，避免发生车祸、交通阻塞，造成非战斗减员。在进入震区时，车辆要缓行，防止余震造成的车辆倾覆。在山路行驶要特别注意，防止山体滑坡造成车毁人亡，防止车辆落入山涧等。

2. 营区安全

(1) 营区选择

救援队伍的营区要选择在距离救援点近，又相对安全的地点。避免设在高大建筑物附近、低洼潮湿地段、有山体滑坡危险的山谷及堰塞湖下游。

(2) 营区控制

救援人员在开展搜救工作之前，应该将搜救区域设置为禁区，设置一个只有搜救队伍以及其他救援人员才能够进入的工作区域，并且保证相关的救援人员安全。在建立搜救工作点的时候，应该首先完成以下的设置。一是出入的道路。事先规划好一条清楚的进出道路。应该确保人员、装备、工具以及其他后勤需求能够顺利出入。二是紧急集合的区域。这是作为搜救人员在紧急撤退时的集结地。三是医疗援助区。这是医疗小组进行手术以及提供其他医疗服务的地方。四是人员集散区。暂时没有任务的搜救人员可以在这里进行休息与进食，一旦前方发生险情，这里的预备人员可以马上增援或者替换。五是装备集散区。这是一个储存、维修以及发放工具与装备的地方。

3. 救援行动安全

(1) 安全防护

对于在污染区工作的救援人员，应该注意自身的防护水平，如佩戴护目镜、防毒面具、防渗防扎手套、防扎消防靴或者正压呼吸器等，防止皮肤与危险品接触，或者吸入超过了安全范围的有毒气体。在救援过程中，对可能沾染了危险品的救援工具以及个人防护装备还应该及时洗消。如果存在燃油泄漏或者可燃气体泄漏的情况，应该使用无火花的救援工具进行作业。对于能移出救援现场的危险品，如液化气瓶和化学试剂瓶等，应该在有防护的前提下，对危险物质进行移除。对于那些不能移出救援现场的危险品，应该首先考虑其危险性是否在可以控制的范围之内，救援队是否配备了足够的处置设备以及个人的防护设备，来保证救援工作开展的安全性，否则，就应该做出警戒标记，禁止进入危险区内。

(2) 防止余震威胁

消防指战员在救援行动中，应主动与地方有关部门和解放军官兵保持密切联系，随时掌握灾情变化，并与各作业单位建立通畅的通信联络。各作业单位应加强值班，注意观察，并根据倒塌体的状况采取相应的防范措施。在余震易发阶段，作业人员不要盲目进入倒塌体内。

(3) 结构安全评估

为了能够保障救援队员、搜救犬、救援设备以及被困者的安全，进入救援场地之前，应该开展评估与勘察的工作。结构安全评估主要包括：一是滑坡、崩塌、泥石流以及洪水等自然灾害潜在发生的可能性及其对救援行动的影响程度。二是周边被破坏的建筑物由于承重体系的破坏，在余震以及救援措施实施的过程中可能产生的二次破坏对救援行动的影响。三是现在与周边的危险品以及危险源在地震过后可能发生的次生灾害的危险性，以及它们在救援措施的影响下，可能发生的次生灾害的危险性。在对建筑物进行评估的时候，应该综合考虑建筑物的结构类型、空间分布特征、层数、用途、承重体系、坍塌类型等，以及施救的措施对结构稳定性的影响等因素。

（4）排除险情

一是关闭因地震灾害而造成的漏电、漏水以及漏气等管道的阀门，有效地处置危险化学品的泄漏事故。二是对悬而未落或者有塌落迹象的断壁残垣，应该先清理，防止对救援人员在救援行动当中造成不必要的伤亡。三是遇有危险化学品泄漏扩散的时候，可以采取中和稀释、筑堤引流以及堵漏排险等措施进行处理，防止次生灾害的发生。

（5）结构加固

救援人员在进入坍塌的建筑结构内部之前，应该进行详细的观察和评估，确保建筑结构暂时稳固，才能进入。在必要时，应该事先采取相应的保护措施，如进行支撑、加固或者部分拆除等。救援人员进入坍塌建筑物内部的时候，尤其是在大跨度的空间内进行救援的时候，行进的路线以及作业点必须选择靠墙或者靠梁等有支撑构件的地方，并且时刻保持警惕，尽量避免在大跨度构件的中间部位进行行动。不得爬上受力不均的部位，如受损的建筑阳台、楼板和屋顶等。

（6）防止盲目蛮干

展开作业时，必须根据情况正确选择作业方向和突破口，并进行合理的编组，防止盲目行事，做到紧张而不慌乱。作业过程中，必须加强观察，稳中求快，尤其是使用机械作业时，每台机械都必须配有观察员，发现征候应立即停车，防止因强挖硬拉而造成误伤。寻找被埋压人员时，不得破坏倒塌体的支撑，如房屋、管道、机具、家具、建筑构件等，防止再次倒塌。战斗员深入废墟搜救时，必须在洞口和各拐弯处留人接力，并规定联络信号，保持有效联系。如洞体狭长闭塞，应注意扩孔通风，并及时替换作业人员，防止窒息。

4. 后勤生活安全

（1）防止流行疾病

参战官兵都要注意饮水和食品的卫生，避免发生各种传染疾病。避免排便行为污染水源和临时营地，最好定点排放，并加强局部消毒。及时处理人和动物的尸体，搞好环境和工具消毒除臭工作，并注意具体实施掩埋人员的卫生防护。

（2）防止发生冻伤、感冒等疾病

如果地震发生在冬季，由于参战官兵紧急出动，除随身穿着的衣服外不会携带其他御寒物品，所以后勤保障工作要注意准备一些棉被、棉大衣等御寒物品，防止官兵在休整时因过度疲劳随地沉睡，发生冻伤或着凉感冒。

第二节 台风灾害事故的抢险救援

一、基本知识

（一）台风

台风是发生在热带海洋上强烈的气旋性涡旋，是强度大于12级的热带气旋。中国南海北部、台湾海峡、台湾省及其东部沿海、东海西部和黄海均为台风通过的高频区。影响中国沿海的台风年均有20.2个，登陆7.4个（1949～1979年统计）。华南沿海受台风袭击的频率最高，占全年总数的60.4%，登陆的频数高达58.1%；次为华东沿海，约37.5%。登陆台风主要出现在5～12月，而以7～9月最多，约占全年总数的76.4%，是台风侵袭中国的高频季节。

中国是世界上受台风影响严重的国家之一。台风带来的强风、暴雨和风暴潮对人民生命财产威胁严重。登陆中国的台风，8月在台湾省平均最大风速达43m/s，其他月份在台湾也均达强台风等级。其次是8月份在浙江登陆的，平均最大风速为41m/s。在广东登陆的台风虽然最多，但其平均最大风速并不强。10月份登陆海南岛的台风较强，平均最大风速为36m/s。登陆福建的台风，常先经台湾省受到削弱，登陆台风较强的出现在9月，平均最大风速达31m/s。2014年7月19日，威马逊台风在海南省登陆，文昌、海口、琼海、澄迈、定安等地基础设施损毁严重，农作物大量受损，见图9-3。18.2万人紧急转移安置或需紧急生活救助，5100余间房屋倒塌或严重损坏。全省18日平均降水264mm，其中昌江、海口降雨量均超过500mm，全省水库库容增加$3.18×10^8 m^3$，241个水库泄洪。

图9-3 威马逊台风在海口市的危害

（二）台风的分类

在气象学中，根据热带气旋的强度作了不同的分类。联合国世界气象组织曾经制定了一个热带气旋的国际统一分类标准。

中心最大风力在 7 级（<17.1m/s）的热带气旋叫做热带低压。

中心最大风力达 8～9 级（17.2～24.4m/s）的称作热带风暴。

中心最大风力在 9～11 级（24.5～32.6m/s）的称作强热带风暴。

中心最大风力>12 级（>32.6m/s）的热带气旋称为台风或飓风。

风力等级、符号、表征见表 9-1。

表 9-1　风力等级表

风级和符号	名称	风速①/m	陆地物象	海面波浪	浪高/m
0	无风	0.0～0.2	烟直上	平静	0.0
1	软风	0.3～1.5	烟示风向	微波峰无飞沫	0.1
2	轻风	1.6～3.3	感觉有风	小波峰未破碎	0.2
3	微风	3.4～5.4	旌旗展开	小波峰顶破裂	0.6
4	和风	5.5～7.9	吹起尘土	小浪白沫波峰	1.0
5	劲风	8.0～10.7	小树摇摆	中浪折沫峰群	2.0
6	强风	10.8～13.8	电线有声	大浪到个飞沫	3.0
7	疾风	13.9～17.1	步行困难	破峰白沫成条	4.0
8	大风	17.2～20.7	折毁树枝	浪长高有浪花	5.5
9	烈风	20.8～24.4	小损房屋	浪峰倒卷	7.0
10	狂风	24.5～28.4	拔起树木	海浪翻滚咆哮	9.0
11	暴风	28.5～32.6	损毁普遍	波峰全呈飞沫	11.5
12	飓风	32.7～	摧毁巨大	海浪滔天	14.0

① 本表所列风速是平地上离地 10m 处的风速值。

(三) 台风带来的灾害

台风会带来狂风和暴雨，会造成很多严重灾害。台风风速愈大，所产生的压力也愈大。台风带来的狂风强大压力可以吹倒房屋、拔起大树、飞沙走石、伤害人畜。降雨过急，来不及排泄，山洪暴发，河水猛涨，造成低地淹水，冲毁房屋、道路、桥梁。台风造成的常见灾害有以下几种。

1. 暴风

台风形成后，其中心附近风速很大。一个成熟的台风，中心附近最大风速可达 40～60m/s，有的甚至达 100m/s 以上。如 1958 年 9 月 21 日在关岛附近洋面生成的艾达台风，24 日中心附近最大风速曾达到 110m/s。在台风鼎盛时期所形成的猛烈大风破坏力相当大，由于风的压力在海上能掀起巨浪，倾覆过往船只；在陆上能直接吹毁建筑物、吹毁电信及电力线路、吹坏高茎农作物、使稻麦脱粒等，造成重大人员伤亡和财产损失。如 1954 年 9 月，风速达 54m/s 的蔓莉台风突袭日本，使轻津海峡 1 艘 4000 多吨级的新式渡船"洞爷丸号"和另外 5 艘海轮翻沉，造成1760多人死亡或失踪，成为航运史上的一大悲剧。

2. 暴雨

暴雨摧毁农作物，使低洼地区淹水。台风是一种强降水天气系统，造成的降雨强度和降雨范围都很大。通常，一次台风过境可带来150~330mm的降水，有时在其他条件的配合之下，可引起1000mm以上的强烈降雨过程。如1975年8月，7503号台风在我国登陆后，其残余低压在河南中南部造成特大暴雨，24h最大降雨量多达1060mm。又如，1963年9月，6312号台风影响台湾中北部地区，24h降雨量曾达到1248mm。台风带来的暴雨，常常造成山洪突发，江河横溢，淹没农田村庄，冲毁道路桥梁。会引发泥石流、滑坡等多种次生灾害，给人民生命财产造成重大损失。如，震惊中外的"75.8"河南特大暴雨，造成汝河、沙颖河、唐白河漫溢决堤，板桥、石漫滩水库垮坝，1700万亩（1.13km²）农田受淹，数万人丧生，损失惨重。又如1991年11月，9125号台风挟带着暴雨狂风席卷了菲律宾莱特岛和内格罗斯岛，引发了一场特大洪水和泥石流，致使8000人丧生，10多万人受伤。

3. 暴潮

暴风使海面倾斜，同时气压降低，致使海面升高，而导致沿海发生海水倒灌。

台风移近海岸时，大量海水涌积在沿海一带，尤其是海湾凹入部分，海水无法排泄，海面升高，形成风暴潮。倘若台风风暴潮和天文大潮的高潮叠加时，则更能引起潮水暴涨，吞没沿岸田舍，毁坏港口设施，而且还会引起土地盐碱化、淡水资源污染、海岸侵蚀等次生灾害。风暴潮所造成的危害有时比狂风、暴雨还大。如1959年9月，5908号台风猛袭日本，造成5000多人死亡或失踪，其中大约70%的人被大海潮淹死。又如1970年11月，台风袭击孟加拉湾沿海地区，引起特大风暴潮，海面掀起8m高的巨浪，诸多海岛和沿岸村镇被海水吞没，造成50万人丧生，100多万人无家可归，损失极为惨重。

4. 盐风

海风含有大量盐分吹至陆上，可使农作物枯死，有时还可导致电路漏电等灾害。

5. 海风

狂风时会有巨浪，台风所产生的巨浪可高达1~2m，在海上造成船只颠覆沉没，此外波浪会逐渐侵蚀海岸而发生灾变。

6. 洪水

常在山区暴发，引起河水高涨，河堤破裂而发生水灾、冲毁建筑物、毁损农田。台风还会引发山区和半山区出现山洪暴发，引发山体滑坡、泥石流等地质灾害。夹带沙石、泥土的洪水威力大、破坏性强，往往漫堤决堤、堵塞涵洞、冲毁道路桥梁、填埋农田，严重危及人民群众生命财产安全。大风还引发风暴增水，沿海沿江潮位水位抬高，出现大波大浪，导致海水江水倒灌，危及大堤以及堤内人员设施的安全。如果出现天文大潮、台风、暴雨三碰头，则破坏性更大，上游洪水来势猛，下游潮水顶托行洪不畅。风大潮高，波涌浪凶，极易引起船只相互碰撞受损，甚至沉没，严重时风浪可能掀断缆绳，致使船只随波逐流，极易撞毁桥梁、码头、堤坝，造成恶性事故。

二、我国台风灾害特点

我国是世界上受热带气旋影响严重的国家之一。在西北太平洋地区出现的热带气旋，大约每4个就有1个在我国登陆，如果把未登陆但对我国造成影响的也计算在内，比例会更高。为增强针对性，我们所说的风灾现象特指中心附近最大风力在8级以上的热带气旋。其主要特点有以下几点。

1. 群发特征强

热带气旋中心气压很低，常在97000Pa以下，它和外围正常的气压场之间形成很大的气压梯度，因而形成非常强的狂风，大者可达17级（风速55m/s）以上。由于中心形成很强的气流幅合，因而中心附近会出现很强的暴雨，其降雨量经常可达300～400mm以上。同时，热带气旋对海浪具有夹卷作用，会掀起很高的海浪并将其夹卷上陆，形成风暴潮，潮位比正常潮位要高1～5m。如果恰好与天文大潮耦合，危害将非常严重。因此，热带气旋是一种灾害性的天气系统，一旦生成并登陆，常伴有狂风、暴雨、巨浪、狂潮，有时还有海啸，具有明显的群发性特征。

2. 活动范围广

热带气旋登陆的地区几乎遍及我国沿海，不仅北起辽宁、南至两广和海南的漫长沿海地区时常遭受热带气旋的袭击，而且大多数内陆省份也会受到直接或间接的影响，甚至酿成严重灾害。1956年8月1日夜间在浙江象山登陆的台风（风速达55m/s），曾深入内陆腹地，穿过浙江、安徽、河南、山西等省后，在陕西与内蒙古交界处消失，范围之大，深入之远，为1949年以来所罕见。1975年第3号台风8月4日在福建登陆后，途经江西、湖南、湖北、河南四省，最后在湖北省西北部消失。

3. 危害程度高

热带气旋引起的大风对海上作业的船只有很大危害，常会引起船翻人亡事故。在陆地上则会拔倒树木、摧毁建筑物。如1956年8月1日在浙江象山登陆的台风，致使许多地区的民房被毁，船只受损，农业生产受到很大损失，仅浙江省就有80多万间房屋被损坏，伤亡2万余人。热带气旋引起的暴雨也会造成很大的危害，如1975年3号台风于8月4日在福建登陆，受其影响，河南省中南部出现了特大暴雨，在泌阳县6h雨量最大达830mm，创6h雨量世界之最，造成山洪暴发，水库垮坝，江河泛滥。热带气旋带来的风暴潮，危害则更大，如1969年第3号台风7月28日在广东惠来登陆，时值天文大潮期，登陆台风引起潮水倒灌，浪高数米，数千吨级的货船被吹倒搁岸，汕头、澄海镇的大小街道被淹，水深 1～4m，造成严重损失。20 世纪 80 年代以来，随着我国沿海经济建设的发展，因热带气旋造成的经济损失大幅上升，据统计平均每个热带气旋登陆造成的经济损失达 5 亿多元。

4. 有一定的规律性

热带气旋登陆在时空分布上有一定的规律可循。根据国家气象部门对 1949—1990 年 42 年中 368 次热带气旋登陆情况的统计分析看：在地区分布上，华南沿海（包括海南和台湾两省）占较大比例，达 327 次，占登陆总次数的 89％；浙江及其以北沿海仅 41 次，占 11％。在省份分布上，广东为首，达 115 次；台湾次之，达 76 次；海南、福建两省列第三、第四位，分别有 63 次和 60 次。其他沿海省份依次为：浙江 21 次，广西 13 次，山东 9 次，上海、辽宁各 4 次，江苏 3 次，河北、天津两省尚未有热带气旋登陆。在时间分布上，5～12 月份均有热带气旋登陆，但主要集中在 7 月、8 月、9 月，分别达 96 次、97 次、95 次，而 5 月份为 11 次，6 月份为 33 次，10 月份为 25 次，11 月份为 10 次，12 月份仅有 1 次。

5. 有一定的预警期

影响我国的热带气旋主要有两个相对集中的生成区：一是菲律宾东侧洋面；二是南海中北部海面。一般情况下，热带气旋在海上生成后，从海面移动到陆地，需要一定的时间。如 1956 年 12 号台风，7 月 26 日在西北太平洋上关岛以北形成，8 月 1 日夜间在浙江象山登陆，历时 6 天多；而 1975 年的 3 号台风，7 月 31 日生成，8 月 2 日晚登陆，也有 2 天多的时间。加上现代气象科学的发展，对热带气旋生成及发展的监测越来越严密，人类对热带气旋的中心风力、登陆时间及地点、受影响的地区等要素的判定也越来越准确，这就为抗风减灾工作提供了一定的预警时间。

三、救援危险性分析

1. 灾前行动难展开

尽管人们对热带气旋的生成发展能够作出比较有效的预报，从时间上也可以通过各种媒体及时向公众发布。但尚无能力达到 100％准确，尤其是风暴登陆的具体时间、地点及强度，不确定因素更多。

2. 组织指挥难度大

台风灾害的群发特点，使抢险救援工作呈多元化特点，既要抗风，又要抗洪，甚至要抗风暴潮，力量调配、作业指导、物资调运、器材保障等方面的工作难以全面运筹，给组织指挥带来了一定的难度。

3. 现场作业危险大

热带气旋登陆所产生的狂风，对抢险救援作业人员形成揪拽作用，产生推拉影响，人在狂风中站立不稳，风力大时甚至会被掀出 10m 外，在这种情况下组织抢险救援作业十分困难。

4. 空中吹落物威胁大

台风过程中，狂风可能吹落高空建筑构件、脚手架、广告牌、树枝，甚至吹倒整栋建筑，由于风声极大，这些物体降落时，救援人员根本听不到声音，无法预防，极易造成伤亡。

5. 救援人员落水危险大

由于狂风的拽拉作用，很容易将在海边、河边、湖边作业的救援人员，吹落水中，造成溺亡。

6. 触电危险大

由于狂风将电线吹断，电线落入救援人员身边的水中或直接接触身体，都会造成触电伤亡。

7. 自身防护问题突出

参加抢险救援的官兵在狂风暴雨中作业同样面临着台风及其次生灾害的威胁，同时，由于长时间风吹雨淋，救援人员容易患病，加上可能的疫情传染，对自身防护工作提出了很高的要求，如不注意，将严重影响抢险救援工作的进一步实施。

四、救援行动安全

（一）救援行动要点

1. 一般原则与要求

（1）防抗结合，以防为主

热带气旋的生成、发展是一种自然现象，登陆时挟雨带浪，倒树毁屋，是人力难以抗拒的。在狂风条件下实施抢险救援作业，效率低，难度大，若遇特大风暴，救援作业根本无法展开，盲目硬抗只能徒增伤亡。因此，抗风防灾工作要坚持防抗结合，以防为主的原则，把功夫下在预警期内，以积极的抢险救援行动使人员及大量的物资能得到确实有效的保护，这是减少风灾损失的根本所在。特别是面临特大风暴袭击时，一定要抛弃不切实际的幻想，力争在预警期内采取坚决而有重点的避防措施，切不可盲目抗灾。否则，不仅不能有效地保护国家和人民的生命财产，甚至可能使抢救行动产生新的灾难，造成不必要的损失。

（2）先人后物，救命第一

整个抗风防灾行动，必须以保证灾区人民生命安全为中心环节，离开这一点，抢险救援行动就没有任何意义了。最大限度地保证人民群众的生命安全，不仅是灾后重建的可靠基础，而且是促进社会稳定的重要保证。因此，抗风防灾应遵循先人后物、救命第一的原则，在行动前期应尽一切力量转移疏散灾区群众，使人民群众得到可靠的安全保障。在此基础上，再尽最大努力抢运、转移贵重物资。

（3）迅速果断，抢险为重

台风灾害抢险救援行动展开后，灾区指挥部及各级指挥员要把主要精力放在重大险情的检查和处理上，其中的焦点是有人居住的房屋和各类堤坝，因为上述设施出现问题，所造成的危害是十分严重的，甚至可能导致灾上加灾。因此，一旦发现可能导致房屋崩塌、溃堤破坝等险情时，指挥员应采取果断行动，迅速调集力量紧急抢险，尤其是在人命关天的紧要关头，指挥员要以高度的政治责任感和勇于负责的精神，果断处置，全力排险，切不可犹豫不决，延误战机，酿成不可挽回的后果。

2. 主要程序和内容

台风灾害的抢险救援主要按照迅速出动、全面排险、应急抢运、积极搜救四个阶段组织实施。各阶段互有交叉，力量充足时有可能同时展开。

（1）迅速出动

消防部队接到报警或地方政府的调遣后，在向上级报告的同时，迅速按预案就近调集力量。在出动途中需要及时与报警人或政府有关部门以及抢险救灾指挥部取得联系，进一步了解情况、明确任务、协调有关事项，确保部队行动能紧张有序地展开。行进中，各级指挥员要根据逐步明了的情况，不断对部属补充明确任务，尤其是在情况发生明显变化、与预案冲突较大时，要果断地调整力量部署和各行动编组的力量结构，以确保抢救行动的有效性。

（2）全面排险

参战官兵进入灾害区域后，应首先按任务分工，组织各小组展开工作。排险的重点对象包括：一是居住在危房内或危险地段（如行洪区、堤坝附近、低洼地等）内的群众；二是水利设施，主要有海堤、水坝等；三是可能造成间接危害的物体，如稀疏或独立的树木、电线杆、阳台上的花盆、屋顶上的天线、喇叭等；四是可能造成直接损失的各类物资，如泊停于水面的各类船只，停放在库外的车辆、机械，散放于屋外的粮食、原料、产品等。力量充足时，应集中力量全面排险，力量不足时，应重点解决前两项，而后再组织后两项的排险工作。

（3）应急抢运

当判定风灾强度可能达到人力不可抵御的程度时，部队应尽全力展开抢运工作，以保证国家和人民的生命财产损失降到最低限度。基本原则是先抢运人员后抢运物资。在车辆数量有限的情况下，人员抢运应重点运送老弱妇幼，其余人员以步行方法组织疏散。物资抢运的重点主要是各类食品和有价值的文件资料，其他物资主要采取就地避防的措施加以保护。抢运过程中，要注意采取多路、多方向同时抢运的方法，规定好进出路线，避免出现道路拥挤或堵塞而影响抢运速度的现象。

（4）积极搜救

热带气旋登陆后，在人力尚可抵御的情况下，消防部队除加强自身防护外，应积极展开搜救工作。主要内容有：严密监视海堤、水坝受袭情况，一旦发现险情立即组织力量抢救；检查各类建筑设施，重点检查有人居住房屋的受袭情况，若有倒塌危险，应迅速将居住在内的人员转移至稳固安全的建筑物内；搜寻被意外伤害的人员并及时采取有效的救治措施；积极参与交通、供水、供电、通信等生命线工程的抢修、抢救工作，确保灾区群众的生活安定；加强灾区管理工作，保持灾区的社会稳定。

（二）救援行动安全措施

1. 摸清情况，完善预案

台风灾害抢险救援行动前的准备工作是在预警期内组织实施的，相对于突发性较强的灾害来说，时间比较充裕，因而准备工作应力求更全面、更完善。

当已初步判定热带气旋的登陆地点和影响地区时，指挥中心应迅速与有关部门取得联系，获取有关资料，并重点判明下列情况。

① 责任区内各类建筑物的构造及抗风能力。

② 责任区内各类堤坝的坚固程度和抗洪能力，若决堤破坝后可能影响的地区。

③ 各类生命线工程（通信、供水、供电、交通）的防护状况。

④ 热带气旋登陆是否有可能与天文大潮耦合。

通过对上述情况的判断，确定责任区内的安全区和危险区，并在此基础上完善行动预案。具体明确：上级意图和决心，可能的任务，力量编成，行动编组，责任分工及手段，组织指挥，各类保障等问题。

2. 及时沟通，组织协同

在完善行动预案的基础上，各级指挥员应与地方政府有关部门不断取得联系，详细了解责任区内的各种情况包括相关地形地物，同时明确和相关部门之间有关的协同事项和方法，主要应明确：消防部队的主要任务和行动区域，与地方相关部门联络的形式和方法。一旦遇到危急情况部队撤离的方向和地点，指挥机构的组成、地点及通信联络的手段，需要上级和地方协调解决的有关事项等。

3. 检查装备，准备器材

准备好充足的装备器材是完成抢险救援任务的基本保证。一般情况下，参与台风抢险救援行动主要应准备好以下装备器材。

① 抢险器材。主要有手抬泵、钢锯、铁锤、铁钉、无齿锯、链条锯、冲击钻、绳索、地钉、铁丝、铁锭、铁锹、铁镐、编织袋及各类照明器材等。

② 救生器材。主要有救生衣，救生圈，小型舟、艇等，同时应组织力量制作一定数量的木排和竹筏。

③ 生活物资。主要是生活保障车的联系和及时到位。

④ 医疗器材。主要包括能进行包扎、止血、输氧、输水等简单手术的医疗器具、各类药品及必要的救护输送车辆。

⑤ 指挥器材。主要是用于标识人员的袖标、彩色飘带；用于现场指挥的扩音设备、指挥旗；用于长距离联络的小型电台、对讲机；用于观察的望远镜、观测

器材等。

4. 完善编组，明确任务

台风灾害的抢险救援行动同一般的灭火和其他救援行动有所不同，一般把人员分编成排险队、疏散队、抢运队、救护队、保障队、群工组等小组。

① 排险队。可依据受灾地区情况分编若干小组，如居民区排险组、堤坝排险组、厂矿排险组等，携带各类抢险器材，主要负责检查并排除各种险情、隐患。

② 疏散队。视灾情联系必要的车辆组成疏散队伍，主要负责将灾区群众、居民疏散转移到安全区域。

③ 抢运队。集结部分卡车编成运输队伍，由特勤队员驾驶。主要负责将易受风暴破坏的物资财产搬运至安全场所。

④ 救护队。以军医和护士配合医疗急救人员，组成灾害区域的多个医疗救护小组，主要负责在灾区内搜寻、抢救意外受伤人员。

⑤ 保障队。以后勤机关人员为主编成，主要负责参战官兵的车辆燃油、生活及器材保障工作。

⑥ 群工组。以政治部门人员为主组成，主要负责了解、掌握地方政府对抢救工作的要求，反馈部队需要地方协调解决的有关问题。

⑦ 预备队。视灾情建立，主要担负意外情况的突击抢救任务。

5. 要留有后备力量

在目前气象科学水平下，以及自然灾害发生所共有的随机性，对灾情的预报尚不能做到绝对准确，因而风暴的登陆时间、地点产生偏移的可能性极大。风暴登陆后，其向内陆移动的距离和范围也具有很大的不确定性。因此，从全局上讲，消防部队必须留有比较强的预备力量，并做好充分的准备，以便在灾情发生变化及向内陆移动时，能做出迅速而有效的反应。

6. 要加强自身防护

在风暴登陆袭击期间进行抢救作业，加强自身防护尤为重要。要防落水、防砸、防倒塌、防触电、防吹跑。要做到四点：

① 行动前要注意探明险情，制订安全可靠的实施方案。

② 参与行动的人数在5人以上，不允许单独行动。

③ 作业人员要配备必要的自救器材，如保险绳、救生圈、救生衣等。

④ 现场指挥员要适时组织清点人数，一旦发现缺员要立即寻救。

第三节 洪涝灾害的抢险救援

一、基本知识

由于长时间、大面积降雨或者冰雪融化以及江河湖泊堤坝溃决等原因，致使单位时间内单位截面上的水流流量突然增大，超出水道的天然或人工限制界限的异常高水位水流，称为洪水，而由此造成的灾害称为洪涝灾害。

1. 洪水种类

造成洪涝灾害的主要原因就是洪水。洪水可分为河流洪水、湖泊洪水和风暴潮洪水等。其中河流洪水依照成因的不同，又可分为以下几种类型。

（1）暴雨洪水

是最常见、威胁最大的洪水。它是由较大强度的降雨形成的，简称雨洪。我国受暴雨洪水威胁的主要地区有 $73.8 \times 10^4 \text{km}^2$，耕地面积超过 $33 \times 10^4 \text{km}^2$，大多分布在长江、黄河、淮河、珠江、松花江、辽河等 6 大江河中下游和东南沿海地区。

（2）山岳洪水

是山区溪沟中发生的暴涨暴落的洪水。由于地面和河床坡降都较陡，降雨后会较快形成急剧涨落的洪峰，所以山洪具有突发、水量集中、破坏力强等特点，但一般灾害波及范围较小。这种洪水如形成固体径流，则称作泥石流。

（3）融雪洪水

主要发生在高纬度积雪地区或高山积雪地区。

（4）冰凌洪水

主要发生在黄河、松花江等北方江河上。由于某些河段由低纬度流向高纬度，在气温上升，河流开冻时，低纬度的上游河段先行开冻，而高纬度的下游段仍封冻，上游河水和冰块堆积在下游河床，形成冰坝，也容易造成灾害。在河流封冻时也有可能产生冰凌洪水。

（5）溃坝洪水

指大坝或其他挡水建筑物发生瞬时溃决，水体突然涌出，造成下游地区灾害。这种溃坝洪水虽然范围不太大，但破坏力很大。此外，在山区河流上，发生地震会造成山体崩滑，堵塞河流，形成堰塞湖。一旦堰塞湖溃决，也会形成类似的洪水。这种堰塞湖溃决造成的地震次生水灾的损失，往往比地震本身所造成的损失还要大。

2. 洪涝灾害类型

洪涝灾害可分为内涝和"关门淹"两类。内涝是指流域内发生超标准降雨产生的径流，来不及排入河道而引起大面积积水成灾。"关门淹"指外河水位居高不下，致使支流下游的湖泊、洼地无法自流、排出而积水成灾。另外，长期积水，使区域地下水位升高，也造成区域涝渍灾害。内涝型洪水灾害在湖群分布广泛的地区更为明显。如在太湖流域，太湖原有进出口 108 处，其中半数与长江相通，起着吐纳洪水的调节作用。滨湖平原渠网密布，每平方公里达 3km 以上。但近 10 年来，区域经济高速发展，乡镇企业迅速增长，围湖修路，垫平沟渠营造厂房。整个太湖又修造了大堤，堵塞了近 2/3 泄洪水道。旧的农业生态失去平衡的同时，新的平衡体系尚未建成，一旦出现大洪水，水道排水不畅，区域积水无法排出，势必酿成大灾，1991年太湖洪涝灾害就是一例。

　　蓄滞洪区也可以说是另一种形式的洪涝灾害类型。多年来防治洪水的实践经验表明：在遭遇超标准洪水时，要有效地减轻洪水灾害，必须在充分发挥防洪工程的作用下，配合运用分洪滞洪区。建设和用好蓄滞洪区是防御灾害性洪水的一项重要措施。但是蓄滞洪区并非经常运用，只有大洪水期间方才启用。因此，蓄滞洪区内的居民和产业也必然谋求发展。而区内居民越多，产业越发展，在蓄滞洪区运用时的损失也越大。因此，如何加强蓄滞洪区的发展管理，也是减轻灾害损失的重要方面。

　　以上所说主要是河流洪涝灾害。在滨海地区，由于热带气旋带来暴雨，并引发洪水，以及强风暴导致的风暴潮，会使海岸区遭灾。

二、我国洪涝灾害的特点

（一）季节性

　　我国地处欧亚大陆的东南部，地势西高东低，呈三级阶梯状。最基本、最突出的气候特征是大陆性季风气候，因此，降雨量有明显的季节性变化。这就基本决定了我国洪水发生的季节性规律。

　　春夏之交，我国华南地区暴雨开始增多，洪水发生机率随之加大。受其影响的珠江流域的东江、北江，在5～6月易发生洪水，西江则推迟到6月中旬至7月中旬。6～7月间主雨带北移，受其影响，长江流域易发生洪水。四川盆地各水系和汉江流域洪水发生期持续较长，一般自7月至10月。7～8月为淮河流域、黄河流域、海河流域和辽河流域主要洪水期。松花江流域洪水则迟到8～9月。在季风活动影响下，我国江河洪水发生的季节变化规律大致如此。另外，浙江和福建由于受台风的影响，其雨期及易发生洪水期较长，为6～9月。这是我国暴雨洪水的一般规律。在正常年份，暴雨进退有序，在同一地区停滞时间有限，不致形成大范围的洪涝灾害，但在气候异常年份，雨区在某区停滞，则将形成某一流域或某几条河流的大洪水。

（二）类似性

　　近70年中，全国发生了多次特大洪水，在历史上都可以找到与其成因和分布极为相似的特大洪水。如1662年海河流域特大洪水，由7天7夜的大暴雨造成。这次暴雨的时空分布和1963年海河南系大暴雨极为相似，都造成了流域性的特大洪水灾害。又如1801年海河北系特大洪水，与1939年海河北系大洪水的雨情和灾情没有多大的差别。其他流域也有不同年份发生时空分布都极其相似的大洪水的情况，如著名的1931年和1954年长江中下游和淮河流域的特大洪水等。

　　从全国来说，大洪水发生的年份也存在着相对集中的时期，20世纪30年代和20世纪50年代特别频繁，为丰水期。10年之中就分别发生大洪水8次和11

次，平均 1 年左右就有一次大洪水发生。20 世纪 60 年代至 20 世纪 70 年代的大洪水相对较少，20 年中共发生大洪水 4 次。因此，进一步研究暴雨洪水的周期性规律，是防洪减灾的重要课题。

（三）普遍性

我国地域辽阔，自然环境差异很大，具有产生多种类型洪水和严重洪水灾害的自然条件和社会经济条件。除沙漠、极端干旱区和高寒区外，我国其余大约 2/3 的国土面积都存在不同程度和不同类型的洪水灾害。其中 7 大江河和滨海河流地区是我国洪水灾害最严重的地区，是防洪的重点地区。我国海岸线长达 18000km，当江河洪峰入海时，如与天文大潮遭遇，将形成大洪水。这种洪水对长江、钱塘江和珠江河口区威胁很大。风暴潮带来的暴雨洪水灾害也主要威胁沿海地区。我国北方的一些河流，有时会发生冰凌洪水。此外，即使是干旱的西北地区，如西藏、新疆、甘肃和青海等地，还存在融雪和融冰洪水或短时暴雨洪水。

（四）区域性

我国洪水灾害以暴雨成因为主，而暴雨的形成和地区关系密切。我国暴雨主要产生于青藏高原和东部平原之间的第二阶段地带，特别是第二阶段与第三阶段（东部平原区）的交界区，成为我国特大暴雨的主要分布地带。降雨汇入河道，则形成位于江河下游的东部地区的洪水。因此，我国暴雨洪水灾害主要分布于 24h50mm 降雨等值线以东，即燕山、太行山、伏牛山、武陵山和苗岭以东地区。形成洪水的自然条件的区域性与社会经济条件的区域性一致，我国东南地区是经济发达和人口稠密地区，因此，单位面积上的洪水损失也最大，由此形成了我国洪水灾害区域性的特点。

（五）破坏性

我国主要江河全年径流总量中的 2/3 都是洪水径流，降雨和河川径流的年内分配也很不均匀。主要江河洪水不仅峰高，而且量大。长江及东南沿海河流最大 7 天洪量约占全年平均流量的 10%～20%，北方河流有时甚至高达 30%～40%。和地球上同纬度的其他地区相比，我国洪水的年际变化和年内分配差异之大，是少有的。常遇洪水与非常遇洪水量级悬殊。从古至今，洪水威胁对我国社会和经济的发展都有着重大的影响。据调查，我国主要江河 21 世纪中发生的特大洪水淹地数十万平方千米，受灾人口数百万至数千万，死亡人口数十万，造成生产力的巨大破坏，甚至引起社会动荡。以 1931 年长江大水为例，洪灾遍及四川、湖北、湖南、江西、安徽、江苏等省，受灾面积达 $15 \times 10^4 km^2$，淹没农田 $330 \times 10^4 km^2$，灾民达 2800 万人，死亡人数达 14.5 万。1998 年特大洪水灾害，造成全国 29 个省（区、市）不同程度受灾，受灾面积 3.18 亿亩（212001km²），成灾面积 1.96 亿亩（130667km²），受灾人口 2.23 亿人，死亡 3004 人，倒塌房屋 685 万间，直接经济损失达 1666 亿元，调动全国军民抗洪，见图 9-4。

图 9-4 1998 年全国军民抗击洪水

（六）可防御性

虽然我们不可能彻底根治洪水灾害，但通过多种努力，可缩小洪水灾害的影响程度和空间范围，减少洪灾损失，达到预防目的。同时，通过一些组织措施，可把小范围的灾害损失分散到更大区域，减轻受灾区的经济负担。新中国成立以来，我国兴建了大量堤防工程，其中水库 8 万多座，加高培厚江河大堤 20×10^4 km 有余，显著提高了防御洪涝灾害的能力。另外，从环境效应来看，洪涝灾害可冲刷河床淤积、改善河道的水力条件，输沙入海、营造河口三角洲，补充地下水、增加可调蓄利用的淡水量，等等，对于国土环境未尝不是有益的方面。如何创造适当的条件，使洪水转害为利，也是值得探讨的问题。

三、危险性分析

（一）溃坝危险

保护防洪堤坝不被洪水摧毁，是最危险的抗洪抢险行动。管涌、溃坝是随时都有可能发生的危险情况，一旦溃坝，在堤坝上救灾的消防人员很难生还。

（二）落水危险

救援人员往往乘船和冲锋舟在滔滔洪水中救援被困群众，一旦舟船倾覆，或者动作过大，救援人员都有落水溺亡的可能。

（三）被洪水围困

救援人员在洪灾区疏散和救援群众时，一旦山洪暴发或上游溃坝，就会被洪水围困，或者溺亡、或者失去生活基本条件伤亡。

（四）建筑倒塌危险

救援人员需要进入被洪水浸泡的建筑内疏散和营救群众，建筑在洪水中强度已经破坏，随时可能倒塌，一旦倒塌，会造成伤亡。

（五）触电危险

由于洪水浸泡，电源、电线绝缘性能下降，随处都有漏电可能，一旦触电，十分危险。

（六）受伤感染危险

救援人员在救援中难免受伤，一旦伤口与污水接触，容易受到感染。

（七）生活保障困难

由于汛期很长，有时需要几个月的时间，在后勤保障上很难满足部队需要，饮用水、食品、药品、衣物都难以及时供应，造成救援人员体力、精力透支，甚至生病。

（八）疫情危险

洪水使灾区的环境污染严重，垃圾、粪便以及人和动物的尸体漂浮水面，无法外运，非常容易导致传染病的爆发和流行。

四、救援行动安全

（一）平时通晓辖区情况，完善应急救援预案

要根据我们消防部队的特点，像熟悉消防重点保卫单位一样，总队、支队、大队和中队分别针对辖区的洪涝灾害情况，翔实统计，全面掌握，制订科学实用的救援预案。应当主动会同各级政府的防汛抗旱指挥部对预案进行研究和规范，同时应当组织相关单位和人员以消防部队作为主力进行实战演习。公安消防部队作为抢险救援的中坚力量，应当责无旁贷地充分发挥军事化、灵活性、组织性、装备好、出动快的优势，冲锋在前，主动担负起突击队和尖刀兵的重任。

（二）积极了解灾情，做好行动准备

部队获悉洪灾发生的消息后，各级指挥员都应积极通过各种渠道，了解掌握灾害发生的时间、地区、范围、受损情况以及可能的发展趋势，提前预测消防部队可能担负的任务，研究完善相应的行动方案，并向部队下达预先号令，指导部队主动做好相应的准备工作。必要时，可派出先遣指挥组及分队先期赶赴现场，了解地方政府的抗御决策及对部队的行动要求，受领抢险任务，并做好迎接后续部队的准备。

（三）及时下达任务，周密组织协同

部队接到灾情报告或救灾命令后，指挥员应及时向所属部队下达抢险救灾任务。任务下达应重点围绕任务区分、行动要领、协同方法及保障措施组织实施，指导部队健全指挥体系、完善行动编组、筹集物资器材、做好出动准备。条件许可时，可组织部分干部进行现场勘察和图上推演。

（四）准备物资器材，保证行动急需

部队受领抗洪抢险任务后，应本着充足、实用的原则组织物资器材的准备工作。除少数大型器材及粮秣外，大部分作业器材及个人给养的准备应满足携行要求。

（1）抢险器材　主要有土木工具、麻袋、草袋、绳索、软梯、手抬泵、破拆

器材及各类照明器材等。

（2）救生器材　主要包括救生衣、救生圈及各类小型舟、艇等，此外，还应组织力量制作一定数量的木排和竹筏等水上漂浮器材。

（3）生活物资　重点准备干粮和即熟食品，并筹措一定数量的被装粮秣、生活帐篷等。

（4）医疗器材　重点准备输氧、输液、包扎、止血等简单手术的医疗器具，并针对洪灾中可能发生的疫情准备必要的预防和治疗药品。

（5）指挥器材　包括通信器材（如小型电台、移动电话、对讲机等）、标识器材（如袖标、飘带等）、现场指挥器材（如信号枪、信号弹、指挥旗、扩声设备、手持扩声喇叭等）、观察器具（如望远镜、观测器材等）。

（五）组织迅速出动，取得地方配合

消防部队接到出动命令后，应周密组织力量向灾区行动。出动过程中，要派出较强的运动保障力量，查看并排除沿途路障。若遇道路被洪水淹没、桥梁被洪水冲垮等情况时，应迅速与地方政府或解放军取得联系，共同组织力量予以排除，确保消防力量安全通过。到达灾区后，部队应依据行动方案，在上级指挥机构或地方干部、群众的引导下，以最快的速度投入救援作业。

五、抗洪救援行动要点

部队到达灾区后，若水情较缓时，应迅速与当地政府或抗洪抢险联合指挥部取得联系，了解掌握灾区的水位及民宅、建筑、农作物等受损情况和堤坝警戒水位、隐患地段、防护措施以及分洪方案等。并针对险情，依据联合指挥部赋予的任务，研究对策，给部队进一步补充明确行动方案。若已发生洪灾，部队应立即投入救援行动，在行动中逐步完善作业方法和手段。

（一）固堤排险，防止溃坝

在洪水尚未泛滥成灾时，部队的主要任务就是固堤排险，尽最大力量保护堤坝，以削弱洪灾烈度。其主要工作有四项。

1. 加固加高

在堤坝可能出现溃口或存在明显隐患的地段，采取打排桩、加沙包、加土袋和加石料等压载措施，巩固堤脚，稳住堤坡。若水位持续上涨，应根据预计水位抢筑子堤，增加堤坝的高度。抢筑子堤时，应先在堤坝上挖一道结合槽，然后用袋装土料堆筑。子堤的顶宽应不小于0.6m，边坡按1∶1的比例，填筑高度应高出预计水位0.3m以上。

2. 堵截溃口

当堤坝发生溃口险情时，部队应根据溃口情况，迅速集结力量，全力填堵，确保下游地区安全。若溃口宽度较大，但漫顶水流较缓时，可从溃口的两头同时开始向溃口处投填土袋、沙包、石料等进行填堵。若溃口水流较急，在溃口处投

放填堵物易被冲走时，可在溃口的迎水面稍前侧投填土袋、沙包、石料以及钢筋水泥墩等。填堵时应注意先集中筹集投填物，而后再组织力量实施密集投填作业，以提高单位时间内的投填量，增强填堵效果。视情况可在溃口迎水面的前侧组织数道人墙，以减缓水流速度。此法安全系数小，一般不宜使用，确需采用时，应周密组织安全保护措施。

3. 填堵管涌

管涌主要是指堤基、闸基在较大的水流渗透力作用下而产生的险情。排除这种险情的主要方法是在漏水处设滤水围井。其要领是：在管涌口砂环的外围，用土袋围一个略超过水面的围井，然后用滤料按粗砂、砾石、碎石、块石的顺序分层铺压；围井内的涌水，在上部用导水管引出；如管涌处水势太猛，可先以碎石或小块石铺压以消杀水势，而后再按上述方法填筑，直至涌出的浑水变成清水为止。

4. 堵塞漏洞

在汛期高水位时，堤（坝）坡或堤（坝）脚往往出现漏水洞眼口。凡水面发现旋涡的地方，通常为漏洞进口处。处理时，首先要摸清漏洞的位置和大小，再确定具体的处理方法。若漏口较小，用大于漏口的铁锅扣住或用稻草堵塞洞口，并在上面覆以土袋压堵；若洞口较大或较多时，则用棉絮顺坡铺盖，再在上面铺压土袋。在漏洞尚未找到时，为防止险情恶化，可在背水坡漏洞出口处修筑围井反滤层，其要领与处理管涌相同。

（二）营救灾民，防止落水、触电

解救受灾群众应根据灾情的急缓程度灵活地组织实施，力争在洪水泛滥成灾之前，将大部分群众转移至预定安置点。若洪水已泛滥成灾，则应全力解救遭洪水袭击的群众，基本原则是先救集团目标，后救漂散人员。

1. 转移疏散灾民

当判定灾区可能被洪水淹没或判断重要堤坝可能发生崩塌决口而人力无法阻止时，部队应集中主要力量协同地方政府组织灾区群众转移疏散。组织过程中，应注意把握好以下几个问题：一是要与地方有关部门取得联系，商定灾民安置点，共同研究解决转移方式和手段。二是多种手段并用，提高转移速度。若转移距离较远且运力充足时，应采取乘车转移的方式转移。可先安排老弱妇幼乘车转移，并组织青壮年徒步疏散至较安全地带，而后再采取车辆倒运的方式逐批转移。三是维持好转移秩序，尤其要周密组织好转移行动的协同动作，在重要路口要派出调整机构，避免因抢道等因素造成堵塞现象。四是要组织清搜行动，防止个别遗漏人员滞留灾区。五是要注意协同地方安排好灾民在安置点的生活问题，并根据需要组织少量兵力协助地方维持安置点的秩序。

2. 解救受困人群，要注意自身安全

实施时，一要了解掌握群众被困的地点、性质、人数等情况，并按照先急后

缓的程序组织救援，建筑是否有倒塌危险，是否尚未断电。二要科学组织解救行动，力求形成救出、运送、转移一条龙。三要确保解救行动安全，尤其是在受困人数较多，而救援行动又难以一次完成的情况下，应设法采取有效措施稳定受困群众的情绪，再逐批有序地组织救送，慎防因灾民急于脱险，争相登船（艇）、上人过多、争挤等，造成舟船倾覆和人员落水。

3. 搜救落水人员

在解救受困人员的同时，部队应组织部分力量，利用小型舟艇搜救落水人员。对人数较多的落水人群，应先抛撒漂浮器材，使险情得以缓解，再利用小型舟艇逐批救送。若落水人员较少且漂散范围较大时，应采取分片负责的方法组织搜救。搜救中，尽可能地利用绳索、钩杆将落水者拉、钩上舟（艇）。情况紧急时，也可组织水性较好的官兵下水施救，但必须有两人以上共同实施，并采取必要的保护措施，禁止单人作业。条件许可时，可利用直升机协同寻救。

（三）抢运物资

若时间、条件许可，且部队兵力较充足时，在集中主要力量解救灾区群众的同时，分一部分力量抢救灾区的国家和人民群众的物资财产。抢救中，只要时间许可，运力充足，就要尽力将重要物资转运至安全地带。对于难以运送的大型物件、固定资产和来不及运送的贵重物资，应采取有效的加固和避防措施。

（四）做好自身防护工作

部队的各项抢救作业均应在采取可靠安全措施的前提下组织实施，切忌违章蛮干，力避无谓损失。同时，洪泛区易发生各种疾病，部队应有针对性地做好预防和医治工作。

（五）周密组织后勤保障

抗洪救灾行动往往持续时间长，人员体力及各类生活物资消耗也比较大，后勤部门要周密地组织好各项保障工作，尤其是饮食保障要适时跟上，保证官兵始终以充沛的体力和旺盛的精力参加抢救行动。

第四节　地质灾害事故救援行动安全

所谓地质灾害，简单地说就是在自然因素或人为因素的作用和影响下形成的、对人类生命财产、生态环境造成直接或间接损害的地质现象，按致灾速度可分为突发性和缓变性两大类。前者如崩塌、滑坡、泥石流等，习惯上称为狭义地质灾害；后者如水土流失，土地沙漠化等，称为环境地质灾害。本节主要讨论作为地质灾害主要灾种的崩塌、滑坡和泥石流（以下简称崩、滑、流）灾害的救援行动安全。

一、基本知识

崩塌（崩落、垮塌或塌方）是较陡斜坡上的岩土体在重力作用下突然脱离母体崩落、滚动、堆积在坡脚（或沟谷）的地质现象。产生在土体中称为土崩，产生在岩体中称为岩崩。

滑坡是斜坡上的岩体由于种种原因在重力作用下沿一定的软弱面（或软弱带）整体向下滑动的现象。俗称"走山""跨山""地滑""土溜"等。

泥石流是山区沟谷中，由暴雨、冰雪融水等水源激发的、含有大量泥沙石块的特殊洪流。由大量黏性土和粒径不等的砂粒、石块组成的叫泥石流；以黏性土为主，含少量砂粒、石块，黏度大，呈稠泥状的叫泥流；由水和大小不等的砂粒、石块组成的称为水石流。其形成必须具备以下三个条件：陡峻的便于集水、集物的地形地貌；丰富的松散物质；短时间内有大量的水源。

崩滑流的发育程度主要取决于四个方面：一是地质背景，包括地形地貌、新构造运动的强度和方式、岩土体的工程地质类型等；二是水文气象条件，包括降水量和强度、水流量和流速等；三是植被发育程度；四是人类工程经济活动强度。

我国西部地区尤其是西南诸省区地处第一级台阶和第二级台阶，长期处于地壳上隆过程之中，地震活动频繁、地形切割剧烈、岩土体支离破碎，再加上西南地区降水量和强度较大、西北地区植被极不发育，因而崩滑流发育强烈，如云南、四川、贵州、陕西、青海、甘肃等省区；其他地区新构造运动一般相对较弱，其中华北、东北地区的降水量相对较小，中南、华东大部分地区植被发育较好，因此这些地区的崩滑流发育强度一般不及西部地区。

全国范围内除山东没发现危害较严重的崩滑流灾害点外，其余各地均有不同程度的发育，并造成一定程度的危害。在地域上，基本上可划分为15个多发区，分别为：横断山区、黄土高原地区、川北陕南地区、川西北龙门山地区、金沙江中下游地区、川滇交界地区、汉江安康-白河地区、川东大巴山地区、三峡地区、黔西六盘水地区、湘西地区、赣西北地区、赣东北上饶地区、北京北郊怀柔-密云地区、辽东岫岩-风城地区。上述地区根据各省地质灾害区划统计总面积达173.52km²，约占全国总面积的18.10%。

从规模上看，以滑坡的变形方量最大，泥石流次之，崩塌最小。一般滑坡的方量都在 $1×10^4 m^3$ 以上，大于 $10×10^4 m^3$ 的占有相当的比例，其中也不乏体积在数千万立方米至数亿立方米的巨型滑坡，最大者甚至达10亿立方米（云南富源县老厂大格煤田）；规模较大的泥石流一般在数十至数百万立方米，大于1千万立方米的泥石流较为少见；而崩塌绝大多数在百万立方米以下。不同地区崩滑流的发育规模有较大差异。西部（西南、西北）地区的规模要远大于东部地区，一般在西部地区造成较严重危害的滑坡都在数十至数千万甚至数亿立方米，而东部地区数千至数万立方米的滑坡就能造成严重的危害，大于百万立方米的非常少见；东部地区的崩塌规模同样远小于西部，一般在1万立方米以下；虽然北京、辽宁等地经常发生泥石流灾害，但均为群发，单条泥石流的方量一般不大。

从灾害点分布密度上看，也是西部大于东部，西部不仅崩滑流多发区面积大、数量多，而且多发区内的崩滑流个体密度也大于东部，一般达 30～100 个/km²，局部地区甚至达到 1～2 个/km²（甘肃白龙江流域），而东部地区多发区的密度一般在 10～30 个/km²。

从发生频度上看，还是西部大于东部，南部大于北部，西部尤其是西南地区几乎每年雨季都有大量的崩滑流出现（有些不在雨季也出现），遇丰水年则形成大爆发。而东部地区则在一般年份较为安静，遇丰水年或人类工程活动的强烈扰动才发生崩滑流。

二、灾害主要危害

崩滑流具有突发性强、分布范围广和一定的隐蔽性等特点，其主要危害是造成人员伤亡和摧毁城乡建筑、交通道路、工厂矿山、水利工程、农田土地，带来巨大的经济损失。

1. 人员伤亡严重

近十年来，全国由于崩滑流造成的人员死亡已近万人，平均每年达 928.15人，在崩、滑、流三者之中以泥石流造成的人员伤亡最多，如辽宁瓦房店市、盖县、普兰店市交界地带的老帽山地区，初步估计由泥石流造成的人员伤亡要占崩滑流三者总数的一半左右。2010 年 8 月 7 日 22 时左右，甘南藏族自治州舟曲县城东北部山区突降特大暴雨，降雨量达 97mm，持续 40 多分钟，引发三眼峪、罗家峪等四条沟系特大山洪地质灾害（见图 9-5），泥石流长约 5km，平均宽度300m，平均厚度 5m，总体积 750×10⁴ m³，流经区域被夷为平地，遇难 1481 人，失踪 284 人，累计门诊治疗 2315 人。滑坡造成的人员伤亡仅次于泥石流，一些规模巨大的滑坡常摧毁压埋整个或多个村庄、城市地区的多栋建筑，如 1991

图 9-5　舟曲泥石流救援

年 9 月 23 日发生于云南省昭通市头寨沟的滑坡，总方量 $1800 \times 10^4 m^3$，造成 216 人死亡，由滑坡致死的人数约占崩滑流三者死亡总人数的 1/3。由于崩塌一般规模较小，破坏面积不大，所以造成的人员伤亡较少。2004 年 11 月 26 日，位于重庆主城的鹅岭公园附近发生山体崩塌，造成一防空洞洞口被堵，数十人被困洞内。

2. 摧毁城乡建筑、交通干线和工厂矿山

崩滑流的频繁发生，摧毁了大量城乡建筑设施、耕地、工厂矿山和交通干线。据初步统计，全国有 400 多个市、县、区、镇受到崩滑流的严重侵害，其中频受滑坡、崩塌侵扰的市、镇 60 余座，频受泥石流侵扰的市、镇 50 余座，有些市、镇甚至受到 3 种灾害的共同侵扰，给当地人民生命财产造成了极大的损失。较为典型的有重庆（市区内有滑坡 129 处、崩塌 58 处）、攀枝花（市区内有滑坡 50 余处）、兰州（市区内有泥石流沟 55 条，至少造成了 322 人死亡和数千万元经济损失）、东川（泥石流）、安宁河谷（泥石流）等。

全国几条山区干线铁路（如宝成线、成昆线、宝兰线）都受到了崩滑流的严重危害。据统计，铁路沿线约有泥石流沟 1386 条，威胁着 3000km 长的铁路安全，1949 年以来，沿线共发生泥石流 1200 多次，平均每年用于铁路修复和改建的费用就高达 7000 万元。如宝成铁路从 20 世纪 50 年代末至今，已出现了 50 年代末、80 年代初两次大规模崩滑流爆发，由于摧毁铁路、列车和运输中断给铁路部门造成严重的经济损失（仅 1981 年用于宝成线修复铁路的资金就达 3 亿元以上），由于停运给川陕两省乃至全国所造成的经济损失就更无法统计。

3. 崩滑流危害的地域性差异

由于崩滑流的发育强度、人口密度和国民经济发展程度在地域上差异很大，所以其造成的危害在不同地区也有很大差异，在西部地区由于国民经济发展程度较低而崩滑流规模很大，所以危害以人员伤亡为主，尤其是西南地区更是如此。仅陕西、宁夏、青海、云南、贵州、四川等省（区），年均死亡人数就达 647.9 人以上，约占全国的 69.8%。而东部地区尽管由于灾害强度较小（即规模或破坏面积较小），造成的人员伤亡数量较少，但由于经济发达程度较高，经济损失与西部不相上下，也就是说，崩滑流在西部地区的危害以人员伤亡为主，而东部地区则以经济损失为主。

三、危险性分析

1. 道路危险

崩滑流发生一是与地理环境有关，二是与气象条件有关，往往伴随暴雨等恶劣天气。救援车辆在行驶过程中，会遇到道路险峻、道路不通等情况，有时还会遇到滑坡、山上落石等危险。

2. 余震危险

有些崩滑流是由地震引起的，在救援过程中余震不断，威胁救援人员生命。

3. 继发灾害的危险

救援过程中会反复出现崩滑流、山洪、倒塌等危险，随时威胁救援人员生命。

4. 特殊天气

暴雨、寒冷都会造成救援人员体力损耗、疾病等危险。

四、救援行动安全

(一) 一般原则

崩滑流一般有其发育和分布的规律，消防部队要根据责任区及其周边地区的实际，积极主动做好抢险救援的准备工作，早做准备，力求周全。

1. 主动了解掌握情况

位于崩滑流多发区及其附近的公安消防部队，应根据实际，主动通过各种渠道，积极取得各级政府设立的防汛抗旱指挥部和国家科委自然灾害综合研究组的帮助，熟悉和登记责任区周边的包括崩滑流在内的自然灾害情况。应及时了解掌握的情况主要包括：天气趋势，降雨降雪范围及降雨雪量，崩滑流发生区域的植被发育情况，灾区形成的地区、范围、程度，破坏与损失的表现形式，可能诱发的次生灾害等。根据了解掌握的情况，认真分析研究，同时结合消防部队的特点和器材装备情况，制订相应的应急救援预案，并且有必要做相应的实战演练。

2. 实施随机指挥，确定救援方式

指挥员接到崩滑流救援任务后，应根据灾情、气象、交通条件以及上级指示和部队现有装备实际，结合应急救援预案的要求，合理确定救援方式。救援方式有空运救援、地面救援、空地结合救援。空运救援主要用于紧急空投物资和救援人员以及营救处境危急的受困人员。地面救援可直接进行抢救作业，也可在一定范围内运送物资。如灾情复杂且条件许可时，应采取空地结合的救援方式。

3. 及时调集力量，下达出动救援命令

指挥员接到命令后应根据接警内容，结合部队现有装备和救援能力，修订原有的抢险救援方案，定下行动决心，并及时向参战人员下达救援任务。主要明确：行动编成、任务分工、主要手段、出动路线（航线）、组织指挥、协同方法等。下达任务后，指挥员应督导部署认真做好各项准备工作，组织各种保障，完善各种编组，研究制订各种情况的处置方案。

4. 认真准备物资器材

救灾物资包括粮食、衣物、燃料和医疗物品。医疗物品主要有输氧、止血、包扎、担架和救治菌痢、流感、麻疹、雪盲、冻伤等的药品。救灾物资应根据上级指示和灾情需要，会同地方有关部门共同筹集和准备。

（二）救援行动要点

崩塌、滑坡和泥石流灾害的救援行动可分为空运救援和地面救援。部队应根据当时当地灾情和部队的编制装备及上级指示，视情况确定具体的抢救方式。

1. 空运救援

空运救援是利用飞机实施的空中输送救援。通常是在紧急情况下或不易采取其他输送方式时采用。当有可供起飞、降落的飞行条件时，即可利用消防直升机实施特勤队员空投，或利用消防直升机直接营救危急人员脱离险境。空运救援不受地形影响，能超越广阔的障碍区，具有远程、快速、灵活等优点，在我国历次发生的重大崩塌、滑坡和泥石流灾害中，空运救援发挥了重大作用。

2. 地面救援

当受灾地区广，被困人员多，粮食、燃料、药品急需量大，组织人力和机械车辆施救能够达成时，即可组织车辆运送救急物资和救援受困人员。行动程序及要领一般按排障清路、运送物资、解救人员的步骤进行。

（1）排障清路

崩塌、滑坡和泥石流灾害往往造成路面乱石泥沙积聚，影响车辆通行，因此，必须组织人力和机械车辆强行开路。行动时，应组织必要的工程机械先于部队行动，为救援顺利通行创造条件。主要任务：勘察行进道路；选择和标明行进路线；清除杂物、排除路障；设置休息点等。当遇到少量的正在流淌的泥石流时，可采取人工方法另劈沟壑引流疏导；当遇到山地大面积崩塌时，应采取迂回绕道的办法通过；当遇到桥梁塌损时，应迅速组织工程人员架设简易桥梁通过；当遇到路基坍塌时，可用草袋或木笼拦边，抛填基石和石块、沙子填复。

（2）运送物资

向灾区紧急运送物资，是崩塌、滑坡和泥石流灾害救援的主要手段，也是救援的主要任务。组织车辆运送物资时，应编队行进，按开辟和标示的路线小心行驶。车与车的距离要适当拉大，通信保障和车辆维修技术保障人员应随车保障。同时要搞好沿途的调整和指挥，并按照上级指示和地方的要求，将物资运送到指定地点或适当位置。

（3）解救人员

① 解救受困人员。崩塌、滑坡和泥石流灾害发生后，地处偏远角落的人员可能会长时间陷入饥、寒、病并袭的困境。消防部队执行灾害抢险救援任务时，必须设法将受困灾民救出。主要方法有以下几种。

搜寻。崩塌、滑坡和泥石流灾害受困人员往往位置分散而且偏僻，通行条件差，寻找难度大。寻找前，应根据已知情况认真分析研究，充分做好有关准备工作。若使用直升机搜寻时，应认真搞好空地协同。若徒步寻找时，应尽量按建制单位进行编组，并加强一定数量的医护和通信人员，严禁单人行动。行动时，应尽可能请地方熟悉情况的人员当向导，并备足带齐生活物资和必需的救护器材及通信器材。行进中，应随时判定方位，熟记已行进过的路线，并保持不间断的通信联络。

救治。被崩塌、滑坡和泥石流灾害围困的人员，由于高温、严寒、蚊虫、饥饿而使其抵抗力下降，一些疾病则可能在灾区迅速蔓延。如云南东川市郊小江蒋家沟是闻名中外的大型暴雨泥石流沟，近代活动已有 300 多年的历史，每年暴发十几至几十次，一次泥石流可出现阵性流达几十至几百阵，最大容重达 2.37t/m³，最大瞬时流量达 2400m³/s，年堆积量为 $300 \times 10^4 \sim 500 \times 10^4 \, m^3$，历史上曾 7 次堵断小江，酿成巨灾。每一次都会围困分布于零散地点上的许多人员。由于这些地方经济欠发达，稍不注意就会造成疟疾、流感、痢疾等疾病的流行。因此，救援工作应在紧急运送物资的基础上，组织医疗力量迅速展开就地医治，对人口密集城镇以集中医救为主，对分散居民点及被困人员以分头赴点救治为主，重点抢救老弱妇幼和危重人员，并做好卫生防疫，防止疾病继续蔓延。

转移。如灾情在短时间内得不到缓解，应尽快将被崩塌、滑坡和泥石流灾害围困的人员和危重病人转移到相对安全的位置和医救设施较好的医院治疗，条件许可时应尽量利用机动车辆转移。

② 解救被崩塌、滑坡和泥石流灾害埋压人员。崩塌、滑坡和泥石流灾害，具有强大的冲击力和摧毁力，并淹没处于崩塌、滑坡和泥石流灾害下方的人员和物体，造成人员伤亡和物体破坏。抢救时，必须争取时间，充分利用推土机、挖掘机及其他机械、工具快速作业。

③ 解救被倒塌物埋压的人员。持续性的崩塌、滑坡和泥石流，使房屋、厂房、工棚等顶层因荷载量过重而压垮倒塌，造成人员被埋压的灾难。抢救时，应首先快速清除倒塌物上的堆积物，使内部通风透气，然后采取锯、撬和搬移的方法救出人员。

（三）安全措施

1. 行车安全

消防救援车辆在泥泞和杂石遍地的道路上行驶时，应谨慎小心。通过被泥水覆盖的复杂路段时，要注意辨明道路的位置及路况，防止因误择路线而发生意外。当通过已经发生崩塌、滑坡的地段时，要谨慎慢行，密切观察周围特别是崩塌断面的情况，防止再次崩塌发生，被直接掩埋遇险。由于地震引发的滑坡，随着余震不断，山体随时会出现新的滑坡、落石，行车时要格外注意，提前加以防范。

2. 防止救援行动中的伤害

掌握气象条件，准确判断是否有洪水、崩滑流再次发生，提前做好预防；加固好易进入的空间，防止倒塌伤亡。

3. 掌握自救知识

抢救人员应学习掌握自救自护常识。冬季穿戴好御寒衣物，配备必要的抗寒防冻药品，夏季要准备好驱蚊药物和常用药品。在山地进行救援作业时应注意斜面陡坡，防止再次发生崩塌或滑坡。

4. 保证联络畅通

在边远地区搜救人员时，应具备可靠的通信联络手段，并保持不间断的指挥联络。行动中，应不断判定方位，熟记方位物；随时掌握气候变化；加强自身防护，禁止单人行动。

参 考 文 献

[1] 国务院法制办公室，国务院办公室.中华人民共和国消防法.北京：中国法制出版社，2008.

[2] 黄太云.中华人民共和国消防法解读.北京：中国法制出版社，2008.

[3] 公安部.公安消防部队灭火战斗执勤条令.2009.

[4] 公安部消防局.公安消防部队灭火救援业务训练大纲，2004.

[5] 公安部消防局.公安消防部队作战训练安全要则（试行），2007.

[6] 公安部消防局.公安消防部队安全工作规定，2005.

[7] 公安部消防局.公安消防部队车辆安全管理规定，2005.

[8] GA/T 620—2006，消防职业安全与健康.

[9] GBZ 221—2009，消防员职业健康标准.

[10] 十一届全国人民代表大会常务委员会.2011年12月31日，中华人民共和国职业病防治法.

[11] 国务院.2010年12月，工伤保险条例.

[12] 民政部、公安部等.民发〔2014〕第101号，人民警察抚恤优待办法.

[13] GA 621—2006，消防员个人防护装备配备标准.

[14] 公安部消防局.城市消防站建设标准（2006年修订）.

[15] 郭铁男.我国火灾形势与消防科学技术的发展.消防科学与技术，2005，11：663-673.

[16] 霍　然，范维澄，黄东林，等.正视经济发展过程中的火灾问题.消防科学与技术，1997，16（1）：3-7.

[17] 杜兰萍，沈友弟，厉剑，等.我国消防安全形势、差距和对策研究.消防科学与技术，2002，21（5）：3-13.

[18] 吴启鸿，肖学锋，朱东杰.今后若干年内我国火灾发展趋势的探讨.消防科学与技术，2003，22（5）：367-370.

[19] 杨立中，江大白.中国火灾与社会和经济因素的关系.中国工程科学，2003，5（2）：62-67.

[20] 吴启鸿.火灾形势的严峻性与学科建设的迫切性.消防科学与技术，2005，24（2）：145-152.

[21] 杜兰萍.正确认识当前和今后一个时期我国火灾形势仍将相当严峻的客观必然性.消防科学与技术，2005，24（1）：1-4.

[22] 王铭珍.我国火灾同英、美、日本诸国火灾之比较.消防技术与产品信息，2003，（12）：63-65.

[23] 韩海云，傅智敏.中外灭火专业标准体系比较研究.中国安全科学学报，2008，18（6）：64-69.

[24] 王向东，高晓斌.消防职业安全与健康管理体系的应用前景.消防科学与技术，2004，23：92-93.

[25] 李胜宽.消防部队如何加强灭火救援中的自我安全工作.消防技术与产品信息.2014（9）：70-72.

[26] 康娜，黄飞.危险化学品爆炸事故处置中消防员的安全管理.中国公共安全.2012（3）：26-29.

[27] 吴宗之，张圣柱，张悦等.2006～2010年我国危险化学品事故统计分析研究.中国安全生产科学技术，2011，（7）：5-9.

[28] 范茂魁，李海江，王媛原等.危险化学品事故应急救援时避免消防员伤亡的对策.消防技术与产品信息，2011，（6）：20-23.

[29] 王勇，杜欣.化学灾害事故处置中消防员的安全防护措施探讨.安防科技，2008，（3）：62-64.

[30] 陈国良.运用风险管理理论，提高灭火救援水平.中国安全科学学报，2004，14（11）：65-68.

[31] 孙伯春.关于消防指战员在灭火抢险救援中自我防护问题的探讨.消防科学与技术.2004（2）：182-187.

[32] 金京涛，刘建国.消防官兵灭火战斗牺牲情况分析及其对策探讨.消防科学与技术，2009，（4）：204-208.

[33]　吴志强，张玉升，杜春发. 浅谈消防员个人安全防护系统建设. 消防科学与技术. 2010（5）：423-425.

[34]　公安部消防局. 重要火灾和处置灾害事故信息报告及处理规定（试行），2004.

[35]　王伟. 灭火救援中的防护问题. 浙江消防，2002（6）：28-29.

[36]　宇德明，冯长根等. 热辐射的破坏准则和池火灾的破坏半径［O/L］. 中国安全科学学报. 1996，6（2）：5-10.

[37]　邢志祥. 液化石油气储罐在不同受热条件下温度和压力的估算. 火灾科学，2000，9（3）：65-70.

[38]　邢志祥. 扑救液化石油气储罐爆炸火灾安全距离的确定. 火灾科学，2003，10（4）：197-202.

[39]　康青春. 液化石油气储罐爆炸前兆及理论分析. 武警学院学报（增刊），2000. 12.

[40]　冯力群. 液化石油气火灾扑救中安全距离的确定. 武警学院学报. 2007（10）：19-21.

[41]　徐兰娣，戴国定，杨晓华，等. 消防员防护装备用织物的热防护性能研究. 消防科学与技术，2008，27（5）：339-343.

[42]　李金文，冷俐，高雨祥等. 中国消防手册（灭火救援基础篇）. 上海：上海科学技术出版社，2006.

[43]　李建华，魏捍东. 灭火战术. 北京：中国人民公安大学出版社，2014.

[44]　李建华，康青春，商靠定等. 灭火战术. 北京：中国人民公安大学出版社，2004.

[45]　李进兴等. 消防技术装备. 北京：中国人民公安大学出版社，2006.

[46]　伍和员. 灭火战术与训练改革. 上海：上海科学技术出版社，1999.

[47]　李建华，黄郑华. 火灾扑救. 北京：化学工业出版社，2012.

[48]　公安部消防局. 基层警官训练. 长春：吉林科学技术出版社，2001.

[49]　李树. 消防应急救援. 北京：高等教育出版社，2011.

[50]　公安部消防局. 总队支队机关训练. 长春：吉林科学技术出版社，2001.

[51]　公安部消防局. 特勤业务训练. 北京：文汇出版社，2000.

[52]　赵庆平. 消防特勤手册. 杭州：浙江人民出版社，2000.

[53]　公安部消防局. 中国消防年鉴. 北京：中国人事出版社，2004.

[54]　公安部消防局. 中国消防年鉴. 北京：中国人事出版社，2005.

[55]　公安部消防局. 中国消防年鉴. 北京：中国人事出版社，2006.

[56]　公安部消防局. 中国消防年鉴. 北京：中国人事出版社，2007.

[57]　公安部消防局. 中国消防年鉴. 北京：中国人事出版社，2008.

[58]　公安部消防局. 中国消防年鉴. 北京：中国人事出版社，2009.

[59]　公安部消防局. 中国消防年鉴. 北京：中国人事出版社，2010.

[60]　公安部消防局. 中国消防年鉴. 北京：中国人事出版社，2011.

[61]　公安部消防局. 中国消防年鉴. 北京：中国人事出版社，2012.

[62]　伍和员. 灭火战术与训练改革. 上海：上海科学技术出版社，1999.

[63]　王安. 安全发展与预防事故. 北京：长征出版社，2007.

[64]　崔守金等. 火场供水. 北京：公安大学出版社，2001.

[65]　林维军. 灭火救援过程中消防员安全研究. 廊坊：武警学院硕士论文，2010.

[66]　马宝磊. 液化石油气火灾热辐射实验研究. 廊坊：武警学院硕士论文，2011.

[67]　高扬. 石蜡灭火扑救技术研究. 廊坊：武警学院硕士论文，2012.

[68]　孙沛. 液化石油气多火源热辐射规律研究与应用. 廊坊：武警学院硕士论文，2013.

[69]　张籍文. 油罐火灾扑救中消防员的热辐射防护研究. 廊坊：武警学院硕士论文，2014.

[70]　郭贻晓. 主动温控技术 避火服. 廊坊：武警学院硕士论文，2014.

[71]　董希琳，屈立军，康青春等. "十一五"科技支撑计划课题：灭火救援应急指挥及装备技术，2009.

[72]　杨隽，董希琳，康青春等. "十二五"科技支撑计划课题：超大型油罐火灾防治与危险化学品事故现

场处置技术研究，2014.

[73]　张辉等. 国家自然科学基金重大研究计划. 基于"情景-应对"的国家应急平台体系基础科学问题集成升华研究平台. 课题二：面向应急辅助决策的定量与定性相结合的案例分析与集成管理方法研究，2014.

[74]　屈立军. 底框架商住楼在火灾中倒塌时间预测研究. 2009.

[75]　康青春，卢立红等. 公安部科技强警基础工作专项. 火场供水系统系列参数实验测定. 2014.

[76]　Dunn Vincent，Safety and Survival on the Fireground. Fire Engineering Books & Videos，1992.

[77]　Marilyn Ridenour. Rebecca S. Noe. Steven L. Proudfoot. J. Scott Jackson. Thomas R. Hales. Tommy N. Baldwin. Leading Recommendations for Preventing Fire Fighter Fatalities，1998～2005，NIOSH Fire Fighter Fatality Investigation and Prevention Program.

[78]　NFPA 1001 Standard on Fire Fighter Professional Qualifications，2008 edition.

[79]　NFPA 1041 Standard for Fire Service Instructor Professional Qualifications，2007 edition.

[80]　U. S. Fire Administration/Technical Report Series. Rapid Intervention Teams and How to Avoid Needing Them，USFA-TR-123/March 2003.

[81]　http：//www. osh. net.

[82]　NIOSH. Fire Fighter Fatality Investigation and Prevention Program. Death in the line of duty.

[83]　U. S. Fire Administration. Firefighter Fatalities in the United States in 2007，June 2008.

[84]　U. S. Fire Administration. Firefighter Fatalities in the United States in 2008，September 2009.

[85]　TriData Corporation. The Economic Consequences of Firefighter Injuries and their Prevention Final Report，August 2004 , Issued March 2005.

[86]　TriData Corporation. Firefighter Fatality Retrospective Study，　April 2002/FA－220.

[87]　U. S. Fire Administration. Emergency Vehicle Safety Initiative，FA-272/August 2004.

[88]　NFPA1500 Standard on Fire Department Occupational Safety and Health Program，2008 edition.

[89]　http：//www. nfpa. org.

[90]　http：//www. cfsi. org.

[91]　World Fire Statistics. Information bulletin of the world firestatistics centre. International Association for the Study of Insurance Econom ics，20 Oct，2004.

[92]　Dougal Drysdale. An introduction to fire dynamics. John Wielyand Sons Ltd.，1985.

[93]　Raymond Friedman. An international survey of computermodels for fire and smoke . SFPE Journal of Fire Protection Engineering，1992，4 (3)：81-92.

[94]　Stephen M Olenick，Douglas J Carpenter. An updated international survey of computermodels for fire and smoke. SFPE Journal of Fire Protection Engineering，2003，13 (2)：87-110.

[95]　The Public Safety Officers' Benefits (PSOB) Act. https：//www. psob. gov.

[96]　http：//www. usfa. fema. gov/fireservice.

[97]　www. firehero. org.

[98]　www. everyonegoeshome. com.

[99]　The United States，106th Congress. Public Law 106-398-Appendix 114STAT. 1654A. Approved October 30，2000 [H. R. 4205]：Section 1701，Sec. 33 (b)：363.

[100]　Brandon Johnson. The Path to Grant Success，2009 edition.

[101]　Bill Webb. Working Together to Sustain Federal Support for Fire and SAFER Funding [DB/OL]. (2009-4-16) http：//cms. firehouse. com/content /article/printer. jsp? id＝61450.

[102]　NFPA. Third Needs Assessment of the U. S. Fire Service，Quincy，MA：NFPA No. USS93，June 2011：109-157.

[103] NFFF. Firefighter Life Safety Summit Initial Report. April 14, 2004.

[104] NFFF. The 2nd National Firefighter Life Safety Summit Report. March 3-4, 2007.

[105] NFFF. National Fire Service Research Agenda Symposium. June 1-3, 2005.

[106] NFPA1582 Comprehensive Occupational Medical Program for Fire Departments, 2007 edition.

[107] NFPA 1521 Standard for Fire Department Safety Officer, 2008 edition.

[108] NFPA 1403 Standard on Live Fire Training Evolutions, 2007 edition.

[109] NFPA1002 Standard on Fire Apparatus Driver/Operator Professional Qualifications, 2003 edition.

[110] NFPA1451 Standard for a Fire Service Vehicle Operations Training Program, 2007 edition.

[111] NFPA1911 Standard for the Inspection, Testing, Maintenance and Retirement of In-Service Automotive Fire Apparatus, 2007 edition.

[112] NFPA1584 Recommended Practice on the Rehabilitation of Members Operating at Incident Scene Operation and Training Exercises, 2003 edition.

[113] Stephen Kerber. Evaluating Fire Fighting Tactics Under Wind Driven Conditions [DB/CD]. USA: Federal Emergency Management Agency, April 2009.

[114] Micheal Wielgat. No Fire too High. Fire & Rescue, 2012 Fourth Quarter: 57-58.

[115] Michael Karter, Gary P. Stein, U. S. Fire Department Profile through 2011, NFPA Fire Analysis and Research, Quincy, MA: NFPA No. USS07, October 2012: 30.

[116] Rita F. Fahy, Ph. D. U. S. Fire Service Fatalities in Structure Fires, 1977-2009. June 2010.

[117] Michael J. Karter, etc. U. S Firefighters Injuries-2011. October 2012.

[118] NFPA 901 Standard Classifications for Incident Reporting and Fire Protection Data, 2008 edition.

[119] Rita F. Fahy, Paul R. LeBlanc, Joseph L. Molis. What's changed over the past 30 year? National Fire Protection Association, June 2007.

[120] http://www.cdc.gov/niosh/.

[121] http://www.respondersafety.com.

[122] NFPA. National Fire Codes 2007 Annual Revision Cycle Edition [DB/CD], USA: NFPA, October 2007.

[123] Rita F. Fahy, Paul R. LeBlanc, Joseph L. Molis. Firefighter Fatalities in the United States-2013. June 2014.

[124] NIOSH. Two Career Lieutenants Killed and Two Career Fire Fighters Injured Following a Flashover at an Assembly Hall Fire-Texas. May 20, 2014.

[125] NIOSH. Career Captain Dies Conducting Roof Operations at a Commercial Structure Fire-Pennsylvania. July 16, 2014.

[126] NIOSH. Backdraft in Commercial Building Claims the Lives of Two Fire Fighters, Injuries Three, and Five Fire Fighters Barely Escape-Illinois. May 7, 1998.

[127] NFPA 1561 standard on emergency services incident management system. 2014 edition. Quincy, MA: National Fire Protection Association.

[128] NFPA 1021 standard for fire officer professional qualifications. 2009 edition. Quincy, MA: National Fire Protection Association.

[129] UL. Innovating fire attack tactics. Northbrook. http://www.ul.com/global/documents. April 2014.

[130] IFSTA [2008]. Essentials of fire fighting. 5th edition. Stillwater, OK: Oklahoma State University, College of Engineering, Architecture, and Technology, Fire Protection Publications, International Fire Service Training Association.

[131] http://www.iafcs.org.

[132] http://www.iaff.org.

[133] A summary of a NIOSH fire fighter fatality investigation. New York: NIOSH, 2007. 26-27.

[134] Daniel Madrzykowski. Positive Pressure Ventilation research Videos & Reports [DB/CD]. USA: Federal Emergency Management Agency, April 2008.

[135] SAFE-IR. Thermal imaging training for the fire service. http://www.safe-ir.com/index.php/.

[136] Clark BA. Calling A Mayday: the Drill. http://www.firehouse.com.

[137] U. S. Department of Transportation, etc. Emergency Response Guidebook. U. S. A.: Virgin Islands.

[138] NIST. Report on Residential Fireground field Experiments. NIST Technical Note 1661, April 2010. http://www.nist.gov.

[139] John Norman. Fire Officer's Handbook of Tactics. Oklahoma: PennWell Books, 1998. 334-335.